高等学校教材

高等数学

第三版　下册

侯云畅　冯有前　刘卫江　寇光兴　主编

高等教育出版社·北京

内容简介

本书是在上一版教材的基础之上，结合编者多年教学实践经验修订而成的。修订时，保持了原教材加强数学思想方法的阐述、运用现代数学语言和符号等特点，在教材体系上作了较大调整，使知识点之间的联系更加紧密。此外，还配置了数字化教学资源，包括释疑解惑、题型归类解析和各章测试题及答案详解等模块，以满足读者个性化的自主学习和自我测试的需求。

本书分上、下两册。上册包括函数、极限、连续函数，导数与微分，微分中值定理及函数性态的研究，一元函数积分学及其应用和常微分方程；下册包括向量代数与空间解析几何，多元函数微分学及其应用，多元函数积分学及其应用、多元向量值函数积分和无穷级数。

本书可作为高等学校工科类本科各专业高等数学课程教材，也可供社会读者自学之用。

图书在版编目（CIP）数据

高等数学. 下册 / 侯云畅等主编. --3 版. --北京：高等教育出版社，2021. 2（2022. 8重印）

ISBN 978－7－04－055393－2

Ⅰ. ①高…　Ⅱ. ①侯…　Ⅲ. ①高等数学－高等学校－教材　Ⅳ. ①O13

中国版本图书馆 CIP 数据核字（2021）第 000129 号

GAODENG SHUXUE

策划编辑　高　丛　　责任编辑　高　丛　　封面设计　王凌波　　版式设计　杨　树
插图绘制　李沛蓉　　责任校对　陈　杨　　责任印制　刘思涵

出版发行　高等教育出版社
社　　址　北京市西城区德外大街 4 号
邮政编码　100120
印　　刷　唐山市润丰印务有限公司
开　　本　787mm×1092mm　1/16
印　　张　18
字　　数　390 千字
购书热线　010-58581118
咨询电话　400-810-0598
网　　址　http://www.hep.edu.cn
　　　　　http://www.hep.com.cn
网上订购　http://www.hepmall.com.cn
　　　　　http://www.hepmall.com
　　　　　http://www.hepmall.cn
版　　次　2000 年 1 月第 1 版
　　　　　2021 年 2 月第 3 版
印　　次　2022 年 8 月第 3 次印刷
定　　价　44.60 元

物 料 号　55393-00

面向 21 世纪课程教材

普通高等教育“九五”
国家级重点教材

目录

第六章　向量代数与空间解析几何　/ 1

第一节　向量及其运算　/ 1

1-1　向量的概念　/ 1

1-2　向量的线性运算　/ 2

1-3　向量在轴上的投影　/ 4

1-4　内积　向量积　混合积　/ 6

习题 6-1　/ 9

第二节　向量的坐标和向量运算的坐标表示　/ 10

2-1　向量的坐标　/ 10

2-2　向量运算的坐标表示　/ 13

习题 6-2　/ 16

第三节　平面和空间直线　/ 18

3-1　平面的方程　/ 18

3-2　空间直线的方程　/ 21

3-3　空间中点到平面和点到直线的距离　/ 23

3-4　空间中平面和平面、直线和直线、平面和直线的位置关系　/ 25

习题 6-3　/ 27

第四节　曲面及其方程　/ 29

4-1　曲面方程的概念　/ 29

4-2　柱面　旋转面　/ 30

4-3　二次曲面　/ 32

*4-4　曲面的参数方程　/ 36

习题 6-4　/ 37

第五节　空间曲线　/ 39

5-1　空间曲线的方程　/ 39

5-2　空间曲线在坐标面上的投影　/ 41

习题 6-5　/ 42

第七章　多元函数微分学及其应用　/ 44

第一节　多元函数的基本概念　/ 44

1-1　n 维欧几里得空间及其点集　/ 44

1-2　多元数值函数的概念　/ 47

1-3　多元函数的极限　/ 48

1-4　多元函数的连续性　/ 50

1-5　多元向量值函数、极限及连续性　/ 51

习题 7-1　/ 52

第二节　多元函数的微分法　/ 55

2-1　偏导数及其计算　/ 55

2-2　全微分及其应用　/ 60

习题 7-2（1）　/ 65

2-3　复合函数的求导法则　/ 67

习题 7-2（2）　/ 72

2-4　隐函数的求导法则　/ 73

习题 7-2（3）　/ 77

2-5　方向导数和梯度　/ 79

习题 7-2（4）　/ 83

第三节　多元向量值函数的微分法　/ 84

3-1　多元向量值函数的导数　/ 84

3-2　向量值函数的导数的几何应用　/ 86

习题 7-3　/ 92

第四节　多元函数的极值、条件极值　/ 93

*4-1　多元函数的泰勒公式　/ 93

4-2　多元函数的极值与最值　/ 95

4-3　多元函数的条件极值　/ 99

习题 7-4　/ 102

第八章　多元函数积分学及其应用　/ 104
第一节　重积分的概念和性质　/ 104
1-1　重积分的概念　/ 104
1-2　重积分的性质　/ 107
习题 8-1　/ 108
第二节　重积分在直角坐标系下的计算法　/ 109
2-1　直角坐标系下二重积分的计算法　/ 109
2-2　直角坐标系下三重积分的计算法　/ 113
习题 8-2　/ 116
第三节　重积分的换元法　/ 118
3-1　二重积分的极坐标换元法　/ 118
习题 8-3（1）　/ 122
3-2　三重积分的柱面坐标与球面坐标换元法　/ 123
习题 8-3（2）　/ 127
*3-3　重积分的一般换元法　/ 128
*习题 8-3（3）　/ 132
第四节　第一型曲线积分和第一型曲面积分的概念及其计算法　/ 133
4-1　第一型曲线积分和第一型曲面积分的概念　/ 133
4-2　第一型曲线积分的计算法　/ 135
4-3　第一型曲面积分的计算法　/ 138
习题 8-4　/ 140
第五节　多元数值函数积分的应用　/ 141
5-1　曲面的面积　/ 142
5-2　质心　/ 142
5-3　转动惯量　/ 144
5-4　引力　/ 146
习题 8-5　/ 147
*第六节　含参变量的积分　/ 149
*习题 8-6　/ 152
第九章　多元向量值函数积分　/ 154
第一节　第二型曲线积分　/ 154
1-1　第二型曲线积分与向量场的环流量　/ 154
1-2　第二型曲线积分的计算法　/ 157
习题 9-1（1）　/ 159
1-3　格林公式　/ 160
1-4　第二型曲线积分和路径无关的条件　/ 162
习题 9-1（2）　/ 167
1-5　全微分方程　/ 169
习题 9-1（3）　/ 172
第二节　第二型曲面积分　/ 173
2-1　第二型曲面积分与向量场的通量　/ 173
2-2　第二型曲面积分的计算法　/ 176
习题 9-2（1）　/ 179
2-3　高斯公式与散度　/ 180
习题 9-2（2）　/ 186
2-4　斯托克斯公式与旋度　/ 187
习题 9-2（3）　/ 193
第十章　无穷级数　/ 196
第一节　常数项级数　/ 196
1-1　数项级数的概念　/ 196
1-2　无穷级数的性质　/ 199
习题 10-1　/ 200
第二节　常数项级数的审敛法　/ 202
2-1　正项级数及其审敛法　/ 202
2-2　交错级数及其审敛法　/ 206
2-3　任意项级数及其审敛法　/ 208
习题 10-2　/ 210
第三节　幂级数　/ 213
3-1　函数项级数的一般概念　/ 213
3-2　幂级数及其收敛域　/ 214
3-3　幂级数的代数运算和分析运算性质　/ 216

习题 10-3 / 219

*3-4 函数项级数一致收敛的概念和一致收敛级数的性质 / 220

第四节 函数展开成幂级数 / 224

4-1 泰勒级数 / 224

4-2 函数展开成幂级数的方法 / 226

4-3 幂级数的应用 / 229

习题 10-4 / 235

第五节 傅里叶级数 / 237

5-1 函数系的正交性 / 237

5-2 函数展开为傅里叶级数及其收敛性 / 238

5-3 周期为 $2l$ 的函数的傅里叶级数 / 243

5-4 非周期函数的傅里叶级数 / 244

*5-5 傅里叶级数的复数形式 / 248

习题 10-5 / 251

部分习题参考答案 / 254

参考文献 / 278

第六章 向量代数与空间解析几何

向量的概念源于客观实际，通过数学的抽象和发展，已经广泛应用于自然科学和其他应用科学中，成为重要的研究工具.空间解析几何是通过空间直角坐标系，将对空间几何图形的研究转化为对代数问题的研究.它有两个基本问题，一是建立与空间几何图形相对应的方程，二是研究方程所对应的几何图形.

本章介绍向量的概念和线性运算，向量的内积、向量积、混合积运算，给出向量及其各种运算的坐标表示；利用向量的运算建立平面和空间直线的方程；最后讨论曲面和空间曲线的一般方程及其几何特性.

第一节 向量及其运算

1-1 向量的概念

众所周知，客观存在着各种各样的量，如时间、面积、体积、质量等，这些量都可以用实数表示，它们仅有大小之分，称之为数量，又称标量；又如力、速度等，与前面一些量不同，这些量既有大小又有方向，称之为向量，又称矢量.

向量可以用有向线段来表示，线段的长度表示向量的大小，线段的指向即为向量的方向.若 M_1，M_2 分别为有向线段的起点和终点，则它所表示的向量可记为 $\overrightarrow{M_1M_2}$，如图 6-1 所示.

为了方便，向量印刷体以一个黑体字母表示，如 $\boldsymbol{a}$，$\boldsymbol{b}$，$\boldsymbol{i}$，$\boldsymbol{j}$ 等，书写时字母上加箭头，如 $\vec{a}$，$\vec{b}$，$\vec{i}$，$\vec{j}$ 等.

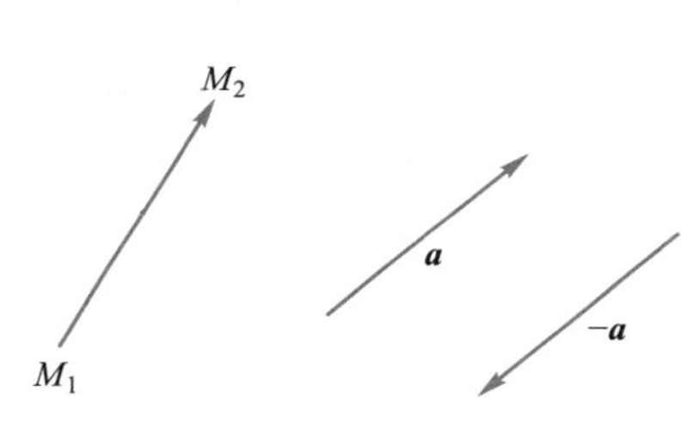

图 6-1

有向线段的长度称为向量的模，记作 $|\overrightarrow{M_1M_2}|$，$|\boldsymbol{a}|$.模为 1 的向量称为**单位向量**.与非零向量 $\boldsymbol{a}$ 同方向的单位向量记为 $\boldsymbol{e}_a$.

模为零的向量称为零向量，记为 $\mathbf{0}$.它的方向是任意的，不能用有向线段表示．但它是向量集合中的一个重要元素．

解析几何中所讲的向量，只考虑模和方向，而不论它的起点，这样的向量称为**自由向量**．自由向量可以自由平行移动，平移后所得到的向量，视为与原向量是同一个向量．凡模相等、指向相同的两个向量 $\boldsymbol{a}$ 和 $\boldsymbol{b}$，称为相等向量，记为 $\boldsymbol{a}=\boldsymbol{b}$．与向量 $\boldsymbol{a}$ 的模相等而方向相反的向量，称为 $\boldsymbol{a}$ 的反向量，又称负向量，记为 $-\boldsymbol{a}$，如图 6-1 所示．

方向相同或相反的向量称为平行向量，又称为**共线向量**，记为 $\boldsymbol{a}/\!/\boldsymbol{b}$．

平行于同一个平面的向量称为**共面向量**．任意两个向量都是共面向量；当三个向量中至少有两个向量平行时，则它们是共面向量．

1-2 向量的线性运算

一、向量的加法

定义 6.1.1 设 $\boldsymbol{a},\boldsymbol{b}$ 是两个非零向量，$\boldsymbol{a}$ 和 $\boldsymbol{b}$ 不共线，则以 O 为公共起点，$\boldsymbol{a},\boldsymbol{b}$ 为两边的平行四边形的对角线向量 $\boldsymbol{c}$，称为向量 $\boldsymbol{a},\boldsymbol{b}$ 之和，记为 $\boldsymbol{c}=\boldsymbol{a}+\boldsymbol{b}$．

这种方法称为向量加法的平行四边形法则（图 6-2(a)）．

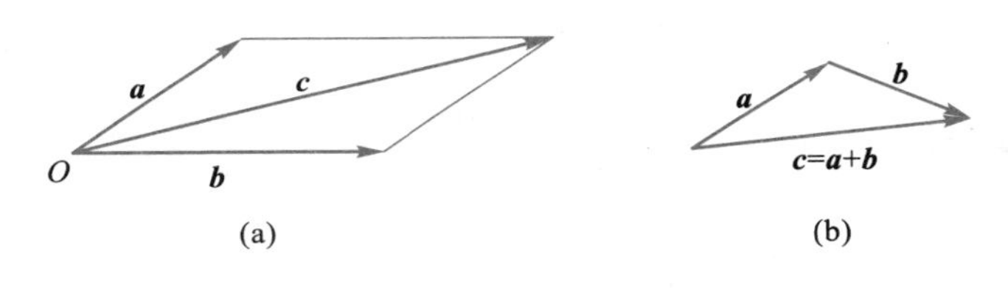

图 6-2

若 $\boldsymbol{a}$ 和 $\boldsymbol{b}$ 共线，且方向相同，则和向量 $\boldsymbol{c}$ 的方向与 $\boldsymbol{a},\boldsymbol{b}$ 的方向相同，其模等于 $\boldsymbol{a},\boldsymbol{b}$ 的模之和．若 $\boldsymbol{a}$ 和 $\boldsymbol{b}$ 共线，且方向相反，则和向量 $\boldsymbol{c}$ 与模较大的向量同向，其模等于 $\boldsymbol{a},\boldsymbol{b}$ 中较大的模与较小的模之差；又若 $\boldsymbol{a}$ 和 $\boldsymbol{b}$ 共线反向，且 $|\boldsymbol{a}|=|\boldsymbol{b}|$，其和向量是零向量，记为 $\boldsymbol{a}+\boldsymbol{b}=\boldsymbol{0}$．

两不共线向量 $\boldsymbol{a}$ 与 $\boldsymbol{b}$ 的加法，还可用三角形法则定义．即将向量 $\boldsymbol{b}$ 平行移动，使 $\boldsymbol{b}$ 的起点和 $\boldsymbol{a}$ 的终点重合，从 $\boldsymbol{a}$ 的起点到 $\boldsymbol{b}$ 的终点的向量 $\boldsymbol{c}$ 即为 $\boldsymbol{a}$ 与 $\boldsymbol{b}$ 的和向量（图 6-2(b)）．

根据三角形法则，将几个非零向量依次平行移动，使其首尾相接，由第一个向量的起点到最后一个向量的终点的向量，就是这几个向量的和向量，如图 6-3(a) 所示．

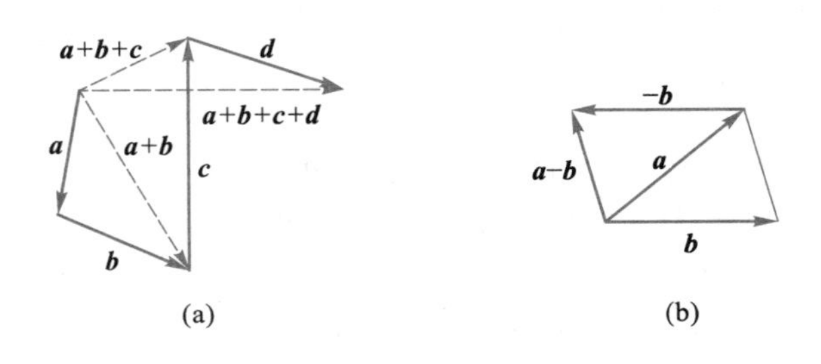

图 6-3

向量的减法规定为 $\boldsymbol{a}-\boldsymbol{b}=\boldsymbol{a}+(-\boldsymbol{b})$，即 $\boldsymbol{a}$ 减去 $\boldsymbol{b}$ 等于 $\boldsymbol{a}$ 加上 $\boldsymbol{b}$ 的反向量，如图 6-3(b)所示.

向量的加法有以下性质：

（1）交换律 $\boldsymbol{a}+\boldsymbol{b}=\boldsymbol{b}+\boldsymbol{a}$；

（2）结合律 $(\boldsymbol{a}+\boldsymbol{b})+\boldsymbol{c}=\boldsymbol{a}+(\boldsymbol{b}+\boldsymbol{c})$.

二、向量的数乘

定义 6.1.2　设有向量 $\boldsymbol{a}$，实数 λ 乘向量 $\boldsymbol{a}$ 仍是一个向量，记为 $\lambda\boldsymbol{a}$.（1）当 $\boldsymbol{a}\neq\boldsymbol{0}$ 时，其模 $|\lambda\boldsymbol{a}|=|\lambda||\boldsymbol{a}|$；若 $\lambda>0$，$\lambda\boldsymbol{a}$ 与 $\boldsymbol{a}$ 同向；若 $\lambda<0$，$\lambda\boldsymbol{a}$ 与 $\boldsymbol{a}$ 反向；（2）当 $\boldsymbol{a}=\boldsymbol{0}$ 或 $\lambda=0$ 或 $\boldsymbol{a}$ 与 λ 同时为零时，$\lambda\boldsymbol{a}=\boldsymbol{0}$.

$\lambda\boldsymbol{a}$ 与 $\boldsymbol{a}$ 共线，如图 6-4 所示.

对非零向量 $\boldsymbol{a}$，则有 $\boldsymbol{a}=|\boldsymbol{a}|\boldsymbol{e}_a$，于是

$$\boldsymbol{e}_a=\frac{\boldsymbol{a}}{|\boldsymbol{a}|}.$$

这表示一个非零向量除以它的模，得到一个与原向量同方向的**单位向量**，这个方法称为 $\boldsymbol{a}$ 的单位化.

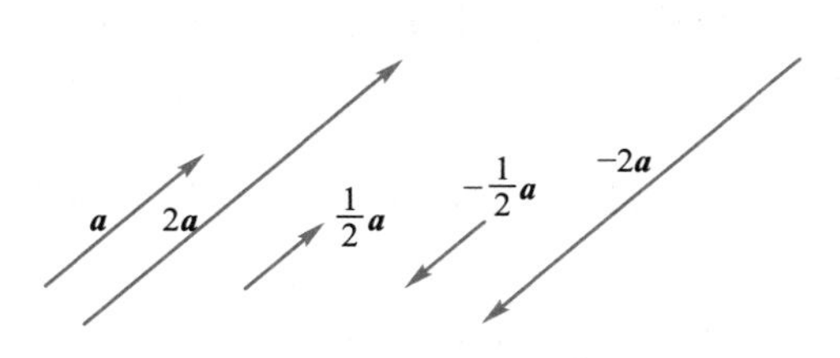

图 6-4

数乘向量运算有以下性质：

（1）结合律　$\lambda(\mu\boldsymbol{a})=(\lambda\mu)\boldsymbol{a}=\mu(\lambda\boldsymbol{a})$　（λ,μ 为实数）.

证　因为向量 $\lambda(\mu\boldsymbol{a})$，$\mu(\lambda\boldsymbol{a})$，$(\lambda\mu)\boldsymbol{a}$ 指向相同，且

$$|\lambda(\mu\boldsymbol{a})|=|\mu(\lambda\boldsymbol{a})|=|(\lambda\mu)\boldsymbol{a}|=|\lambda\mu||\boldsymbol{a}|,$$

所以

$$\lambda(\mu\boldsymbol{a})=(\lambda\mu)\boldsymbol{a}=\mu(\lambda\boldsymbol{a}).$$

证毕

（2）分配律　$\lambda(\boldsymbol{a}+\boldsymbol{b})=\lambda\boldsymbol{a}+\lambda\boldsymbol{b}$.

$(\lambda+\mu)\boldsymbol{a}=\lambda\boldsymbol{a}+\mu\boldsymbol{a}$.

例 1　如图 6-5 所示，$ABCD$ 是等腰梯形，底角 $\angle A=60°$，设 $\overrightarrow{AB}=\boldsymbol{a}$，$\overrightarrow{AD}=\boldsymbol{b}$，试用 $\boldsymbol{a},\boldsymbol{b}$ 表示 $\overrightarrow{BC}$，$\overrightarrow{DC}$，$\overrightarrow{AC}$，$\overrightarrow{BD}$.

解　作 $EC/\!/AD$. $\triangle BEC$ 为等边三角形，$BE=EC=BC=|\boldsymbol{b}|$，$DC=|\boldsymbol{a}|-|\boldsymbol{b}|$.

由于 $\overrightarrow{BC}=\overrightarrow{BE}+\overrightarrow{EC}$，而 $\overrightarrow{BE}=-|\boldsymbol{b}|\boldsymbol{e}_a=-\dfrac{|\boldsymbol{b}|}{|\boldsymbol{a}|}\boldsymbol{a}$，则 $\overrightarrow{BC}=-\dfrac{|\boldsymbol{b}|}{|\boldsymbol{a}|}\boldsymbol{a}+\boldsymbol{b}$.

$\overrightarrow{DC}=\overrightarrow{AB}-\overrightarrow{EB}$，于是 $\overrightarrow{DC}=\boldsymbol{a}-\dfrac{|\boldsymbol{b}|}{|\boldsymbol{a}|}\boldsymbol{a}=\dfrac{|\boldsymbol{a}|-|\boldsymbol{b}|}{|\boldsymbol{a}|}\boldsymbol{a}$.

$\overrightarrow{AC}=\overrightarrow{AB}+\overrightarrow{BC}=\dfrac{|\boldsymbol{a}|-|\boldsymbol{b}|}{|\boldsymbol{a}|}\boldsymbol{a}+\boldsymbol{b}$.

$\overrightarrow{BD}=\overrightarrow{AD}-\overrightarrow{AB}=\boldsymbol{b}-\boldsymbol{a}$.

例 2　证明三角形两边中点连线平行于第三边，且等于第三边的一半.

证　如图 6-6 所示，D,E 分别为 $\triangle ABC$ 的两边 AB,AC 的中点. 显然有

$$\overrightarrow{DE}=\overrightarrow{DA}+\overrightarrow{AE}=\frac{1}{2}\overrightarrow{BA}+\frac{1}{2}\overrightarrow{AC}=\frac{1}{2}(\overrightarrow{BA}+\overrightarrow{AC})=\frac{1}{2}\overrightarrow{BC},$$

因此，$DE/\!/BC$ 且 $|\overrightarrow{DE}|=\frac{1}{2}|\overrightarrow{BC}|$. 证毕

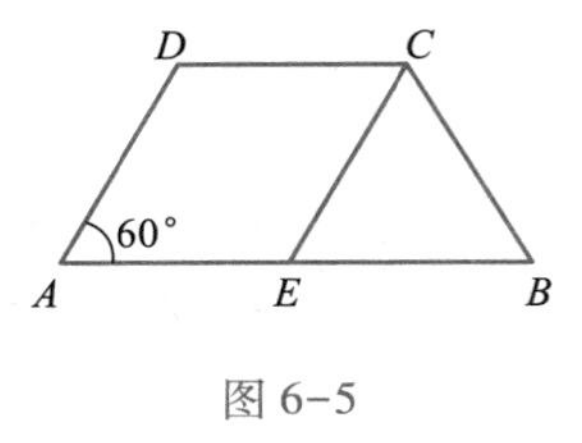

图 6-5

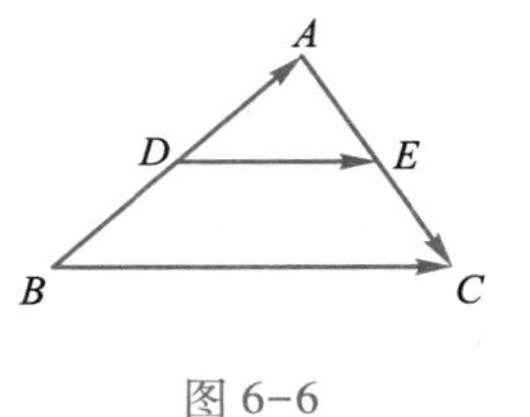

图 6-6

由数乘向量的概念，我们可得到两向量共线、三向量共面的充要条件.

定理 6.1.1 两个非零向量 $\boldsymbol{a}$ 和 $\boldsymbol{b}$ 共线的充要条件是 $\boldsymbol{b}=\lambda\boldsymbol{a}$，其中数 λ 由 $\boldsymbol{a},\boldsymbol{b}$ 唯一确定.

证 必要性.设向量 $\boldsymbol{a},\boldsymbol{b}$ 共线，即 $\boldsymbol{a}/\!/\boldsymbol{b}$.若 $\boldsymbol{a},\boldsymbol{b}$ 同向，取 $\lambda=\frac{|\boldsymbol{b}|}{|\boldsymbol{a}|}$，则 $\boldsymbol{b}=\lambda\boldsymbol{a}$；若 $\boldsymbol{a},\boldsymbol{b}$ 反向，取 $\lambda=-\frac{|\boldsymbol{b}|}{|\boldsymbol{a}|}$，则 $\boldsymbol{b}=\lambda\boldsymbol{a}$.

充分性.设 $\boldsymbol{b}=\lambda\boldsymbol{a}$，由数乘向量的定义，$\boldsymbol{a}$ 与 $\boldsymbol{b}$ 或同向或反向，因此，$\boldsymbol{a}/\!/\boldsymbol{b}$，即 $\boldsymbol{a}$ 和 $\boldsymbol{b}$ 共线.

再证 λ 的唯一性.事实上，若有另一 λ'，也使 $\boldsymbol{b}=\lambda'\boldsymbol{a}$，则 $\lambda\boldsymbol{a}=\lambda'\boldsymbol{a}$，即 $(\lambda-\lambda')\boldsymbol{a}=\boldsymbol{0}$，而 $\boldsymbol{a}\neq\boldsymbol{0}$，故只有 $\lambda-\lambda'=0$，亦即 $\lambda=\lambda'$. 证毕

定理 6.1.2 三个互不平行的向量 $\boldsymbol{a},\boldsymbol{b},\boldsymbol{c}$，它们共面的充要条件是 $\boldsymbol{c}=\lambda\boldsymbol{a}+\mu\boldsymbol{b}$（$\lambda,\mu$ 为实数），且 λ,μ 由 $\boldsymbol{a},\boldsymbol{b},\boldsymbol{c}$ 唯一确定.

证 必要性.设 $\boldsymbol{a},\boldsymbol{b},\boldsymbol{c}$ 共面，经平行移动至公共起点 O，则它们位于同一平面上，过 $\boldsymbol{c}$ 的终点分别作与 $\boldsymbol{a},\boldsymbol{b}$ 平行的 $\boldsymbol{a}',\boldsymbol{b}'$（作法如图 6-7 所示）.由定理 6.1.1 知，有唯一的数 λ 和 μ，使 $\boldsymbol{a}'=\lambda\boldsymbol{a},\boldsymbol{b}'=\mu\boldsymbol{b}$，故 $\boldsymbol{c}=\lambda\boldsymbol{a}+\mu\boldsymbol{b}$.由于 $\boldsymbol{a}',\boldsymbol{b}'$ 由 $\boldsymbol{a},\boldsymbol{b},\boldsymbol{c}$ 唯一确定，所以 λ,μ 也由 $\boldsymbol{a},\boldsymbol{b},\boldsymbol{c}$ 唯一确定.

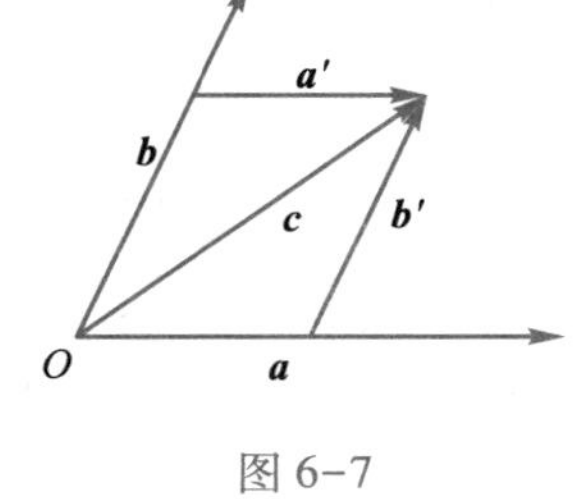

图 6-7

充分性.设有 $\boldsymbol{c}=\lambda\boldsymbol{a}+\mu\boldsymbol{b}$，所以，$\boldsymbol{c}$ 位于 $\lambda\boldsymbol{a},\mu\boldsymbol{b}$ 所在的平面上，亦即 $\boldsymbol{c}$ 位于 $\boldsymbol{a},\boldsymbol{b}$ 所在的平面上，所以 $\boldsymbol{a},\boldsymbol{b},\boldsymbol{c}$ 共面. 证毕

若 $\boldsymbol{c}=\lambda\boldsymbol{a}+\mu\boldsymbol{b}$，则称其为 $\boldsymbol{c}$ 按 $\boldsymbol{a},\boldsymbol{b}$ 的向量分解式，又称为 $\boldsymbol{c}$ 可由 $\boldsymbol{a},\boldsymbol{b}$ 线性表示.

1-3 向量在轴上的投影

设两个非零向量 $\boldsymbol{a},\boldsymbol{b}$，将它们平行移至公共起点 O，在两向量所决定的平面上，使一向量绕点 O 旋转到与另一向量的正方向重合时所转过的最小角度，称为向量 $\boldsymbol{a},\boldsymbol{b}$ 的**夹角**，记为 $(\widehat{\boldsymbol{a},\boldsymbol{b}})$ 或 $(\widehat{\boldsymbol{b},\boldsymbol{a}})$.显然有 $0\leqslant(\widehat{\boldsymbol{a},\boldsymbol{b}})\leqslant\pi$.

类似地，可规定向量与轴的夹角.所谓轴，是指定了正向的直线.

设 u 为一轴，A 为轴外任意一点，过 A 作 u 轴的垂直平面，与 u 轴交于点 A'，则称 A' 为 A 在 u 轴上的投影.若 A 点在 u 轴上，其投影就是 A 本身(如图 6-8 所示).

设有向量 $\overrightarrow{AB}$ 和轴 u，它们的夹角 $\varphi=(\widehat{\overrightarrow{AB},u})$，如图 6-9 所示.点 A,B 在 u 轴的投影分别为 A',B'，$\overrightarrow{A'B'}$ 为 u 轴上的有向线段，我们将向量 $\overrightarrow{AB}$ 在 u 轴上的**投影**记为 $\mathrm{Prj}_u\ \overrightarrow{AB}$，并规定 $\overrightarrow{AB}$ 在 u 轴上的投影为

$$\mathrm{Prj}_u\ \overrightarrow{AB}=\begin{cases}|\overrightarrow{A'B'}|, & 0\leqslant\varphi<\dfrac{\pi}{2},\\ 0, & \varphi=\dfrac{\pi}{2},\\ -|\overrightarrow{A'B'}|, & \dfrac{\pi}{2}<\varphi\leqslant\pi.\end{cases}$$

这里应注意，向量 $\overrightarrow{AB}$ 在轴上的投影是一个数量.

定理 6.1.3 向量 $\overrightarrow{AB}$ 在 u 轴上的投影等于向量的模乘向量与 u 轴夹角 φ 的余弦，即

$$\mathrm{Prj}_u\ \overrightarrow{AB}=|\overrightarrow{AB}|\cos\varphi.$$

证 如图 6-9 所示，将向量 $\overrightarrow{AB}$ 平行移至 $\overrightarrow{A'B''}$，$\overrightarrow{AB}=\overrightarrow{A'B''}$，其中 A' 为 A 在 u 轴上的投影，B' 为 B,B'' 在 u 轴上的投影，并有 $\varphi=(\widehat{\overrightarrow{AB},u})=(\widehat{\overrightarrow{A'B''},u})$，$\mathrm{Prj}_u\ \overrightarrow{AB}=\mathrm{Prj}_u\ \overrightarrow{A'B''}$，于是

当 $0\leqslant\varphi<\dfrac{\pi}{2}$ 时，$\mathrm{Prj}_u\ \overrightarrow{AB}=\mathrm{Prj}_u\ \overrightarrow{A'B''}=|\overrightarrow{A'B'}|=|\overrightarrow{AB}|\cos\varphi$.

当 $\dfrac{\pi}{2}<\varphi\leqslant\pi$ 时，$\mathrm{Prj}_u\ \overrightarrow{AB}=-|\overrightarrow{A'B'}|=-|\overrightarrow{AB}|\cos(\pi-\varphi)=|\overrightarrow{AB}|\cos\varphi$.

当 $\varphi=\dfrac{\pi}{2}$ 时，显然 $\mathrm{Prj}_u\ \overrightarrow{AB}=0=|\overrightarrow{AB}|\cos\varphi$. 证毕

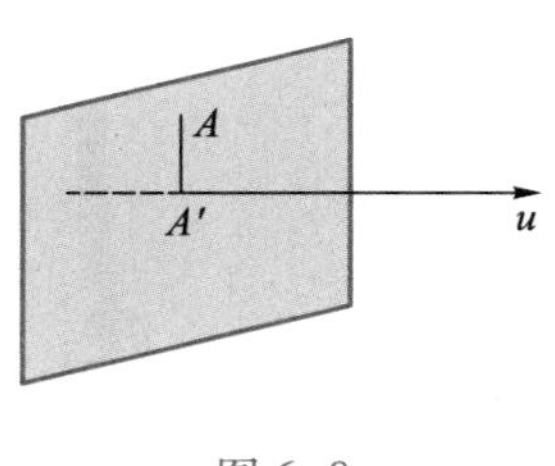

图 6-8

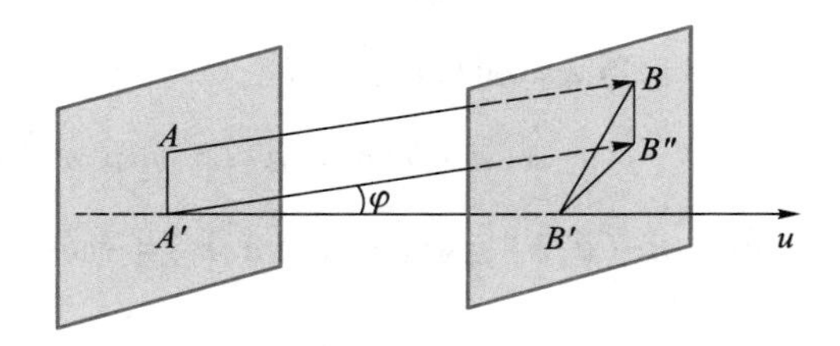

图 6-9

定理 6.1.4(投影定理) 有限个向量之和在轴上的投影等于它们分别在该轴上的投影之和，即

$$\mathrm{Prj}_u(\boldsymbol{a}_1+\boldsymbol{a}_2+\cdots+\boldsymbol{a}_n)=\mathrm{Prj}_u\boldsymbol{a}_1+\mathrm{Prj}_u\boldsymbol{a}_2+\cdots+\mathrm{Prj}_u\boldsymbol{a}_n.$$

由读者自证.

类似地，向量 $\boldsymbol{a}$ 在向量 $\boldsymbol{b}$ 上的投影，记为 $\mathrm{Prj}_{\boldsymbol{b}}\boldsymbol{a}$，且 $\mathrm{Prj}_{\boldsymbol{b}}\boldsymbol{a}=|\boldsymbol{a}|\cos(\widehat{\boldsymbol{a},\boldsymbol{b}})$.

1-4 内积 向量积 混合积

一、两向量的内积

我们先看一个例子.

一物体在力 $\boldsymbol{F}$ 的作用下产生位移 $\boldsymbol{s}$,如图 6-10 所示,若 $\boldsymbol{F}$ 是个不变的力,那么它对物体所做的功为

$$W=|\boldsymbol{F}||\boldsymbol{s}|\cos(\widehat{\boldsymbol{F},\boldsymbol{s}}).$$

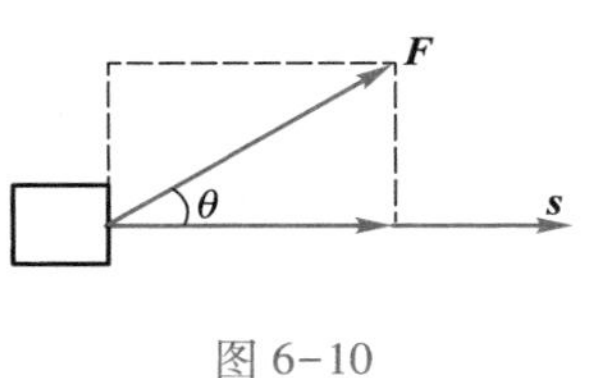

图 6-10

这是由两个向量 $\boldsymbol{F},\boldsymbol{s}$ 产生一个数量 $|\boldsymbol{F}||\boldsymbol{s}|\cos(\widehat{\boldsymbol{F},\boldsymbol{s}})$ 的新的运算.

定义 6.1.3 设有两个向量 $\boldsymbol{a}$ 和 $\boldsymbol{b}$,它们的模与它们之间的夹角的余弦的乘积,称为向量 $\boldsymbol{a}$ 和 $\boldsymbol{b}$ 的**内积**,记为 $\boldsymbol{a}\cdot\boldsymbol{b}$,即

$$\boldsymbol{a}\cdot\boldsymbol{b}=|\boldsymbol{a}||\boldsymbol{b}|\cos(\widehat{\boldsymbol{a},\boldsymbol{b}}).$$

内积又称为数量积或点积.注意,两个向量的内积是一个数.

由投影定理可知

$$\boldsymbol{a}\cdot\boldsymbol{b}=|\boldsymbol{a}||\boldsymbol{b}|\cos(\widehat{\boldsymbol{a},\boldsymbol{b}})=|\boldsymbol{a}|\mathrm{Prj}_{\boldsymbol{a}}\boldsymbol{b}=|\boldsymbol{b}|\mathrm{Prj}_{\boldsymbol{b}}\boldsymbol{a}.$$

即两个向量的内积等于其中一个向量的模与另一个向量在这向量上的投影的乘积.

内积有以下运算性质:

(1) 交换律 $\boldsymbol{a}\cdot\boldsymbol{b}=\boldsymbol{b}\cdot\boldsymbol{a}$.

(2) 分配律 $(\boldsymbol{a}+\boldsymbol{b})\cdot\boldsymbol{c}=\boldsymbol{a}\cdot\boldsymbol{c}+\boldsymbol{b}\cdot\boldsymbol{c}$.

(3) 结合律 $\lambda(\boldsymbol{a}\cdot\boldsymbol{b})=(\lambda\boldsymbol{a})\cdot\boldsymbol{b}=\boldsymbol{a}\cdot(\lambda\boldsymbol{b})$ (λ 为实数).

这里只证性质(3),类似可证(1),(2).

证 (3) 当 $\lambda<0$ 时,由内积定义

$$\lambda(\boldsymbol{a}\cdot\boldsymbol{b})=\lambda|\boldsymbol{a}||\boldsymbol{b}|\cos(\widehat{\boldsymbol{a},\boldsymbol{b}})=-|\lambda\boldsymbol{a}||\boldsymbol{b}|\cos(\widehat{\boldsymbol{a},\boldsymbol{b}}),$$

而$(\lambda\boldsymbol{a},\boldsymbol{b})=\pi-(\boldsymbol{a},\boldsymbol{b})$,因此 $\cos(\widehat{\lambda\boldsymbol{a},\boldsymbol{b}})=-\cos(\widehat{\boldsymbol{a},\boldsymbol{b}})$.于是

$$\lambda(\boldsymbol{a}\cdot\boldsymbol{b})=|\lambda\boldsymbol{a}||\boldsymbol{b}|\cos(\widehat{\lambda\boldsymbol{a},\boldsymbol{b}})=(\lambda\boldsymbol{a})\cdot\boldsymbol{b}.$$

同理有

$$\lambda(\boldsymbol{a}\cdot\boldsymbol{b})=\boldsymbol{a}\cdot(\lambda\boldsymbol{b}).$$

当 $\lambda>0$,同样可证 $\lambda(\boldsymbol{a}\cdot\boldsymbol{b})=(\lambda\boldsymbol{a})\cdot\boldsymbol{b}=\boldsymbol{a}\cdot(\lambda\boldsymbol{b})$.

当 $\lambda=0$ 时,显然成立. 证毕

由内积的定义可得

定理 6.1.5 两个非零向量 $\boldsymbol{a}$ 和 $\boldsymbol{b}$ 垂直的充要条件是它们的内积等于零,即 $\boldsymbol{a}\cdot\boldsymbol{b}=0$.

例 3 设向量 $\boldsymbol{a}$ 与 $\boldsymbol{b}$ 的夹角为$\dfrac{\pi}{3}$,$|\boldsymbol{a}|=2$,$|\boldsymbol{b}|=3$,求 $\boldsymbol{a}\cdot\boldsymbol{b}$.

解　$\boldsymbol{a}\cdot\boldsymbol{b}=|\boldsymbol{a}||\boldsymbol{b}|\cos(\widehat{\boldsymbol{a},\boldsymbol{b}})=2\times3\times\cos\frac{\pi}{3}=3.$

例 4　证明以直径为一边的圆内接三角形是直角三角形.

证　如图 6-11 所示.显然有

$$\boldsymbol{b}=\boldsymbol{a}+\boldsymbol{r},\boldsymbol{c}=\boldsymbol{a}-\boldsymbol{r},$$

于是 $\boldsymbol{b}\cdot\boldsymbol{c}=(\boldsymbol{a}+\boldsymbol{r})\cdot(\boldsymbol{a}-\boldsymbol{r})=\boldsymbol{a}\cdot\boldsymbol{a}-\boldsymbol{r}\cdot\boldsymbol{r}=|\boldsymbol{a}|^2-|\boldsymbol{r}|^2=0$.因 $\boldsymbol{b}\neq\boldsymbol{0},\boldsymbol{c}\neq\boldsymbol{0}$,所以 $\boldsymbol{b}\perp\boldsymbol{c}$,即以直径为一边的圆的内接三角形为直角三角形.　　证毕

例 5　设流体流过平面 S 上面积为 A 的一个区域,如图 6-12 所示,流速在该区域各点处相同(常向量),记为 $\boldsymbol{v}$,流体密度为 ρ,$\boldsymbol{e}_n$ 为垂直于 S 的单位向量,称为 S 的单位法向量,计算在单位时间内经该区域流向 $\boldsymbol{e}_n$ 正向一侧的流体质量.

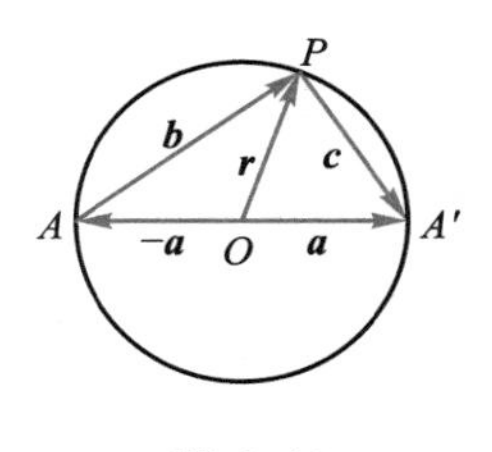

图 6-11

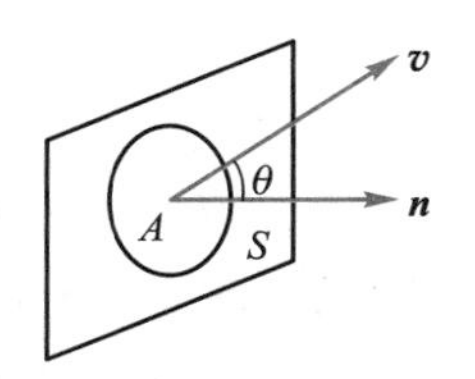

图 6-12

解　设 $\boldsymbol{v}$ 与 $\boldsymbol{e}_n$ 的夹角记为 θ,单位时间内流过区域 A 的流体体积恰是以 A 为底,$|\boldsymbol{v}|$ 为斜高的斜柱体体积,即

$$V=A|\boldsymbol{v}|\cos\theta=A\boldsymbol{v}\cdot\boldsymbol{e}_n,$$

称为体积流量,于是,所求的单位时间内的流体质量 $m=\rho V=\rho A\boldsymbol{v}\cdot\boldsymbol{e}_n$.

释疑解惑 6.1

向量的内积的应用.

二、两向量的向量积

考察陀螺运动,如图 6-13.我们知道,引起陀螺旋转的原因是力 $\boldsymbol{F}$ 对陀螺轴线的力矩.设陀螺受水平力 $\boldsymbol{F}$ 的作用,$\boldsymbol{r}$ 为 $\boldsymbol{F}$ 所在的水平面与轴线的交点到 $\boldsymbol{F}$ 的作用点的向量,则 $\boldsymbol{F}$ 对转轴的力臂为 $|\boldsymbol{r}|\sin(\widehat{\boldsymbol{r},\boldsymbol{F}})$.于是 $\boldsymbol{F}$ 对陀螺轴线的力矩的大小为 $|\boldsymbol{r}||\boldsymbol{F}|\sin(\widehat{\boldsymbol{r},\boldsymbol{F}})$.

若陀螺受力为 $-\boldsymbol{F}$,由于 $(\widehat{\boldsymbol{r},-\boldsymbol{F}})=\pi-(\widehat{\boldsymbol{r},\boldsymbol{F}})$,$\sin(\widehat{\boldsymbol{r},\boldsymbol{F}})=\sin(\widehat{\boldsymbol{r},-\boldsymbol{F}})$,所以,使陀螺转动的力矩的大小 $|\boldsymbol{r}||\boldsymbol{F}|\sin(\widehat{\boldsymbol{r},-\boldsymbol{F}})=|\boldsymbol{r}||\boldsymbol{F}|\sin(\widehat{\boldsymbol{r},\boldsymbol{F}})$.但由常识知,此时陀螺的转向与前者刚好相反.为区别这两种情形,我们引入力矩向量的概念.力 $\boldsymbol{F}$ 对转轴的力矩为一向量 $\boldsymbol{M}$,其模 $|\boldsymbol{M}|=|\boldsymbol{r}||\boldsymbol{F}|\sin(\widehat{\boldsymbol{r},\boldsymbol{F}})$,方向依右手法则确定,即让右手除拇指外的四指,从 $\boldsymbol{r}$ 以不超过 π 的角转向 $\boldsymbol{F}$ 握拳时,拇指的指向即为 $\boldsymbol{M}$ 的方向.为叙述方便,以后将这样的三个有序向量组 $\boldsymbol{r},\boldsymbol{F},\boldsymbol{M}$ 称为 $\boldsymbol{r},\boldsymbol{F},\boldsymbol{M}$ 组成右手系.

上述由任意两个向量生成第三个向量的方法也定义了一个新的运算.

定义 6.1.4　设向量 $\boldsymbol{c}$ 由向量 $\boldsymbol{a}$ 和 $\boldsymbol{b}$ 所确定,其模为 $|\boldsymbol{c}|=|\boldsymbol{a}||\boldsymbol{b}|\sin(\widehat{\boldsymbol{a},\boldsymbol{b}})$,方向垂直于 $\boldsymbol{a}$ 与 $\boldsymbol{b}$ 所确定的平面,且 $\boldsymbol{a},\boldsymbol{b}$ 与 $\boldsymbol{c}$ 的方向符合右手法则,如图 6-14 所示,则向量 $\boldsymbol{c}$ 称为向

量 $\boldsymbol{a}$ 与 $\boldsymbol{b}$ 的**向量积**,记为 $\boldsymbol{a}\times\boldsymbol{b}$.

向量 $\boldsymbol{a}$ 与 $\boldsymbol{b}$ 的向量积又称为叉积.向量 $\boldsymbol{a}$ 与 $\boldsymbol{b}$ 的向量积的模 $|\boldsymbol{a}\times\boldsymbol{b}|=|\boldsymbol{a}||\boldsymbol{b}|\sin(\widehat{\boldsymbol{a},\boldsymbol{b}})$,在数值上等于以 $\boldsymbol{a},\boldsymbol{b}$ 为两邻边的平行四边形的面积.

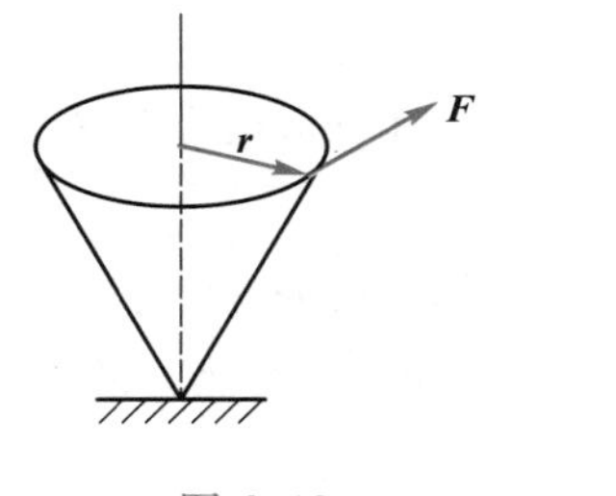

图 6-13

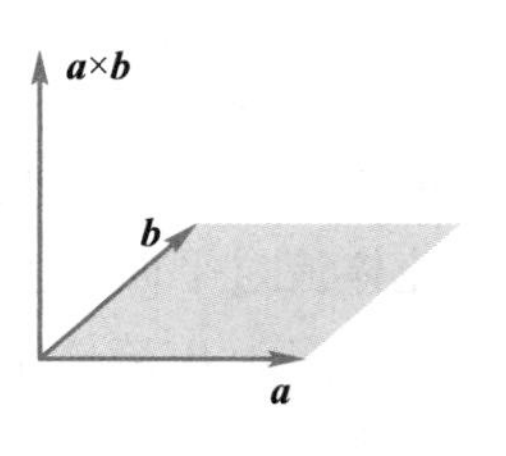

图 6-14

向量积有以下性质:

(1) 反交换律 $\boldsymbol{a}\times\boldsymbol{b}=-(\boldsymbol{b}\times\boldsymbol{a})$.

可见两向量的向量积不具备交换律的性质.

(2) 分配律 $(\boldsymbol{a}+\boldsymbol{b})\times\boldsymbol{c}=\boldsymbol{a}\times\boldsymbol{c}+\boldsymbol{b}\times\boldsymbol{c}$.

(3) 结合律 $\lambda(\boldsymbol{a}\times\boldsymbol{b})=(\lambda\boldsymbol{a})\times\boldsymbol{b}=\boldsymbol{a}\times(\lambda\boldsymbol{b})$ (λ 为实数).

证明从略.

由向量积定义易见

定理 6.1.6 两个非零向量平行的充要条件是它们的向量积等于零向量.

例 6 证明 $(\boldsymbol{a}\times\boldsymbol{b})^2=\boldsymbol{a}^2\boldsymbol{b}^2-(\boldsymbol{a}\cdot\boldsymbol{b})^2$.

证
$$\begin{aligned}(\boldsymbol{a}\times\boldsymbol{b})^2 &\xlongequal{\text{def}}(\boldsymbol{a}\times\boldsymbol{b})\cdot(\boldsymbol{a}\times\boldsymbol{b})=|\boldsymbol{a}|^2\ |\boldsymbol{b}|^2\sin^2(\widehat{\boldsymbol{a},\boldsymbol{b}})\\ &=|\boldsymbol{a}|^2\ |\boldsymbol{b}|^2(1-\cos^2(\widehat{\boldsymbol{a},\boldsymbol{b}}))\\ &=\boldsymbol{a}^2\boldsymbol{b}^2-[\,|\boldsymbol{a}||\boldsymbol{b}|\cos(\widehat{\boldsymbol{a},\boldsymbol{b}})\,]^2\\ &=\boldsymbol{a}^2\boldsymbol{b}^2-(\boldsymbol{a}\cdot\boldsymbol{b})^2.\end{aligned}$$
证毕

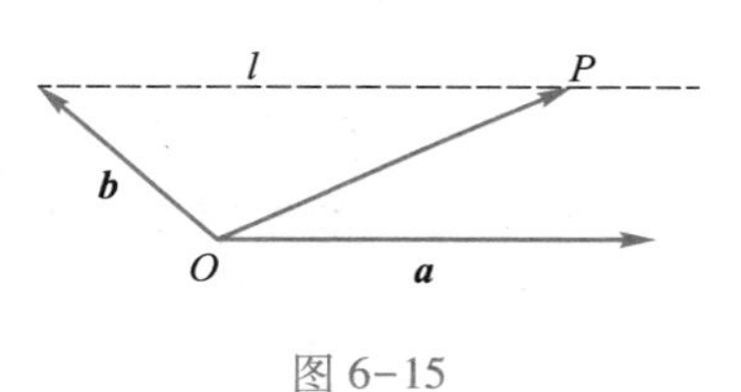

图 6-15

例 7 若过点 O 作两向量 $\boldsymbol{a},\boldsymbol{b}$ (图 6-15),过 $\boldsymbol{b}$ 的终点作直线 l 与 $\boldsymbol{a}$ 平行,在 l 上任意取一点 P,证明 $\boldsymbol{a}\times\boldsymbol{b}=\boldsymbol{a}\times\overrightarrow{OP}$.

释疑解惑 6.2

向量积的应用.

证 设 l 与 $\boldsymbol{a}$ 所在直线的距离为 h,则以 $\boldsymbol{a}$, $\boldsymbol{b}$ 为邻边与以 $\boldsymbol{a}$, $\overrightarrow{OP}$为邻边的平行四边形的面积都为 $|\boldsymbol{a}|h$,且 $\boldsymbol{a}$, $\boldsymbol{b}$, $\boldsymbol{a}\times\boldsymbol{b}$ 与 $\boldsymbol{a}$, $\overrightarrow{OP}$, $\boldsymbol{a}\times\overrightarrow{OP}$都构成右手系,故

$$\boldsymbol{a}\times\boldsymbol{b}=\boldsymbol{a}\times\overrightarrow{OP}.$$
证毕

三、向量的混合积

设有三个向量 $\boldsymbol{a},\boldsymbol{b},\boldsymbol{c}$,如果先作 $\boldsymbol{a},\boldsymbol{b}$ 的向量积,把所得的向量与 $\boldsymbol{c}$ 再作内积 $(\boldsymbol{a}\times\boldsymbol{b})\cdot\boldsymbol{c}$,

称为 $\boldsymbol{a},\boldsymbol{b},\boldsymbol{c}$ 的**混合积**，记为 $[\boldsymbol{a}\ \boldsymbol{b}\ \boldsymbol{c}]$.

注意：三向量的混合积是一个数量. 由混合积定义得

$$[\boldsymbol{a}\ \boldsymbol{b}\ \boldsymbol{c}]=(\boldsymbol{a}\times\boldsymbol{b})\cdot\boldsymbol{c}=|\boldsymbol{a}\times\boldsymbol{b}||\boldsymbol{c}|\cos(\widehat{\boldsymbol{a}\times\boldsymbol{b},\boldsymbol{c}})=|\boldsymbol{a}\times\boldsymbol{b}|\mathrm{Prj}_{\boldsymbol{a}\times\boldsymbol{b}}\boldsymbol{c}.$$

由此可见，若将 $\boldsymbol{a},\boldsymbol{b},\boldsymbol{c}$ 平行移至公共起点 O，以它们为棱组成一个平行六面体，如图 6-16，则 $|\boldsymbol{a}\times\boldsymbol{b}|$ 为平行六面体的底面积，$|\mathrm{Prj}_{\boldsymbol{a}\times\boldsymbol{b}}\boldsymbol{c}|$ 为 $\boldsymbol{c}$ 在垂直于该底面的向量 $\boldsymbol{a}\times\boldsymbol{b}$ 上的投影，也即是该平行六面体的高，因此，$|[\boldsymbol{a}\ \boldsymbol{b}\ \boldsymbol{c}]|$ 就是这个平行六面体的体积. 当 $\boldsymbol{a},\boldsymbol{b},\boldsymbol{c}$ 构成右手系时，混合积 $[\boldsymbol{a}\ \boldsymbol{b}\ \boldsymbol{c}]>0$，否则 $[\boldsymbol{a}\ \boldsymbol{b}\ \boldsymbol{c}]<0$.

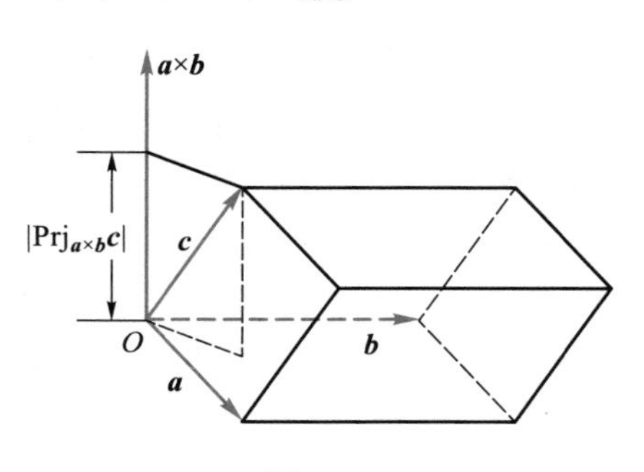

图 6-16

混合积有以下性质：

(1) $[\boldsymbol{a}\ \boldsymbol{b}\ \boldsymbol{c}]=[\boldsymbol{b}\ \boldsymbol{c}\ \boldsymbol{a}]=[\boldsymbol{c}\ \boldsymbol{a}\ \boldsymbol{b}]$.

(2) $[\boldsymbol{a}\ \boldsymbol{b}\ \boldsymbol{c}]=-[\boldsymbol{b}\ \boldsymbol{a}\ \boldsymbol{c}]=-[\boldsymbol{c}\ \boldsymbol{b}\ \boldsymbol{a}]=-[\boldsymbol{a}\ \boldsymbol{c}\ \boldsymbol{b}]$.

由混合积的几何意义，这些性质是一目了然的，并随之可得

定理 6.1.7　设 $\boldsymbol{a},\boldsymbol{b},\boldsymbol{c}$ 为三个非零向量，它们共面的充要条件是 $[\boldsymbol{a}\ \boldsymbol{b}\ \boldsymbol{c}]=0$.

例 8　设 $[\boldsymbol{a}\ \boldsymbol{b}\ \boldsymbol{c}]=2$，计算 $[(\boldsymbol{a}+\boldsymbol{b})\ (\boldsymbol{b}+\boldsymbol{c})\ (\boldsymbol{c}+\boldsymbol{a})]$.

解　
$$\begin{aligned}[(\boldsymbol{a}+\boldsymbol{b})\ (\boldsymbol{b}+\boldsymbol{c})\ (\boldsymbol{c}+\boldsymbol{a})]&=[(\boldsymbol{a}+\boldsymbol{b})\times(\boldsymbol{b}+\boldsymbol{c})]\cdot(\boldsymbol{c}+\boldsymbol{a})\\&=[(\boldsymbol{a}+\boldsymbol{b})\times\boldsymbol{b}+(\boldsymbol{a}+\boldsymbol{b})\times\boldsymbol{c}]\cdot(\boldsymbol{c}+\boldsymbol{a})\\&=[(\boldsymbol{a}\times\boldsymbol{b})+(\boldsymbol{a}\times\boldsymbol{c})+(\boldsymbol{b}\times\boldsymbol{c})]\cdot(\boldsymbol{c}+\boldsymbol{a})\\&=(\boldsymbol{a}\times\boldsymbol{b})\cdot\boldsymbol{c}+(\boldsymbol{a}\times\boldsymbol{c})\cdot\boldsymbol{c}+(\boldsymbol{b}\times\boldsymbol{c})\cdot\boldsymbol{c}+(\boldsymbol{a}\times\boldsymbol{b})\cdot\boldsymbol{a}+\\&\quad(\boldsymbol{a}\times\boldsymbol{c})\cdot\boldsymbol{a}+(\boldsymbol{b}\times\boldsymbol{c})\cdot\boldsymbol{a}.\end{aligned}$$

因 $\boldsymbol{a}\times\boldsymbol{c},\boldsymbol{b}\times\boldsymbol{c}$ 与 $\boldsymbol{c}$ 垂直，$\boldsymbol{a}\times\boldsymbol{b},\boldsymbol{a}\times\boldsymbol{c}$ 与 $\boldsymbol{a}$ 垂直，故上式中的中间四项为零，从而

$$[(\boldsymbol{a}+\boldsymbol{b})\ (\boldsymbol{b}+\boldsymbol{c})\ (\boldsymbol{c}+\boldsymbol{a})]=[\boldsymbol{a}\ \boldsymbol{b}\ \boldsymbol{c}]+[\boldsymbol{b}\ \boldsymbol{c}\ \boldsymbol{a}]=2[\boldsymbol{a}\ \boldsymbol{b}\ \boldsymbol{c}]=4.$$

释疑解惑 6.3

向量运算的特点.

习题 6-1

A

1. 回答下列问题：

(1) 当 $\boldsymbol{a}$ 旋转一个角度 $\varphi(\neq 0)$ 后，恰与 $\boldsymbol{b}$ 重合，问 $\boldsymbol{a}=\boldsymbol{b}$ 吗？为什么？

(2) 由 $\boldsymbol{a}=\boldsymbol{b}$ 是否可得 $|\boldsymbol{a}|=|\boldsymbol{b}|$？反之，由 $|\boldsymbol{a}|=|\boldsymbol{b}|$ 是否可得 $\boldsymbol{a}=\boldsymbol{b}$？为什么？

(3) $\boldsymbol{a}>\boldsymbol{b}$，$|\boldsymbol{a}|>|\boldsymbol{b}|$，$|\boldsymbol{a}|\boldsymbol{b}$，$\boldsymbol{ab}$，是否有意义？为什么？

(4) 设有 $\boldsymbol{a},\boldsymbol{b},\boldsymbol{c}$，① 问 $\boldsymbol{a},\boldsymbol{b},\boldsymbol{a}+\boldsymbol{b}$ 或 $\boldsymbol{a},\boldsymbol{b},\boldsymbol{a}-\boldsymbol{b}$ 能否构成一个三角形？② 若满足 $\boldsymbol{a}+\boldsymbol{b}+\boldsymbol{c}=\boldsymbol{0}$，它们能否构成一个三角形？若它们构成一个三角形，是否一定满足 $\boldsymbol{a}+\boldsymbol{b}+\boldsymbol{c}=\boldsymbol{0}$.

2. 设向量 $\boldsymbol{a},\boldsymbol{b}$ 为非零向量,试作出向量 $2\boldsymbol{a}+\boldsymbol{b},\boldsymbol{a}-2\boldsymbol{b},\boldsymbol{b}-\boldsymbol{a},\frac{1}{2}(\boldsymbol{a}+\boldsymbol{b}),-\frac{1}{2}\boldsymbol{b}$ 的图形.

3. 设 $\boldsymbol{m}+2\boldsymbol{n}=2\boldsymbol{a}-\boldsymbol{b}+\boldsymbol{c},3\boldsymbol{m}+\boldsymbol{n}=-\boldsymbol{a}+2\boldsymbol{b}-2\boldsymbol{c}$,试用 $\boldsymbol{a},\boldsymbol{b},\boldsymbol{c}$ 表示向量 $5\boldsymbol{m}-4\boldsymbol{n}$.

4. 设向量 $\boldsymbol{a}$ 的模是 4,它与数轴的夹角是$\frac{2}{3}\pi$,求它在该轴上的投影.

5. 投影相等的两个向量是否相等? 投影为 0 的向量,是否必为零向量? 举例说明.

6. 设有单位立方体,$\overrightarrow{OA}=\boldsymbol{i},\overrightarrow{OB}=\boldsymbol{j},\overrightarrow{OC}=\boldsymbol{k}$,其三个面上的对角线向量为$\overrightarrow{OP}=\boldsymbol{a},\overrightarrow{OQ}=\boldsymbol{b},\overrightarrow{OS}=\boldsymbol{c}$,试把向量 $\boldsymbol{r}=\lambda\boldsymbol{a}+\mu\boldsymbol{b}+\nu\boldsymbol{c}$ 用 $\boldsymbol{i},\boldsymbol{j},\boldsymbol{k}$ 线性表示(见图).

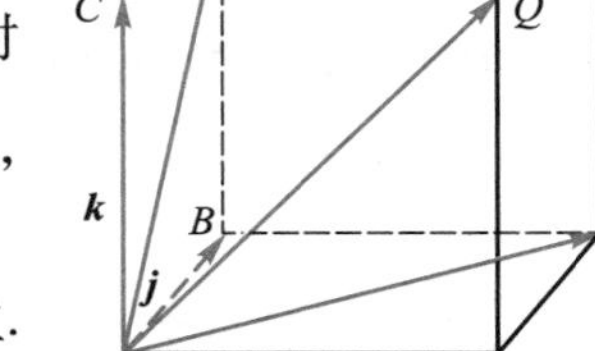

第 6 题图

7. 设向量 $\boldsymbol{a},\boldsymbol{b}$,证明 $|\boldsymbol{a}+\boldsymbol{b}|\leqslant|\boldsymbol{a}|+|\boldsymbol{b}|$,并指出等号何时成立.

8. 设 $|\boldsymbol{a}|=3,|\boldsymbol{b}|=6$,且 $\boldsymbol{a},\boldsymbol{b}$ 同方向,求 $\boldsymbol{a}\cdot\boldsymbol{b},(\boldsymbol{a}+2\boldsymbol{b})\cdot(2\boldsymbol{a}-\boldsymbol{b})$.

9. 设 $|\boldsymbol{a}|=2,|\boldsymbol{b}|=3$,且 $\boldsymbol{a},\boldsymbol{b}$ 垂直,求 $|\boldsymbol{a}\times\boldsymbol{b}|,|(\boldsymbol{a}+\boldsymbol{b})\times(2\boldsymbol{a}-\boldsymbol{b})|$.

10. 设 $|\boldsymbol{a}|=2,|\boldsymbol{b}|=1,(\boldsymbol{a},\boldsymbol{b})=\frac{2}{3}\pi$,求 $2\boldsymbol{a}+\boldsymbol{b}$ 与 $\boldsymbol{a}+4\boldsymbol{b}$ 的夹角.

11. 设 $\boldsymbol{a}+\boldsymbol{b}+\boldsymbol{c}=\boldsymbol{0}$,且 $|\boldsymbol{a}|=1,|\boldsymbol{b}|=2,|\boldsymbol{c}|=3$,求 $\boldsymbol{a}\cdot\boldsymbol{b}+\boldsymbol{b}\cdot\boldsymbol{c}+\boldsymbol{c}\cdot\boldsymbol{a}$.

B

1. 设 $\boldsymbol{a},\boldsymbol{b},\boldsymbol{c}$ 为有公共起点的三个相互垂直的非零向量,试证,任一向量 $\boldsymbol{r}$ 都可由 $\boldsymbol{a},\boldsymbol{b},\boldsymbol{c}$ 线性表示,即有数 λ,μ,ν,使 $\boldsymbol{r}=\lambda\boldsymbol{a}+\mu\boldsymbol{b}+\nu\boldsymbol{c}$;若 $\boldsymbol{r}$ 与 $\boldsymbol{a},\boldsymbol{b},\boldsymbol{c}$ 之间的夹角依次为 $\alpha_0,\beta_0,\gamma_0$,$\boldsymbol{r}$ 的模为 $|\boldsymbol{r}|$,试确定 λ,μ,ν 的值.

2. 设 $\boldsymbol{a},\boldsymbol{b},\boldsymbol{c}$ 为三个非零向量, λ,μ,ν 为不全为零的三个数,证明向量 $\lambda\boldsymbol{a}-\mu\boldsymbol{b},\mu\boldsymbol{b}-\nu\boldsymbol{c},\nu\boldsymbol{c}-\lambda\boldsymbol{a}$ 共面.

3. 设向量 $\boldsymbol{a},\boldsymbol{b},\boldsymbol{c}$ 满足条件 $\lambda\boldsymbol{a}+\mu\boldsymbol{b}+\nu\boldsymbol{c}=\boldsymbol{0}$,且 λ,μ,ν 至少有一个不为 0,证明 $\boldsymbol{a},\boldsymbol{b},\boldsymbol{c}$ 共面.

4. 设 $\boldsymbol{e}_a,\boldsymbol{e}_b,\boldsymbol{e}_c$ 为三个单位向量,它们的公共起点为 O,且 $\boldsymbol{e}_a+\boldsymbol{e}_b+\boldsymbol{e}_c=\boldsymbol{0}$,试证它们的三个终点连线组成一个正三角形.

第二节　向量的坐标和向量运算的坐标表示

2-1　向量的坐标

一、空间直角坐标系

平面直角坐标系,建立了平面上的点与一对有序实数之间的一一对应关系.为了建立空间中的点与由三个实数组成的有序实数组之间一一对应的关系，以便通过代数运算来研究空间几何图形，下面引进空间直角坐标系.

过空间中一个定点 O，作三条互相垂直且具有相同长度单位的数轴，且三轴的正向构成右手系，这样的三条数轴就组成了一个**空间直角坐标系**.如图 6-17 所示.点 O 称为坐标原点，三条轴分别称为 x 轴(横轴)、y 轴(纵轴)和 z 轴(竖轴)，统称坐标轴.

三条坐标轴中任意两条确定了一个平面，称为坐标面，分别记为 xOy, yOz, xOz.三个坐标面分空间为八部分，每一部分称为卦限.在 xOy 面上方的四个卦限中，含有 x, y, z 轴的正半轴的那部分称为第Ⅰ卦限，其余各部分按逆时针方向依次称为第Ⅱ、Ⅲ、Ⅳ卦限；在 xOy 面下方，对着Ⅰ、Ⅱ、Ⅲ、Ⅳ卦限的各部分依次称为第Ⅴ、Ⅵ、Ⅶ、Ⅷ卦限.

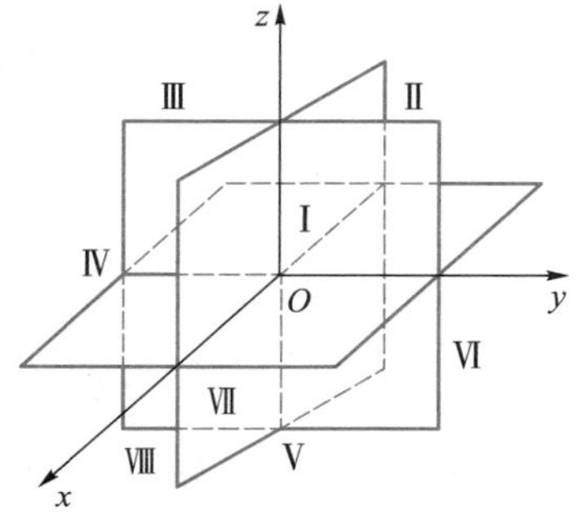

图 6-17

二、空间中点的坐标和两点间的距离

设 M 为空间一点，过 M 分别作平行于三个坐标面的平面，与 x, y, z 轴交于 P, Q, R 三点，这三点在 x, y, z 轴上的坐标依次为 x, y, z，这样，点 M 唯一确定了一个有序数组 (x,y,z)；反之，对任意一个有序数组 (x,y,z)，在 x, y, z 轴上分别取坐标为 x, y, z 的三点 P, Q, R，过 P, Q, R 分别作平行于坐标面的三个平面，它们的交点 M 为有序数组 (x,y,z) 唯一确定.这样，建立了空间中的点 M 与有序数组 (x,y,z) 之间的一一对应关系，x, y, z 称为 M 点的直角坐标，记为 $M(x,y,z)$.如图 6-18 所示.

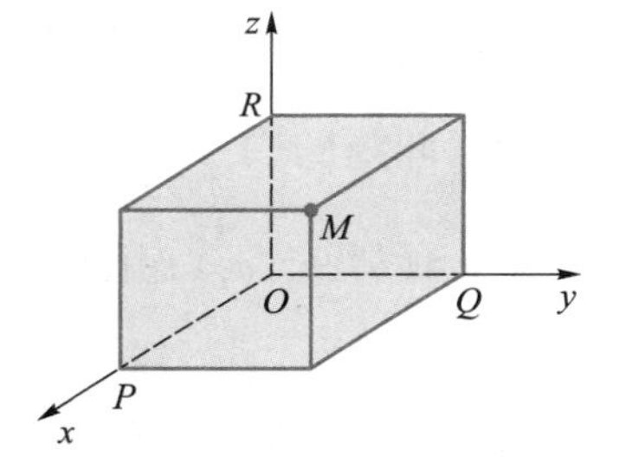

图 6-18

设 $M_1(x_1,y_1,z_1)$, $M_2(x_2,y_2,z_2)$ 为空间直角坐标系中的两点.为了用坐标来表示 M_1, M_2 之间的距离 d，过 M_1, M_2 分别作平行于三个坐标面的平面，构成一个长方体，其对角线为 M_1M_2，如图 6-19 所示，有

$$\begin{aligned} d^2 &= |M_1M_2|^2 = |M_1P|^2 + |PN|^2 + |NM_2|^2 \\ &= |P_1P_2|^2 + |Q_1Q_2|^2 + |R_1R_2|^2 \\ &= (x_2-x_1)^2 + (y_2-y_1)^2 + (z_2-z_1)^2, \end{aligned}$$

于是，空间中两点间的距离为

$$\boxed{d = |M_1M_2| = \sqrt{(x_2-x_1)^2 + (y_2-y_1)^2 + (z_2-z_1)^2},}$$

显然，空间中的点 $M(x,y,z)$ 到原点的距离为

$$d = \sqrt{x^2+y^2+z^2}.$$

三、向量的坐标

设空间中任一向量$\overrightarrow{M_1M_2}$，其起点为 $M_1(x_1,y_1,z_1)$，终点为 $M_2(x_2,y_2,z_2)$，则由图 6-19 知

$$\begin{aligned}\overrightarrow{M_1M_2}&=\overrightarrow{M_1P}+\overrightarrow{M_1Q}+\overrightarrow{M_1R}\\&=\overrightarrow{P_1P_2}+\overrightarrow{Q_1Q_2}+\overrightarrow{R_1R_2}.\end{aligned}$$

以 $\boldsymbol{i},\boldsymbol{j},\boldsymbol{k}$ 分别表示沿 x,y,z 轴正向的单位向量，并称之为这一坐标系的基本单位向量，则

$$\overrightarrow{M_1M_2}=(x_2-x_1)\boldsymbol{i}+(y_2-y_1)\boldsymbol{j}+(z_2-z_1)\boldsymbol{k}.$$

x_2-x_1,y_2-y_1,z_2-z_1 是$\overrightarrow{M_1M_2}$在坐标轴上的投影，称为向量的坐标，并将向量$\overrightarrow{M_1M_2}$记为

$$\overrightarrow{M_1M_2}=(x_2-x_1,y_2-y_1,z_2-z_1),$$

称为向量的坐标表达式.

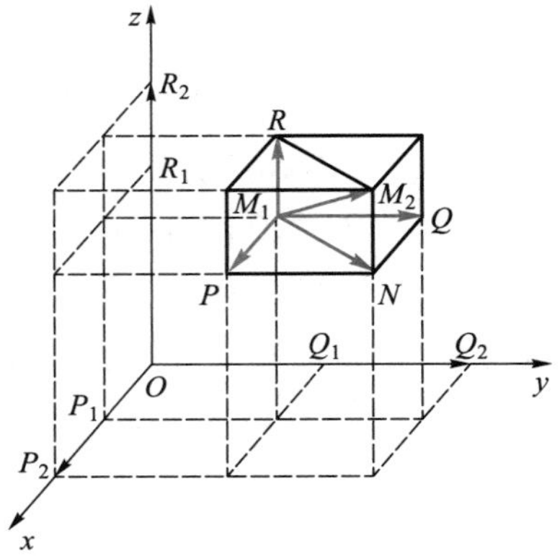

图 6-19

特别地，从原点到点 $M(x,y,z)$ 的向径

$$\overrightarrow{OM}=(x,y,z).$$

由此可知，每个向量可以唯一确定一组坐标；反之，每一组有序数组，都能唯一地确定一个向量，这样，向量与它的坐标是一一对应的.

四、向量的模　方向余弦

设 $\boldsymbol{a}=(a_x,a_y,a_z)$，由两点间的距离公式，即知向量 $\boldsymbol{a}$ 的模

$$|\boldsymbol{a}|=\sqrt{a_x^2+a_y^2+a_z^2}.$$

向量 $\boldsymbol{a}$ 的方向可用它与 x,y,z 轴正向之间的夹角 α,β,γ 来确定，$0\leqslant\alpha,\beta,\gamma\leqslant\pi$，$\alpha,\beta,\gamma$ 称为非零向量 $\boldsymbol{a}$ 的方向角.由向量坐标的定义

$$\begin{aligned}a_x&=\mathrm{Prj}_{\boldsymbol{i}}\boldsymbol{a}=|\boldsymbol{a}|\cos\alpha,\\a_y&=\mathrm{Prj}_{\boldsymbol{j}}\boldsymbol{a}=|\boldsymbol{a}|\cos\beta,\\a_z&=\mathrm{Prj}_{\boldsymbol{k}}\boldsymbol{a}=|\boldsymbol{a}|\cos\gamma.\end{aligned}$$

于是，当 $|\boldsymbol{a}|\neq0$ 时，

$$\cos\alpha=\frac{a_x}{|\boldsymbol{a}|}=\frac{a_x}{\sqrt{a_x^2+a_y^2+a_z^2}},$$

$$\cos\beta=\frac{a_y}{|\boldsymbol{a}|}=\frac{a_y}{\sqrt{a_x^2+a_y^2+a_z^2}},$$

$$\cos\gamma=\frac{a_z}{|\boldsymbol{a}|}=\frac{a_z}{\sqrt{a_x^2+a_y^2+a_z^2}}.$$

这样，向量 $\boldsymbol{a}$ 的方向可由坐标完全确定. $\cos\alpha,\cos\beta,\cos\gamma$ 称为向量 $\boldsymbol{a}$ 的**方向余弦**. 显然，

$$\cos^2\alpha+\cos^2\beta+\cos^2\gamma=1.$$

与非零向量 $\boldsymbol{a}$ 同方向的单位向量 $\boldsymbol{e}_a$ 的坐标表示式为

$$\begin{aligned}\boldsymbol{e}_a&=\frac{\boldsymbol{a}}{|\boldsymbol{a}|}=\frac{1}{|\boldsymbol{a}|}(a_x,a_y,a_z)\\&=\left(\frac{a_x}{\sqrt{a_x^2+a_y^2+a_z^2}},\frac{a_y}{\sqrt{a_x^2+a_y^2+a_z^2}},\frac{a_z}{\sqrt{a_x^2+a_y^2+a_z^2}}\right)\\&=(\cos\alpha,\cos\beta,\cos\gamma).\end{aligned}$$

例 1　设力 $\boldsymbol{F}=-\boldsymbol{i}+\boldsymbol{j}-\sqrt{2}\boldsymbol{k}$，求力 $\boldsymbol{F}$ 的模和方向.

解　$|\boldsymbol{F}|=\sqrt{(-1)^2+1^2+(-\sqrt{2})^2}=2.$

$\boldsymbol{F}$ 的方向余弦

$$\cos\alpha=-\frac{1}{2},\cos\beta=\frac{1}{2},\cos\gamma=-\frac{\sqrt{2}}{2}.$$

从而得，$\alpha=\frac{2\pi}{3},\beta=\frac{\pi}{3},\gamma=\frac{3\pi}{4}$.

例 2　设向量 $\overrightarrow{M_1M_2}=\boldsymbol{a}$，其起点 $M_1(5,0,4)$，终点 $M_2(1,3,7)$，求 $\boldsymbol{e}_a$.

解　向量 $\boldsymbol{a}$ 的坐标表示式为

$$\boldsymbol{a}=(1-5,3-0,7-4)=(-4,3,3),$$

则

$$|\boldsymbol{a}|=\sqrt{(-4)^2+3^2+3^2}=\sqrt{34}.$$

于是

$$\boldsymbol{e}_a=(\cos\alpha,\cos\beta,\cos\gamma)=\left(-\frac{4}{\sqrt{34}},\frac{3}{\sqrt{34}},\frac{3}{\sqrt{34}}\right).$$

2-2　向量运算的坐标表示

利用向量的坐标就能把向量的运算转化为对坐标的代数运算.

一、向量的线性运算的坐标表示

设

$$\boldsymbol{a}=a_x\boldsymbol{i}+a_y\boldsymbol{j}+a_z\boldsymbol{k}=(a_x,a_y,a_z),$$
$$\boldsymbol{b}=b_x\boldsymbol{i}+b_y\boldsymbol{j}+b_z\boldsymbol{k}=(b_x,b_y,b_z),$$

则有

$$\begin{aligned}\boldsymbol{a}\pm\boldsymbol{b}&=(a_x\pm b_x)\boldsymbol{i}+(a_y\pm b_y)\boldsymbol{j}+(a_z\pm b_z)\boldsymbol{k}\\&=(a_x\pm b_x,a_y\pm b_y,a_z\pm b_z),\end{aligned}$$

$$\lambda \boldsymbol{a}=\lambda a_x\boldsymbol{i}+\lambda a_y\boldsymbol{j}+\lambda a_z\boldsymbol{k}=(\lambda a_x,\lambda a_y,\lambda a_z).$$

可见,向量的加、减及数乘运算,只需对向量的各个坐标分别进行相应的数量运算.

例 3 设向量 $\boldsymbol{a}=3\boldsymbol{i}-4\boldsymbol{j}+8\boldsymbol{k}$, $\boldsymbol{b}=2\boldsymbol{i}+4\boldsymbol{j}-3\boldsymbol{k}$,计算 $2\boldsymbol{a}+3\boldsymbol{b}$, $3\boldsymbol{a}-2\boldsymbol{b}$.

解

$$\begin{aligned}2\boldsymbol{a}+3\boldsymbol{b}&=2(3\boldsymbol{i}-4\boldsymbol{j}+8\boldsymbol{k})+3(2\boldsymbol{i}+4\boldsymbol{j}-3\boldsymbol{k})\\&=12\boldsymbol{i}+4\boldsymbol{j}+7\boldsymbol{k}=(12,4,7),\\3\boldsymbol{a}-2\boldsymbol{b}&=3(3\boldsymbol{i}-4\boldsymbol{j}+8\boldsymbol{k})-2(2\boldsymbol{i}+4\boldsymbol{j}-3\boldsymbol{k})\\&=5\boldsymbol{i}-20\boldsymbol{j}+30\boldsymbol{k}=(5,-20,30)\end{aligned}$$

二、内积、向量积、混合积的坐标表示

由于 $\boldsymbol{i},\boldsymbol{j},\boldsymbol{k}$ 是相互垂直的单位向量,它们构成右手系,所以,

$$\boldsymbol{i}\cdot\boldsymbol{i}=1,\boldsymbol{j}\cdot\boldsymbol{j}=1,\boldsymbol{k}\cdot\boldsymbol{k}=1,\boldsymbol{i}\cdot\boldsymbol{j}=\boldsymbol{i}\cdot\boldsymbol{k}=\boldsymbol{j}\cdot\boldsymbol{k}=0.$$

$$\boldsymbol{i}\times\boldsymbol{i}=\boldsymbol{j}\times\boldsymbol{j}=\boldsymbol{k}\times\boldsymbol{k}=\boldsymbol{0},\boldsymbol{i}\times\boldsymbol{j}=\boldsymbol{k},\boldsymbol{j}\times\boldsymbol{k}=\boldsymbol{i},\boldsymbol{k}\times\boldsymbol{i}=\boldsymbol{j}.$$

设 $\boldsymbol{a}=a_x\boldsymbol{i}+a_y\boldsymbol{j}+a_z\boldsymbol{k}$, $\boldsymbol{b}=b_x\boldsymbol{i}+b_y\boldsymbol{j}+b_z\boldsymbol{k}$,则向量 $\boldsymbol{a},\boldsymbol{b}$ 的内积的坐标表示式

$$\boldsymbol{a}\cdot\boldsymbol{b}=(a_x\boldsymbol{i}+a_y\boldsymbol{j}+a_z\boldsymbol{k})\cdot(b_x\boldsymbol{i}+b_y\boldsymbol{j}+b_z\boldsymbol{k})=a_xb_x+a_yb_y+a_zb_z.$$

当 $\boldsymbol{a},\boldsymbol{b}$ 是两个非零向量时,它们夹角的余弦的坐标表示式

$$\cos(\widehat{\boldsymbol{a},\boldsymbol{b}})=\frac{\boldsymbol{a}\cdot\boldsymbol{b}}{|\boldsymbol{a}||\boldsymbol{b}|}=\frac{a_xb_x+a_yb_y+a_zb_z}{\sqrt{a_x^2+a_y^2+a_z^2}\sqrt{b_x^2+b_y^2+b_z^2}}.$$

由此可知

定理 6.2.1 两非零向量 $\boldsymbol{a},\boldsymbol{b}$ 垂直的充要条件是 $a_xb_x+a_yb_y+a_zb_z=0$.

例 4 设 $\boldsymbol{a}=-8\boldsymbol{i}+4\boldsymbol{j}+\boldsymbol{k}$, $\boldsymbol{b}=-2\boldsymbol{i}-2\boldsymbol{j}+\boldsymbol{k}$,求 $\mathrm{Prj}_{\boldsymbol{b}}\boldsymbol{a}$.

解 $\mathrm{Prj}_{\boldsymbol{b}}\boldsymbol{a}=\dfrac{\boldsymbol{a}\cdot\boldsymbol{b}}{|\boldsymbol{b}|}=\dfrac{16-8+1}{\sqrt{(-2)^2+(-2)^2+1^2}}=3.$

根据向量积的运算性质,

$$\begin{aligned}\boldsymbol{a}\times\boldsymbol{b}&=(a_x\boldsymbol{i}+a_y\boldsymbol{j}+a_z\boldsymbol{k})\times(b_x\boldsymbol{i}+b_y\boldsymbol{j}+b_z\boldsymbol{k})\\&=(a_yb_z-a_zb_y)\boldsymbol{i}+(a_zb_x-a_xb_z)\boldsymbol{j}+(a_xb_y-a_yb_x)\boldsymbol{k}\\&=((a_yb_z-a_zb_y),(a_zb_x-a_xb_z),(a_xb_y-a_yb_x)),\end{aligned}$$

这就是向量 $\boldsymbol{a},\boldsymbol{b}$ 的向量积的坐标表示式.为便于记忆,这个表示式还可以写成行列式形式

$$\boldsymbol{a}\times\boldsymbol{b}=\begin{vmatrix}\boldsymbol{i}&\boldsymbol{j}&\boldsymbol{k}\\a_x&a_y&a_z\\b_x&b_y&b_z\end{vmatrix}.$$

由此可知,若向量 $\boldsymbol{a},\boldsymbol{b}$ 平行,由 $\boldsymbol{a}\times\boldsymbol{b}=\boldsymbol{0}$,即得

$$a_yb_z-a_zb_y=a_zb_x-a_xb_z=a_xb_y-a_yb_x=0,$$

亦即

$$\frac{a_x}{b_x}=\frac{a_y}{b_y}=\frac{a_z}{b_z}.$$

上式中,若某个分母为零,应理解其相应的分子也为零.如 $b_y=0$,则 $a_y=0$.

定理 6.2.2　两非零向量 $\boldsymbol{a},\boldsymbol{b}$ 平行的充要条件是$\frac{a_x}{b_x}=\frac{a_y}{b_y}=\frac{a_z}{b_z}$.

题型归类解析 6.1

空间向量的求法.

例 5　已知$\triangle ABC$ 的顶点是 $A(1,2,3)$,$B(2,3,4)$,$C(1,3,6)$,求$\triangle ABC$ 的面积 S 和$\angle A$ 的正弦.

解　$\overrightarrow{AB}=(1,1,1)$,$\overrightarrow{AC}=(0,1,3)$,$S=\frac{1}{2}|\overrightarrow{AB}\times\overrightarrow{AC}|$,而$\overrightarrow{AB}\times\overrightarrow{AC}=(2,-3,1)$,因此

$$S=\frac{1}{2}\sqrt{2^2+(-3)^2+1^2}=\frac{1}{2}\sqrt{14},$$

$$\sin\angle A=\sin(\widehat{\overrightarrow{AB},\overrightarrow{AC}})=\frac{|\overrightarrow{AB}\times\overrightarrow{AC}|}{|\overrightarrow{AB}||\overrightarrow{AC}|}=\sqrt{\frac{7}{15}}.$$

设 $\boldsymbol{a}=(a_x,a_y,a_z)$,$\boldsymbol{b}=(b_x,b_y,b_z)$,$\boldsymbol{c}=(c_x,c_y,c_z)$,则向量 $\boldsymbol{a},\boldsymbol{b},\boldsymbol{c}$ 的混合积

$$[\boldsymbol{a}\ \boldsymbol{b}\ \boldsymbol{c}]=(\boldsymbol{a}\times\boldsymbol{b})\cdot\boldsymbol{c}=(a_yb_z-a_zb_y)c_x+(a_zb_x-a_xb_z)c_y+(a_xb_y-a_yb_x)c_z,$$

这就是向量 $\boldsymbol{a},\boldsymbol{b},\boldsymbol{c}$ 的混合积的坐标表达式,写成行列式形式为

$$[\boldsymbol{a}\ \boldsymbol{b}\ \boldsymbol{c}]=\begin{vmatrix}a_x & a_y & a_z\\ b_x & b_y & b_z\\ c_x & c_y & c_z\end{vmatrix}.$$

由定理 6.1.7 以及混合积的坐标表达式,得

定理 6.2.3　三个非零向量 $\boldsymbol{a},\boldsymbol{b},\boldsymbol{c}$ 共面的充要条件是$\begin{vmatrix}a_x & a_y & a_z\\ b_x & b_y & b_z\\ c_x & c_y & c_z\end{vmatrix}=0$.

例 6　设有四个点 $P_1(1,1,3)$,$P_2(0,1,1)$,$P_3(1,0,2)$,$P_4(4,3,11)$,试问它们是否位于同一平面上?

解　问题归结为验证向量 $\overrightarrow{P_2P_1}$,$\overrightarrow{P_2P_3}$,$\overrightarrow{P_2P_4}$ 是否共面.因为

$$\overrightarrow{P_2P_1}=(1,0,2),\ \overrightarrow{P_2P_3}=(1,-1,1),\ \overrightarrow{P_2P_4}=(4,2,10),$$

于是

$$(\overrightarrow{P_2P_1}\times\overrightarrow{P_2P_3})\cdot\overrightarrow{P_2P_4}=\begin{vmatrix}1 & 0 & 2\\ 1 & -1 & 1\\ 4 & 2 & 10\end{vmatrix}=0.$$

可见,这三个向量共面,所以,P_1,P_2,P_3,P_4 四点共面.

例 7　证明 $\boldsymbol{c}\times(\boldsymbol{a}\times\boldsymbol{b})=(\boldsymbol{b}\cdot\boldsymbol{c})\boldsymbol{a}-(\boldsymbol{a}\cdot\boldsymbol{c})\boldsymbol{b}$.

证　设 $\boldsymbol{a}=a_1\boldsymbol{i}+a_2\boldsymbol{j}+a_3\boldsymbol{k}$,$\boldsymbol{b}=b_1\boldsymbol{i}+b_2\boldsymbol{j}+b_3\boldsymbol{k}$,$\boldsymbol{c}=c_1\boldsymbol{i}+c_2\boldsymbol{j}+c_3\boldsymbol{k}$,

则

$$\boldsymbol{c}\times(\boldsymbol{a}\times\boldsymbol{b})=\begin{vmatrix} \boldsymbol{i} & \boldsymbol{j} & \boldsymbol{k} \\ c_1 & c_2 & c_3 \\ \begin{vmatrix} a_2 & a_3 \\ b_2 & b_3 \end{vmatrix} & \begin{vmatrix} a_3 & a_1 \\ b_3 & b_1 \end{vmatrix} & \begin{vmatrix} a_1 & a_2 \\ b_1 & b_2 \end{vmatrix} \end{vmatrix}.$$

其中含 $\boldsymbol{i}$ 的项为

$$\begin{aligned}&(a_1b_2c_2-a_2b_1c_2)\boldsymbol{i}-(a_3b_1c_3-a_1b_3c_3)\boldsymbol{i}\\ =&(b_2c_2+b_3c_3)a_1\boldsymbol{i}-(a_2c_2+a_3c_3)b_1\boldsymbol{i}\\ =&(b_1c_1+b_2c_2+b_3c_3)a_1\boldsymbol{i}-(a_1c_1+a_2c_2+a_3c_3)b_1\boldsymbol{i}\\ =&(\boldsymbol{b}\cdot\boldsymbol{c})a_1\boldsymbol{i}-(\boldsymbol{a}\cdot\boldsymbol{c})b_1\boldsymbol{i},\end{aligned}$$

同理,含 $\boldsymbol{j},\boldsymbol{k}$ 的项分别为

$$(a_2b_3c_3-a_3b_2c_3)\boldsymbol{j}-(a_1b_2c_1-a_2b_1c_1)\boldsymbol{j}=(\boldsymbol{b}\cdot\boldsymbol{c})a_2\boldsymbol{j}-(\boldsymbol{a}\cdot\boldsymbol{c})b_2\boldsymbol{j},$$
$$(a_3b_1c_1-a_1b_3c_1)\boldsymbol{k}-(a_2b_3c_2-a_3b_2c_2)\boldsymbol{k}=(\boldsymbol{b}\cdot\boldsymbol{c})a_3\boldsymbol{k}-(\boldsymbol{a}\cdot\boldsymbol{c})b_3\boldsymbol{k}.$$

上面三式相加,即得

$$\boldsymbol{c}\times(\boldsymbol{a}\times\boldsymbol{b})=(\boldsymbol{b}\cdot\boldsymbol{c})\boldsymbol{a}-(\boldsymbol{a}\cdot\boldsymbol{c})\boldsymbol{b}.$$ 证毕

$\boldsymbol{c}\times(\boldsymbol{a}\times\boldsymbol{b})$称为二重向量积,它是一个向量,垂直于向量$(\boldsymbol{a}\times\boldsymbol{b})$,而 $\boldsymbol{a},\boldsymbol{b}$ 也垂直于$(\boldsymbol{a}\times\boldsymbol{b})$,因此,$\boldsymbol{c}\times(\boldsymbol{a}\times\boldsymbol{b}),\boldsymbol{a},\boldsymbol{b}$ 共面.例 7 给出了 $\boldsymbol{c}\times(\boldsymbol{a}\times\boldsymbol{b})$按 $\boldsymbol{a}$ 与 $\boldsymbol{b}$ 的分解式.

例 8 试证$(\boldsymbol{a}\times\boldsymbol{b})\cdot(\boldsymbol{c}\times\boldsymbol{d})=(\boldsymbol{a}\cdot\boldsymbol{c})(\boldsymbol{b}\cdot\boldsymbol{d})-(\boldsymbol{a}\cdot\boldsymbol{d})(\boldsymbol{b}\cdot\boldsymbol{c})$.

证 由混合积性质得

$$(\boldsymbol{a}\times\boldsymbol{b})\cdot(\boldsymbol{c}\times\boldsymbol{d})=[\boldsymbol{b}\times(\boldsymbol{c}\times\boldsymbol{d})]\cdot\boldsymbol{a},$$

由例 7 得

$$\boldsymbol{b}\times(\boldsymbol{c}\times\boldsymbol{d})=(\boldsymbol{d}\cdot\boldsymbol{b})\boldsymbol{c}-(\boldsymbol{c}\cdot\boldsymbol{b})\boldsymbol{d}.$$

代入上式得

$$\begin{aligned}(\boldsymbol{a}\times\boldsymbol{b})\cdot(\boldsymbol{c}\times\boldsymbol{d})&=[(\boldsymbol{d}\cdot\boldsymbol{b})\boldsymbol{c}-(\boldsymbol{c}\cdot\boldsymbol{b})\boldsymbol{d}]\cdot\boldsymbol{a}\\&=(\boldsymbol{a}\cdot\boldsymbol{c})(\boldsymbol{b}\cdot\boldsymbol{d})-(\boldsymbol{a}\cdot\boldsymbol{d})(\boldsymbol{b}\cdot\boldsymbol{c}).\end{aligned}$$ 证毕

题型归类解析 6.2

两向量共线(平行)及三向量共面.

习题 6-2

A

1. 在空间直角坐标系中,坐标轴和坐标面上的点的坐标具有怎样的形式?平行于坐标面、垂直于坐标面的向量的坐标各具有怎样的形式?

2. 在第三卦限内求一点 M,使它到三个坐标轴的距离分别为 $d_x=5,d_y=3\sqrt{5},d_z=2\sqrt{13}$.

3. 已知向量 $\boldsymbol{a}=(-1,3,2),\boldsymbol{b}=(2,5,-1),\boldsymbol{c}=(6,4,-6)$,证明 $\boldsymbol{a}-\boldsymbol{b}$ 与 $\boldsymbol{c}$ 平行.

4. 设向量 $\boldsymbol{a}=(1,-1,1),\boldsymbol{b}=(1,1,2),\boldsymbol{c}=(3,0,-1)$,求 $\mathrm{Prj}_{\boldsymbol{b}}\boldsymbol{a},\mathrm{Prj}_{\boldsymbol{a}}(\boldsymbol{b}+\boldsymbol{c})$.

5. 设 M 点的向径长为 b，且与 x 轴的夹角为$\frac{\pi}{4}$，与 y 轴的夹角为$\frac{\pi}{3}$，它的 z 坐标为负，求 M 点的坐标.

6. 一向量的终点 $M_2(4,-2,0)$，它在三个坐标轴上的投影依次为 3,2 和 7，求该向量的起点 M_1.

7. 设两点 $M_1(2,0,-3)$，$M_2(1,-2,0)$，在线段 M_1M_2 上求一点 M，满足 $M_1M=2MM_2$.

8. 求向量 $\boldsymbol{a}=\boldsymbol{i}+\sqrt{2}\boldsymbol{j}+\boldsymbol{k}$ 与各坐标轴间的夹角.

9. 求向量 $\boldsymbol{a}=2\boldsymbol{i}-3\boldsymbol{j}-4\boldsymbol{k}$，$\boldsymbol{b}=2\boldsymbol{i}+\boldsymbol{j}-\boldsymbol{k}$，$\boldsymbol{c}=\boldsymbol{i}+\boldsymbol{j}+\boldsymbol{k}$ 的模，并分别用 $\boldsymbol{e}_a$，$\boldsymbol{e}_b$，$\boldsymbol{e}_c$ 表示 $\boldsymbol{a}$，$\boldsymbol{b}$，$\boldsymbol{c}$.

10. 求向量 $\boldsymbol{a}=(1,1,-4)$，$\boldsymbol{b}=(1,-2,2)$ 的夹角.

11. 设向量 $\boldsymbol{a}=(3,5,-4)$，$\boldsymbol{b}=(2,1,8)$，向量 $m\boldsymbol{a}+\boldsymbol{b}$ 与 z 轴垂直，试求 m.

12. 设向量 $\boldsymbol{a}=3\boldsymbol{i}-\boldsymbol{j}-2\boldsymbol{k}$，$\boldsymbol{b}=\boldsymbol{i}+2\boldsymbol{j}-2\boldsymbol{k}$，求

(1) $(-2\boldsymbol{a})\cdot\boldsymbol{b}$；　　(2) $\boldsymbol{a}\times 3\boldsymbol{b}$；

(3) $\cos(\widehat{\boldsymbol{a},\boldsymbol{b}})$.

13. 设向量 $\boldsymbol{a}=-2\boldsymbol{i}+3\boldsymbol{j}+n\boldsymbol{k}$ 与 $\boldsymbol{b}=m\boldsymbol{i}-6\boldsymbol{j}+2\boldsymbol{k}$ 共线，求 m 和 n.

14. 设 $\boldsymbol{a}=3\boldsymbol{i}+4\boldsymbol{k}$，$\boldsymbol{b}=-4\boldsymbol{i}+3\boldsymbol{j}$，求

(1) 以 $\boldsymbol{a}$，$\boldsymbol{b}$ 为邻边的平行四边形的两条对角线的长度；

(2) 以 $\boldsymbol{a}$，$\boldsymbol{b}$ 为邻边的平行四边形的面积；

(3) 与 $\boldsymbol{a}$，$\boldsymbol{b}$ 垂直的单位向量.

15. 求同时垂直于 $\boldsymbol{a}=2\boldsymbol{i}-\boldsymbol{j}+\boldsymbol{k}$，$\boldsymbol{b}=\boldsymbol{i}+2\boldsymbol{j}-\boldsymbol{k}$ 的单位向量.

16. 设向量 $\boldsymbol{a}=2\boldsymbol{i}-3\boldsymbol{j}+\boldsymbol{k}$，$\boldsymbol{b}=\boldsymbol{i}-\boldsymbol{j}+3\boldsymbol{k}$，$\boldsymbol{c}=\boldsymbol{i}-2\boldsymbol{j}$，计算：

(1) $(\boldsymbol{a}\cdot\boldsymbol{b})\boldsymbol{c}-(\boldsymbol{a}\cdot\boldsymbol{c})\boldsymbol{b}$；　　(2) $(\boldsymbol{a}\times\boldsymbol{b})\times\boldsymbol{c}$；

(3) $(\boldsymbol{a}+\boldsymbol{b})\times(\boldsymbol{b}+\boldsymbol{c})$；　　(4) $(\boldsymbol{a}\times\boldsymbol{b})\cdot\boldsymbol{c}$.

17. 判别下列向量 $\boldsymbol{a}$，$\boldsymbol{b}$，$\boldsymbol{c}$ 是否共面：

(1) $\boldsymbol{a}=(2,3,-1)$，$\boldsymbol{b}=(1,-1,3)$，$\boldsymbol{c}=(1,9,-11)$；

(2) $\boldsymbol{a}=(3,-2,1)$，$\boldsymbol{b}=(2,1,2)$，$\boldsymbol{c}=(3,-1,2)$；

(3) $\boldsymbol{a}=(2,-1,2)$，$\boldsymbol{b}=(1,2,-3)$，$\boldsymbol{c}=(3,-4,7)$.

若共面，写出分解式 $\boldsymbol{c}=\lambda\boldsymbol{a}+\mu\boldsymbol{b}$.

18. 设空间四点 $A(0,0,1)$，$B(0,1,0)$，$C(1,1,-1)$，$D(1,0,0)$.

(1) 证明这四点共面，$ABCD$ 为平行四边形，$ABCD$ 为菱形；

(2) 求 A，B，C，$O(0,0,0)$ 构成的四面体的体积.

B

1. 设向量 $\boldsymbol{r}$ 与 x 轴、y 轴的夹角 α 和 β 相等，而与 z 轴的夹角 $\gamma=2\alpha$，求 $\boldsymbol{e}_r$.

2. 设 P 点到点 $A(0,0,12)$ 的距离为 7，$\overrightarrow{OP}$的方向余弦是$\frac{2}{7}$，$\frac{3}{7}$，$\frac{6}{7}$，求 P 点的坐标.

3. 已知$\triangle ABC$ 的两个顶点 $A(-4,-1,2)$，$B(3,5,16)$，求第三个顶点 C，使 AC 线段的中

点在 y 轴上,BC 线段的中点在 xOz 面上.

4. 设两点 $M_1(x_1,y_1,z_1)$,$M_2(x_2,y_2,z_2)$,若点 M 分线段 M_1M_2,使$\dfrac{M_1M}{MM_2}=\lambda$,试证 M 点的坐标为

$$x=\frac{x_1+\lambda x_2}{1+\lambda},y=\frac{y_1+\lambda y_2}{1+\lambda},z=\frac{z_1+\lambda z_2}{1+\lambda}.$$

5. 设 $\boldsymbol{a}=(2,-1,-2)$,$\boldsymbol{b}=(1,1,z)$,问 z 为何值时,$\boldsymbol{a}$,$\boldsymbol{b}$ 的夹角$(\widehat{\boldsymbol{a},\boldsymbol{b}})$最小?并求此最小值.

*6. 试证 $\boldsymbol{a}\times(\boldsymbol{b}\times\boldsymbol{c})+\boldsymbol{b}\times(\boldsymbol{c}\times\boldsymbol{a})+\boldsymbol{c}\times(\boldsymbol{a}\times\boldsymbol{b})=\boldsymbol{0}$.

7. 用向量运算证明三角形三条边上的高相交于一点.

8. $\overrightarrow{AD},\overrightarrow{BE},\overrightarrow{CF}$分别为三角形的 BC,AC,AB 边上的中线,证明$\overrightarrow{AD}+\overrightarrow{BE}+\overrightarrow{CF}=\boldsymbol{0}$.

第三节　平面和空间直线

本节我们将以向量为工具,在空间直角坐标系中建立平面和空间直线的方程,并研究它们的相互关系.

3-1　平面的方程

由几何直观易知,过空间一点且与一已知向量(或直线)垂直,或者过不在同一直线上的三个点,或者过空间一点且与不共线的两个向量(或两条相交直线)所决定的平面平行,都可以唯一确定一个平面,但后两种确定平面的方法都可归结为第一种方法.下面给出其平面的方程.

一、平面的向量式方程

已知平面 π 上的一点 $M_0(x_0,y_0,z_0)$及与该平面垂直的非零向量 $\boldsymbol{n}=(A,B,C)$,它称为该平面的法向量,如图 6-20 所示,现建立平面 π 的方程.

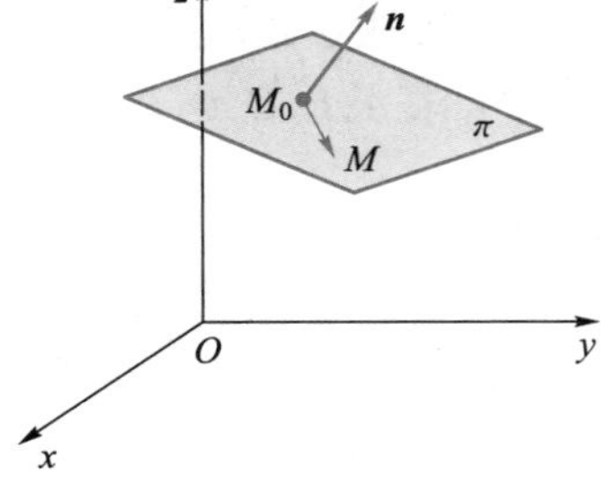

图 6-20

设 $M(x,y,z)$是平面上任意一点,作向量$\overrightarrow{M_0M}$,由于$\overrightarrow{M_0M}\perp\boldsymbol{n}$,于是有

$$\boxed{\overrightarrow{M_0M}\cdot\boldsymbol{n}=0,}\qquad(1)$$

平面 π 上的点 M,都满足(1)式,平面 π 外的点 M',因$\overrightarrow{M_0M'}$与 $\boldsymbol{n}$ 不垂直,故都不满足(1)式,所以(1)式为平面 π 的方程,称为平面 π 的向量式方程.

二、平面的点法式方程

由于$\overrightarrow{M_0M}=(x-x_0,y-y_0,z-z_0)$，$\boldsymbol{n}=(A,B,C)$，所以(1)式可化为

$$\boxed{A(x-x_0)+B(y-y_0)+C(z-z_0)=0,} \tag{2}$$

(2)式称为平面 π 的点法式方程，这是最常用的平面方程.

三、平面的一般方程

由(2)式得

$$\boxed{Ax+By+Cz+D=0,} \tag{3}$$

其中 $D=-(Ax_0+By_0+Cz_0)$，A,B,C 不同时为零.

由(3)式可知，任一平面的方程都可用 x,y,z 的三元一次方程来表示.反之，任意一个三元一次方程 $Ax+By+Cz+D=0$ 一定表示一个平面.

其实，任取满足方程(3)的一组解 x_0,y_0,z_0，即有

$$Ax_0+By_0+Cz_0+D=0. \tag{4}$$

由(3)式减去(4)式，得

$$A(x-x_0)+B(y-y_0)+C(z-z_0)=0.$$

显然，它就是过点 $M_0(x_0,y_0,z_0)$ 且与向量 $\boldsymbol{n}=(A,B,C)$ 垂直的平面方程.又它与(3)式为同解方程，所以，(3)式是一个平面的方程，称为平面的一般方程.

可见，任一三元一次方程(3)都表示一个平面，且该平面的法向量 $\boldsymbol{n}$ 的坐标 A,B,C 分别为变元 x,y,z 的系数.

特别地，在方程 $Ax+By+Cz+D=0$ 中，

(1) 当 $D=0$ 时，有 $Ax+By+Cz=0$，它表示过坐标原点的平面；

(2) 当 $C=0$ 时，有 $Ax+By+D=0$，其法向量 $\boldsymbol{n}=(A,B,0)$ 垂直于 z 轴，所以是平行于 z 轴的平面.

类似地，方程 $Ax+Cz+D=0$，$By+Cz+D=0$ 分别为平行于 y 轴、x 轴的平面.

(3) 当 $A=B=0$ 时，有 $Cz+D=0$，它的法向量 $\boldsymbol{n}=(0,0,c)$ 垂直于 xOy 面，所以是平行于 xOy 面的平面.

同样，方程 $Ax+D=0$，$By+D=0$ 分别为平行于 yOz，xOz 面的平面.

(4) 当 $A=B=D=0$ 时，有 $z=0$，它是 xOy 面，而 $x=0$，$y=0$ 分别为 yOz 面和 xOz 面.

四、平面的截距式方程

设平面 π 与 x,y,z 轴的交点分别为 $A(a,0,0)$，$B(0,b,0)$，$C(0,0,c)$，$a\neq0$，$b\neq0$，$c\neq0$.通过这三点，可唯一确定一个平面 π.

设 $M(x,y,z)$ 为所求平面 π 上任一点，则向量$\overrightarrow{AM}=(x-a,y,z)$，$\overrightarrow{AB}=(-a,b,0)$，$\overrightarrow{AC}=(-a,0,c)$共面，于是，有$(\overrightarrow{AM}\times\overrightarrow{AB})\cdot\overrightarrow{AC}=0$，即

$$\begin{vmatrix} x-a & y & z \\ -a & b & 0 \\ -a & 0 & c \end{vmatrix}=0,$$

亦即

$$\boxed{\frac{x}{a}+\frac{y}{b}+\frac{z}{c}=1,} \tag{5}$$

其中 a,b,c 分别称为平面在 x,y,z 轴上的截距，(5) 式称为平面 $\boldsymbol{\pi}$ 的截距式方程（见图 6-21）.

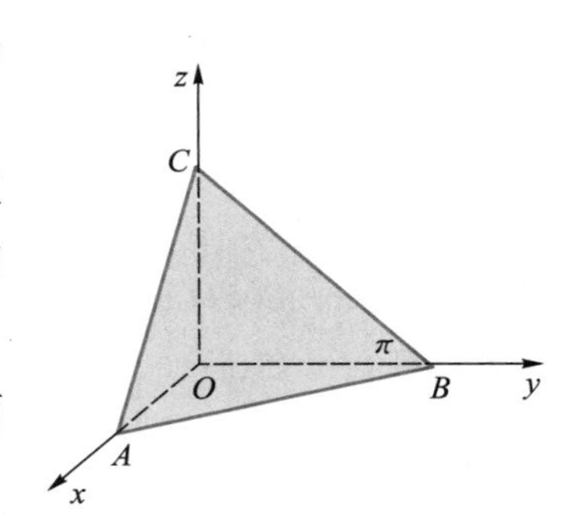

图 6-21

以上平面的各种方程，虽然形式不同，其共同点都是三元一次方程，而用点法式方程来建立平面方程，是最常用的方法.

例 1　求过点 $M(-1,2,3)$ 且与向径 $\boldsymbol{r}=\overrightarrow{OM}$ 垂直的平面方程.

解　由题设知，向径 $\overrightarrow{OM}$ 即为所求平面的法向量 $\boldsymbol{n}=(-1,2,3)$，因此，有 (2) 式即得所求的平面方程为

$$(-1)(x+1)+2(y-2)+3(z-3)=0,$$

即

$$x-2y-3z+14=0.$$

例 2　设向量 $\boldsymbol{a}=(1,-1,1)$，$\boldsymbol{b}=(0,1,1)$，求过点 $M(2,-1,5)$ 且平行于向量 $\boldsymbol{a},\boldsymbol{b}$ 的平面方程.

解　由于平面平行于 $\boldsymbol{a},\boldsymbol{b}$，所以其法向量

$$\boldsymbol{n}=\boldsymbol{a}\times\boldsymbol{b}=(-2,-1,1),$$

故所求平面的方程为

$$(-2)(x-2)+(-1)(y+1)+1(z-5)=0,$$

即

$$2x+y-z+2=0.$$

例 3　求过点 $M(2,3,4)$，且在 x,y 轴上的截距分别为 $-2,-5$ 的平面方程，并求它在 z 轴上的截距.

解　设平面与 z 轴的截距为 C，由 (5) 式即得所求平面方程为

题型归类解析 6.3

平面方程的求法.

$$\frac{x}{-2}+\frac{y}{-5}+\frac{z}{C}=1,$$

将点 $M(2,3,4)$ 代入上式，即得平面与 z 轴的截距 $C=\frac{20}{13}$.

所求的平面方程为

$$\frac{x}{-2}+\frac{y}{-5}+\frac{z}{20/13}=1,$$

即

$$10x+4y-13z+20=0.$$

3-2　空间直线的方程

空间直线可由其上一点和与它平行的向量(或直线)唯一确定.

一、直线的向量式方程

设直线 L 过点 $M_0(x_0,y_0,z_0)$ 且与向量 $\boldsymbol{s}=(l,m,n)$ 平行,$\boldsymbol{s}$ 称为 L 的方向向量,l,m,n 称为直线 L 的方向数,现建立直线 L 的方程(图 6-22).

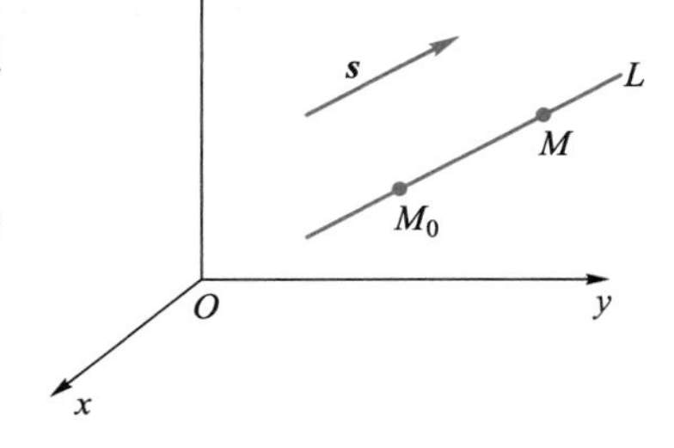

图 6-22

设 $M(x,y,z)$ 为 L 上的任意一点,于是,向量 $\overrightarrow{M_0M}$ 与 $\boldsymbol{s}$ 平行.故有

$$\boxed{\overrightarrow{M_0M}=t\boldsymbol{s}\quad (t\text{ 为实数}),}\tag{6}$$

$$\overrightarrow{M_0M}\times\boldsymbol{s}=\boldsymbol{0},\tag{7}$$

(6)(7)式都称为直线 L 的向量式方程.

二、直线的参数方程

因 $\overrightarrow{M_0M}=(x-x_0,y-y_0,z-z_0)$,故由(6)式得

$$\boxed{\begin{cases}x=x_0+lt,\\ y=y_0+mt,\\ z=z_0+nt,\end{cases}}\tag{8}$$

其中 t 为实数.(8)式称为直线 L 的参数方程.

三、直线的对称式方程

从参数方程(8)消去 t,得

$$\boxed{\frac{x-x_0}{l}=\frac{y-y_0}{m}=\frac{z-z_0}{n}.}\tag{9}$$

(9)式称为直线 L 的对称式方程,又称直线 L 的点向式方程.

注意:(9)式中若某个分母为零,则应理解其相应的分子等于零.比如,若 $m=0$,则有 $y-y_0=0$,于是,直线 L 的方程为

$$\begin{cases}\dfrac{x-x_0}{l}=\dfrac{z-z_0}{n},\\ y-y_0=0.\end{cases}$$

四、直线的一般方程

空间的直线可以看作是两个不平行的平面的交线.设有两个不平行的平面 π_1 与 π_2,它们的方程分别为 $A_1x+B_1y+C_1z+D_1=0$,$A_2x+B_2y+C_2z+D_2=0$,则联立方程组

$$\begin{cases}A_1x+B_1y+C_1z+D_1=0,\\A_2x+B_2y+C_2z+D_2=0,\end{cases}\tag{10}$$

即为两平面的交线的方程,因为凡交线上的点满足(10)式,不在交线上的点不满足(10)式,方程组(10)称为空间直线的一般方程.

例 4 设直线 L 的一般方程为

$$\begin{cases}x+y+z+1=0,\\2x-y+3z+4=0,\end{cases}$$

求它的对称式方程和参数方程.

解 为求直线 L 的对称式方程,先要找到 L 上的任意一点,比如,令 $z=0$,则解得 $x=-\dfrac{5}{3}$,$y=\dfrac{2}{3}$.点 $M_0\left(-\dfrac{5}{3},\dfrac{2}{3},0\right)$ 即为 L 上的点.

L 的方向向量 $\boldsymbol{s}$ 为两平面的法向量 $\boldsymbol{n}_1=(1,1,1)$,$\boldsymbol{n}_2=(2,-1,3)$ 的向量积,于是

$$\boldsymbol{s}=\boldsymbol{n}_1\times\boldsymbol{n}_2=(4,-1,-3).$$

所以,L 的对称式方程为

$$\frac{x+\dfrac{5}{3}}{4}=\frac{y-\dfrac{2}{3}}{-1}=\frac{z}{-3}.$$

L 的参数方程为

$$\begin{cases}x=-\dfrac{5}{3}+4t,\\y=\dfrac{2}{3}-t,\\z=-3t.\end{cases}$$

例 5 设有两点 $M_1(3,2,-1)$,$M_2(-2,4,1)$,求过 M_1,M_2 的直线与平面 $3x-y+5z+4=0$ 的交点 M_0.

解 过 M_1,M_2 的直线的方向向量 $\boldsymbol{s}=\overrightarrow{M_1M_2}=(-5,2,2)$.所以,其参数方程为

$$\begin{cases}x=3-5t,\\y=2+2t,\\z=-1+2t.\end{cases}$$

题型归类解析 6.4

空间直线方程的求法.

代入平面方程中,得

$$3(3-5t)-(2+2t)+5(-1+2t)+4=0,$$

解出 $t=\dfrac{6}{7}$,故所求交点为 $M_0\left(-\dfrac{9}{7},\dfrac{26}{7},\dfrac{5}{7}\right)$.

3-3　空间中点到平面和点到直线的距离

一、点到平面的距离

设空间有一点 $M_0(x_0,y_0,z_0)$ 在平面 π：$Ax+By+Cz+D=0$ 之外，如图 6-23 所示，求 M_0 点到平面 π 的距离.

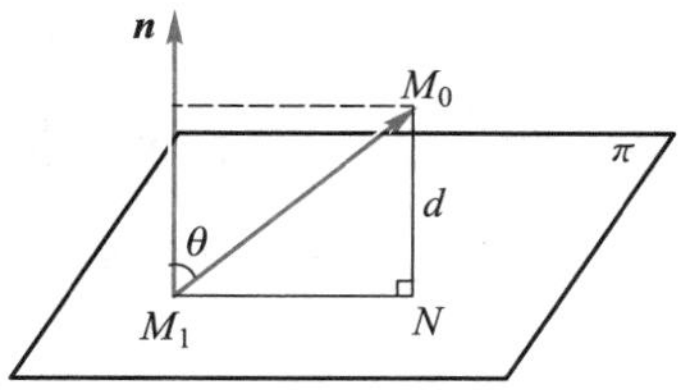

图 6-23

设 $M_1(x_1,y_1,z_1)$ 为平面 π 上一点，则 $\overrightarrow{M_1M_0}=(x_0-x_1,y_0-y_1,z_0-z_1)$. 已知平面 π 的法向量为 $\boldsymbol{n}=(A,B,C)$，所以 M_0 点到 π 的距离

$$d=|\mathrm{Prj}_{\boldsymbol{n}}\overrightarrow{M_1M_0}|=|\overrightarrow{M_1M_0}||\cos(\widehat{\boldsymbol{n},\overrightarrow{M_1M_0}})|,$$

而

$$|\overrightarrow{M_1M_0}||\cos(\widehat{\boldsymbol{n},\overrightarrow{M_1M_0}})|=\frac{|\overrightarrow{M_1M_0}\cdot\boldsymbol{n}|}{|\boldsymbol{n}|}=\frac{|A(x_0-x_1)+B(y_0-y_1)+C(z_0-z_1)|}{\sqrt{A^2+B^2+C^2}}.$$

因为 M_1 在平面 π 上，所以 $Ax_1+By_1+Cz_1+D=0$，从而有

$$\boxed{d=\frac{|Ax_0+By_0+Cz_0+D|}{\sqrt{A^2+B^2+C^2}}.}\tag{11}$$

例 6　求两平面 $2x-y+z-7=0$，$x+y+2z-11=0$ 所交成的二面角的平分面的方程.

解　因为二面角的平分面上的点到两平面距离相等，设 $M(x,y,z)$ 为平分面上任一点，则有

$$\frac{|2x-y+z-7|}{\sqrt{2^2+(-1)^2+1^2}}=\frac{|x+y+2z-11|}{\sqrt{1^2+1^2+2^2}},$$

即

$$|2x-y+z-7|=|x+y+2z-11|,$$

于是有

$$2x-y+z-7=x+y+2z-11,$$

或

$$2x-y+z-7=-(x+y+2z-11),$$

亦即

$$x-2y-z+4=0\quad 或\quad x+z-6=0.$$

它们都是所求的二面角的平分面，且两者互相垂直.

二、点到直线的距离

设 $M_1(x_1,y_1,z_1)$ 为直线 L：$\dfrac{x-x_0}{l}=\dfrac{y-y_0}{m}=\dfrac{z-z_0}{n}$ 外一点，如图 6-24 所示，求点 M_1 到直线 L

的距离.

因为 $M_0(x_0,y_0,z_0)$ 为直线 L 上一点,则

$$\overrightarrow{M_0M_1}=(x_1-x_0,y_1-y_0,z_1-z_0).$$

直线 L 的方向向量 $\boldsymbol{s}=(l,m,n)$,在直线 L 上另取一点 P,使

$$\overrightarrow{M_0P}=\boldsymbol{s}=(l,m,n).$$

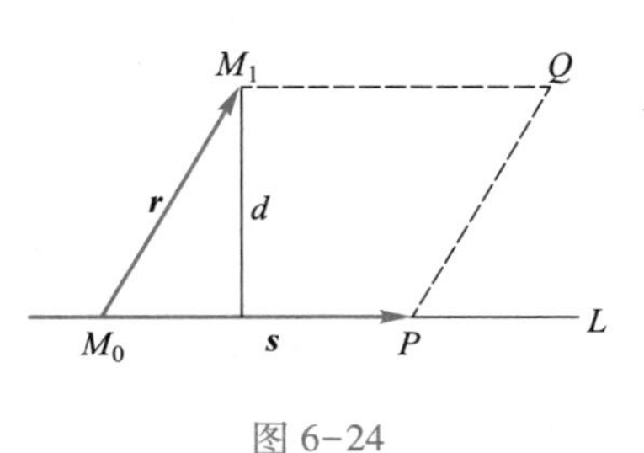

图 6-24

则平行四边形 M_0PQM_1 的面积为 $|\boldsymbol{s}\times\overrightarrow{M_0M_1}|$.

设 d 为从点 M_1 到直线 L 的距离,则有 $|\boldsymbol{s}|d=|\boldsymbol{s}\times\overrightarrow{M_0M_1}|$,从而

$$d=\frac{|\boldsymbol{s}\times\overrightarrow{M_0M_1}|}{|\boldsymbol{s}|}. \tag{12}$$

求点 M_1 到直线 L 的距离常用的方法是:过点 M_1,作垂直于直线 L 的平面 π,再求直线 L 与平面 π 的交点 M_2,点 M_2 即为点 M_1 在直线 L 上的垂足,则点 M_1 到直线 L 的距离 $d=|M_1M_2|$.

例 7 求点 $M(3,1,-4)$ 到直线 $L:\dfrac{x+1}{2}=\dfrac{y-4}{-2}=\dfrac{z-1}{1}$ 的距离 d.

解法一 过 M 点且垂直于直线 L 的平面方程为

$$2(x-3)-2(y-1)+(z+4)=0,$$

即

$$2x-2y+z=0.$$

将直线 L 的参数方程

$$\begin{cases}x=-1+2t,\\y=4-2t,\\z=1+t\end{cases}$$

代入平面方程中

$$2(-1+2t)-2(4-2t)+(1+t)=0,$$

解得 $t=1$.

于是,垂足 M_2 的坐标为$(1,2,2)$.所以

$$d=\sqrt{(3-1)^2+(1-2)^2+(-4-2)^2}=\sqrt{41}.$$

题型归类解析 6.5

关于距离的求解.

解法二 由公式(12),$\boldsymbol{s}=(2,-2,1)$,$\overrightarrow{M_0M}=(4,-3,-5)$,$\boldsymbol{s}\times\overrightarrow{M_0M}=(13,14,2)$,故

$$|\boldsymbol{s}|=3,\qquad |\boldsymbol{s}\times\overrightarrow{M_0M}|=\sqrt{369},$$

所以

$$d=\frac{|\boldsymbol{s}\times\overrightarrow{M_0M}|}{|\boldsymbol{s}|}=\frac{\sqrt{369}}{3}=\sqrt{41}.$$

3-4　空间中平面和平面、直线和直线、平面和直线的位置关系

一、两平面垂直与平行的条件

两个平面的法向量的夹角(通常指锐角)称为两平面的夹角.

设有两平面

$$\pi_1: A_1x+B_1y+C_1z+D_1=0,$$

$$\pi_2: A_2x+B_2y+C_2z+D_2=0,$$

它们的法向量分别为 $\boldsymbol{n}_1=(A_1,B_1,C_1)$, $\boldsymbol{n}_2=(A_2,B_2,C_2)$.故两平面夹角 θ 可由

$$\cos\theta=|\cos(\widehat{\boldsymbol{n}_1,\boldsymbol{n}_2})|=\frac{|A_1A_2+B_1B_2+C_1C_2|}{\sqrt{A_1^2+B_1^2+C_1^2}\sqrt{A_2^2+B_2^2+C_2^2}} \tag{13}$$

来确定,由定理 6.2.1 和定理 6.2.2 知

两平面垂直的充要条件是 $A_1A_2+B_1B_2+C_1C_2=0$.

两平面平行的充要条件是$\dfrac{A_1}{A_2}=\dfrac{B_1}{B_2}=\dfrac{C_1}{C_2}$.

二、两条直线平行与垂直的条件

两直线的方向向量的夹角(通常指锐角)称为两直线的夹角.

设有两直线

$$L_1: \frac{x-x_1}{l_1}=\frac{y-y_1}{m_1}=\frac{z-z_1}{n_1},$$

$$L_2: \frac{x-x_2}{l_2}=\frac{y-y_2}{m_2}=\frac{z-z_2}{n_2},$$

它们的方向向量分别为 $\boldsymbol{s}_1=(l_1,m_1,n_1)$, $\boldsymbol{s}_2=(l_2,m_2,n_2)$,于是,两直线夹角 φ 可由

$$\cos\varphi=|\cos(\widehat{\boldsymbol{s}_1,\boldsymbol{s}_2})|=\frac{|l_1l_2+m_1m_2+n_1n_2|}{\sqrt{l_1^2+m_1^2+n_1^2}\sqrt{l_2^2+m_2^2+n_2^2}} \tag{14}$$

来确定.显然

两直线垂直的充要条件是 $l_1l_2+m_1m_2+n_1n_2=0$.

两直线平行的充要条件是$\dfrac{l_1}{l_2}=\dfrac{m_1}{m_2}=\dfrac{n_1}{n_2}$.

三、空间直线与平面垂直、与平面平行的条件

直线和平面的夹角就是直线的方向向量和平面法向量夹角的余角 $\varphi\left(0\leqslant\varphi\leqslant\dfrac{\pi}{2}\right)$.如

图 6-25 所示.

设有平面 π 和直线 L,它们的方程分别为

$$\pi: Ax+By+Cz+D=0,$$

$$L: \frac{x-x_0}{l}=\frac{y-y_0}{m}=\frac{z-z_0}{n},$$

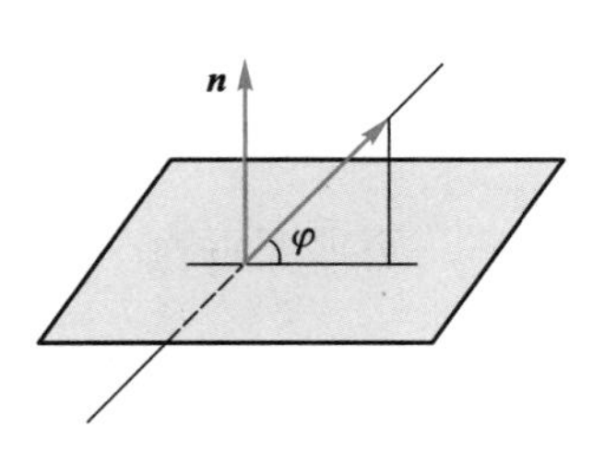

图 6-25

平面 π 的法向量 $\boldsymbol{n}=(A,B,C)$,直线的方向向量 $\boldsymbol{s}=(l,m,n)$.

直线和平面的夹角 φ 可由

$$\sin\varphi=|\cos(\widehat{\boldsymbol{n},\boldsymbol{s}})|=\frac{|Al+Bm+Cn|}{\sqrt{A^2+B^2+C^2}\sqrt{l^2+m^2+n^2}} \qquad (15)$$

来确定.可见

直线和平面平行的充要条件是 $Al+Bm+Cn=0$.

直线与平面垂直的充要条件是 $\frac{l}{A}=\frac{m}{B}=\frac{n}{C}$.

例 8 求过两点 $M_1(1,1,1)$ 和 $M_2(0,1,-1)$,且垂直于平面 $x+y+z=0$ 的平面方程.

解法一 所求平面与已知平面垂直,即它与已知平面的法向量 $\boldsymbol{n}_1=(1,1,1)$ 平行,又 $\overrightarrow{M_2M_1}=(1,0,2)$ 位于所求平面内,因此,所求平面的法向量

$$\boldsymbol{n}=\boldsymbol{n}_1\times\overrightarrow{M_2M_1}=(2,-1,-1),$$

释疑解惑 6.4

点在直线和平面上的投影点的求法及其应用.

由平面点法式方程得所求平面方程为

$$2(x-1)-(y-1)-(z-1)=0, \text{即 } 2x-y-z=0.$$

解法二 设所求平面方程为 $Ax+By+Cz+D=0$.

它过 M_1,M_2 点,即

$$A+B+C+D=0,$$
$$B-C+D=0,$$

题型归类解析 6.6

平面、直线之间的关系.

所求平面垂直于平面 $x+y+z=0$,即两平面的法向量垂直,于是有

$$A+B+C=0,$$

由此得到,$D=0, B=-\frac{A}{2}, C=-\frac{A}{2}$,取 $A=2$,则 $B=C=-1$,求得平面方程为

$$2x-y-z=0.$$

四、平面束

设直线 L 的方程为

$$\begin{cases}A_1x+B_1y+C_1z+D_1=0,\\A_2x+B_2y+C_2z+D_2=0,\end{cases}$$

其中 A_1,B_1,C_1 和 A_2,B_2,C_2 不成比例.由此建立方程

$$\boxed{\lambda(A_1x+B_1y+C_1z+D_1)+\mu(A_2x+B_2y+C_2z+D_2)=0,} \tag{16}$$

其中 λ,μ 为不同时取零的任意实数.经整理得

$$(\lambda A_1+\mu A_2)x+(\lambda B_1+\mu B_2)y+(\lambda C_1+\mu C_2)z+(\lambda D_1+\mu D_2)=0,$$

因 A_1,B_1,C_1 和 A_2,B_2,C_2 不成比例,所以上式中前三项系数不同时为零,可见,(16)式是平面方程.又 L 上的点满足方程(16),即 L 在此平面上,或者说,平面(16)过直线 L.又由 λ,μ 的任意性,则每一对实数 λ,μ,就给出一个过 L 的平面,反之,过 L 的任一平面,都有一对 λ,μ,且方程由(16)确定.故方程(16)是过直线 L 的所有平面的方程.过定直线的所有平面,称为**平面束**.因此,方程(16)是过直线 L 的**平面束方程**.

过直线 L 的平面束方程也可用单参数 μ 表示为

$$(A_1x+B_1y+C_1z+D_1)+\mu(A_2x+B_2y+C_2z+D_2)=0, \tag{17}$$

但方程(17)是过直线 L 的不包含平面 $A_2x+B_2y+C_2z+D_2=0$ 的平面束方程.

平面束的概念,为许多问题的讨论带来方便.

例 9　求直线 $L:\begin{cases}x+y-z-1=0,\\x-y+z+1=0\end{cases}$ 在平面 $\pi: x+y+z=0$ 上的投影直线的方程.

解　若能求出包含直线 L 且垂直于平面 π 的平面 π_1,则平面 π 与 π_1 的交线,即为所求的投影直线.由于平面 π_1 包含已知直线,所以,它是过直线 L 的平面束

$$\lambda(x+y-z-1)+\mu(x-y+z+1)=0,$$

即

$$(\lambda+\mu)x+(\lambda-\mu)y+(-\lambda+\mu)z-\lambda+\mu=0$$

中的某一平面.又平面 π_1 垂直于平面 π,所以 $(\lambda+\mu)\cdot 1+(\lambda-\mu)\cdot 1+(\mu-\lambda)\cdot 1=0$,即 $\lambda+\mu=0$,以 $\lambda=-\mu$ 代入平面束方程,方程两端再除以 μ,得投影面 π_1 的方程

$$2y-2z-2=0,$$

即

$$y-z-1=0.$$

所求投影直线方程为

$$\begin{cases}x+y+z=0,\\y-z-1=0.\end{cases}$$

释疑解惑 6.5

如何正确使用平面束方程?

题型归类解析 6.7

直线在平面上的投影直线方程的求法.

习题 6-3

A

1. 求满足下列条件的直线方程:

(1) 过点 $M_1(2,-3,1)$ 与平面 $3x-y+4z-1=0$ 垂直;

(2) 过点 $M_1(0,2,4)$ 与两平面 $x+2z-1=0$ 及 $y-3z-2=0$ 都平行；

(3) 过点 $M_1(11,9,0)$ 与直线 $\frac{x-1}{2}=\frac{y+3}{4}=\frac{z-5}{3}$ 及直线 $\frac{x}{5}=\frac{y-2}{-1}=\frac{z+1}{2}$ 相交；

(4) 过点 $M_1(1,0,-2)$ 平行于平面 $3x-y+2z+8=0$，且与直线 $\frac{x-1}{4}=\frac{y-3}{-1}=\frac{z}{1}$ 相交.

2. 求满足下列条件的平面方程：

(1) 过点 $M_1(2,1,1)$ 与直线 $\begin{cases}x+2y-z+1=0,\\2x+y-z=0\end{cases}$ 垂直；

(2) 过点 $M_1(1,2,1)$ 与直线 $\begin{cases}x+2y-z+1=0,\\x-y+z-1=0\end{cases}$ 及直线 $\begin{cases}2x-y+z=0,\\x-y+z=0\end{cases}$ 平行；

(3) 过点 $M_1(3,1,-2)$ 及直线 $\frac{x-4}{5}=\frac{y+3}{2}=\frac{z}{1}$；

(4) 过直线 $\frac{x-2}{5}=\frac{y-1}{2}=\frac{z-2}{4}$ 且垂直于平面 $x+4y-3z+7=0$；

(5) 过点 $M_1(2,0,8)$ 垂直于平面 $x-2y+4z-7=0$ 及 $3x+5y-2z+3=0$；

(6) 过直线 $\begin{cases}x=2z+1,\\y=2z+2\end{cases}$ 及 $\begin{cases}2x=2-z,\\3y=z+6;\end{cases}$

(7) 过 Ox 轴及与 xOy 面夹角为 $\frac{\pi}{6}$.

3. 判断下列各对平面的位置关系，并求它们的夹角：

(1) $4x+2y-4z-7=0, 2x+y+2z=0$；

(2) $3x-y-2z-1=0, x+9y-3z+2=0$；

(3) $6x+3y-2z=0, x+2y+6z+12=0$.

4. 判断下列二直线的位置关系，并求它们的夹角：

(1) $\begin{cases}x+2y-z-7=0,\\-2x+y+z+7=0,\end{cases}$ $\begin{cases}3x+6y-3z-8=0,\\2x-y-z=0;\end{cases}$

(2) $\begin{cases}x+2y+z-1=0,\\x-2y+z-1=0,\end{cases}$ $\begin{cases}x-y-z-1=0,\\x+y+2z+1=0;\end{cases}$

(3) $\begin{cases}x-2y-1=0,\\2y-z-1=0,\end{cases}$ $\begin{cases}x-y-1=0,\\x-2y-3=0.\end{cases}$

5. 判断下列直线与平面的位置关系，并求它们的夹角：

(1) $\frac{x+3}{-2}=\frac{y+4}{-7}=\frac{z}{3}, 4x-2y-2z-3=0$；

(2) $\frac{x}{3}=\frac{y}{-2}=\frac{z}{7}, 3x-2y+7z-8=0$；

(3) $\frac{x-2}{3}=\frac{y+2}{1}=\frac{z-3}{-4}, x+y+z-3=0$.

6. 在直线方程$\begin{cases}A_1x+B_1y+C_1z+D_1=0,\\A_2x+B_2y+C_2z+D_2=0\end{cases}$中，各系数满足什么条件才使(1)直线过原点；(2)直线与 Ox 轴平行；(3)直线与 Oy 轴相交；(4)直线与 Oz 轴重合.

7. 问 k 为何值时，

(1) 直线$\begin{cases}x=kz+2,\\y=2kz+4\end{cases}$与平面 $x+y+z=0$ 平行；

(2) 直线$\begin{cases}x=z+k,\\y=z\end{cases}$与直线$\begin{cases}x=2z+1,\\y=3z+2\end{cases}$相交；

(3) 直线$\begin{cases}3x-y+2z-6=0,\\x+4y-z+k=0\end{cases}$与 Oz 轴相交.

8. 求直线$\begin{cases}2x-3y+4z-12=0,\\x+4y-2z-10=0\end{cases}$在平面 $x+y+z-1=0$ 上的投影直线方程.

9. 在 z 轴上求一点，使它与平面 $12x+9y+20z-19=0$ 和 $16x-12y+15z-9=0$ 等距离.

10. 求直线$\dfrac{x-1}{2}=\dfrac{y+3}{4}=\dfrac{z-5}{3}$与直线$\dfrac{x}{5}=\dfrac{y-2}{-1}=\dfrac{z+1}{2}$的距离及与它们相交的公垂线的方程.

B

1. 求点 $M_1(1,2,-3)$ 在平面 $2x-y+3z+3=0$ 上的投影.

2. 证明：平面$\dfrac{x}{a}+\dfrac{y}{b}+\dfrac{z}{c}=1$ 与三个坐标面的交线所组成的三角形的面积为

$$\frac{1}{2}\sqrt{a^2b^2+b^2c^2+c^2a^2}.$$

3. 设过原点的两条直线的方向余弦分别为 $l_1,m_1,n_1;l_2,m_2,n_2$，求它们夹角平分线的方向余弦.

4. 求点(2,3,1)在直线 $x=-7+t,y=-2+2t,z=-2+3t$ 上的投影.

5. 一直线过点 $B(1,2,3)$，且与向量 $\boldsymbol{c}=(6,6,7)$ 平行，求点 $A(3,4,2)$ 到这条直线的距离.

6. 用向量证明 $|ab+cd+ef|\leqslant\sqrt{a^2+c^2+e^2}\cdot\sqrt{b^2+d^2+f^2}$，讨论何时取等号.并用此不等式推出点 $M_0(x_0,y_0,z_0)$ 到平面 $Ax+By+Cz+D=0$ 的距离公式.

第四节　曲面及其方程

4-1　曲面方程的概念

在空间解析几何中，任何曲面都可看作点的几何轨迹.也就是说，曲面是所有具有某种

共同性质的点集.这些共同性质可以用 x,y,z 的方程

$$F(x,y,z)=0 \tag{1}$$

来表示.

如果曲面 S 上任一点的坐标都满足方程(1),不在曲面 S 上的点都不满足方程(1),那么,方程(1)称为曲面 S 的方程,而曲面 S 称为方程(1)的图形.

空间解析几何中关于曲面的研究,有下面两个基本问题:

(1) 已知曲面作为动点的几何轨迹,建立这个曲面的方程;

(2) 已知曲面上点的坐标 x,y,z 间的一个方程,研究这个方程所表示的曲面的形状.

例 1　与定点 $M_0(x_0,y_0,z_0)$ 的距离等于定长 R 的动点的轨迹称为球面,求这个球面的方程.

解　在球面上任取一点 $M(x,y,z)$,则有 $|MM_0|=R$,因此得方程

$$(x-x_0)^2+(y-y_0)^2+(z-z_0)^2=R^2.$$

因为凡球面上的点 $M(x,y,z)$ 的坐标都满足这个方程,不在球面上的点的坐标不满足这个方程,所以,这就是所求的球面方程.

下面介绍常见的几类曲面.

4-2　柱面　旋转面

一、柱面

一动直线 L 沿着定曲线 C 作平行于定直线移动而所生成的曲面称为柱面.如图 6-26 所示.动直线称为柱面的**母线**,定曲线 C 称为柱面的**准线**.

这里只讨论准线在某个坐标面内,母线平行于不在该坐标面上的坐标轴的柱面.

例如,以平行 z 轴的动直线为母线,沿着 xOy 面内定曲线 $x^2+y^2=4$ 平行移动而生成的曲面是圆柱面,其方程在空间直角坐标系中即为 $x^2+y^2=4$.

一般地,方程 $F(x,y)=0$ 在平面直角坐标系中表示一条平面曲线,而在空间直角坐标系中则表示母线平行于 z 轴的柱面.

例如,方程 $y^2=2x$ 表示准线是 xOy 面上的抛物线 $y^2=2x$,母线是平行于 z 轴的柱面,称为抛物柱面,如图 6-27.

方程 $\frac{y^2}{b^2}+\frac{z^2}{c^2}=1$ 表示准线是 yOz 面上的椭圆 $\frac{y^2}{b^2}+\frac{z^2}{c^2}=1$,母线是平行于 x 轴的柱面,称为椭圆柱面,如图 6-28.

方程 $-\frac{x^2}{a^2}+\frac{z^2}{c^2}=1$ 表示准线是 xOz 面上的双曲线 $-\frac{x^2}{a^2}+\frac{z^2}{c^2}=1$,母线是平行于 y 轴的柱面,称为双曲柱面,如图 6-29.

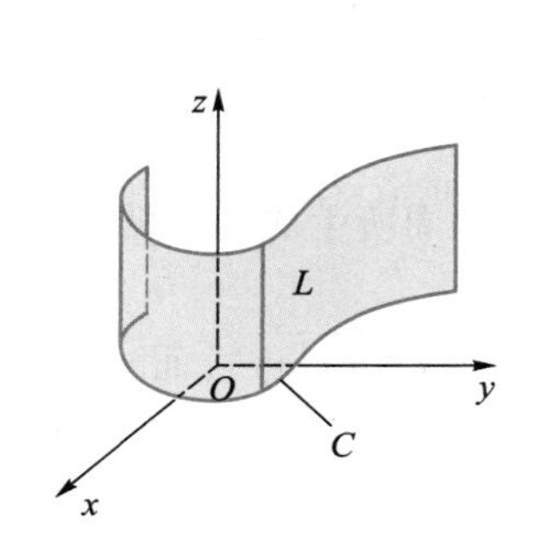

图 6-26

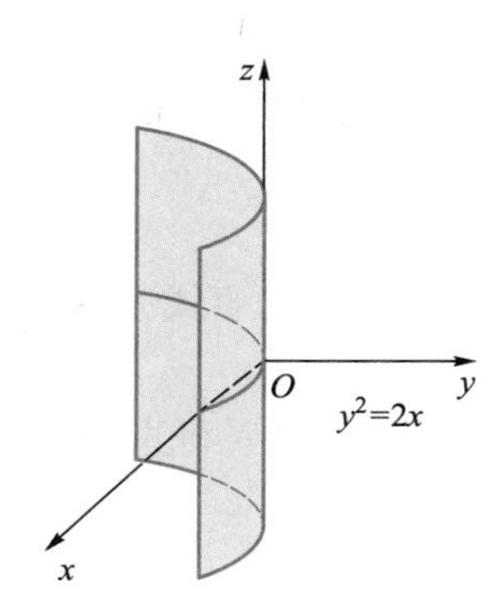

图 6-27

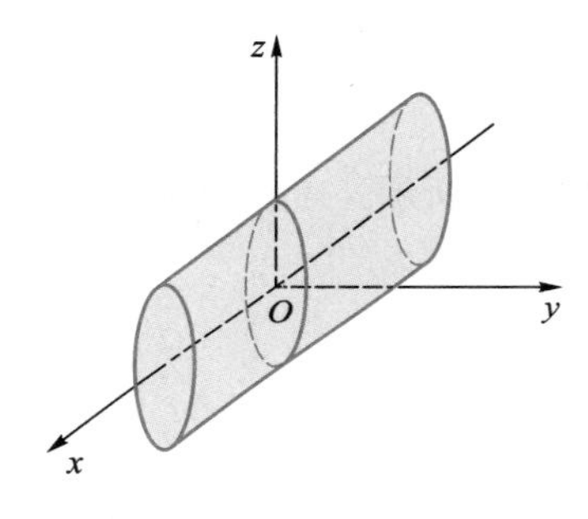

图 6-28

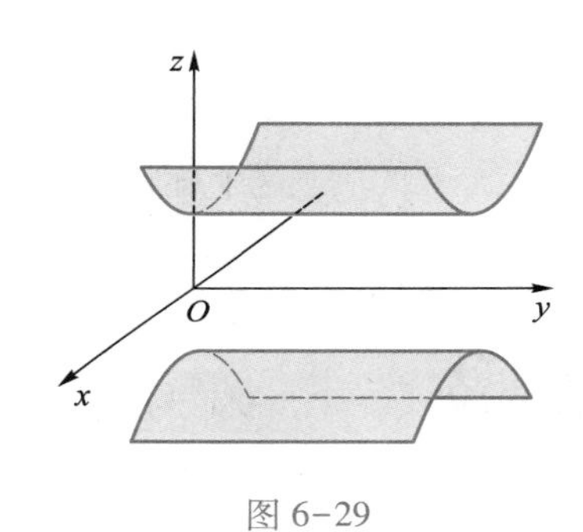

图 6-29

二、旋转面

一条平面曲线绕该平面上的一条定直线旋转一周所生成的曲面称为旋转面.定直线称为旋转面的**轴线**,平面曲线称为旋转面的**母线**.

下面只讨论母线在某个坐标面内，绕着该坐标面上的某个坐标轴旋转一周所生成的旋转面.

设 xOz 面上的曲线 L 的方程为

$$F(x,z)=0,$$

将 L 绕 z 轴旋转一周所生成的旋转面,如图 6-30 所示.

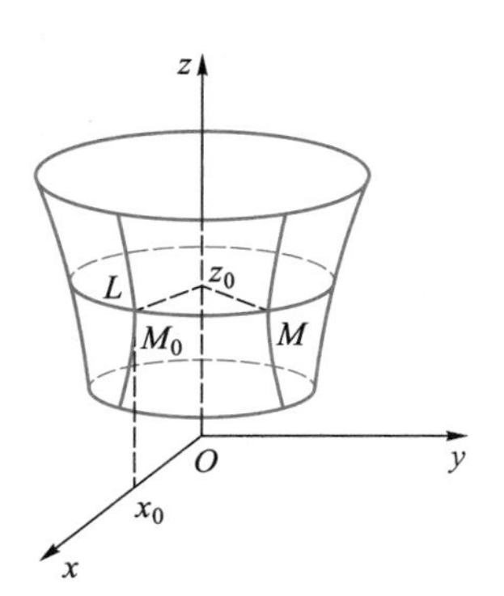

图 6-30

现在来求这个旋转面的方程.

设 $M_0(x_0,0,z_0)$ 是曲线 L 上的任意一点,则有 $F(x_0,z_0)=0$,当 L 绕 z 轴旋转时,点 M_0 转到点 $M(x,y,z)$,这时 $z=z_0$,点 M 到 z 轴的距离

$$d=\sqrt{x^2+y^2}=|x_0|,$$

亦即 $x_0=\pm\sqrt{x^2+y^2}$.将 $x_0=\pm\sqrt{x^2+y^2}$,$z_0=z$ 代入 $F(x_0,z_0)=0$,得到

$$F(\pm\sqrt{x^2+y^2},z)=0,$$

这就是曲线 L 绕 z 轴旋转一周所生成的旋转面的方程.

用类似的方法可得同一条曲线 L 绕 x 轴旋转一周所生成的旋转面的方程为

$$F(x,\pm\sqrt{y^2+z^2})=0.$$

例 2　求 yOz 面上的直线 $L: z=\dfrac{y}{b}(b>0)$ 绕 z 轴旋转一周所生成的旋转面的方程.

解　绕 z 轴旋转,只要将直线 L 的方程 $z=\dfrac{y}{b}$ 中的 y 换成 $\pm\sqrt{x^2+y^2}$,而 z 保持不变,即得旋转面方程

$$z=\pm\frac{\sqrt{x^2+y^2}}{b},$$

即

$$z^2=\frac{x^2+y^2}{b^2},$$

这个旋转面称为圆锥面.如图 6-31 所示.

释疑解惑 6.6

如何求旋转曲面的方程?

$z=\dfrac{\sqrt{x^2+y^2}}{b}$ 为圆锥面的上半部分,$z=-\dfrac{\sqrt{x^2+y^2}}{b}$ 为圆锥面的下半部分.原点 O 称为圆锥面的顶点,直线与旋转轴的夹角称为半顶角.

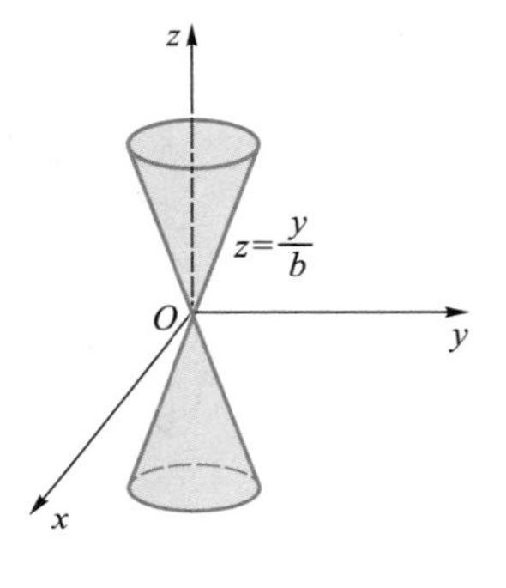

图 6-31

4-3　二次曲面

若 $F(x,y,z)=0$ 为 x,y,z 的二次方程,则由它确定的曲面称为二次曲面.前面介绍的球面、旋转面都是二次曲面;而三元一次方程表示平面,故平面也称为一次曲面.

常见的二次曲面还有锥面、椭球面、双曲面和抛物面,它们的图形用描点法不易得到,常用截痕法来作图.本目除双曲抛物面用截痕法作图外,为简便起见,其他的曲面,用与之相似的已知的旋转面的图形相比较的方法来作出它们的草图.

一、圆锥面和椭圆锥面

由例 2 知,将 yOz 面上的直线 $z=\dfrac{y}{b}(b>0)$ 绕 z 轴旋转一周得圆锥面,其方程为

$$\frac{x^2+y^2}{b^2}=z^2, \tag{2}$$

如图 6-31 所示.一般地,由方程

$$\frac{x^2}{a^2}+\frac{y^2}{b^2}=z^2 \quad (a,b\text{ 为正常数}) \tag{3}$$

所确定的曲面称为椭圆锥面.

下面我们用平面去截圆锥面与椭圆锥面,比较其截口的方法,考察椭圆锥面的图形.

若用平面 $z=z_0(z_0\neq0)$ 去截圆锥面(2),得到的交线是平面 $z=z_0$ 上的圆

$$\begin{cases}x^2+y^2=(bz_0)^2,\\ z=z_0,\end{cases}$$

当 $|z_0|$ 从 0 变为无限大时,由退化点(原点)逐渐变为半径依 $b|z_0|$ 无限增大的圆.而用同样的平面去截椭圆锥面(3),得到的交线是平面 $z=z_0$ 上的椭圆

$$\begin{cases}\dfrac{x^2}{(az_0)^2}+\dfrac{y^2}{(bz_0)^2}=1,\\ z=z_0,\end{cases}$$

当 $|z_0|$ 从 0 变为无限大时,由退化点(原点)逐渐变为两半轴长依 $a|z_0|$,$b|z_0|$ 无限增大的椭圆.所以有此区别,是由于圆锥面方程(2)左端的项为 $\dfrac{x^2+y^2}{b^2}$,而椭圆锥面方程(3)左端的项为 $\dfrac{x^2}{a^2}+\dfrac{y^2}{b^2}$ 之故.除此之外,两者的图形并无其他不同之处.

因此,只要将圆锥面(图 6-31)与平面 $z=z_0(-\infty<z_0<0,0<z_0<+\infty)$ 所截得的圆形截口改为中心在点 $(0,0,z_0)$,x,y 轴上的半轴长分别为 $a|z_0|$,$b|z_0|$ 的椭圆,即得与其相似的椭圆锥面的图形,如图 6-32 所示.

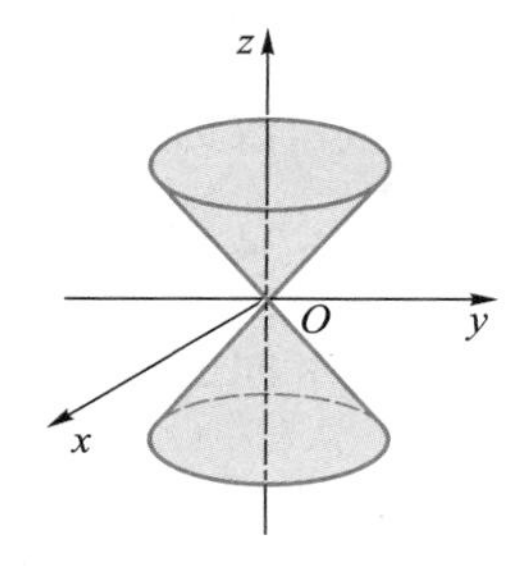

图 6-32

下面用类似的方法给出其他二次曲面的图形.

二、旋转椭球面和椭球面

将 yOz 面上的椭圆 $\dfrac{y^2}{b^2}+\dfrac{z^2}{c^2}=1$($b,c$ 为正常数)绕 z 轴旋转一周所生成的曲面称为旋转椭球面,其方程为

$$\frac{x^2+y^2}{b^2}+\frac{z^2}{c^2}=1 \tag{4}$$

一般地,由方程

$$\frac{x^2}{a^2}+\frac{y^2}{b^2}+\frac{z^2}{c^2}=1 \quad (a,b,c\text{ 为正常数}) \tag{5}$$

所确定的曲面称为椭球面.

将旋转椭球面(4)与平面 $z=z_0(-c<z_0<+c)$ 所截得的圆形截口改为中心在点 $(0,0,z_0)$,x,y 轴上的半轴长分别为 $\dfrac{a}{c}\sqrt{c^2-z_0^2}$,$\dfrac{b}{c}\sqrt{c^2-z_0^2}$ 的椭圆,即得椭球面(5)的图形,如图 6-33

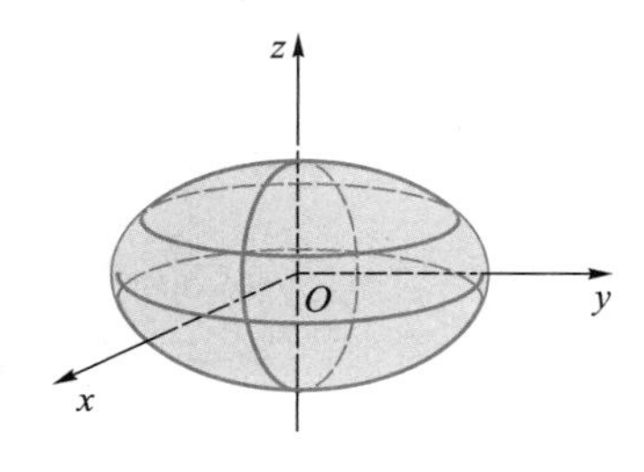

图 6-33

所示.

三、单叶双曲面和双叶双曲面

将 yOz 面上的双曲线$\frac{y^2}{b^2}-\frac{z^2}{c^2}=1$($b,c$ 为正常数)绕 z 轴旋转一周所生成的曲面称为旋转单叶双曲面,方程为

$$\frac{x^2+y^2}{b^2}-\frac{z^2}{c^2}=1. \tag{6}$$

一般地,由方程

$$\frac{x^2}{a^2}+\frac{y^2}{b^2}-\frac{z^2}{c^2}=1 \quad (a,b,c\text{ 为正常数}) \tag{7}$$

所确定的曲面称为单叶双曲面.

单叶双曲面(7)的图形,只要将旋转单叶双曲面(6)与平面 $z=z_0(-\infty<z_0<+\infty)$ 所截得的圆形截口改为中心在点$(0,0,z_0)$,x,y 轴上的半轴长分别为$\frac{a}{c}\sqrt{c^2+z_0^2}$,$\frac{b}{c}\sqrt{c^2+z_0^2}$的椭圆即得,如图 6-34 所示.

将 yOz 面上的双曲线$\frac{y^2}{b^2}-\frac{z^2}{c^2}=1$($b,c$ 为正常数)绕 y 轴旋转一周所生成的曲面称为旋转双叶双曲面,方程为

$$\frac{y^2}{b^2}-\frac{x^2+z^2}{c^2}=1. \tag{8}$$

一般地,由方程

$$-\frac{x^2}{a^2}+\frac{y^2}{b^2}-\frac{z^2}{c^2}=1 \quad (a,b,c\text{ 为正常数}) \tag{9}$$

所确定的曲面称为双叶双曲面.

双叶双曲面(9)的图形,只要将旋转双叶双曲面(8)与平面 $y=y_0(-\infty<y_0<-b,b<y_0<+\infty)$ 所截得的圆形截口改为中心在点$(0,y_0,0)$,x,z 轴上的半轴长分别为$\frac{a}{b}\sqrt{y_0^2-b^2}$,$\frac{c}{b}\sqrt{y_0^2-b^2}$的椭圆即得,如图 6-35 所示.

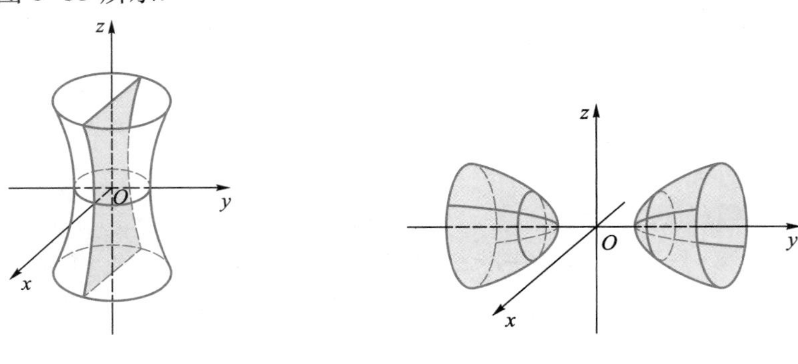

图 6-34　　　　图 6-35

四、旋转抛物面和椭圆抛物面

将 yOz 面上的抛物线$\frac{y^2}{b^2}=z$（b 为正常数）绕 z 轴旋转一周所生成的曲面称为旋转抛物面，方程为

$$\frac{x^2+y^2}{b^2}=z. \tag{10}$$

一般地，由方程

$$\frac{x^2}{a^2}+\frac{y^2}{b^2}=z \quad (a,b\text{ 为正常数}) \tag{11}$$

所确定的曲面称为椭圆抛物面.

只要将旋转抛物面（10）与平面 $z=z_0(0<z_0<+\infty)$ 所截得的圆形截口改为中心在点 $(0,0,z_0)$，x,y 轴上的半轴长分别为 $a\sqrt{z_0}$，$b\sqrt{z_0}$ 的椭圆，即得椭圆抛物面（11）的图形，如图 6-36 所示.

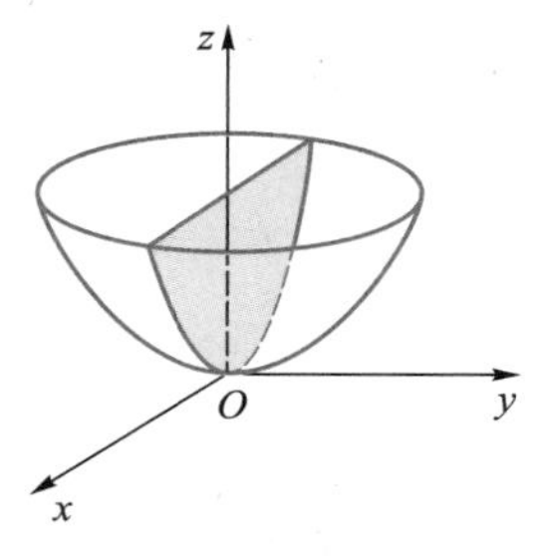

图 6-36

五、双曲抛物面

由方程

$$\frac{x^2}{a^2}-\frac{y^2}{b^2}=z \quad (a,b\text{ 为正常数}) \tag{12}$$

所确定的曲面称为双曲抛物面.

由于该方程没有上述曲面方程的特点，其图形我们用截痕法来讨论.

所谓截痕法，就是用坐标面或平行于坐标面的平面与曲面相截，考察截口的形状，然后，综合分析得到曲面图形的方法.

先讨论曲面（12）的总体形状.该曲面过原点，是关于 z 轴和 xOz 面，yOz 面对称的无界曲面.

曲面（12）用平面 $z=z_0$ 相截的交线（截痕）为

$$\begin{cases}\dfrac{x^2}{a^2z_0}-\dfrac{y^2}{b^2z_0}=1,\\ z=z_0,\end{cases}$$

这是平面 $z=z_0$ 上的双曲线.当 $z_0>0$ 时，双曲线的实轴平行于 x 轴；当 $z_0<0$ 时，双曲线的实轴平行于 y 轴.当 $z_0=0$ 时，交线退化成平面 $z=0$ 上的一对直线

$$\begin{cases}\dfrac{x}{a}+\dfrac{y}{b}=0,\\ z=0,\end{cases}\quad \begin{cases}\dfrac{x}{a}-\dfrac{y}{b}=0,\\ z=0,\end{cases}$$

称它为直母线.

用平面 $x=x_0$ 相截的交线为

$$\begin{cases} y^2=-b^2\left(z-\dfrac{x_0^2}{a^2}\right), \\ x=x_0, \end{cases}$$

这是平面 $x=x_0$ 上的抛物线，顶点在 $\left(x_0,0,\dfrac{x_0^2}{a^2}\right)$，对称轴平行于 z 轴，开口朝下.

释疑解惑 6.7

一般二次方程与二次曲面的关系.

题型归类解析 6.8

空间曲面及二次曲面.

用平面 $y=y_0$ 相截的交线完全类似.

综上分析，双曲抛物面的图形如图 6-37 所示.该图形酷似马鞍，故又称为马鞍面.

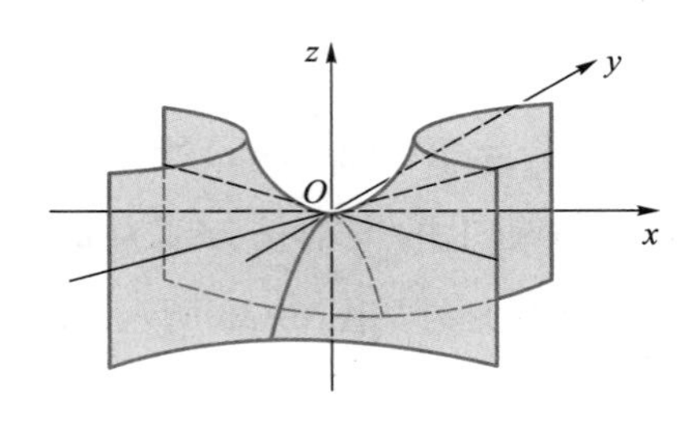

图 6-37

*4-4 曲面的参数方程

先考虑中心在原点，半径为 R 的球面的参数方程.

设 $P(x,y,z)$ 为球面上任意一点（如图 6-38 所示），记 φ 为 z 轴正向与 $\overrightarrow{OP}$ 的夹角（$0\leqslant\varphi\leqslant\pi$）.过点 P 作 xOy 面的垂线，垂足为 M，记 θ 为 x 轴正向与 $\overrightarrow{OM}$ 的夹角（$0\leqslant\theta\leqslant2\pi$），则点 P 的位置可由 φ,θ 完全确定，并有

$$\begin{cases} x=R\sin\varphi\cos\theta, \\ y=R\sin\varphi\sin\theta, \quad (0\leqslant\theta\leqslant2\pi,0\leqslant\varphi\leqslant\pi). \\ z=R\cos\varphi \end{cases} \tag{13}$$

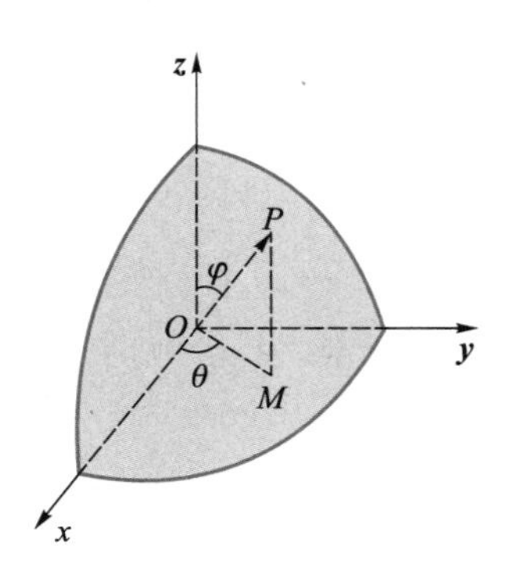

图 6-38

（13）式称为球面的参数方程，φ,θ 为参数.从（13）式中消去参数 φ,θ，即得球面的直角坐标方程 $x^2+y^2+z^2=R^2$.

一般地，空间曲面上任意点的坐标 x,y,z 可由参数 u,v 所确定，即

$$\begin{cases} x=\varphi(u,v), \\ y=\psi(u,v), \quad (u,v\in G), \\ z=\omega(u,v) \end{cases} \tag{14}$$

对于 G 内的每一对 u,v，都由（14）式唯一确定的 x,y,z 值与之

对应，且以 x,y,z 为坐标的点 $P(x,y,z)$ 位于曲面上；反之，曲面上每一点的坐标 x,y,z 都可由 G 内的一对 u,v 值通过(14)式来表示.所以(14)式称为曲面的参数方程，u,v 为参数.

例如，圆柱面 $x^2+y^2=a^2$ 的参数方程为

$$\begin{cases} x=a\cos u, \\ y=a\sin u, \\ z=v \end{cases} \quad (0\leqslant u\leqslant 2\pi,-\infty<v<+\infty).$$

又如，圆锥面 $z^2=a^2(x^2+y^2)\ (a>0)$ 的参数方程为

$$\begin{cases} x=u\cos v, \\ y=u\sin v, \\ z=\pm au \end{cases} \quad (0\leqslant v\leqslant 2\pi,0\leqslant u<+\infty).$$

平面是一个特殊的曲面，它的一般方程为 $Ax+By+Cz+D=0$，若 $A\neq 0$，设 $y=u,z=v$，则

$$\begin{cases} x=\dfrac{1}{A}(-Bu-Cv-D), \\ y=u, \\ z=v \end{cases} \quad (-\infty<u,v<+\infty)$$

就是平面的参数方程.

习题 6-4

A

1. 下列方程在平面直角坐标系和空间直角坐标系中各表示怎样的几何图形？

(1) $y=kx$ (k 为常数)；　　(2) $x^2-y^2=0$；

(3) $x^2+y^2=0$；　　(4) $y^2=2px$ (p 为常数)；

(5) $\dfrac{x^2}{a^2}+\dfrac{y^2}{b^2}=1$；　　(6) $\dfrac{x^2}{a^2}-\dfrac{y^2}{b^2}=1$.

2. 求二面角 $xOz-Oz-yOz$ 的平分面的方程.

3. 求到两定点距离之和等于常数的动点的轨迹方程.

4. 求到两定点距离之差等于常数的动点的轨迹方程.

5. 一球面过原点和三点 $(2,0,0)$，$(1,1,0)$，$(1,0,-1)$，试求它的方程.

6. 动点 M 在 xOz 面上，M 到原点和到点 $A(5,-3,1)$ 等距离，求 M 的轨迹方程.

7. 确定下列球面的中心和半径：

(1) $x^2+y^2+z^2-2x=0$；

(2) $2x^2+2y^2+2z^2-5y-8=0$.

8. 求下列旋转面的方程：

(1) xOy 面上的曲线 $4x^2-9y^2=36$ 绕 y 轴旋转一周；

（2）xOz 面上的曲线 $z^2=5x$ 绕 x 轴旋转一周；

（3）xOz 面上的曲线 $x^2-z^2=9$ 绕 z 轴旋转一周.

9. 指出下列方程中，哪些是旋转面，若是，它是怎样生成的.

（1）$\dfrac{x^2}{4}+\dfrac{y^2}{9}+\dfrac{z^2}{9}=1$；　　（2）$x^2+y^2+z^2=1$；

（3）$x^2+2y^2+3z^2=1$；　　（4）$x^2-\dfrac{y^2}{4}+z^2=1$；

（5）$\dfrac{x^2}{9}+\dfrac{y^2}{16}-\dfrac{z^2}{25}=1$；　　（6）$x^2-y^2-z^2=1$.

10. 指出下列方程为怎样的曲面，并作图.

（1）$x^2+\dfrac{y^2}{4}+\dfrac{z^2}{9}=1$；　　（2）$\dfrac{x^2}{4}+\dfrac{y^2}{9}=z$；

（3）$16x^2+4y^2-z^2=64$；　　（4）$y^2+z^2-x^2=0$.

11. 绘出下列各组曲面所围成的立体图形：

（1）平面 $x+2y+z=1$ 与三个坐标面；

（2）旋转抛物面 $z=x^2+y^2$，三个坐标面与平面 $x+y=1$；

（3）抛物柱面 $z=4-x^2$，三个坐标面及平面 $2x+y=4$；

（4）圆柱面 $x^2+y^2=r^2$ 和 $y^2+z^2=r^2$ 和三个坐标面在第Ⅰ卦限内.

12. 指出下列曲线在曲面上的位置和形状：

（1）$\begin{cases}x^2-y^2=8z,\\ z=8;\end{cases}$　　（2）$\begin{cases}x^2+y^2+z^2=25,\\ x=3;\end{cases}$

（3）$\begin{cases}x^2-4y^2+9z^2=36,\\ y=1;\end{cases}$　　（4）$\begin{cases}y^2+z^2-4x+8=0,\\ y=4.\end{cases}$

13. 求下列曲线在 xOy 面上的投影曲线方程.

（1）$\begin{cases}x^2+y^2-z^2=0,\\ z=x+1;\end{cases}$　　（2）$\begin{cases}2x^2+y^2+z^2=16,\\ x^2-y^2+z^2=0;\end{cases}$

（3）$\begin{cases}y^2+z^2-2x=0,\\ z=3.\end{cases}$

B

1. 证明：以 $A_1(x_1,y_1,z_1)$，$A_2(x_2,y_2,z_2)$ 为直径端点的球面方程为 $(x-x_1)(x-x_2)+(y-y_1)\cdot(y-y_2)+(z-z_1)(z-z_2)=0$.

2. 求过 xOy 面上的圆周 $x^2+y^2=R^2$ 以及点 $M(a,b,c)$ 的球面方程.

3. 求到两条异面直线等距离的点的轨迹.

4. 试问连接空间两点 $(1,0,0)$ 与 $(0,1,1)$ 的直线段，它绕 z 轴旋转一周所生成的曲面，是怎样的曲面？求其曲面方程，并作图.

5. 从椭球面$\frac{x^2}{a^2}+\frac{y^2}{b^2}+\frac{z^2}{c^2}=1$的中心引三条相互垂直的射线 OA,OB,OC 交椭球面于 A，B,C 三点，试证$\frac{1}{OA^2}+\frac{1}{OB^2}+\frac{1}{OC^2}=$常数.

第五节　空间曲线

5-1　空间曲线的方程

一、空间曲线的一般方程

若曲面 $F(x,y,z)=0$ 和 $G(x,y,z)=0$ 的交线为 C，则 C 上的点 $P(x,y,z)$ 同属于两个曲面，即该点的坐标 x,y,z 同时满足这两个方程；反之，坐标 x,y,z 同时满足这两个方程的点，必在这两个曲面上，因此以 x,y,z 为坐标的点 $P(x,y,z)$ 必在交线 C 上.所以，方程组

$$\begin{cases}F(x,y,z)=0,\\G(x,y,z)=0\end{cases}\tag{1}$$

表示了交线 C，(1)式称为空间曲线 C 的一般方程.

因为通过空间一条曲线的曲面有无穷多个，因此，即使在同一个空间直角坐标系中，表示空间曲线的方程是不唯一的.例如，方程组

$$\begin{cases}x^2+y^2+z^2=1,\\x^2+y^2=1,\end{cases}\quad\begin{cases}x^2+y^2=1,\\z=0,\end{cases}\quad\begin{cases}x^2+y^2+(z-1)^2=2,\\z=0\end{cases}$$

都表示 xOy 面上以原点为圆心的单位圆周.

但要注意，方程组(1)并不一定都能表示曲线的.如两个没有公共交点的球面，则以这两个球面方程构成的方程组不表示任何曲线.

例 1　讨论方程组$\begin{cases}z=\sqrt{a^2-x^2-y^2},\\x^2+y^2-ax=0\end{cases}$表示怎样的曲线？

解　第一个方程所表示的是中心在原点，半径为 a 的上半球面；第二个方程所表示的是母线平行于 z 轴，以 xOy 面上的圆周$\left(x-\frac{a}{2}\right)^2+y^2=\frac{a^2}{4}$为准线的圆柱面.因此该曲线是上半球面与这个圆柱面的交线，如图 6-39 所示，称为维维亚尼(Viviani)曲线.

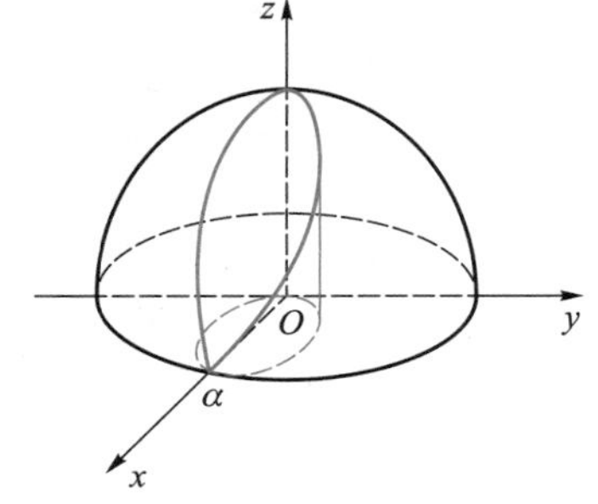

图 6-39

二、空间曲线的参数方程

空间直线可用参数方程表示，空间曲线亦然.下面举例证明.

例 2 设空间一动点 M 在圆柱面 $x^2+y^2=a^2$ 上以角速度 ω 绕 z 轴旋转,同时又以线速度 v 沿平行于 z 轴的正方向匀速升起,动点 M 的轨迹称为螺旋线,求此螺旋线的方程(ω,v 是常数).

解 以时间 t 为参数,设在初始时刻 $t=0$ 时,动点位于 $M_0(a,0,0)$,经过时间 t,它位于点 $M(x,y,z)$ 处,如图 6-40 所示,M 在 xOy 面上的投影为 P,点 P 的坐标为$(x,y,0)$,由于经过时间 t 的角位移为 ωt,所以,$x=a\cos\omega t$,$y=a\sin\omega t$.又因动点同时以线速度 v 沿平行于 z 轴的方向匀速上升,所以,$z=|PM|=vt$.于是,螺旋线上点 M 的坐标为

$$\begin{cases}x=a\cos\omega t,\\ y=a\sin\omega t, \quad (t\geqslant 0),\\ z=vt\end{cases} \tag{2}$$

这就是螺旋线的参数方程.

若令 $\theta=\omega t$,则有

$$\begin{cases}x=a\cos\theta,\\ y=a\sin\theta, \quad (\theta\geqslant 0),\\ z=\dfrac{v}{\omega}\theta\end{cases} \tag{3}$$

这也是螺旋线的参数方程,θ 为动点转过的角度.

空间曲线参数方程的一般形式是

$$\begin{cases}x=x(t),\\ y=y(t), \quad (\alpha\leqslant t\leqslant\beta).\\ z=z(t)\end{cases} \tag{4}$$

对于每一个 t 值,就有一组数 x,y,z 对应于曲线上一点 P;当 t 在$[\alpha,\beta]$上连续变动时,点 P 就描绘出一条空间曲线,称为终端曲线.如图 6-41 所示.

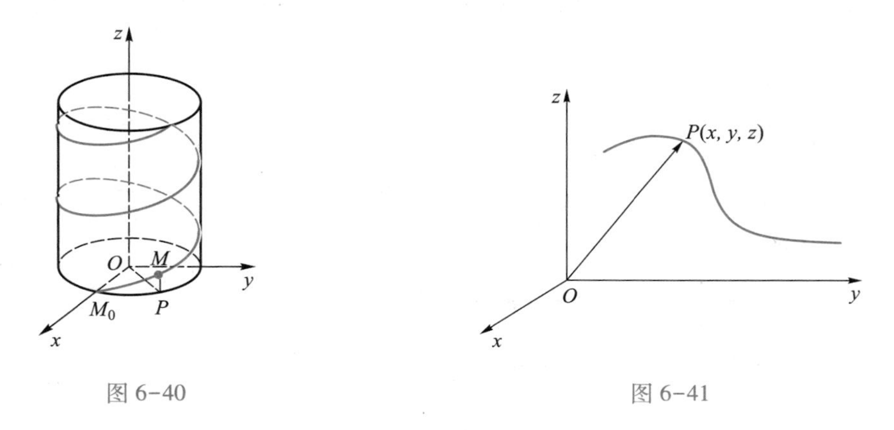

图 6-40　　图 6-41

如 $P(x,y,z)$ 为曲线 C 上的点,向径$\overrightarrow{OP}$的坐标就是点 P 的坐标,于是

$$\overrightarrow{OP}=\boldsymbol{r}(t)=x(t)\boldsymbol{i}+y(t)\boldsymbol{j}+z(t)\boldsymbol{k}, \tag{5}$$

这就是曲线 C 的向量方程.

例 3 求空间曲线 $\begin{cases} z=\sqrt{a^2-x^2-y^2}, \\ x^2-ax+y^2=0 \end{cases}$ $(a>0)$ 的参数方程.

解 第二个方程可改写为 $\left(x-\dfrac{a}{2}\right)^2+y^2=\left(\dfrac{a}{2}\right)^2$.易知它的参数方程是

$$x=\frac{a}{2}(1+\cos\theta),\ y=\frac{a}{2}\sin\theta,$$

将其代入第一个方程中,得

$$z=\frac{\sqrt{2}}{2}a\sqrt{1-\cos\theta}.$$

于是,所求两曲面的交线,即维维亚尼曲线的参数方程为

$$\begin{cases} x=\dfrac{a}{2}(1+\cos\theta), \\ y=\dfrac{a}{2}\sin\theta, \qquad (0\leqslant\theta\leqslant2\pi). \\ z=\dfrac{\sqrt{2}}{2}a\sqrt{1-\cos\theta} \end{cases}$$

5-2 空间曲线在坐标面上的投影

设有空间曲线 C 和平面 π,如图 6-42 所示.过 C 作母线垂直于平面 π 的柱面,与平面的交线为 C_1,称 C_1 为 C 在平面 π 上的投影曲线,简称投影.所作的柱面称为 C 关于平面 π 的投影柱面.平面 π 称为 C 的投影面.

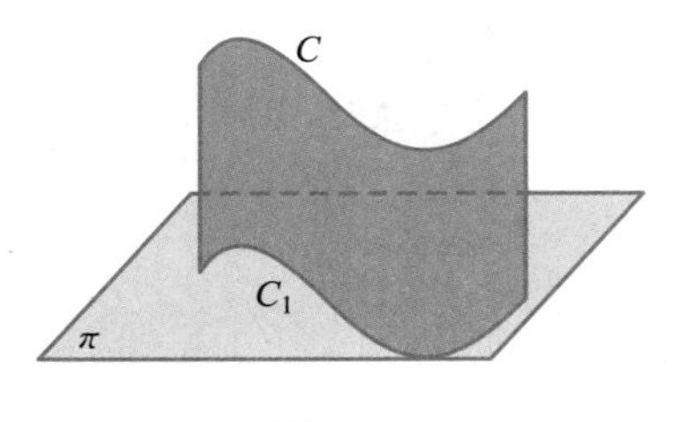

图 6-42

若已知包含曲线 C 的投影柱面的方程为 $F_\pi(x,y,z)=0$,则曲线 C 在平面 π : $Ax+By+Cz+D=0$ 上的投影曲线的一般方程为

$$\begin{cases} F_\pi(x,y,z)=0, \\ Ax+By+Cz+D=0. \end{cases}$$

设曲线 C 的一般方程为

$$\begin{cases} F(x,y,z)=0, \\ G(x,y,z)=0, \end{cases} \tag{6}$$

求曲线 C 在 xOy 面上的投影曲线.只要从(6)式中消去 z,得到一个不含 z 的方程

$$H(x,y)=0. \tag{7}$$

方程(7)是母线平行 z 轴的柱面.由于(7)是从(6)消去 z 而得到的,所以曲线 C 上任意点 $M(x_0,y_0,z_0)$ 的坐标必满足(6),从而 $H(x_0,y_0)=0$,即说明曲线 C 位于柱面上.故柱面(7)就

是曲线 C 关于 xOy 面的投影柱面.所以,曲线 C 在 xOy 面上的投影曲线的方程为

$$\begin{cases} H(x,y)=0, \\ z=0. \end{cases}$$

显然,曲线 C 关于 $z=h$ 平面的投影柱面依然是(7)式,曲线 C 在 $z=h$ 平面上的投影曲线为

$$\begin{cases} H(x,y)=0, \\ z=h. \end{cases}$$

同理可得曲线 C 关于 yOz 面和 xOz 面的投影柱面和在 yOz 面上与 xOz 面上的投影曲线的方程.

例 4　求曲线 $\begin{cases} x^2+y^2+z^2=4a^2, \\ x^2+y^2=2ax \end{cases}$ 关于 xOy 面和 xOz 面的投影柱面的方程以及在 xOy 面上和 xOz 面上的投影曲线的方程.

释疑解惑 6.8

投影柱面和投影曲线的作用.

题型归类解析 6.9

空间曲线的参数方程及其投影曲线方程的求法.

解　因为曲线是球面和母线平行于 z 轴、准线为 $x^2+y^2=2ax$ 的柱面的交线,因此,该柱面就是曲线关于 xOy 面的投影柱面,所以其方程就是

$$x^2+y^2=2ax,$$

投影曲线为 xOy 面上的圆周

$$\begin{cases} x^2+y^2=2ax, \\ z=0. \end{cases}$$

当投影面为 xOz 面时,从曲线方程中消去 y,即得曲线关于 xOz 面得投影柱面的方程为

$$z^2+2ax-4a^2=0 \quad (0\leqslant x\leqslant 2a).$$

投影曲线方程为 xOz 面上的一段抛物线

$$\begin{cases} z^2+2ax-4a^2=0, \\ y=0 \end{cases} \quad (0\leqslant x\leqslant 2a).$$

习题 6-5

A

1. 方程组 $\begin{cases} x^2+y^2+z^2=a^2, \\ x^2+y^2=b^2 \end{cases}$ 表示怎样的曲线?

2. 点 $M_1(3,4,-4)$,$M_2(-3,2,4)$,$M_3(-1,-4,4)$,$M_4(2,3,-3)$ 哪些在曲线

$$\begin{cases} (x-1)^2+y^2+z^2=36, \\ y+z=0 \end{cases}$$

上,哪些不在其上?

3. 下列方程组在平面直角坐标系和空间坐标系中各为什么图形？

（1）$\begin{cases}x-5=0,\\ y-2=0;\end{cases}$　　（2）$\begin{cases}\dfrac{x^2}{25}+\dfrac{y^2}{4}=1,\\ y=2;\end{cases}$

（3）$\begin{cases}3x+y=5,\\ 2x+y=-1.\end{cases}$

4. 求下列空间曲线关于 xOy 面的投影柱面和投影曲线方程：

（1）$\begin{cases}x^2+y^2=-z,\\ x+z+1=0;\end{cases}$　　（2）$\begin{cases}x^2+y^2+z^2=9,\\ x+z-1=0;\end{cases}$

（3）$\begin{cases}x^2+y^2+z^2=1,\\ x^2+(y-1)^2+(z-1)^2=1.\end{cases}$

5. 求空间曲线$\begin{cases}x+y+z=3,\\ x+2y=1\end{cases}$在 yOz 面上的投影曲线方程.

6. 作出下列曲线在第 I 卦限内的图形：

（1）$\begin{cases}x=1,\\ z=2;\end{cases}$　　（2）$\begin{cases}z=\sqrt{a^2-x^2-y^2},\\ x-y=0;\end{cases}$

（3）$\begin{cases}x^2-y^2=4,\\ y^2+z^2=4;\end{cases}$　　（4）$\begin{cases}x^2+y^2+z^2=4a^2,\\ x^2+y^2=2ax.\end{cases}$

7. 求下列曲线的参数方程：

（1）$\begin{cases}(x-1)^2+(y+2)^2+(z-3)^2=9,\\ z=5;\end{cases}$

（2）$\begin{cases}x^2+y^2+z^2=9,\\ y=x.\end{cases}$

B

1. 分别求出母线平行于 x 轴及 y 轴且通过曲线$\begin{cases}2x^2+y^2+z^2=16,\\ x^2-y^2+z^2=0\end{cases}$的柱面方程.

2. 求曲线$\begin{cases}x^2+y^2=1,\\ z=x\end{cases}$在各坐标面上的投影曲线的方程，并求该曲线的参数方程.

第六章测试题

第七章

多元函数微分学及其应用

在实际问题中,经常需要研究多种事物与多种因素之间的联系,这就是多元函数的问题.二元和二元以上的函数统称为多元函数,多元函数又有数值函数和向量值函数之分.从本章开始,讨论多元函数的微积分学.

在学习多元函数的概念和运算方法时,既要注意多元函数与一元函数的共同点,如令多元函数中的一个变量变化,将其余的变量视为不变,对这一函数便可用处理一元函数的方法去处理,这是研究多元函数常用的一种方法;又要注意与一元函数的不同点,特别关注由一元函数到二元函数出现的新问题.因此,这里主要介绍二元函数的概念和方法.

第一节 多元函数的基本概念

1-1 n 维欧几里得空间及其点集

一、n 维欧几里得空间

由 n 个有序的实数 $x_1,x_2,\cdots,x_n$ 所组成的数组,称为 n 维向量.记为 $\boldsymbol{X}=(x_1,x_2,\cdots,x_n)$,称为 n 维行向量;有时也记为 $\boldsymbol{X}=(x_1,x_2,\cdots,x_n)^{\mathrm{T}}=\begin{pmatrix}x_1\\x_2\\\vdots\\x_n\end{pmatrix}$,称为 n 维列向量.$x_i(i=1,2,\cdots,n)$ 称为 $\boldsymbol{X}$ 的第 i 个分量.由全体 n 维向量组成的集合,记为

$$\mathbf{R}^n=\{(x_1,x_2,\cdots,x_n)\mid x_i\in\mathbf{R},i=1,2,\cdots,n\},$$

并且对它规定加法运算和数乘运算.

设向量 $\boldsymbol{X}=(x_1,x_2,\cdots,x_n)$,$\boldsymbol{Y}=(y_1,y_2,\cdots,y_n)\in\mathbf{R}^n$,则$(x_1+y_1,x_2+y_2,\cdots,x_n+y_n)$称为向

量 $\boldsymbol{X}$ 和 $\boldsymbol{Y}$ 的和,记为 $\boldsymbol{X}+\boldsymbol{Y}$,即

$$\boldsymbol{X}+\boldsymbol{Y}=(x_1+y_1,x_2+y_2,\cdots,x_n+y_n).$$

设 k 为常数,则 $(kx_1,kx_2,\cdots,kx_n)$ 称为数 k 与向量 $\boldsymbol{X}$ 的乘积,记为

$$k\boldsymbol{X}=(kx_1,kx_2,\cdots,kx_n).$$

对 $\mathbf{R}^n$ 规定了这两种运算之后,便称 $\mathbf{R}^n$ 为 n 维向量空间,简称为 n 维空间.

向量 $(-x_1,-x_2,\cdots,-x_n)$ 称为 $\boldsymbol{X}=(x_1,x_2,\cdots,x_n)$ 的负向量,记为 $-\boldsymbol{X}$.

分量全为零的向量 $(0,0,\cdots,0)$ 称为零向量,记为 $\mathbf{0}$.

n 维空间的向量 $(x_1,x_2,\cdots,x_n)$ 也称为 n 维空间中的一个点,记为 $P=(x_1,x_2,\cdots,x_n)$ 或记为 $P(x_1,x_2,\cdots,x_n)$,$x_i(i=1,2,\cdots,n)$ 称为点 P 的第 i 个坐标.

定义 $\sum\limits_{i=1}^{n}x_iy_i$ 称为向量 $\boldsymbol{X}$ 与 $\boldsymbol{Y}$ 的内积,记为 $\boldsymbol{X}\cdot\boldsymbol{Y}$ 或 $(\boldsymbol{X},\boldsymbol{Y})$,即

$$(\boldsymbol{X},\boldsymbol{Y})=\sum_{i=1}^{n}x_iy_i.$$

定义了内积的 n 维空间 $\mathbf{R}^n$ 称为 n 维欧几里得(Euclid)空间,简称欧氏空间,仍记为 $\mathbf{R}^n$(以下 $\mathbf{R}^n$ 均表示 n 维欧氏空间).$\sqrt{(\boldsymbol{X},\boldsymbol{X})}$ 称为向量 $\boldsymbol{X}$ 的长度或模,记为

$$\|\boldsymbol{X}\|=\sqrt{(\boldsymbol{X},\boldsymbol{X})}=\left(\sum_{i=1}^{n}x_i^2\right)^{\frac{1}{2}}.$$

模等于 1 的向量叫做单位向量.

$\|\boldsymbol{X}-\boldsymbol{Y}\|$ 称为向量 $\boldsymbol{X}$ 与 $\boldsymbol{Y}$ 之间的距离,记为

$$\rho(\boldsymbol{X},\boldsymbol{Y})=\|\boldsymbol{X}-\boldsymbol{Y}\|=\left[\sum_{i=1}^{n}(x_i-y_i)^2\right]^{\frac{1}{2}}.$$

$\mathbf{R}^n$ 中两点间的距离具有下列性质:

(1) 非负定性:$\rho(\boldsymbol{X},\boldsymbol{Y})\geqslant 0$,且 $\rho(\boldsymbol{X},\boldsymbol{Y})=0\Leftrightarrow\boldsymbol{X}=\boldsymbol{Y}$.

(2) 对称性:$\rho(\boldsymbol{X},\boldsymbol{Y})=\rho(\boldsymbol{Y},\boldsymbol{X})$.

(3) 三角不等式:$\rho(\boldsymbol{X},\boldsymbol{Y})\leqslant\rho(\boldsymbol{X},\boldsymbol{Z})+\rho(\boldsymbol{Y},\boldsymbol{Z})$,

其中 $\boldsymbol{X},\boldsymbol{Y},\boldsymbol{Z}\in\mathbf{R}^n$.

由柯西不等式,有 $(\boldsymbol{X},\boldsymbol{Y})\leqslant\|\boldsymbol{X}\|\|\boldsymbol{Y}\|$,定义 $\cos\theta=\dfrac{(\boldsymbol{X},\boldsymbol{Y})}{\|\boldsymbol{X}\|\|\boldsymbol{Y}\|}$,即 $\theta=\arccos\dfrac{(\boldsymbol{X},\boldsymbol{Y})}{\|\boldsymbol{X}\|\|\boldsymbol{Y}\|}$ 称为向量 $\boldsymbol{X}$ 与 $\boldsymbol{Y}$ 的夹角.

特别地,当 $(\boldsymbol{X},\boldsymbol{Y})=0$ 时,称向量 $\boldsymbol{X}$ 与 $\boldsymbol{Y}$ 正交.

二、n 维欧几里得空间中的点集

1. 邻域

设 $P_0(x_1^0,x_2^0,\cdots,x_n^0)\in\mathbf{R}^n$ 为定点,$\delta>0$,点集

$$U_\delta(P_0)=\{P\in\mathbf{R}^n\mid\rho(P,P_0)<\delta\}$$

称为点 P_0 的 δ 邻域,简称邻域.

在 $\mathbf{R}^2$ 中,$U_\delta(P_0)$ 为以 P_0 为中心,δ 为半径的圆的内部点的集合.

从 $U_\delta(P_0)$ 中去掉点 P_0,称为点 P_0 的去心邻域,记作

$$U_{\delta}^{0}(P_0)=U_{\delta}(P_0)\setminus\{P_0\}.$$

2. 内点、边界点

设有点集 $E\subset\mathbf{R}^n$,点 $P\in E$,若 $\exists\delta>0$,使 $U_{\delta}(P)\subset E$,则称点 P 是点集 E 的内点.E 的内点的全体构成的集合称为 E 的内部.例如,平面点集 $E=\{(x,y)\mid x^2+y^2<4\}$ 的任一点都是 E 的内点.而对于点集 $Q^2=\{(x,y)\mid x\in\mathbf{Q},y\in\mathbf{Q}\}$,其中 $\mathbf{Q}$ 是有理数集,由实数的性质可知,Q^2 中的每一点都不是 E 的内点.

若 $\forall U_{\delta}(P)$ 既有属于 E 的点,又有不属于 E 的点,则称 P 是 E 的边界点.E 的边界点的全体构成的集合称为 E 的边界,记为 ∂E.例如,平面点集 $E=\{(x,y)\mid 0<x^2+y^2\leqslant 4\}$ 的边界为

$$\partial E=\{(0,0)\}\cup\{(x,y)\mid x^2+y^2=4\}.$$

3. 开集、闭集

若点集 $E\subset\mathbf{R}^n$ 中每一点都是 E 的内点,则称 E 是开集.例如,区间 (a,b),点集 $\{(x,y)\mid 0<x^2+y^2<4\}$ 分别是 $\mathbf{R}$,$\mathbf{R}^2$ 上的开集.

若点集 $E\subset\mathbf{R}^n$ 包含它的全部内点和边界点,则称 E 为闭集.例如,闭区间 $[a,b]$,点集 $\{(x,y)\mid x^2+y^2\leqslant 4\}$ 分别是 $\mathbf{R}$,$\mathbf{R}^2$ 上的闭集.

4. 连通集、区域

设点集 $E\subset\mathbf{R}^n$,若 $\forall P,Q\in E$,总可用完全含在 E 内的折线连接起来,则称 E 是连通集,否则称 E 是非连通集.

连通的开集称为开区域或区域;开区域及它的边界构成的点集称为闭区域.例如,$\{(x,y)\mid x^2+y^2<4\}$ 是 $\mathbf{R}^2$ 中的区域,$\{(x,y)\mid x^2+y^2\leqslant 4\}$ 是 $\mathbf{R}^2$ 中的闭区域.

设点集 $E\subset\mathbf{R}^n$,若 $\exists M>0$,$\forall P\in E$ 都有 $\rho(P,0)\leqslant M$,则称 E 为有界集,否则称为无界集.

下面我们给出 $\mathbf{R}^2$ 和 $\mathbf{R}^3$ 中的单连通域和多连通域的定义.

设区域 $E\subset\mathbf{R}^2$,若 E 中的任意一条闭曲线 l 所围的点集完全包含于 E 中,则称 E 为 $\mathbf{R}^2$ 中的单连通域,否则称为多连通域,例如,$\mathbf{R}^2$ 是单连通域,而 $\mathbf{R}^2\setminus\{(0,0)\}$ 是多连通域.

设区域 $E\subset\mathbf{R}^3$,若对 E 中任一条闭曲线 C,都存在一张以 C 为边界的曲面 S,使 S 完全包含于 E 中,则称 E 为 $\mathbf{R}^3$ 中的 1 维单连通域;若 E 内任一闭曲面所围成的区域均包含于 E,则称 E 是 $\mathbf{R}^3$ 中的 2 维单连通域,否则称为多连通域.例如,开球 $\Omega=\{(x,y,z)\mid x^2+y^2+z^2<1\}$ 是一个 2 维单连通域,而 $\Omega\setminus\{(0,0,0)\}$ 则是 1 维单连通域,若在 Ω 中去掉 z 轴,即 $\{(x,y,z)\mid x^2+y^2+z^2<1,x^2+y^2\neq 0\}$,则是多连通域.

5. 聚点、孤立点

设点集 $E\subset\mathbf{R}^n$,点 $P_0\in\mathbf{R}^n$,若 $\forall U_{\delta}^{0}(P_0)$ 都含有 E 的无穷多个点,则称 P_0 是 E 的聚点,若 $P_0\in E$,$\exists U_{\delta}^{0}(P_0)$,使 $U_{\delta}^{0}(P_0)\cap E=\varnothing$,则称点 P_0 是 E 的孤立点.

点集 E 的聚点可属于 E,也可不属于 E;E 的内点必是 E 的聚点;边界点可能是 E 的聚点,也可能是 E 的孤立点;只有无限点集才可能有聚点.例如,

$E=\{(x,y)\mid x^2+y^2\leqslant 1\}\cup\{(2,0)\}\setminus\{(x,y)\mid x^2+y^2=1,y<0\}$

所确定的点集,如图 7-1 所示,单位圆内及圆边界上的点都是 E 的聚点,而点 $P(2,0)$ 是 E 的孤立点.

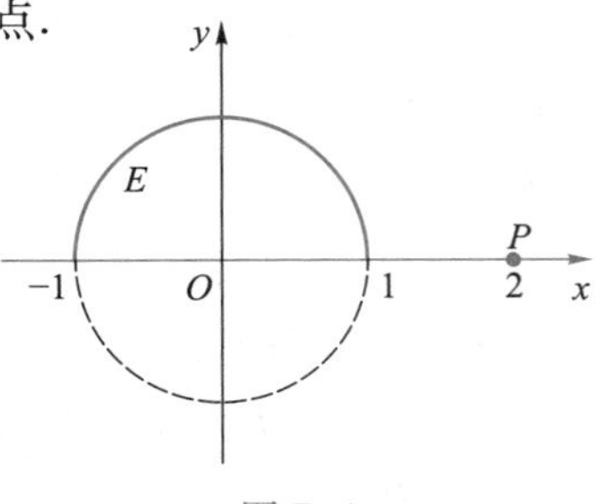

图 7-1

1-2　多元数值函数的概念

一、多元数值函数的定义

客观事物往往是由多种因素确定的，诸如研究自然现象总离不开空间和时间，因此，一般物理量要依赖于空间变量 x,y,z 和时间变量 t，这种依赖于两个或更多个变量的函数，就是多元函数.

例 1　设圆柱体的底面的半径为 R，高为 H，则体积为

$$V=\pi R^2 H.$$

当半径 R 和高 H 在 $\sigma=\{(R,H)\mid R>0,H>0\}$ 上取定一组值 (R,H) 时，就有唯一的 V 值与之对应，于是，在 σ 上定义了一个二元函数.

定义 7.1.1　设 σ 为 $\mathbf{R}^2$ 中的非空子集，映射

$$f:\sigma\to\mathbf{R}\quad 或\quad f:(x,y)\mapsto z$$

称为二元数值函数，简称二元函数.

$P(x,y)\in\sigma$ 称为自变量，$z\in\mathbf{R}$ 称为因变量，或称为 x,y 的二元函数，记为

$$z=f(P)=f(x,y),$$

或简记为 f.$D_f=\sigma$ 称为函数的定义域，$R_f=\{z\mid z=f(x,y),(x,y)\in\sigma\}\subset\mathbf{R}$，称为函数的值域.

类似地，设 Ω 为 $\mathbf{R}^n$ 中的非空子集，则映射

$$f:\Omega\to\mathbf{R}\quad 或\quad f:P\to z,\quad P(x_1,x_2,\cdots,x_n)\in\Omega\subset\mathbf{R}^n\quad (n\geqslant 1)$$

称为 n 元数值函数或 n 元函数，记为

$$z=f(P)=f(x_1,x_2,\cdots,x_n).$$

今后为简便起见，约定多元函数特指多元数值函数.

例 2　函数

$$z=f(x,y)=\ln(y-x)+\frac{\sqrt{x}}{\sqrt{1-x^2-y^2}}$$

是定义在 $\sigma=\{(x,y)\mid x\geqslant 0,y>x,x^2+y^2<1\}\subset\mathbf{R}^2$ 上的二元函数，D_f 如图 7-2 所示，图中虚线表示不含在域内.

二、多元函数的几何意义

由空间解析几何的知识我们知道，如果 $f(x,y)$ 是定义在 $\sigma\subset\mathbf{R}^2$ 上的函数，那么，对于每一点 $P(x,y)\in\sigma$，就对应一个函数值 $z=f(x,y)$，于是就确定了一点 $M(x,y,z)\in\mathbf{R}^3$，当 $P(x,y)$ 在 σ 内变动时，得到 $\mathbf{R}^3$ 空间中的一个点集

$$\mathrm{Gr}\,f=\{(x,y,z)\mid z=f(x,y),(x,y)\in\sigma\}\subset\mathbf{R}^3,$$

称为函数 $f(x,y)$ 的图形.一般来说，它是 $\mathbf{R}^3$ 中的一张曲面，如图 7-3 所示.

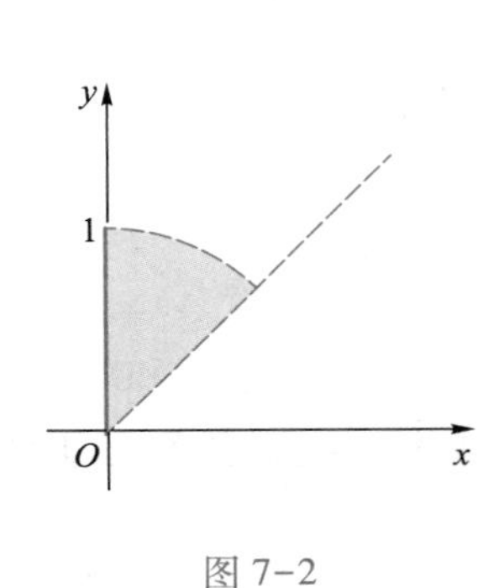

图 7-2

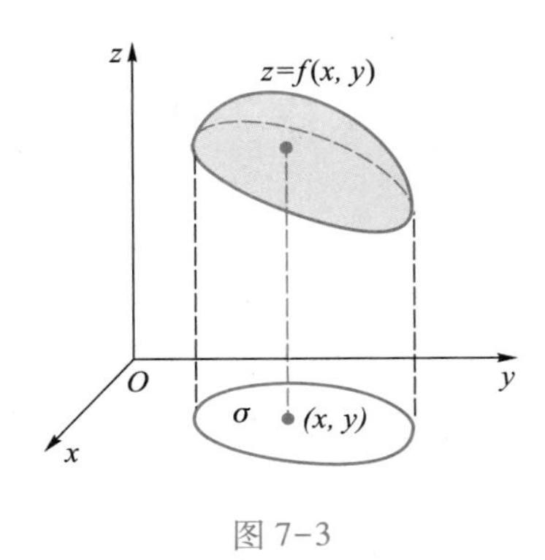

图 7-3

例如,二元函数 $z=\sqrt{x^2+y^2}$,$(x,y)\in\mathbf{R}^2$,它的图形为顶点在原点,位于 xOy 平面上方的圆锥面.

1-3 多元函数的极限

由一元函数的极限定义,类似地可定义多元函数的极限.

定义 7.1.2 设函数 $f:\sigma\to\mathbf{R}$,$P\in\sigma\subset\mathbf{R}^2$,$P_0(x_0,y_0)$ 是 σ 的聚点,A 是常数,$\forall U_\varepsilon(A)$,$\exists U_\delta^0(P_0)$,$\forall P\in U_\delta^0(P_0)\cap\sigma$,$f(P)\in U_\varepsilon(A)$,则称二元函数 f 当 $P\to P_0$ 时以 A 为极限. 记为

$$\lim_{P\to P_0}f(P)=\lim_{\substack{x\to x_0\\y\to y_0}}f(x,y)=A \text{ 或 } \lim_{(x,y)\to(x_0,y_0)}f(x,y)=A.$$

二元函数的极限称为二重极限.

二元函数的极限虽由一元函数的极限发展而来,但其自变量的趋向方式要比一元函数的极限复杂得多,二元函数 f 的极限存在,是指点 P 以任意方式趋于 P_0 时,f 都趋于同一个值 A;据此,如果 P 以不同方式趋于 P_0 时,f 趋于不同的值,则可断定 f 的极限一定不存在.

在定义 7.1.2 中,若 $P\in\Omega\subset\mathbf{R}^n$,$P_0(x_1^0,x_2^0,\cdots,x_n^0)$,则有 n 元函数的极限

$$\lim_{P\to P_0}f(P)=\lim_{\substack{x_1\to x_1^0\\x_2\to x_2^0\\\vdots\\x_n\to x_n^0}}f(x_1,x_2,\cdots,x_n)=A,$$

或

$$\lim_{(x_1,x_2,\cdots,x_n)\to(x_1^0,x_2^0,\cdots,x_n^0)}f(x_1,x_2,\cdots,x_n)=A.$$

称为 n 重极限.

显然,若 $P\in I\subset\mathbf{R}$,$P_0=x_0$,则有

$$\lim_{P\to P_0}f(P)=\lim_{x\to x_0}f(x)=A,$$

即为一元函数的极限.

由定义可知,多元函数的极限是一元函数的极限的推广,类似地可定义多元函数当$P\to+\infty$时的极限,且一元函数极限的一些性质和运算法则也可推广到多元函数的极限.

释疑解惑 7.1

正确理解多元函数的极限定义.

例 3　证明$\lim\limits_{\substack{x\to0\\y\to0}}(x^2+y^2)\sin\dfrac{1}{x^2+y^2}=0\quad(x^2+y^2\neq0)$.

证　因为

$$\left|(x^2+y^2)\sin\frac{1}{x^2+y^2}-0\right|=|x^2+y^2|\left|\sin\frac{1}{x^2+y^2}\right|\leqslant x^2+y^2,$$

可见$\forall U_\varepsilon(0),\exists U_\delta^0((0,0)),\delta=\sqrt{\varepsilon},\forall(x,y)\in U_\delta^0((0,0)),(x^2+y^2)\sin\dfrac{1}{x^2+y^2}\in U_\varepsilon(0)$,所以

$$\lim_{\substack{x\to0\\y\to0}}(x^2+y^2)\sin\frac{1}{x^2+y^2}=0.$$

证毕

对某些二元函数的极限,常将其转化为一元函数的极限去计算.

例 4　求函数$f(x,y)=\dfrac{x^2y}{x^2+y^2}$当$x\to0,y\to0$时的极限.

解　由于$\left|\dfrac{xy}{x^2+y^2}\right|<\dfrac{1}{2}$,即$\dfrac{xy}{x^2+y^2}$是有界量,又有界量与无穷小量之积仍为无穷小量,于是

$$\lim_{\substack{x\to0\\y\to0}}\frac{x^2y}{x^2+y^2}=\lim_{\substack{x\to0\\y\to0}}\left(\frac{xy}{x^2+y^2}\cdot x\right)=0.$$

例 5　求$\lim\limits_{\substack{x\to\infty\\y\to\infty}}(x^2+y^2)\mathrm{e}^{-(x^2+y^2)}$.

解　设$x^2+y^2=u$,　$\lim\limits_{\substack{x\to\infty\\y\to\infty}}(x^2+y^2)\mathrm{e}^{-(x^2+y^2)}=\lim\limits_{u\to\infty}u\mathrm{e}^{-u}=0$.

例 6　设普吕克(Plücker)函数

$$f(x,y)=\begin{cases}\dfrac{xy}{x^2+y^2}, & (x,y)\neq(0,0),\\ 0, & (x,y)=(0,0).\end{cases}$$

试考察$\lim\limits_{(x,y)\to(0,0)}f(x,y)$的存在性.

解　当(x,y)沿直线$y=kx$(k为任意实数)趋向于$(0,0)$时,有

$$\lim_{\substack{x\to0\\y=kx}}f(x,y)=\lim_{x\to0}\frac{kx^2}{x^2+k^2x^2}=\frac{k}{1+k^2}.$$

显然,极限值随斜率k的不同而不同,因此,$\lim\limits_{(x,y)\to(0,0)}f(x,y)$不存在.

释疑解惑 7.2

二重极限不存在的判定方法.

1-4 多元函数的连续性

一、连续函数的概念

定义 7.1.3 设函数 $f:\sigma\to\mathbf{R}, P\in\sigma\subset\mathbf{R}^2, P_0(x_0,y_0)\in\sigma$ 且是 σ 的聚点，若

$$\lim_{P\to P_0} f(P)=f(P_0) \quad 或 \quad \lim_{\substack{x\to x_0\\ y\to y_0}} f(x,y)=f(x_0,y_0),$$

则称二元函数 f 在点 P_0 连续，点 P_0 称为 f 的连续点.

若 $P(x,y)=P(x_0+\Delta x,y_0+\Delta y)$，函数 f 在点 P_0 连续又可表述为

$$\lim_{\substack{\Delta x\to 0\\ \Delta y\to 0}} \Delta z=\lim_{\substack{\Delta x\to 0\\ \Delta y\to 0}}[f(x_0+\Delta x,y_0+\Delta y)-f(x_0,y_0)]=0.$$

如果函数 f 在点 $P_0\in\sigma$ 不连续，则称 f 在点 P_0 间断，P_0 称为 f 的间断点.

由例 6 可知，点 $(0,0)$ 是普吕克函数的间断点.

又如，函数 $f(x,y)=\dfrac{1}{x+y}$ 在直线 $y=-x$ 上无定义，所以，$y=-x$ 上的点都是函数的间断点，而 xOy 平面上除 $y=-x$ 的点外都是连续点.

一般地，设函数 $f:\Omega\to\mathbf{R}, P_0\in\Omega\subset\mathbf{R}^n$，若 $\lim\limits_{P\to P_0} f(P)=f(P_0)$，则称函数 $f(P)$ 在点 P_0 连续，点 P_0 称为 f 的连续点.

如果函数 f 在 Ω 内每一点 P 都连续，则称函数 f 在 Ω 内连续，记为 $f\in C(\Omega)$.

与一元初等函数相类似，多元初等函数是由基本初等函数（指一元函数）经过有限次四则运算和复合运算所构成的可用一个式子表示的多元函数，如 $\dfrac{x-y^2}{1+x^2}$，$\cos(xy+z)$.

可以证明，多元连续函数的和、差、积、商（分母不为零）及复合函数（在定义域内）均为连续函数，再考虑到基本初等函数的连续性，因此，**多元初等函数在定义区域内也都是连续的**.所谓定义区域是指包含在定义域内的区域或闭区域.

例 7 求 $\lim\limits_{\substack{x\to 1\\ y\to 2}}\dfrac{x+y}{xy}$.

题型归类解析 7.1

二重极限求法解析.

解 函数 $f(x,y)=\dfrac{x+y}{xy}$ 是初等函数，$D_f=\{(x,y)\mid x\neq 0, y\neq 0\}$，由于 $P_0(1,2)$ 是 D_f 的内点，而 $U_\varepsilon(P_0)\subset D_f$ 是函数 f 定义区域的一部分，所以 f 在点 P_0 连续，故有

$$\lim_{\substack{x\to 1\\ y\to 2}}\frac{x+y}{xy}=f(1,2)=\frac{3}{2}.$$

二、闭区域上的连续函数的性质

在有界闭区域上连续的多元函数与在闭区间上连续的一元函数有相似的性质.

性质1(有界性)　设函数f在有界闭区域Ω上连续,则f在Ω上有界,即存在常数$M>0$,$\forall P\in\Omega$,有$|f(P)|\leqslant M$.

性质2(最大值、最小值定理)　设函数f在有界闭区域Ω上连续,则函数f在Ω上能取得最大值和最小值,即至少存在两点$P_1,P_2\in\Omega$,$\forall P\in\Omega$有

$$f(P_1)\leqslant f(P)\leqslant f(P_2).$$

注意:点P_1,P_2可以在Ω内部取得,也可以在边界$\partial\Omega$上取得,这里Ω为有界闭区域的条件是不可少的.例如函数$z=\dfrac{1}{xy}$在开区域$\Omega=\{(x,y)\mid 0<x<1,0<y<1\}$内连续,但没有最大值和最小值.

性质3(介值定理)　设函数f在有界闭区域Ω上连续,A,B分别是函数f在Ω上的两个不同的函数值,不妨设$A<B$,则对介于A,B之间的实数μ,即$A\leqslant\mu\leqslant B$,至少存在一点$P_0\in\Omega$,使得

$$f(P_0)=\mu.$$

特别地,当A,B分别为函数f在Ω上的最小值m与最大值M时,结论也成立,即$\forall\mu$,$m\leqslant\mu\leqslant M$,至少存在一点$P_0\in\Omega$,使

$$f(P_0)=\mu.$$

*性质4(一致连续性)　设函数f在有界闭区域Ω上连续,则函数f在Ω上一致连续,即$\forall\varepsilon>0$,$\exists\delta>0$,$\forall P_1,P_2\in\Omega$,只要$\rho(P_1,P_2)<\delta$,就有

$$|f(P_1)-f(P_2)|<\varepsilon.$$

1-5　多元向量值函数、极限及连续性

一、多元向量值函数的定义

由空间解析几何知,螺旋线可用参数方程

$$\begin{cases}x=\cos t,\\ y=\sin t,\ a>0,\quad t\in(-\infty,+\infty)\\ z=at\end{cases}$$

表示,也可用向量$\boldsymbol{f}(t)=\cos t\boldsymbol{i}+\sin t\boldsymbol{j}+at\boldsymbol{k}=(\cos t,\sin t,at)$,$a>0$,$t\in(-\infty,+\infty)$表示.对于$\forall t\in(-\infty,+\infty)$,就有一个确定的向量$\boldsymbol{f}(t)\in\mathbf{R}^3$与之对应,于是,$\boldsymbol{f}(t)$是定义在$(-\infty,+\infty)$上的一元向量值函数.

这里只讨论一元向量值函数.

定义7.1.4　设I为$\mathbf{R}$的非空子集,映射

$$\boldsymbol{f}: I \to \mathbf{R}^m$$

称为一元向量值函数,简称向量值函数.记为

$$\boldsymbol{z}=\boldsymbol{f}(t)=(f_1(t), f_2(t), \cdots, f_m(t)), t \in I \subset \mathbf{R},$$

其中 I 称为函数的定义域,t 称为自变量,$\boldsymbol{z}$ 称为函数.

$f_1(t), f_2(t), \cdots, f_m(t)$ 称为函数 $\boldsymbol{f}$ 的分量.

一般地,

$$\boldsymbol{z}=\boldsymbol{f}(P)=(f_1(P), f_2(P), \cdots, f_m(P)), \quad P(x_1, x_2, \cdots, x_n) \in \Omega \subset \mathbf{R}^n,$$

称为 n 元向量值函数.

二、向量值函数的几何意义

对于向量值函数 $\boldsymbol{f}(t)=(x(t), y(t), z(t)), t \in [a, b]$,如果把 $\boldsymbol{f}(t)$ 看成空间一点 P 的向径,即 $\overrightarrow{OP}=\boldsymbol{f}(t)$,则当 t 在 $[a, b]$ 上变动时,点 P 的轨迹,一般是一条空间曲线 Γ,如图 7-4 所示,称为向量值函数 $\boldsymbol{f}(t)$ 的矢端曲线,或称为 $\boldsymbol{f}(t)$ 的图形.

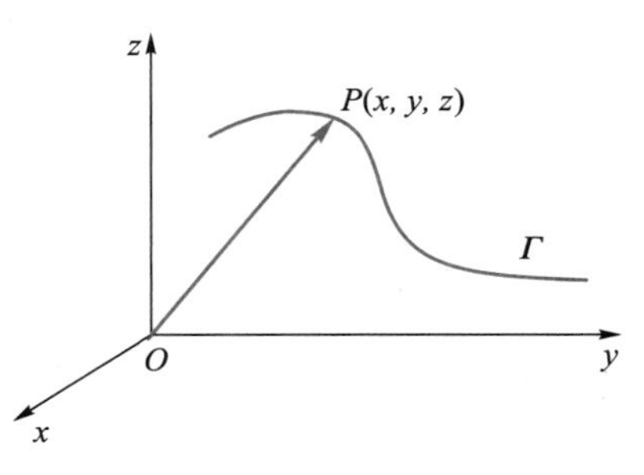

图 7-4

三、向量值函数的极限

定义 7.1.5　设向量值函数 $\boldsymbol{f}: I \to \mathbf{R}^m, t \in I \subset \mathbf{R}, \boldsymbol{f}(t)=(f_1(t), f_2(t), \cdots, f_m(t)), \boldsymbol{A}=(A_1, A_2, \cdots, A_m)$ 是常向量,若 $\forall U_\varepsilon(\boldsymbol{A}), \exists U_\delta^0(t_0), \forall t \in U_\delta^0(t_0), \boldsymbol{f}(t) \in U_\varepsilon(\boldsymbol{A})$,则称向量值函数 $\boldsymbol{f}(t)$ 当 $t \to t_0$ 时以 $\boldsymbol{A}$ 为极限,记为

$$\lim_{t \to t_0} \boldsymbol{f}(t)=\boldsymbol{A}.$$

显然,

$$\lim_{t \to t_0} \boldsymbol{f}(t)=\boldsymbol{A} \Leftrightarrow \lim_{t \to t_0} f_i(t)=A_i \quad (i=1,2, \cdots, m).$$

四、向量值函数的连续性

定义 7.1.6　设向量值函数 $\boldsymbol{f}: I \to \mathbf{R}^m, t \in I \subset \mathbf{R}, \boldsymbol{f}(t)=(f_1(t), f_2(t), \cdots, f_m(t))$,若

$$\lim_{t \to t_0} \boldsymbol{f}(t)=\boldsymbol{f}(t_0),$$

则称向量值函数 $\boldsymbol{f}(t)$ 在点 t_0 连续,点 t_0 称为 $\boldsymbol{f}$ 的连续点.

显然,向量值函数 $\boldsymbol{f}(t)$ 在点 t_0 处连续 $\Leftrightarrow$ 每个分量 $f_i(t)(i=1,2, \cdots, m)$ 在点 t_0 处连续.

习题 7-1

A

1. 设 $\sigma \subset \mathbf{R}^2$,画出下列 σ 的图形,并指出是开区域还是闭区域,为什么?是有界区域还

是无界区域?

(1) $\sigma=\{(x,y)\mid y>0,x>y,x<1\}$;

(2) $\sigma=\left\{(x,y)\,\middle|\,\frac{1}{4}x^2-1\leqslant y\leqslant 2-x\right\}$;

(3) $\sigma=\{(x,y)\mid x^2+y^2\neq 1\}$;

(4) $\sigma=\{(x,y)\mid xy=1\}$;

(5) $\sigma=\{(x,y)\mid 0\leqslant y<2,2y\leqslant x\leqslant 2y+2\}$;

(6) $\sigma=\{(x,y)\mid (x,y)\neq(0,0)\}$.

2. 下面两个区域 $\sigma\subset\mathbf{R}^2,\Omega\subset\mathbf{R}^3$ 是单连通域还是多连通域?

(1) $\sigma=\mathbf{R}^2\setminus\{(x,y)\mid x=0,\ |y|\leqslant 1\}$;

(2) $\Omega=\mathbf{R}^3\setminus\{(x,y,z)\mid x=0,y=0,\ |z|\leqslant 1\}$.

3. 设 $f(x,y)=xy+\frac{x}{y}$,求 $f(-x,-y),f\left(\frac{1}{x},\frac{1}{y}\right),f\left(xy,\frac{x}{y}\right),\frac{1}{f(x,y)}$.

4. 设 $f(x,y)=\ln x\ln y$,证明:

$$f(xy,uv)=f(x,u)+f(x,v)+f(y,u)+f(y,v).$$

5. 求下列函数的定义域,并画出定义域的图形:

(1) $f(x,y)=\sqrt{1-x^2}+\sqrt{y^2-1}$;

(2) $f(x,y)=\frac{\sqrt{4x-y^2}}{\ln(1-x^2-y^2)}$;

(3) $f(x,y)=\ln[x\ln(y-x)]$;

(4) $f(x,y)=\arcsin\frac{x^2+y^2}{4}+\operatorname{arcsec}(x^2+y^2)$;

(5) $f(x,y,z)=\sqrt{1-\frac{x^2}{a^2}-\frac{y^2}{b^2}-\frac{z^2}{c^2}}$;

(6) $f(x,y,z)=\frac{\sqrt{x}+\sqrt{y}+\sqrt{z}}{\sqrt{1-x^2-y^2-z^2}}$.

6. 求下列函数的极限:

(1) $\lim\limits_{(x,y)\to(1,2)}\frac{3xy+x^2y^2}{x+y}$;

(2) $\lim\limits_{(x,y)\to(0,0)}(x+y)\ln(x^2+y^2)$;

(3) $\lim\limits_{(x,y)\to(0,0)}\frac{xy}{\sqrt{xy+1}-1}$;

(4) $\lim\limits_{(x,y)\to(0,0)}(x^2+y^2)\sin\frac{1}{xy}$.

7. 讨论下列极限的存在性:

(1) $\lim\limits_{\substack{x\to 0\\ y\to 0}}\dfrac{x^2y^2}{x^2y^2+(x-y)^2}$; (2) $\lim\limits_{\substack{x\to 0\\ y\to 0}}\dfrac{1-\cos(x^2+y^2)}{(x^2+y^2)x^2y^2}$.

8. 指出下列函数的间断点或间断线:

(1) $f(x,y)=\dfrac{y^2+2x}{y-2x}$; (2) $f(x,y)=\dfrac{1}{\sin^2\pi x+\sin^2\pi y}$;

(3) $z=\ln|x-y|$; (4) $z=\dfrac{1}{\sin x\cos y}$.

B

1. 求下列函数极限:

(1) $\lim\limits_{\substack{x\to 0\\ y\to 0}}(x^2+y^2)^{x^2y^2}$; (2) $\lim\limits_{\substack{x\to+\infty\\ y\to+\infty}}\left(\dfrac{xy}{x^2+y^2}\right)^x$.

2. 证明:当$(x,y)\to(0,0)$时,函数$f(x,y)=\dfrac{y}{x-y}$的极限不存在.问(x,y)以怎样的方式趋于$(0,0)$时,能使$f(x,y)$的极限分别为3,2,-2.

3. 确定函数

$$f(x,y)=\begin{cases}\dfrac{\ln(1+xy)}{x}, & x\neq 0,\\ y, & x=0\end{cases}$$

的定义域,并证明$f(x,y)$在定义域内是连续的.

4. 讨论下列函数的连续性:

(1) $f(x,y)=\begin{cases}\dfrac{\sin(xy)}{x^2+y^2}, & x^2+y^2\neq 0,\\ 0, & x^2+y^2=0;\end{cases}$ (2) $f(x,y)=\dfrac{x^2-y^2}{x^2+y^2}$;

(3) $f(x,y)=\begin{cases}x\sin\dfrac{1}{x^2+y^2}, & x^2+y^2\neq 0,\\ 0, & x^2+y^2=0.\end{cases}$

*5. 二元函数$f(x,y)$的二重极限$\lim\limits_{\substack{x\to x_0\\ y\to y_0}}f(x,y)$与二次极限$\lim\limits_{x\to x_0}\lim\limits_{y\to y_0}f(x,y)$(即先固定$x$,求$\lim\limits_{y\to y_0}f(x,y)=\varphi(x)$,再求$\lim\limits_{x\to x_0}\varphi(x)$)和$\lim\limits_{y\to y_0}\lim\limits_{x\to x_0}f(x,y)$有什么关系?试研究下列函数的二重极限和二次极限.

(1) $f(x,y)=\dfrac{x^2y^2}{x^2+y^2+(x-y)^2}$,在点$(0,0)$;

(2) $f(x,y)=\begin{cases}x\sin\dfrac{1}{y}+y\sin\dfrac{1}{x}, & xy\neq 0,\\ 0, & xy=0,\end{cases}$在点$(0,0)$.

第二节　多元函数的微分法

2-1　偏导数及其计算

多元函数含有多个自变量,它关于某一个自变量的变化率(即先让该自变量变化,其余的自变量保持不变(视为常量)),这时成为该变量的一元函数,对这一函数求导,就得到多元函数关于该变量的偏导数.

一、偏导数

定义 7.2.1　设函数 $z=f(x,y)$ 在点 $P_0(x_0,y_0)$ 的某邻域内有定义,若变量 x 在 x_0 处有增量 Δx,变量 y 固定不变,则函数有偏增量

$$\Delta_x z=f(x_0+\Delta x,y_0)-f(x_0,y_0),$$

如果

$$\lim_{\Delta x\to 0}\frac{\Delta_x z}{\Delta x}=\lim_{\Delta x\to 0}\frac{f(x_0+\Delta x,y_0)-f(x_0,y_0)}{\Delta x}$$

存在,则其极限值称为函数 $f(x,y)$ 在点 P_0 关于 x 的偏导数,记为

$$\left.\frac{\partial f(x,y)}{\partial x}\right|_{P=P_0},\left.\frac{\partial z}{\partial x}\right|_{P=P_0},f_x(P_0)\text{或}f_x(x_0,y_0).$$

于是,上式可表为

$$\boxed{f_x(x_0,y_0)=\lim_{\Delta x\to 0}\frac{f(x_0+\Delta x,y_0)-f(x_0,y_0)}{\Delta x};}$$

同理,如果

$$\lim_{\Delta y\to 0}\frac{\Delta_y z}{\Delta y}=\lim_{\Delta y\to 0}\frac{f(x_0,y_0+\Delta y)-f(x_0,y_0)}{\Delta y}$$

存在,则其极限值称为函数 $f(x,y)$ 在点 P_0 关于 y 的偏导数,记为

$$\left.\frac{\partial f(x,y)}{\partial y}\right|_{P=P_0},\left.\frac{\partial z}{\partial y}\right|_{P=P_0},f_y(P_0)\text{或}f_y(x_0,y_0).$$

于是,上式可表为

$$\boxed{f_y(x_0,y_0)=\lim_{\Delta y\to 0}\frac{f(x_0,y_0+\Delta y)-f(x_0,y_0)}{\Delta y}.}$$

如果函数 $f(x,y)$ 在区域 $\sigma\subset\mathbf{R}^2$ 内每一点 $P(x,y)$ 处关于 x(或 y)的偏导数存在,则偏导数是关于变量 x,y 的函数,称它为函数 $f(x,y)$ 关于 x(或 y)的偏导函数,分别记为

$$\frac{\partial z}{\partial x},\frac{\partial f}{\partial x},f_x \text{ 或 } z_x \text{ 和} \frac{\partial z}{\partial y},\frac{\partial f}{\partial y},f_y \text{ 或 } z_y.$$

函数 $f(x,y)$ 关于 x、y 的偏导数可分别表为

$$\boxed{\frac{\partial f}{\partial x}=\lim_{\Delta x\to 0}\frac{f(x+\Delta x,y)-f(x,y)}{\Delta x},}$$

$$\boxed{\frac{\partial f}{\partial y}=\lim_{\Delta y\to 0}\frac{f(x,y+\Delta y)-f(x,y)}{\Delta y}.}$$

由此可知，函数 $f(x,y)$ 在点 $P_0(x_0,y_0)$ 关于 x,y 的偏导数 $f_x(x_0,y_0)$，$f_y(x_0,y_0)$，也就是偏导函数 $f_x(x,y)$，$f_y(x,y)$ 在点 P_0 的函数值.以后在不致混淆的情况下，我们把偏导函数简称为偏导数.

一般地，对于 n 元函数 $f(P)$，如果

$$\lim_{\Delta x_i\to 0}\frac{f(x_1,\cdots,x_i+\Delta x_i,\cdots,x_n)-f(x_1,\cdots,x_i,\cdots,x_n)}{\Delta x_i}$$

存在，则称此极限值为函数 f 关于自变量 x_i 的偏导数，记为 $\dfrac{\partial f(P)}{\partial x_i}$.

由偏导数的定义知，求多元函数 $f(P)$ 在点 P 关于 x_i 的偏导数，可视 x_i 为变量，其余的均视为常量，对 x_i 求导数，即归结为一元函数的求导问题.

如果函数 f 在点 P 的偏导数 $\dfrac{\partial f(P)}{\partial x_i}(i=1,2,\cdots,n)$ 都存在，则称 f 在点 P 可导，记

$$\nabla f(P)=\left(\frac{\partial f(P)}{\partial x_1},\frac{\partial f(P)}{\partial x_2},\cdots,\frac{\partial f(P)}{\partial x_n}\right).$$

$\nabla f(P)$ 称为函数 f 在点 P 的偏导数向量，其中 $\nabla=\left(\dfrac{\partial}{\partial x_1},\dfrac{\partial}{\partial x_2},\cdots,\dfrac{\partial}{\partial x_n}\right)$ 称为那勃勒(nabla)算子.

例 1　求 $z=\arctan\dfrac{y}{x}$ 在 $(1,-1)$ 点的偏导数.

解　求 $\dfrac{\partial z}{\partial x}$ 只要视 y 为常数，对 x 求导便有

$$\frac{\partial z}{\partial x}=\frac{1}{1+\left(\frac{y}{x}\right)^2}\left(-\frac{y}{x^2}\right)=-\frac{y}{x^2+y^2}.$$

同理

$$\frac{\partial z}{\partial y}=\frac{1}{1+\left(\frac{y}{x}\right)^2}\frac{1}{x}=\frac{x}{x^2+y^2}.$$

于是

$$\left.\frac{\partial z}{\partial x}\right|_{\substack{x=1\\y=-1}}=\frac{1}{2},\quad \left.\frac{\partial z}{\partial y}\right|_{\substack{x=1\\y=-1}}=\frac{1}{2}.$$

例 2　设 $u=x^y\sin 3z$，求 ∇u.

解　$\nabla u=\left(\frac{\partial u}{\partial x},\frac{\partial u}{\partial y},\frac{\partial u}{\partial z}\right)=(yx^{y-1}\sin 3z,x^y\ln x\sin 3z,3x^y\cos 3z)$.

例 3　已知理想气体的状态方程为 $pV=RT$（R 为常量），证明

$$\frac{\partial p}{\partial V}\frac{\partial V}{\partial T}\frac{\partial T}{\partial p}=-1.$$

证　因为

$$p=\frac{RT}{V},\quad \frac{\partial p}{\partial V}=-\frac{RT}{V^2},$$

$$V=\frac{RT}{p},\quad \frac{\partial V}{\partial T}=\frac{R}{p},$$

$$T=\frac{pV}{R},\quad \frac{\partial T}{\partial p}=\frac{V}{R},$$

所以

$$\frac{\partial p}{\partial V}\frac{\partial V}{\partial T}\frac{\partial T}{\partial p}=-\frac{RT}{V^2}\frac{R}{p}\frac{V}{R}=-\frac{RT}{pV}=-1.$$

证毕

我们知道，一元函数的导数 $\frac{\mathrm{d}y}{\mathrm{d}x}$ 可以看作函数的微分 $\mathrm{d}y$ 与自变量的微分 $\mathrm{d}x$ 之商，由例 3 可见，多元函数的偏导数记号是一个整体，不能看作分子与分母之商.

二、偏导数的几何意义

二元函数 $z=f(x,y),(x,y)\in\sigma$，它表示 $\mathbf{R}^3$ 空间中的一张曲面. 而 $f(x,y)$ 在点 $P_0(x_0,y_0)\in\sigma$ 关于 x 的偏导数 $f_x(x_0,y_0)$，是先固定 $y=y_0$，即有 $z=f(x,y_0)$，再对 x 求导而得. 所以，偏导数 $f_x(x_0,y_0)$ 在几何上表示由平面 $y=y_0$ 截曲面 $z=f(x,y)$ 所得的空间曲线 $\begin{cases}z=f(x,y),\\y=y_0\end{cases}$ 在点 $M_0(x_0,y_0,f(x_0,y_0))$ 处的切线 M_0T 关于 x 轴的斜率，如图 7-5，即

$$k_x=\left.\frac{\mathrm{d}f(x,y_0)}{\mathrm{d}x}\right|_{x=x_0}=\frac{\partial f(x_0,y_0)}{\partial x}.$$

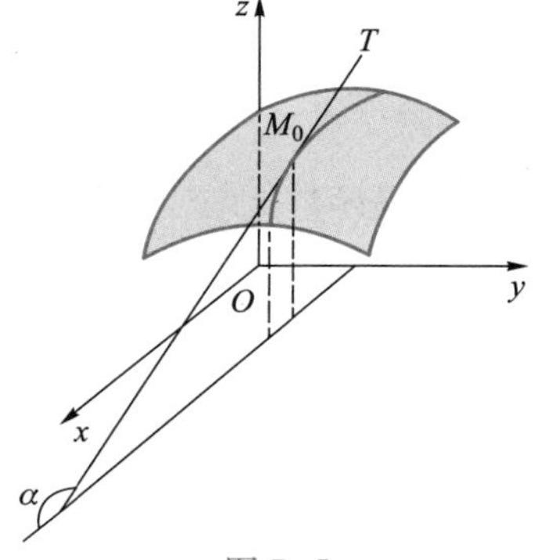

图 7-5

偏导数 $f_y(x_0,y_0)$ 也有类似的几何意义.

三、多元函数可导与连续的关系

对于一元函数来说，如果函数在某点可导，则在该点必连续，多元函数则不然.

例 4 设函数 $f(x,y)=\begin{cases}1, xy=0,\\0, xy\neq 0,\end{cases}$ 试研究 $f(x,y)$ 在点 $(0,0)$ 的可导性与连续性.

解 因为当 $\Delta x\neq 0,\Delta y\neq 0$ 时,有 $f(0+\Delta x,0)=1, f(0,0+\Delta y)=1$,所以,由偏导数的定义知

$$f_x(0,0)=\lim_{\Delta x\to 0}\frac{f(0+\Delta x,0)-f(0,0)}{\Delta x}=0,$$

$$f_y(0,0)=\lim_{\Delta y\to 0}\frac{f(0,0+\Delta y)-f(0,0)}{\Delta y}=0,$$

故函数 $f(x,y)$ 在点 $(0,0)$ 可导.

又因为

$$\lim_{\substack{x\to 0\\ y=x}} f(x,y)=0\neq f(0,0),$$

所以,$f(x,y)$ 在点 $(0,0)$ 不连续.

由此可见,多元函数在某点 P_0 可导,但在该点不一定连续.这是因为函数在点 P_0 可导,只能保证当点 P 沿着平行于各坐标轴的方向趋向于 P_0 时,函数 $f(P)$ 趋向于 $f(P_0)$,但不能保证点 P 按任何方式趋向于 P_0 时,函数 $f(P)$ 都趋向于 $f(P_0)$.普吕克函数也能说明这一问题.

四、高阶偏导数

设函数 $z=f(x,y), P(x,y)\in\sigma\subset\mathbf{R}^2$,在 σ 内具有偏导数 $\dfrac{\partial f(x,y)}{\partial x},\dfrac{\partial f(x,y)}{\partial y}$(称为一阶偏导数),一般它们都是 x,y 的函数.如果它们仍存在关于 x,y 的偏导数,则称其为函数 $f(x,y)$ 的二阶偏导数,f 的二阶偏导数有四个,分别记为

$$\frac{\partial}{\partial x}\left(\frac{\partial z}{\partial x}\right)=\frac{\partial^2 z}{\partial x^2}\text{或} f_{xx}, z_{xx};\quad \frac{\partial}{\partial y}\left(\frac{\partial z}{\partial x}\right)=\frac{\partial^2 z}{\partial x\partial y}\text{或} f_{xy}, z_{xy};$$

$$\frac{\partial}{\partial x}\left(\frac{\partial z}{\partial y}\right)=\frac{\partial^2 z}{\partial y\partial x}\text{或} f_{yx}, z_{yx};\quad \frac{\partial}{\partial y}\left(\frac{\partial z}{\partial y}\right)=\frac{\partial^2 z}{\partial y^2}\text{或} f_{yy}, z_{yy},$$

其中 $\dfrac{\partial^2 z}{\partial x\partial y}$ 是函数 z 先对 x 求偏导数,然后再对 y 求偏导数;而 $\dfrac{\partial^2 z}{\partial y\partial x}$ 的求导次序与前者正好相反.

如果函数 $z=f(P)$ 的 $k-1$ 阶偏导数仍存在偏导数,则称其为函数 $f(P)$ 的 $k(k\geqslant 2)$ 阶偏导数.

二阶和二阶以上的偏导数统称为高阶偏导数.关于不同变量的高阶偏导数称为混合偏导数.

如果 $f(P)$ 在 $\sigma\subset\mathbf{R}^2$ 内具有 $k(\geqslant 1)$ 阶连续的偏导数,简记为 $f(P)\in C^{(k)}(\sigma)$.

例 5 求函数 $z=\ln\sqrt{x^2+y^2}$ 的二阶偏导数.

解 因为 $z=\ln\sqrt{x^2+y^2}=\dfrac{1}{2}\ln(x^2+y^2)$,所以

$$\frac{\partial z}{\partial x}=\frac{x}{x^2+y^2},\quad \frac{\partial z}{\partial y}=\frac{y}{x^2+y^2},$$

$$\frac{\partial^2 z}{\partial x^2}=\frac{(x^2+y^2)-x\cdot 2x}{(x^2+y^2)^2}=\frac{y^2-x^2}{(x^2+y^2)^2},$$

$$\frac{\partial^2 z}{\partial y^2}=\frac{(x^2+y^2)-y\cdot 2y}{(x^2+y^2)^2}=\frac{x^2-y^2}{(x^2+y^2)^2},$$

$$\frac{\partial^2 z}{\partial x\partial y}=\frac{\partial}{\partial y}\left(\frac{x}{x^2+y^2}\right)=\frac{-2xy}{(x^2+y^2)^2},$$

$$\frac{\partial^2 z}{\partial y\partial x}=\frac{\partial}{\partial x}\left(\frac{y}{x^2+y^2}\right)=\frac{-2xy}{(x^2+y^2)^2}.$$

可见，$\frac{\partial^2 z}{\partial x\partial y}=\frac{\partial^2 z}{\partial y\partial x}$，即二阶混合偏导数与求导次序无关.一般地，如果混合偏导数都存在是否一定相等呢？看下例.

例 6　设 $f(x,y)=\begin{cases} xy\dfrac{x^2-y^2}{x^2+y^2}, & (x,y)\neq(0,0),\\ 0, & (x,y)=(0,0),\end{cases}$ 试求 $f_{xy}(0,0)$ 与 $f_{yx}(0,0)$.

解

$$f_x(0,0)=\lim_{x\to 0}\frac{f(x,0)-f(0,0)}{x}=\lim_{x\to 0}\frac{0-0}{x}=0,$$

当 $y\neq 0$ 时，

$$f_x(0,y)=\lim_{x\to 0}\frac{f(x,y)-f(0,y)}{x}=\lim_{x\to 0}\frac{y(x^2-y^2)}{x^2+y^2}=-y,$$

所以

$$f_{xy}(0,0)=\lim_{y\to 0}\frac{f_x(0,y)-f_x(0,0)}{y}=\lim_{y\to 0}\frac{-y-0}{y}=-1.$$

同理

$$f_y(0,0)=\lim_{y\to 0}\frac{f(0,y)-f(0,0)}{y}=0,$$

当 $x\neq 0$ 时，

$$f_y(x,0)=\lim_{y\to 0}\frac{f(x,y)-f(x,0)}{y}=\lim_{y\to 0}\frac{x(x^2-y^2)}{x^2+y^2}=x,$$

所以 $f_{yx}(0,0)=\lim\limits_{x\to 0}\dfrac{f_y(x,0)-f_y(0,0)}{x}=\lim\limits_{x\to 0}\dfrac{x-0}{x}=1.$

显然 $f_{xy}(0,0)\neq f_{yx}(0,0)$.

例 6 说明，即使函数在某点的混合偏导数都存在，也未必一定相等.但有下面的定理.

定理 7.2.1　如果二元函数 $f(x,y)\in C^{(2)}(\sigma)$，则有

$$\frac{\partial^2 f}{\partial x\partial y}=\frac{\partial^2 f}{\partial y\partial x}.$$

例 7　设 $f(x,y)=\sqrt[3]{x^4+y^4}$，求 $f_{xy}(0,0)$，$f_{yx}(0,0)$，并讨论 f_{xy}，f_{yx} 的连续性.

解　因为 $f(x,0)=x^{\frac{4}{3}}$，

所以
$$f_x(0,0)=\left(x^{\frac{4}{3}}\right)'\Big|_{x=0}=0.$$

当 $(x,y)\neq(0,0)$ 时，
$$f_x(x,y)=\frac{4}{3}x^3\left(x^4+y^4\right)^{-\frac{2}{3}},$$

又
$$f_x(0,y)=0,$$

故
$$f_{xy}(0,0)=0.$$

同理可得
$$f_{yx}(0,0)=0.$$

故
$$f_{xy}(0,0)=f_{yx}(0,0).$$

又当 $(x,y)\neq(0,0)$ 时，
$$f_{xy}(x,y)=-\frac{32}{9}x^3y^3\left(x^4+y^4\right)^{-\frac{5}{3}}.$$

而
$$\lim_{\substack{x\to0\\y=x^{\frac{11}{9}}}}f_{xy}(x,y)=\lim_{x\to0}\left[-\frac{32}{9}\cdot\frac{1}{\left(1+x^{\frac{11}{9}}\right)^{\frac{5}{3}}}\right]=-\frac{32}{9}\neq f_{xy}(0,0),$$

所以，$f_{xy}(x,y)$ 在点 $(0,0)$ 不连续，同理可证 $f_{yx}(x,y)$ 在点 $(0,0)$ 也不连续.

由此可知，混合偏导数连续是求导与次序无关的充分条件，而不是必要条件.

2-2　全微分及其应用

一、全微分的概念

设二元函数 $z=f(x,y)$，$(x,y)\in\sigma\subset\mathbf{R}^2$，根据一元函数增量与微分的关系，函数 f 关于 x 的偏增量为
$$\Delta_x z=f(x+\Delta x,y)-f(x,y)\approx f_x(x,y)\Delta x.$$

记 $\mathrm{d}_x z=f_x(x,y)\Delta x$，称为函数 f 关于 x 的偏微分. 所以，函数 f 关于 x 的偏增量可用函数关于 x 的偏微分近似表示，其误差是 Δx 的高阶无穷小量，即
$$\Delta_x z=f_x(x,y)\Delta x+o(\Delta x),$$

同理

$$\Delta_y z=f_y(x,y)\Delta y+o(\Delta y).$$

现设函数 $z=f(x,y)$ 在 $U_\delta(P)$ 内有定义，自变量 x,y 在点 $P(x,y)$ 同时分别取得增量 $\Delta x,\Delta y$，且 $(x+\Delta x,y+\Delta y)\in U_\delta(P)$，则 $f(x+\Delta x,y+\Delta y)-f(x,y)$ 称为函数 $f(x,y)$ 在点 P 对应于自变量增量 $\Delta x,\Delta y$ 的全增量，记为

$$\Delta z=f(x+\Delta x,y+\Delta y)-f(x,y).$$

一般来说，计算 Δz 比较复杂，与一元函数的情形一样，希望能用自变量的增量 $\Delta x,\Delta y$ 的线性函数来近似代替 Δz.

定义 7.2.2 如果函数 $z=f(x,y)$，在点 $P(x,y)$ 的全增量

$$\Delta z=f(x+\Delta x,y+\Delta y)-f(x,y),$$

可以表示为

$$\Delta z=A_1\Delta x+A_2\Delta y+o(\rho), \tag{1}$$

其中 A_1,A_2 不依赖于 $\Delta x,\Delta y$，而仅与 P 有关，$\rho=\sqrt{(\Delta x)^2+(\Delta y)^2}$，则称函数 f 在点 P 可微，而 $A_1\Delta x+A_2\Delta y$ 称为函数在点 P 的（一阶）全微分，记作 $\mathrm{d}z$ 或 $\mathrm{d}f(x,y)$，即

$$\mathrm{d}z=A_1\Delta x+A_2\Delta y.$$

如果函数 f 在区域 σ 内每一点都可微，则称函数在区域 σ 内可微.

由可微的定义可知，如果函数 $z=f(P)$ 在点 P 可微，则函数在点 P 必连续，这是由于

$$\lim_{\substack{\rho\to 0\\(\Delta x,\Delta y)\to(0,0)}}\Delta z=\lim_{\substack{\rho\to 0\\(\Delta x,\Delta y)\to(0,0)}}[A_1\Delta x+A_2\Delta y+o(\rho)]=0.$$

二、函数可微的条件

下面我们讨论函数可微必须满足的条件和在什么条件下函数一定可微？

定理 7.2.2（函数可微的必要条件） 如果二元函数 $z=f(x,y)$ 在点 $P(x,y)$ 可微，则函数在点 P 的偏导数 $\dfrac{\partial z}{\partial x},\dfrac{\partial z}{\partial y}$ 必存在，且在点 P 的全微分为

$$\mathrm{d}z=\frac{\partial z}{\partial x}\Delta x+\frac{\partial z}{\partial y}\Delta y. \tag{2}$$

证 设函数 $z=f(x,y)$ 在点 $P(x,y)$ 可微，于是，对任一点 $P_1(x+\Delta x,y+\Delta y)\in U_\delta(P)$ 都有(1)成立.特别地，当 $\Delta x\neq 0,\Delta y=0$ 时(1)式仍成立，且 $\rho=|\Delta x|$，亦即

$$\Delta z=f(x+\Delta x,y)-f(x,y)=A_1\Delta x+o(|\Delta x|),$$

上式两边同除以 Δx，并令 $\Delta x\to 0$，则有

$$\lim_{\Delta x\to 0}\frac{\Delta z}{\Delta x}=\lim_{\Delta x\to 0}\frac{f(x+\Delta x,y)-f(x,y)}{\Delta x}=A_1,$$

从而偏导数 $\dfrac{\partial z}{\partial x}$ 存在，且为 A_1.

同理可证，$\dfrac{\partial z}{\partial y}$ 存在，且为 A_2.所以

$$\mathrm{d}z=\frac{\partial z}{\partial x}\Delta x+\frac{\partial z}{\partial y}\Delta y.$$ 证毕

如前所述，一元函数可导和可微是等价的，但对多元函数可导和可微是不同的两个概念.当函数可导时，虽形式上总有$\frac{\partial z}{\partial x}\Delta x+\frac{\partial z}{\partial y}\Delta y$，但它与全增量 Δz 之差并不一定是ρ 的高阶无穷小量，即函数并不一定可微.例如，普吕克函数

$$z=f(x,y)=\begin{cases}\dfrac{xy}{x^2+y^2},&(x,y)\neq 0,\\0,&(x,y)=0.\end{cases}$$

其偏导数$f_x(0,0)=0$ 及$f_y(0,0)=0$，但是

$$\lim_{\rho\to 0}\frac{\Delta z-(f_x(0,0)\Delta x+f_y(0,0)\Delta y)}{\rho}=\lim_{\substack{\Delta x\to 0\\\Delta y\to 0}}\frac{\frac{\Delta x\Delta y}{(\Delta x)^2+(\Delta y)^2}}{\sqrt{(\Delta x)^2+(\Delta y)^2}},$$

而

$$\lim_{\substack{x\to 0\\y=x}}\frac{xy}{(x^2+y^2)^{\frac{3}{2}}}=\lim_{x\to 0}\frac{x^2}{2^{\frac{3}{2}}|x|^3}=\infty,$$

故$\lim\limits_{\substack{\Delta x\to 0\\\Delta y\to 0}}\dfrac{\Delta x\Delta y}{((\Delta x)^2+(\Delta y)^2)^{\frac{3}{2}}}$不存在，

所以普吕克函数在点$(0,0)$不可微.由此可知，多元函数可导是可微的必要条件，而不是充分条件.

定理 7.2.3（函数可微的充分条件） 设函数 $z=f(x,y)$在点 P 的偏导数$\frac{\partial z}{\partial x}$，$\frac{\partial z}{\partial y}$连续，则函数在点 P 可微.

证　考察 $z=f(x,y)$在 $P(x,y)$的全增量

$$\begin{aligned}\Delta z&=f(x+\Delta x,y+\Delta y)-f(x,y)\\&=[f(x+\Delta x,y+\Delta y)-f(x,y+\Delta y)]+[f(x,y+\Delta y)-f(x,y)],\end{aligned}$$

由于$f_x(x,y)$和$f_y(x,y)$在 $U_\delta(P)$内都存在，于是，对上式两方括号中的表达式分别用拉格朗日中值定理得

$$\Delta z=f_x(x+\theta_1\Delta x,y+\Delta y)\Delta x+f_y(x,y+\theta_2\Delta y)\Delta y, \tag{3}$$

其中$0<\theta_1,\theta_2<1$.

又由于$f_x(x,y)$，$f_y(x,y)$在点 P 连续，则有

$$f_x(x+\theta_1\Delta x,y+\Delta y)=f_x(x,y)+\varepsilon_1，其中\lim_{\substack{\Delta x\to 0\\\Delta y\to 0}}\varepsilon_1=0,$$

$$f_y(x,y+\theta_2\Delta y)=f_y(x,y)+\varepsilon_2，其中\lim_{\Delta y\to 0}\varepsilon_2=0,$$

代入(3)式得到

$$\Delta z=f_x(x,y)\Delta x+f_y(x,y)\Delta y+\varepsilon_1\Delta x+\varepsilon_2\Delta y, \tag{4}$$

而

$$\left|\frac{\varepsilon_1\Delta x+\varepsilon_2\Delta y}{\rho}\right|\leqslant|\varepsilon_1|+|\varepsilon_2|,$$

因此

$$\lim_{\rho\to 0}\frac{\varepsilon_1\Delta x+\varepsilon_2\Delta y}{\rho}=0.$$

这就证明了函数 $z=f(x,y)$ 在点 P 可微. 证毕

我们规定自变量的微分等于它的增量, $\Delta x=\mathrm{d}x,\Delta y=\mathrm{d}y$, 则函数 $z=f(x,y)$ 在点 P 的全微分为

$$\boxed{\mathrm{d}z=\frac{\partial z}{\partial x}\mathrm{d}x+\frac{\partial z}{\partial y}\mathrm{d}y.}$$

对于 n 元函数 $z=f(P)$, 在点 $P(x_1,x_2,\cdots,x_n)$ 可微, 全微分可以表示为

$$\mathrm{d}z=\nabla f(P)\cdot\mathrm{d}\boldsymbol{P}=\sum_{i=1}^{n}\frac{\partial z}{\partial x_i}\mathrm{d}x_i. \tag{5}$$

其中 $\mathrm{d}\boldsymbol{P}$ 为 n 维向量微元

$$\mathrm{d}\boldsymbol{P}=(\mathrm{d}x_1,\mathrm{d}x_2,\cdots,\mathrm{d}x_n)=(\Delta x_1,\Delta x_2,\cdots,\Delta x_n)=\Delta\boldsymbol{P}.$$

这样多元函数的全微分与一元函数的微分在形式上完全一致了, 只是将 $\mathbf{R}$ 中的乘积关系换为 $\mathbf{R}^n$ 中的两向量的内积而已.

例 8　设函数 $z=x^2+y^3-2xy$, 在点 $(1,2)$ 有 $\Delta x=0.1,\Delta y=0.2$, 求其全微分和全增量.

解　$$\begin{aligned}\mathrm{d}z\big|_{(1,2)}&=\frac{\partial z}{\partial x}\bigg|_{(1,2)}\mathrm{d}x+\frac{\partial z}{\partial y}\bigg|_{(1,2)}\mathrm{d}y\\&=(2x-2y)\big|_{(1,2)}\mathrm{d}x+(3y^2-2x)\big|_{(1,2)}\mathrm{d}y\\&=-2\mathrm{d}x+10\mathrm{d}y.\end{aligned}$$

当 $\mathrm{d}x=0.1,\mathrm{d}y=0.2$ 时, 有 $\mathrm{d}z\big|_{(1,2)}=-0.2+2=1.8$,

$$\Delta z\big|_{(1,2)}=(1+0.1)^2+(2+0.2)^3-2(1+0.1)(2+0.2)-1^2-2^3+4=2.018.$$

例 9　求函数 $u=x^3+y^3+z^3-3xyz$ 的全微分.

解　$$\begin{aligned}\mathrm{d}u&=\left(\frac{\partial u}{\partial x},\frac{\partial u}{\partial y},\frac{\partial u}{\partial z}\right)\cdot(\mathrm{d}x,\mathrm{d}y,\mathrm{d}z)\\&=(3x^2-3yz)\mathrm{d}x+(3y^2-3xz)\mathrm{d}y+(3z^2-3xy)\mathrm{d}z.\end{aligned}$$

例 10　讨论函数

$$z=f(x,y)=\begin{cases}(x^2+y^2)\sin\dfrac{1}{x^2+y^2}, & (x,y)\neq(0,0),\\ 0, & (x,y)=(0,0)\end{cases}$$

在点 $(0,0)$ 的可微性及偏导数 $f_x(x,y),f_y(x,y)$ 在点 $(0,0)$ 处的连续性.

解　因为

$$f_x(0,0)=\lim_{x\to 0}\frac{x^2\sin\frac{1}{x^2}}{x}=0, f_y(0,0)=\lim_{y\to 0}\frac{y^2\sin\frac{1}{y^2}}{y}=0,$$

又

$$\lim_{\rho\to 0}\frac{\Delta z-(f_x(0,0)\Delta x+f_y(0,0)\Delta y)}{\rho}$$

$$=\lim_{\substack{\Delta x\to 0\\ \Delta y\to 0}}\frac{((\Delta x)^2+(\Delta y)^2)\sin\frac{1}{(\Delta x)^2+(\Delta y)^2}}{\sqrt{(\Delta x)^2+(\Delta y)^2}}=0,$$

所以，函数 $z=f(x,y)$ 在点 $(0,0)$ 可微，且

$$dz=f_x(0,0)dx+f_y(0,0)dy=0.$$

当 $(x,y)\neq(0,0)$ 时有

$$f_x(x,y)=2x\sin\frac{1}{x^2+y^2}-\frac{2x}{x^2+y^2}\cos\frac{1}{x^2+y^2},$$

$$f_y(x,y)=2y\sin\frac{1}{x^2+y^2}-\frac{2y}{x^2+y^2}\cos\frac{1}{x^2+y^2},$$

释疑解惑 7.3

如何判定二元函数的可微性?

而极限 $\lim\limits_{\substack{x\to 0\\ y=x}}f_x(x,y)=\lim\limits_{x\to 0}\left(2x\sin\frac{1}{2x^2}-\frac{1}{x}\cos\frac{1}{2x^2}\right)$ 不存在，故 $\lim\limits_{\substack{x\to 0\\ y\to 0}}f_x(x,y)$ 不存在.

因此，$f_x(x,y)$ 在点 $(0,0)$ 不连续. 同理，$f_y(x,y)$ 在点 $(0,0)$ 也不连续.

此例说明，定理 7.2.3 的条件是充分的，而不是必要的，即多元函数可微，但偏导数未必连续.

三、全微分在近似计算中的应用

如果 $z=f(x,y)$ 在点 $P(x,y)$ 的偏导数连续，当 $|\Delta x|$，$|\Delta y|$ 很小时，则有

$$\Delta z=f(x+\Delta x,y+\Delta y)-f(x,y)\approx f_x(x,y)\Delta x+f_y(x,y)\Delta y,$$

即

$$f(x+\Delta x,y+\Delta y)\approx f(x,y)+f_x(x,y)\Delta x+f_y(x,y)\Delta y. \tag{6}$$

(6) 式为二元函数的近似计算公式.

例 11　计算 $1.03^{3.02}$ 的近似值.

解　设函数 $f(x,y)=x^y$，令 $x=1,y=3,\Delta x=0.03,\Delta y=0.02$，因为

$$f(1,3)=1, f_x(1,3)=yx^{y-1}\big|_{(1,3)}=3, f_y(1,3)=x^y\ln x\big|_{(1,3)}=0,$$

根据(6)式

$$1.03^{3.02}=f(1.03,3.02)\approx f(1,3)+f_x(1,3)\Delta x+f_y(1,3)\Delta y$$
$$=1+3\cdot 0.03+0\cdot 0.02=1.09.$$

例 12　设有一圆锥体在外力作用下发生变形，它的底半径 R 由 30 cm 增到 30.1 cm，高

H 由 60 cm 减少到 59. 5 cm,求体积的近似值.

解　因为圆锥体体积

$$V=V(R,H)=\frac{1}{3}\pi R^2H,$$

由题意,$R=30,\Delta R=0.1,H=60,\Delta H=-0.5$,利用(6)式,

$$V(R+\Delta R,H+\Delta H)\approx V(R,H)+\frac{\partial V}{\partial R}\Delta R+\frac{\partial V}{\partial H}\Delta H$$

$$=\frac{1}{3}\pi R^2H+\frac{2}{3}\pi RH\Delta R+\frac{1}{3}\pi R^2\Delta H,$$

所以

$$V(30.1,59.5)\approx\frac{1}{3}\pi\times30^2\times60+\frac{2}{3}\pi\times30\times60\times0.1+\frac{1}{3}\pi\times30^2\times(-0.5)$$

$$=18\ 000\pi+120\pi-150\pi=17\ 970\pi(\mathrm{cm}^3).$$

假设测量这一圆锥体,测得底半径 $R=(30\pm0.1)$ cm,高 $H=(60\pm0.5)$ cm,求由测量误差引起的体积 V 的绝对误差和相对误差.

事实上,设 $\delta_R,\delta_H,\delta_V$ 分别表示 R,H 和 V 的绝对误差,则

$$|\Delta R|\leqslant\delta_R,\ |\Delta H|\leqslant\delta_H,$$

于是

$$|\Delta V|\approx|\mathrm{d}V|\leqslant\left|\frac{\partial V}{\partial R}\right||\Delta R|+\left|\frac{\partial V}{\partial H}\right||\Delta H|\leqslant\left|\frac{\partial V}{\partial R}\right|\delta_R+\left|\frac{\partial V}{\partial H}\right|\delta_H.$$

故 V 的绝对误差

$$\delta_V=\left|\frac{\partial V}{\partial R}\right|\delta_R+\left|\frac{\partial V}{\partial H}\right|\delta_H=\frac{2}{3}\pi RH\delta_R+\frac{1}{3}\pi R^2\delta_H.$$

将 $R=30,H=60,\delta_R=0.1,\delta_H=0.5$ 代入上式,则有

$$\delta_V=\frac{2}{3}\pi\times30\times60\times0.1+\frac{1}{3}\pi\times30^2\times0.5=270\pi.$$

V 的相对误差为

$$\frac{\delta_V}{V}=\frac{\left|\frac{\partial V}{\partial R}\right|}{V}\delta_R+\frac{\left|\frac{\partial V}{\partial H}\right|}{V}\delta_H=\frac{270\pi}{18\ 000\pi}=1.5\%.$$

习题 7-2(1)

A

1. 求下列函数的偏导数:

(1) $z=\dfrac{x^2+y^2}{xy}$;　　　(2) $z=\sin(xy)+\cos^2(xy)$;

(3) $z=(1+xy)^{y}$;　　　　(4) $z=\ln\left(x+\dfrac{y}{x^2}\right)$;

(5) $u=x^{\frac{y}{z}}$;　　　　(6) $u=\arctan(x-y)^{z}$.

2. 求下列函数的二阶偏导数:

(1) $z=y^{x}$;　　　　(2) $z=\sin^2(ax+by)$.

3. 求曲线 $\begin{cases} z=\dfrac{1}{4}(x^2+y^2), \\ y=4 \end{cases}$ 在点 $(2,4,5)$ 处切线关于 x 轴的倾角.

4. 设 $f(x,y,z)=xy^2+yz^2+zx^2$, 求 $f_{xx}(0,0,1)$, $f_{xz}(1,0,2)$, $f_{yz}(0,-1,0)$, $f_{zzx}(2,0,1)$.

5. 设 $z=2\cos^2\left(x-\dfrac{t}{2}\right)$, 证明 $2\dfrac{\partial^2 z}{\partial t^2}+\dfrac{\partial^2 z}{\partial x\partial t}=0$.

6. 设 $u=z\arctan\dfrac{x}{y}$, 证明 $u_{xx}+u_{yy}+u_{zz}=0$.

7. 求下列函数的全微分:

(1) $z=\mathrm{e}^{\frac{y}{x}}$;　　　　(2) $z=\ln\sqrt{x^2+y^2}$;

(3) $z=\arctan\dfrac{y}{x}$;　　　　(4) $u=x^{yz}$.

8. 求函数 $z=\ln(1+x^2+y^2)$, 当 $x=1$, $y=2$ 时的全微分.

9. 求函数 $z=\mathrm{e}^{xy}$, 当 $x=1$, $y=1$, $\Delta x=0.15$, $\Delta y=0.1$ 时的全微分.

10. 求下列函数的偏导数向量 $\nabla f(P)$:

(1) $f(x,y)=x^2y+xy^2$;　　　　(2) $f(x,y,z)=\dfrac{xyz}{x^2+y^2+z^2}$;

*(3) $f(x_1,x_2,\cdots,x_n)=\left(\sum\limits_{i=1}^{n}x_i^2\right)^{\frac{1}{2}}$.

11. 设 $f(x,y)=\begin{cases} xy\sin\dfrac{1}{x^2+y^2}, & x^2+y^2\neq 0, \\ 0, & x^2+y^2=0. \end{cases}$

证明:

(1) $f_x(0,0)$, $f_y(0,0)$ 存在;

(2) $f_x(x,y)$, $f_y(x,y)$ 在点 $(0,0)$ 不连续;

(3) $f(x,y)$ 在点 $(0,0)$ 可微.

B

1. 设 $f(x,y)=|x-y|\varphi(x,y)$, 其中 $\varphi(x,y)$ 在点 $(0,0)$ 连续, 问 $\varphi(x,y)$ 在什么条件下,

偏导数$f_x(0,0)$，$f_y(0,0)$存在？

2. 试证$f(x,y)=\sqrt{|xy|}$在点(0,0)处连续，偏导数存在，但不可微.

3. 设$f(x,y)=\begin{cases}xy\dfrac{x^2-y^2}{x^2+y^2}, & x^2+y^2\neq 0,\\ 0, & x^2+y^2=0.\end{cases}$试问$f_{xy}(x,y)$，$f_{yx}(x,y)$在点(0,0)是否连续？为什么？

4. 如果函数$f(x,y,z)$对任意实数t满足

$$f(tx,ty,tz)=t^n f(x,y,z),$$

则称$f(x,y,z)$为n次齐次函数.设$f(x,y,z)$可微，证明：对$t>0$，$f(x,y,z)$为n次齐次函数的充要条件是

$$x\frac{\partial f}{\partial x}+y\frac{\partial f}{\partial y}+z\frac{\partial f}{\partial z}=nf(x,y,z).$$

5. 计算$1.97^{1.05}$的近似值($\ln 2=0.693$).

6. 已知矩形的边长$x=6$ m，$y=8$ m，当x增加5 cm，y减少10 cm时，求该矩形的对角线改变量的近似值.

7. 设测得一直角三角形两直角边长分别为(7±0.1) cm和(24±0.1) cm，试求由此计算斜边长度的绝对误差与相对误差.

2-3　复合函数的求导法则

一、复合函数的链式求导法

设二元函数$z=f(u,v)$，$u=u(x,y)$，$v=v(x,y)$，$(x,y)\in\sigma\subset\mathbf{R}^2$，可以构成复合函数$z=f(u(x,y),v(x,y))$.二元复合函数的求导法则与一元复合函数的求导法则类似.

定理 7.2.4　设$u=u(x,y)$，$v=v(x,y)$在点(x,y)可导；$z=f(u,v)$在对应点(u,v)处对u，v具有连续的偏导数，则复合函数$z=f(u(x,y),v(x,y))$在点(x,y)可导，且偏导数为

$$\boxed{\begin{aligned}\frac{\partial z}{\partial x}&=\frac{\partial f}{\partial u}\frac{\partial u}{\partial x}+\frac{\partial f}{\partial v}\frac{\partial v}{\partial x},\\ \frac{\partial z}{\partial y}&=\frac{\partial f}{\partial u}\frac{\partial u}{\partial y}+\frac{\partial f}{\partial v}\frac{\partial v}{\partial y}.\end{aligned}}\qquad(7)$$

证　设变量x取得增量Δx，变量y不变，则函数u，v相应地取得增量Δu，Δv，函数z也取得增量Δz，由于函数z具有连续的偏导数，所以它可微，由(4)式知

$$\Delta z=\frac{\partial f}{\partial u}\Delta u+\frac{\partial f}{\partial v}\Delta v+\varepsilon_1\Delta u+\varepsilon_2\Delta v,$$

其中当$\Delta u\to 0$，$\Delta v\to 0$时$\varepsilon_1\to 0$，$\varepsilon_2\to 0$，又由$u(x,y)$，$v(x,y)$在点(x,y)可导，当$\Delta x\to 0$时，有$\Delta u\to 0$，$\Delta v\to 0$，于是当$\Delta x\to 0$时，$\varepsilon_1\to 0$，$\varepsilon_2\to 0$.

上式的两端同除以 $\Delta x(\neq 0)$，则有

$$\frac{\Delta z}{\Delta x}=\frac{\partial f}{\partial u}\frac{\Delta u}{\Delta x}+\frac{\partial f}{\partial v}\frac{\Delta v}{\Delta x}+\varepsilon_1\frac{\Delta u}{\Delta x}+\varepsilon_2\frac{\Delta v}{\Delta x},$$

令 $\Delta x\to 0$，对等式两边取极限可得

$$\frac{\partial z}{\partial x}=\frac{\partial f}{\partial u}\frac{\partial u}{\partial x}+\frac{\partial f}{\partial v}\frac{\partial v}{\partial x}.$$

同理可证

$$\frac{\partial z}{\partial y}=\frac{\partial f}{\partial u}\frac{\partial u}{\partial y}+\frac{\partial f}{\partial v}\frac{\partial v}{\partial y}.$$

证毕

(7)式也可记为

$$\frac{\partial z}{\partial x}=\nabla f\cdot\left(\frac{\partial u}{\partial x},\frac{\partial v}{\partial x}\right),$$

$$\frac{\partial z}{\partial y}=\nabla f\cdot\left(\frac{\partial u}{\partial y},\frac{\partial v}{\partial y}\right).$$

这样，多元复合函数和一元复合函数的求导法则在形式上就一致了.

对于 n 元函数有类似的结果.

设 $u_j=u_j(P)\,(j=1,2,\cdots,m)$ 在点 $P(x_1,x_2,\cdots,x_n)$ 可导；$z=f(u_1,u_2,\cdots,u_m)$ 在对应点 $(u_1,u_2,\cdots,u_m)$ 处，对 $u_j(j=1,2,\cdots,m)$ 具有连续的偏导数，则复合函数 $z=f(u_1(P),u_2(P),\cdots,u_m(P))$ 在点 $P(x_1,x_2,\cdots,x_n)$ 可导，且偏导数为

$$\boxed{\frac{\partial z}{\partial x_i}=\sum_{j=1}^{m}\frac{\partial f}{\partial u_j}\frac{\partial u_j}{\partial x_i}(i=1,2,\cdots,n).}\tag{8}$$

或记为

$$\frac{\partial z}{\partial x_i}=\nabla f\cdot\left(\frac{\partial u_1}{\partial x_i},\frac{\partial u_2}{\partial x_i},\cdots,\frac{\partial u_m}{\partial x_i}\right)(i=1,2,\cdots,n).$$

两种特殊情形：

(1) 如果 $u=u(t),v=v(t)$ 对 t 可导，$z=f(u,v)$ 在对应点 (u,v) 处对 u,v 具有连续的偏导数，则复合函数 $z=f(u(t),v(t))$ 对 t 可导，且

$$\boxed{\frac{\mathrm{d}z}{\mathrm{d}t}=\frac{\partial f}{\partial u}\frac{\mathrm{d}u}{\mathrm{d}t}+\frac{\partial f}{\partial v}\frac{\mathrm{d}v}{\mathrm{d}t},}$$

$\frac{\mathrm{d}z}{\mathrm{d}t}$称为全导数.

(2) 如果 $u=u(x,y)$ 在点 $P(x,y)$ 可导，$z=f(u)$ 在对应点 u 处具有连续的导数，则复合函数 $z=f(u(x,y))$ 在点 $P(x,y)$ 可导，且

$$\boxed{\begin{aligned}\frac{\partial z}{\partial x}&=f'(u)\frac{\partial u}{\partial x},\\ \frac{\partial z}{\partial y}&=f'(u)\frac{\partial u}{\partial y}.\end{aligned}}$$

多元复合函数的求导法则也称为链式求导法则.

例 13　设 $z=(x^2+y^2)\mathrm{e}^{x^2-y^2}$，求$\dfrac{\partial z}{\partial x},\dfrac{\partial z}{\partial y}$.

解　令 $u=x^2+y^2, v=x^2-y^2$，则 $z=u\mathrm{e}^v$，由链式求导法则

$$\begin{aligned}\frac{\partial z}{\partial x}&=\frac{\partial z}{\partial u}\frac{\partial u}{\partial x}+\frac{\partial z}{\partial v}\frac{\partial v}{\partial x}\\&=2x\mathrm{e}^v+2xu\mathrm{e}^v=2x(1+x^2+y^2)\mathrm{e}^{x^2-y^2},\\\frac{\partial z}{\partial y}&=\frac{\partial z}{\partial u}\frac{\partial u}{\partial y}+\frac{\partial z}{\partial v}\frac{\partial v}{\partial y}\\&=2y\mathrm{e}^v-2yu\mathrm{e}^v=2y(1-x^2-y^2)\mathrm{e}^{x^2-y^2}.\end{aligned}$$

例 14　设 $z=\mathrm{e}^{x-2y}, x=\sin t, y=t^3$，求全导数$\dfrac{\mathrm{d}z}{\mathrm{d}t}$.

解
$$\begin{aligned}\frac{\mathrm{d}z}{\mathrm{d}t}&=\frac{\partial z}{\partial x}\frac{\mathrm{d}x}{\mathrm{d}t}+\frac{\partial z}{\partial y}\frac{\mathrm{d}y}{\mathrm{d}t}\\&=\mathrm{e}^{x-2y}\cos t-6t^2\mathrm{e}^{x-2y}=\mathrm{e}^{\sin t-2t^3}(\cos t-6t^2).\end{aligned}$$

为了便于使用链式求导法则，介绍一种利用函数关系图（或称树图）求多元复合函数偏导数的方法.将所有函数关系中的不同的变量用一个节点记之，并用因变量至自变量的有向箭头表示其相互关系，便构成树图.为求函数关于某自变量的偏导数，只要找出由函数到自变量的所有正向折线（逆向不可取），每条折线表示该偏导数中的一项，每条折线中的每个箭头表示该项中有一个与之对应的乘积因子，然后逐项相加，即为所求.如二元复合函数 $z=f(u,v), u=u(x,y), v=v(x,y)$，其函数关系图如图 7-6.

例 15　设 $z=f(x,u,v), v=g(x,y,u), u=h(x,y)$ 都具有连续偏导数，求$\dfrac{\partial z}{\partial x},\dfrac{\partial z}{\partial y}$.

解　函数关系图如图 7-7.

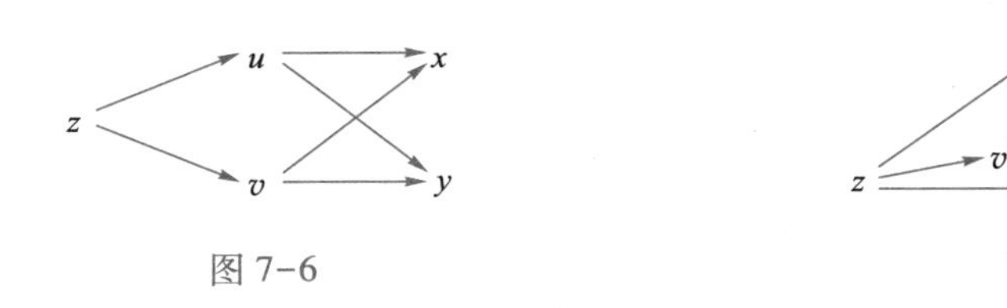

图 7-6　　　　图 7-7

可以看出从 z 到 x 有四条有向折线，$z\to x, z\to u\to x, z\to v\to x, z\to v\to u\to x$，于是，$z$ 对 x 的偏导数应是四项的和

$$\frac{\partial z}{\partial x}=\frac{\partial f}{\partial x}+\frac{\partial f}{\partial u}\frac{\partial h}{\partial x}+\frac{\partial f}{\partial v}\frac{\partial g}{\partial x}+\frac{\partial f}{\partial v}\frac{\partial g}{\partial u}\frac{\partial h}{\partial x}.$$

而从 z 到 y 有三条有向折线，$z\to u\to y, z\to v\to y, z\to v\to u\to y$，因此 z 对 y 的偏导数应是三项之和

$$\frac{\partial z}{\partial y}=\frac{\partial f}{\partial u}\frac{\partial h}{\partial y}+\frac{\partial f}{\partial v}\frac{\partial g}{\partial y}+\frac{\partial f}{\partial v}\frac{\partial g}{\partial u}\frac{\partial h}{\partial y}.$$

注意:此例中符号$\frac{\partial z}{\partial x}$与$\frac{\partial f}{\partial x}$是有区别的.$\frac{\partial z}{\partial x}$表示函数$z=f(x,u,v)$与中间变量$u,v$复合之后,将$y$看作不变而对$x$求偏导数,$\frac{\partial f}{\partial x}$表示函数$z=f(x,u,v)$与中间变量$u,v$未复合之前,将$u,v$都看作不变而对$x$求偏导数.

例 16　设$u=f(yz,xz,xy)$,其中$f\in C^{(2)}$,求$\frac{\partial u}{\partial x},\frac{\partial^2 u}{\partial x\partial z}$.

解　令$v=yz,w=xz,s=xy$,则

$$\frac{\partial u}{\partial x}=\frac{\partial u}{\partial v}\frac{\partial v}{\partial x}+\frac{\partial u}{\partial w}\frac{\partial w}{\partial x}+\frac{\partial u}{\partial s}\frac{\partial s}{\partial x}=zf_2'+yf_3'.$$

注意:这里f_2'、f_3'表示f对第二、三个变量的偏导数(以下类同),它们仍然是v,w,s的函数.

$$\begin{aligned}\frac{\partial^2 u}{\partial x\partial z}&=\frac{\partial}{\partial z}(zf_2'+yf_3')\\&=f_2'+z(yf_{21}''+xf_{22}'')+y(yf_{31}''+xf_{32}'')\\&=f_2'+yzf_{21}''+xzf_{22}''+y^2f_{31}''+xyf_{32}''.\end{aligned}$$

例 17　设$u=\frac{1}{r},r=\sqrt{x^2+y^2+z^2}$,证明函数$u$满足拉普拉斯(Laplace)方程

$$\Delta u=\frac{\partial^2 u}{\partial x^2}+\frac{\partial^2 u}{\partial y^2}+\frac{\partial^2 u}{\partial z^2}=0,$$

其中$\Delta=\frac{\partial^2}{\partial x^2}+\frac{\partial^2}{\partial y^2}+\frac{\partial^2}{\partial z^2}$称为拉普拉斯算子.

证　$\frac{\partial u}{\partial x}=\frac{\mathrm{d}u}{\mathrm{d}r}\frac{\partial r}{\partial x}=-\frac{1}{r^2}\frac{x}{\sqrt{x^2+y^2+z^2}}=\frac{-x}{r^3}$,

$$\frac{\partial^2 u}{\partial x^2}=\frac{\partial}{\partial x}\left(-\frac{x}{r^3}\right)=-\left(\frac{1}{r^3}+x\frac{-3}{r^4}\frac{x}{\sqrt{x^2+y^2+z^2}}\right)=-\frac{1}{r^3}+\frac{3x^2}{r^5}.$$

由x,y,z的对称性可知

$$\frac{\partial^2 u}{\partial y^2}=-\frac{1}{r^3}+\frac{3y^2}{r^5},\quad \frac{\partial^2 u}{\partial z^2}=-\frac{1}{r^3}+\frac{3z^2}{r^5},$$

因此

$$\Delta u=-\frac{3}{r^3}+\frac{3(x^2+y^2+z^2)}{r^5}=0.$$

证毕

例 18　设函数$u=u(x,y)\in C^{(2)}$,证明

$$\Delta u=\frac{\partial^2 u}{\partial x^2}+\frac{\partial^2 u}{\partial y^2}=\frac{1}{r^2}\left[r\frac{\partial}{\partial r}\left(r\frac{\partial u}{\partial r}\right)+\frac{\partial^2 u}{\partial \theta^2}\right],$$

其中$x=r\cos\theta,y=r\sin\theta$.

证　因为

$$\frac{1}{r^2}\left[r\frac{\partial}{\partial r}\left(r\frac{\partial u}{\partial r}\right)+\frac{\partial^2 u}{\partial\theta^2}\right]=\frac{\partial^2 u}{\partial r^2}+\frac{1}{r}\frac{\partial u}{\partial r}+\frac{1}{r^2}\frac{\partial^2 u}{\partial\theta^2},$$

故先求出$\frac{\partial u}{\partial r},\frac{\partial^2 u}{\partial r^2},\frac{\partial^2 u}{\partial\theta^2}$.

$$\frac{\partial u}{\partial r}=\frac{\partial u}{\partial x}\cos\theta+\frac{\partial u}{\partial y}\sin\theta,\frac{\partial u}{\partial\theta}=-r\frac{\partial u}{\partial x}\sin\theta+r\frac{\partial u}{\partial y}\cos\theta,$$

$$\begin{aligned}\frac{\partial^2 u}{\partial r^2}&=\frac{\partial}{\partial r}\left(\frac{\partial u}{\partial x}\cos\theta+\frac{\partial u}{\partial y}\sin\theta\right)\\&=\frac{\partial^2 u}{\partial x^2}\cos^2\theta+2\frac{\partial^2 u}{\partial x\partial y}\sin\theta\cos\theta+\frac{\partial^2 u}{\partial y^2}\sin^2\theta,\end{aligned}$$

$$\begin{aligned}\frac{\partial^2 u}{\partial\theta^2}&=\frac{\partial}{\partial\theta}\left(-r\frac{\partial u}{\partial x}\sin\theta+r\frac{\partial u}{\partial y}\cos\theta\right)\\&=-r\frac{\partial u}{\partial x}\cos\theta+r^2\frac{\partial^2 u}{\partial x^2}\sin^2\theta-2r^2\frac{\partial^2 u}{\partial x\partial y}\sin\theta\cos\theta-r\frac{\partial u}{\partial y}\sin\theta+r^2\frac{\partial^2 u}{\partial y^2}\cos^2\theta.\end{aligned}$$

所以

$$\begin{aligned}&\frac{\partial^2 u}{\partial r^2}+\frac{1}{r}\frac{\partial u}{\partial r}+\frac{1}{r^2}\frac{\partial^2 u}{\partial\theta^2}\\&=\frac{\partial^2 u}{\partial x^2}\cos^2\theta+2\frac{\partial^2 u}{\partial x\partial y}\sin\theta\cos\theta+\frac{\partial^2 u}{\partial y^2}\sin^2\theta+\frac{1}{r}\left(\frac{\partial u}{\partial x}\cos\theta+\frac{\partial u}{\partial y}\sin\theta\right)+\\&\quad\frac{1}{r^2}\left(-r\frac{\partial u}{\partial x}\cos\theta-r\frac{\partial u}{\partial y}\sin\theta+r^2\frac{\partial^2 u}{\partial x^2}\sin^2\theta-2r^2\frac{\partial^2 u}{\partial x\partial y}\sin\theta\cos\theta+r^2\frac{\partial^2 u}{\partial y^2}\cos^2\theta\right)\\&=\frac{\partial^2 u}{\partial x^2}+\frac{\partial^2 u}{\partial y^2}.\end{aligned}$$

即

$$\frac{\partial^2 u}{\partial x^2}+\frac{\partial^2 u}{\partial y^2}=\frac{1}{r}\left[r\frac{\partial}{\partial r}\left(r\frac{\partial u}{\partial r}\right)+\frac{\partial^2 u}{\partial\theta^2}\right].$$

证毕

题型归类解析 7.2

通过变量代换将偏微分方程化为简单方程的方法.

上面给出了由等号右端到左端的证明,类似地由左端到右端的证明由读者完成.

二、一阶全微分形式的不变性

设二元函数 $z=f(u,v)$ 有连续的偏导数,则有全微分

$$\mathrm{d}z=\frac{\partial z}{\partial u}\mathrm{d}u+\frac{\partial z}{\partial v}\mathrm{d}v.$$

如果 $u=u(x,y),v=v(x,y)$ 具有连续的偏导数,则复合函数 $z=f(u(x,y),v(x,y))$ 的全微分为

$$\mathrm{d}z=\frac{\partial z}{\partial x}\mathrm{d}x+\frac{\partial z}{\partial y}\mathrm{d}y$$

$$=\left(\frac{\partial z}{\partial u}\frac{\partial u}{\partial x}+\frac{\partial z}{\partial v}\frac{\partial v}{\partial x}\right)\mathrm{d}x+\left(\frac{\partial z}{\partial u}\frac{\partial u}{\partial y}+\frac{\partial z}{\partial v}\frac{\partial v}{\partial y}\right)\mathrm{d}y$$

$$=\frac{\partial z}{\partial u}\left(\frac{\partial u}{\partial x}\mathrm{d}x+\frac{\partial u}{\partial y}\mathrm{d}y\right)+\frac{\partial z}{\partial v}\left(\frac{\partial v}{\partial x}\mathrm{d}x+\frac{\partial v}{\partial y}\mathrm{d}y\right)$$

$$=\frac{\partial z}{\partial u}\mathrm{d}u+\frac{\partial z}{\partial v}\mathrm{d}v.$$

由此可知,无论 u,v 是自变量还是中间变量,函数 $z=f(u,v)$ 的一阶全微分的形式是一样的,这种性质称为一阶全微分形式的不变性.

一阶全微分形式的不变性为计算复合函数的偏导数和全微分提供了一种有效的方法,计算过程中,无需区分哪个是自变量,哪个是中间变量.

例 19 设 $u=f(x,y,z)$, $y=\varphi(x,t)$, $t=\psi(x,z)$ 都具有连续的偏导数,求 $\frac{\partial u}{\partial x},\frac{\partial u}{\partial z}$.

解 由一阶全微分形式的不变性可得

$$\begin{aligned}\mathrm{d}u&=\frac{\partial f}{\partial x}\mathrm{d}x+\frac{\partial f}{\partial y}\mathrm{d}y+\frac{\partial f}{\partial z}\mathrm{d}z\\&=\frac{\partial f}{\partial x}\mathrm{d}x+\frac{\partial f}{\partial y}\left(\frac{\partial \varphi}{\partial x}\mathrm{d}x+\frac{\partial \varphi}{\partial t}\mathrm{d}t\right)+\frac{\partial f}{\partial z}\mathrm{d}z\\&=\frac{\partial f}{\partial x}\mathrm{d}x+\frac{\partial f}{\partial y}\left[\frac{\partial \varphi}{\partial x}\mathrm{d}x+\frac{\partial \varphi}{\partial t}\left(\frac{\partial \psi}{\partial x}\mathrm{d}x+\frac{\partial \psi}{\partial z}\mathrm{d}z\right)\right]+\frac{\partial f}{\partial z}\mathrm{d}z\\&=\left(\frac{\partial f}{\partial x}+\frac{\partial f}{\partial y}\frac{\partial \varphi}{\partial x}+\frac{\partial f}{\partial y}\frac{\partial \varphi}{\partial t}\frac{\partial \psi}{\partial x}\right)\mathrm{d}x+\left(\frac{\partial f}{\partial z}+\frac{\partial f}{\partial y}\frac{\partial \varphi}{\partial t}\frac{\partial \psi}{\partial z}\right)\mathrm{d}z,\end{aligned}$$

释疑解惑 7.4

一阶全微分形式的不变性在多元函数微分学中的应用.

所以

$$\frac{\partial u}{\partial x}=\frac{\partial f}{\partial x}+\frac{\partial f}{\partial y}\frac{\partial \varphi}{\partial x}+\frac{\partial f}{\partial y}\frac{\partial \varphi}{\partial t}\frac{\partial \psi}{\partial x},$$

$$\frac{\partial u}{\partial z}=\frac{\partial f}{\partial z}+\frac{\partial f}{\partial y}\frac{\partial \varphi}{\partial t}\frac{\partial \psi}{\partial z}.$$

习题 7-2(2)

A

1. 设 $u=\arctan\frac{xy}{z}$, $y=\mathrm{e}^{ax}$, $z=(ax+1)^2$,求 $\frac{\mathrm{d}u}{\mathrm{d}x}$.

2. 设 $z=\eta\arcsin\xi$, $\xi=\sqrt{1-x^2-y^2}$, $\eta=\ln(x^4+y^4)$,求 $\frac{\partial z}{\partial x},\frac{\partial z}{\partial y}$.

3. 求下列函数的一阶偏导数(其中 $f\in C^{(1)}$).

(1) $u=f(x^2-y^2,\mathrm{e}^{xy})$; (2) $u=f\left(\frac{x}{y},\frac{y}{z}\right)$;

(3) $u=f(x,xy,xyz)$；　　(4) $u=f(x^2+y^2,xy,x+y+z)$.

4. 设 $z=xy+xF(u)$，$u=\dfrac{y}{x}$，$F(u)$ 为可微函数，证明

$$x\frac{\partial z}{\partial x}+y\frac{\partial z}{\partial y}=z+xy.$$

5. 设 $f,g\in C^{(2)}$，求 $\dfrac{\partial^2 z}{\partial x\partial y}$.

(1) $z=yf\left(\dfrac{x}{y}\right)+xg\left(\dfrac{y}{x}\right)$；　　(2) $z=\dfrac{1}{x}f(xy)+yf(x+y)$；

(3) $z=f(2x-y)+g(x,xy)$；　　(4) $z=f(2x-y,y\sin x)+g(x^2+y^2)$.

6. 求下列函数的二阶偏导数 $\dfrac{\partial^2 z}{\partial x^2},\dfrac{\partial^2 z}{\partial x\partial y},\dfrac{\partial^2 z}{\partial y^2}$（其中 $f\in C^{(2)}$）：

(1) $z=f(xy^2,x^2y)$；　　(2) $z=f\left(x,\dfrac{x}{y}\right)$；

(3) $z=f(\sin x,\cos y,\mathrm{e}^{x+y})$；　　(4) $z=f(u,x,y)$，$u=x\mathrm{e}^y$.

B

1. 设 $u=z\sin\dfrac{y}{x}$，$x=3r^2+2s$，$y=4r-2s^3$，$z=2r^2-3s^2$，求 $\dfrac{\partial u}{\partial r},\dfrac{\partial u}{\partial s}$.

2. 设 $u=\sin x+F(\sin y-\sin x)$，$F$ 为可微函数，证明

$$\frac{\partial u}{\partial y}\cos x+\frac{\partial u}{\partial x}\cos y=\cos x\cos y.$$

3. 已知 $u=xyz\mathrm{e}^{x+y+z}$，求 $\dfrac{\partial^{p+q+r}u}{\partial x^p\partial y^q\partial z^r}$.

4. 试证函数 $u(x,t)=\dfrac{[\varphi(x+at)+\varphi(x-at)]}{2}+\dfrac{1}{2a}\displaystyle\int_{x-at}^{x+at}\psi(v)\mathrm{d}v$（其中 ψ 一阶连续可导，φ 二阶连续可导）满足方程 $\dfrac{\partial^2 u}{\partial t^2}=a^2\dfrac{\partial^2 u}{\partial x^2}$，且满足 $u\big|_{t=0}=\varphi(x)$，$\dfrac{\partial u}{\partial t}\bigg|_{t=0}=\psi(x)$.

5. 设 $f(x,y)$ 是 n 阶连续可微函数，并设 $\varphi(t)=f(x+th,y+tk)$，求 $\varphi^{(n)}(t)$.

2-4　隐函数的求导法则

上册在由方程 $F(x,y)=0$ 所确定的隐函数存在的前提下，讲述了不经过显化直接求导数的方法.这里给出隐函数存在定理及隐函数的求导法则.

一、由一个方程所确定的隐函数的求导法则

定理 7.2.5　设函数 $F(x,y)\in C^{(1)}(U_\delta(P_0))$，$P_0=(x_0,y_0)$，且 $F(x_0,y_0)=0$，$F_y(x_0,y_0)\neq 0$，

则方程 $F(x,y)=0$ 在 $U_\eta(P_0)(0<\eta<\delta)$ 内恒能唯一确定一个单值连续并有连续导数的函数 $y=f(x)$，它满足 $y_0=f(x_0)$ 及 $F(x,f(x))\equiv 0$，且有

$$\boxed{\frac{\mathrm{d}y}{\mathrm{d}x}=-\frac{F_x}{F_y}.} \tag{9}$$

定理证明从略，现仅就公式(9)推证之.

将 $y=f(x)$ 代入 $F(x,y)=0$，则有恒等式

$$F(x,f(x))\equiv 0,$$

其左端是 x 的复合函数.由于恒等式两端对 x 求导仍恒等，由复合函数的求导法则可得

$$F_x+F_y\frac{\mathrm{d}y}{\mathrm{d}x}=0.$$

因为 F_y 连续，且 $F_y(x_0,y_0)\neq 0$，所以在 $U_\eta(P_0)(0<\eta<\delta)$ 内有 $F_y\neq 0$，于是可得(9)式.　证毕

定理 7.2.6　可推广到多元隐函数的情形，我们把结论叙述如下.

定理 7.2.7　设函数 $F(x,y,z)\in C^{(1)}(U_\delta(P_0))$，$P_0=(x_0,y_0,z_0)$，且 $F(x_0,y_0,z_0)=0$，$F_z(x_0,y_0,z_0)\neq 0$，则方程 $F(x,y,z)=0$ 在 $U_\eta(P_0)(0<\eta<\delta)$ 内恒能唯一确定一个单值连续并有连续偏导数的二元函数 $z=f(x,y)$，它满足 $z_0=f(x_0,y_0)$，$F(x,y,f(x,y))\equiv 0$，且有

$$\boxed{\frac{\partial z}{\partial x}=-\frac{F_x}{F_z},\quad \frac{\partial z}{\partial y}=-\frac{F_y}{F_z}.} \tag{10}$$

证明从略.

例 20　设 $z^3-2xz+y^2=0$，求 $\dfrac{\partial^2 z}{\partial x^2}$.

解　令 $F(x,y,z)=z^3-2xz+y^2$，则 $F_x=-2z$，$F_z=3z^2-2x$.所以

$$\frac{\partial z}{\partial x}=-\frac{F_x}{F_z}=\frac{2z}{3z^2-2x},$$

$$\frac{\partial^2 z}{\partial x^2}=\frac{\partial}{\partial x}\left(\frac{2z}{3z^2-2x}\right)=\frac{2(3z^2-2x)\dfrac{\partial z}{\partial x}-2z\left(6z\dfrac{\partial z}{\partial x}-2\right)}{(3z^2-2x)^2}$$

$$=-\frac{16xz}{(3z^2-2x)^3}.$$

例 21　设 $z=f\left(x-y,\dfrac{tx}{y}\right)$，其中 t 为由方程 $F(x,y,t)=0$ 确定的 x,y 的隐函数，f 和 $F\in C^{(1)}$，求 $\dfrac{\partial z}{\partial x}$.

解法一　设 $u=x-y$，$v=\dfrac{tx}{y}$，则 $z=f(u,v)$.

$$\frac{\partial z}{\partial x}=\frac{\partial f}{\partial u}\frac{\partial u}{\partial x}+\frac{\partial f}{\partial v}\frac{\partial v}{\partial x}=\frac{\partial f}{\partial u}+\frac{\partial f}{\partial v}\left(\frac{t}{y}+\frac{x}{y}\frac{\partial t}{\partial x}\right).$$

由隐函数的求导公式(10)知

$$\frac{\partial t}{\partial x}=-\frac{F_x}{F_t}.$$

所以

$$\frac{\partial z}{\partial x}=\frac{\partial f}{\partial u}+\frac{\partial f}{\partial v}\left[\frac{t}{y}+\frac{x}{y}\left(-\frac{F_x}{F_t}\right)\right]=\frac{\partial f}{\partial u}+\frac{t}{y}\frac{\partial f}{\partial v}-\frac{x}{y}\frac{F_x}{F_t}\frac{\partial f}{\partial v}.$$

解法二 若用树图法解,由图 7-8 可见,从 z 到 x 有三条有向折线,$z\to u\to x$,$z\to v\to x$,$z\to v\to t\to x$,所以

$$\frac{\partial z}{\partial x}=\frac{\partial f}{\partial u}\frac{\partial u}{\partial x}+\frac{\partial f}{\partial v}\frac{\partial v}{\partial x}+\frac{\partial f}{\partial v}\frac{\partial v}{\partial t}\frac{\partial t}{\partial x}=\frac{\partial f}{\partial u}+\frac{t}{y}\frac{\partial f}{\partial v}-\frac{x}{y}\frac{F_x}{F_t}\frac{\partial f}{\partial v}.$$

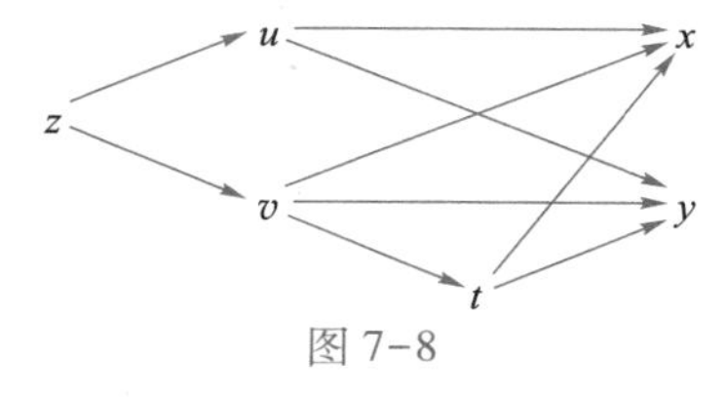

图 7-8

二、由方程组所确定的隐函数的求导法则

由方程组所确定的隐函数的求导法则,与由一个方程所确定的隐函数的情况类似.

定理 7.2.8 设函数 $F(x,y,u,v),G(x,y,u,v)\in C^{(1)}(U_\delta(P_0))$,$P_0=(x_0,y_0,u_0,v_0)$,如果

(1) $F(x_0,y_0,u_0,v_0)=0,G(x_0,y_0,u_0,v_0)=0$;

(2) 在点 P_0 函数 F,G 关于 u,v 的雅可比(Jacobi)行列式

$$J=\frac{\partial(F,G)}{\partial(u,v)}=\begin{vmatrix}\dfrac{\partial F}{\partial u} & \dfrac{\partial F}{\partial v}\\ \dfrac{\partial G}{\partial u} & \dfrac{\partial G}{\partial v}\end{vmatrix}\neq 0,$$

则方程组 $F(x,y,u,v)=0,G(x,y,u,v)=0$ 在 $U_\eta(P_0)(0<\eta<\delta)$ 内恒能唯一确定一组单值连续并有连续偏导数的函数 $u=u(x,y),v=v(x,y)$,它们满足

$$u_0=u(x_0,y_0),v_0=v(x_0,y_0),$$
$$F(x,y,u(x,y),v(x,y))=0,G(x,y,u(x,y),v(x,y))=0,\tag{11}$$

且

$$\frac{\partial u}{\partial x}=-\frac{1}{J}\frac{\partial(F,G)}{\partial(x,v)},\qquad \frac{\partial v}{\partial x}=-\frac{1}{J}\frac{\partial(F,G)}{\partial(u,x)},\tag{12}$$

$$\frac{\partial u}{\partial y}=-\frac{1}{J}\frac{\partial(F,G)}{\partial(y,v)},\qquad \frac{\partial v}{\partial y}=-\frac{1}{J}\frac{\partial(F,G)}{\partial(u,y)}.\tag{13}$$

定理证明从略,现仅证明公式(12).

由(11)式知,在恒等式两边同时对 x 求偏导数可得

$$\begin{cases}\dfrac{\partial F}{\partial x}+\dfrac{\partial F}{\partial u}\dfrac{\partial u}{\partial x}+\dfrac{\partial F}{\partial v}\dfrac{\partial v}{\partial x}=0,\\ \dfrac{\partial G}{\partial x}+\dfrac{\partial G}{\partial u}\dfrac{\partial u}{\partial x}+\dfrac{\partial G}{\partial v}\dfrac{\partial v}{\partial x}=0,\end{cases}\tag{14}$$

由方程组(14),利用克拉默(Cramer)法则,即可解得(12)式.

同理,由(11)式,在恒等式两边同时对 y 求偏导数,可解得(13)式. 证毕

特别地,在定理的条件下,由方程组

$$\begin{cases} F(x,y,z)=0, \\ G(x,y,z)=0 \end{cases}$$

可以确定两个单值连续且有连续偏导数的函数

$$\begin{cases} y=y(x), \\ z=z(x), \end{cases}$$

并有

$$\frac{\mathrm{d}y}{\mathrm{d}x}=-\frac{\dfrac{\partial(F,G)}{\partial(x,z)}}{\dfrac{\partial(F,G)}{\partial(y,z)}},\frac{\mathrm{d}z}{\mathrm{d}x}=-\frac{\dfrac{\partial(F,G)}{\partial(y,x)}}{\dfrac{\partial(F,G)}{\partial(y,z)}}.$$

注意:有几个方程联立的方程组,在相应的条件下,就能确定几个隐函数.

例 22 设$\begin{cases} x+y+u+v=0, \\ x^2+y^2+u^2+v^2=2, \end{cases}$ 求$\dfrac{\partial u}{\partial x},\dfrac{\partial v}{\partial x}$.

解 设 $F(x,y,u,v)=x+y+u+v,G(x,y,u,v)=x^2+y^2+u^2+v^2-2,u=u(x,y),v=v(x,y)$ 为其确定的隐函数.对所设方程组中的每个方程两边对 x 求偏导数,有

$$\begin{cases} 1+\dfrac{\partial u}{\partial x}+\dfrac{\partial v}{\partial x}=0, \\ 2x+2u\dfrac{\partial u}{\partial x}+2v\dfrac{\partial v}{\partial x}=0. \end{cases}$$

解得

$$\frac{\partial u}{\partial x}=\frac{\begin{vmatrix} -1 & 1 \\ -2x & 2v \end{vmatrix}}{\begin{vmatrix} 1 & 1 \\ 2u & 2v \end{vmatrix}}=\frac{x-v}{v-u},\quad \frac{\partial v}{\partial x}=\frac{\begin{vmatrix} 1 & -1 \\ 2u & -2x \end{vmatrix}}{\begin{vmatrix} 1 & 1 \\ 2u & 2v \end{vmatrix}}=\frac{u-x}{v-u}.$$

例 23 设函数 $x=x(u,v),y=y(u,v)\in C^{(1)}(U_\delta(P))$,点 $P(u,v)$,且

$$\frac{\partial(x,y)}{\partial(u,v)}\neq 0,$$

证明

$$\frac{\partial(u,v)}{\partial(x,y)}=\frac{1}{\dfrac{\partial(x,y)}{\partial(u,v)}}.$$

证 先证存在反函数 $u=u(x,y),v=v(x,y)$.

将 $x=x(u,v),y=y(u,v)$改写为

$$\begin{cases} F(x,y,u,v)\equiv x-x(u,v)=0, \\ G(x,y,u,v)\equiv y-y(u,v)=0. \end{cases}$$

由于

$$J=\frac{\partial(F,G)}{\partial(u,v)}=\frac{\partial(x,y)}{\partial(u,v)}\neq 0,$$

由定理 7.2.8 知,存在反函数 $u=u(x,y),v=v(x,y)$.

再将反函数代入 $x=x(u,v),y=y(u,v)$,得

$$\begin{cases}x\equiv x(u(x,y),v(x,y)),\\ y\equiv y(u(x,y),v(x,y)).\end{cases}$$

对上述恒等式两端分别对 x 求导,得

$$\begin{cases}1=\dfrac{\partial x}{\partial u}\dfrac{\partial u}{\partial x}+\dfrac{\partial x}{\partial v}\dfrac{\partial v}{\partial x},\\ 0=\dfrac{\partial y}{\partial u}\dfrac{\partial u}{\partial x}+\dfrac{\partial y}{\partial v}\dfrac{\partial v}{\partial x}.\end{cases}$$

解得

$$\frac{\partial u}{\partial x}=\frac{1}{J}\frac{\partial y}{\partial v},\quad \frac{\partial v}{\partial x}=-\frac{1}{J}\frac{\partial y}{\partial u}.$$

同理,可得

$$\frac{\partial u}{\partial y}=-\frac{1}{J}\frac{\partial x}{\partial v},\quad \frac{\partial v}{\partial y}=\frac{1}{J}\frac{\partial x}{\partial u}.$$

于是

$$\frac{\partial(u,v)}{\partial(x,y)}=\begin{vmatrix}\dfrac{\partial u}{\partial x} & \dfrac{\partial u}{\partial y}\\ \dfrac{\partial v}{\partial x} & \dfrac{\partial v}{\partial y}\end{vmatrix}=\frac{1}{J^2}\begin{vmatrix}\dfrac{\partial y}{\partial v} & -\dfrac{\partial x}{\partial v}\\ -\dfrac{\partial y}{\partial u} & \dfrac{\partial x}{\partial u}\end{vmatrix}=\frac{1}{J^2}\begin{vmatrix}\dfrac{\partial x}{\partial u} & \dfrac{\partial x}{\partial v}\\ \dfrac{\partial y}{\partial u} & \dfrac{\partial y}{\partial v}\end{vmatrix}=\frac{1}{\dfrac{\partial(x,y)}{\partial(u,v)}}.$$

证毕

习题 7-2(3)

A

1. 求由下列各方程所确定的隐函数 z 的偏导数 $\dfrac{\partial z}{\partial x},\dfrac{\partial z}{\partial y}$:

(1) $x+y+z=e^{-(x+y+z)}$;　　(2) $z=\sqrt{x^2-y^2}\tan\dfrac{z}{\sqrt{x^2-y^2}}$;

(3) $x+2y+z-2\sqrt{xyz}=0$;　　(4) $\dfrac{x}{z}=\ln\dfrac{z}{y}$.

2. 设 $x=x(y,z),y=y(x,z),z=z(x,y)\in C^{(1)}$ 都是由方程 $F(x,y,z)=0$ 所确定的函数,证明 $\dfrac{\partial x}{\partial y}\dfrac{\partial y}{\partial z}\dfrac{\partial z}{\partial x}=-1$.

3. 设 $2\sin(x+2y-3z)=x+2y-3z$，证明 $\frac{\partial z}{\partial x}+\frac{\partial z}{\partial y}=1$.

4. 设 $\varphi(u,v)\in C^{(1)}$，证明由方程 $\varphi(cx-az,cy-bz)=0$ 所确定的函数 $z=f(x,y)$ 满足 $a\frac{\partial z}{\partial x}+b\frac{\partial z}{\partial y}=c$.

5. 设函数 $z=z(x,y)$ 由方程 $F\left(x+\frac{z}{y},y+\frac{z}{x}\right)=0$ 所确定，F 为可微函数，证明

$$x\frac{\partial z}{\partial x}+y\frac{\partial z}{\partial y}=z-xy.$$

6. 求下列方程组所确定的函数的导数或偏导数：

(1) 设 $\begin{cases}z=x^2+y^2,\\ x^2+2y^2+3z^2=20,\end{cases}$ 求 $\frac{\mathrm{d}y}{\mathrm{d}x},\frac{\mathrm{d}z}{\mathrm{d}x}$；

(2) 设 $\begin{cases}x+y+z=0,\\ x^2+y^2+z^2=1,\end{cases}$ 求 $\frac{\mathrm{d}x}{\mathrm{d}z},\frac{\mathrm{d}y}{\mathrm{d}z}$；

(3) 设 $\begin{cases}x=\mathrm{e}^u+u\sin v,\\ y=\mathrm{e}^u-u\cos v,\end{cases}$ 求 $\frac{\partial u}{\partial x},\frac{\partial u}{\partial y},\frac{\partial v}{\partial x},\frac{\partial v}{\partial y}$.

7. 设 $x=\mathrm{e}^u\cos v,y=\mathrm{e}^u\sin v,z=uv$，试求 $\frac{\partial z}{\partial x},\frac{\partial z}{\partial y}$.

B

1. 方程组

$$\begin{cases}x^2+y^2-z^2=0,\\ x^2+2y^2+3z^2=1,\end{cases}$$

给出 y 和 z 为 x 的函数，求 $\mathrm{d}y$ 和 $\mathrm{d}z$.

2. 设 $u=f(x,y)\in C^{(2)}$，令 $x=r\cos\theta,y=r\sin\theta$，试将

$$\Delta u=\frac{\partial^2 u}{\partial x^2}+\frac{\partial^2 u}{\partial y^2}$$

变换成极坐标系下的表达式.

3. 设 $u=f(x,y)\in C^{(2)}$，而且 $x=\frac{1}{2}(s-\sqrt{3}t),y=\frac{1}{2}(\sqrt{3}s+t)$，证明

$$\left(\frac{\partial u}{\partial x}\right)^2+\left(\frac{\partial u}{\partial y}\right)^2=\left(\frac{\partial u}{\partial s}\right)^2+\left(\frac{\partial u}{\partial t}\right)^2,$$

$$\frac{\partial^2 u}{\partial x^2}+\frac{\partial^2 u}{\partial y^2}=\frac{\partial^2 u}{\partial s^2}+\frac{\partial^2 u}{\partial t^2}.$$

4. 设 $y=f(x,t)$，而 t 是由方程 $F(x,y,t)=0$ 所确定的 x,y 的函数，其中 $f,F\in C^{(1)}$. 证明

$$\frac{\mathrm{d}y}{\mathrm{d}x}=\frac{\frac{\partial f}{\partial x}\frac{\partial F}{\partial t}-\frac{\partial f}{\partial t}\frac{\partial F}{\partial x}}{\frac{\partial f}{\partial t}\frac{\partial F}{\partial y}+\frac{\partial F}{\partial t}}.$$

5. 证明方程 $ax+by+cz=F(x^2+y^2+z^2)$（其中 $F\in C^{(1)}$）所定义的函数 $z=z(x,y)$ 满足

$$(cy-bz)\frac{\partial z}{\partial x}+(az-cx)\frac{\partial z}{\partial y}=bx-ay.$$

6. 设由方程 $x=x(r,s)$ 及 $y=y(r,s)$ 可以解出 $r=r(x,y)$ 及 $s=s(x,y)$，试用 x,y 关于 r,s 的偏导数表示 r,s 关于 x,y 的偏导数.

7. 由 $z=f(x,y)$ 和 $g(x,y)=0$ 表示的函数 $z=h(x)$，求 $\frac{\mathrm{d}z}{\mathrm{d}x}$.

8. 设 $u=\frac{1}{2}(x+y)$，$v=\frac{1}{2}(x-y)$，$w=ze^y$，取 u,v 为新自变量，$w=w(u,v)$ 为新函数，假定 $w(u,v)\in C^{(2)}$，变换方程

$$\frac{\partial^2 z}{\partial x^2}+\frac{\partial^2 z}{\partial x\partial y}+\frac{\partial z}{\partial x}=z.$$

9. 设 $x=\rho\sin\varphi\cos\theta$，$y=\rho\sin\varphi\sin\theta$，$z=\rho\cos\varphi$，试证 $\frac{\partial(x,y,z)}{\partial(\rho,\varphi,\theta)}=\rho^2\sin\varphi$.

10. 设一工厂有技术工人 x 名，非技术工人 y 名，每天可生产产品 $f(x,y)=x^2y$（件），现有技术工人 16 名，非技术工人 32 名，现厂长拟再雇一名技术工人，且保持产品产量不变，试问应解雇几名非技术工人.

2-5　方向导数和梯度

一、方向导数

函数 $f(x,y)$ 在点 P 的关于 x 的偏导数，表示函数在点 P 沿 x 轴方向的变化率. 而在一些实际问题中，常要研究函数在点 P 沿任意方向 l 的变化率. 如大气温度分布随方向而异，由温差引起气压差，而导致空气的流动. 所以要预报某地区的风向和风力，就要研究气压在该处沿某些方向的变化率，这就是方向导数问题.

定义 7.2.3　设函数 $z=f(x,y)$ 在点 $P(x,y)$ 的 $U_\delta(P)$ 内有定义，l 是 $U_\delta(P)$ 内以 $P(x,y)$ 为起点的某一射线，$\boldsymbol{e}_l=(\cos\alpha,\cos\beta)$ 是与 l 同方向的单位向量，点 $P'(x+t\cos\alpha,y+t\cos\beta)$ $(t\geqslant 0)$ 在沿 $\boldsymbol{e}_l$ 方向的射线上，当 t 充分小时，使 $P'\in U_\delta(P)$. 则函数 f 的改变量 $f(x+t\cos\alpha,y+t\cos\beta)-f(x,y)$ 与联结 P 与 P' 两点的线段长度 $|PP'|=t$ 之比

$$\frac{f(x+t\cos\alpha,y+t\cos\beta)-f(x,y)}{t}$$

称为函数 f 在点 P 处沿 $\boldsymbol{e}_l$ 方向的平均变化率. 当点 P' 沿 l 趋向 P 时，即 $t\to 0^+$ 时，如果平均变

化率的极限存在,则此极限值称为函数 f 在点 P 沿 l 方向的方向导数,记为

$$\frac{\partial f}{\partial l}\text{或 } D_l f,$$

即

$$\boxed{\frac{\partial f}{\partial l}=\lim_{t\to 0^+}\frac{f(x+t\cos\alpha,y+t\cos\beta)-f(x,y)}{t}.}$$

应当注意,这里的极限是单侧极限.

定理 7.2.9　设函数 f 在点 P 可微,则沿任意方向 l 的方向导数都存在,且有

$$\boxed{\frac{\partial f}{\partial l}=\nabla f\cdot \boldsymbol{e}_l=\frac{\partial f}{\partial x}\cos\alpha+\frac{\partial f}{\partial y}\cos\beta.}$$

其中 $\boldsymbol{e}_l=(\cos\alpha,\cos\beta)$ 是与 l 同方向的单位向量.

证　由于 f 在 P 可微,故

$$f(x+t\cos\alpha,y+t\cos\beta)-f(x,y)=\frac{\partial f}{\partial x}\cdot(t\cos\alpha)+\frac{\partial f}{\partial y}\cdot(t\cos\beta)+o(\rho),$$

这里 $\rho=\sqrt{(t\cos\alpha)^2+(t\cos\beta)^2}=|t|$,则有 $\rho\to 0\Leftrightarrow t\to 0$.所以

$$\begin{aligned}\frac{\partial f}{\partial l}&=\lim_{t\to 0^+}\frac{f(x+t\cos\alpha,y+t\cos\beta)-f(x,y)}{t}\\&=\frac{\partial f}{\partial x}\cos\alpha+\frac{\partial f}{\partial y}\cos\beta=\nabla f\cdot\boldsymbol{e}_l.\end{aligned}$$

证毕

显然,如果函数 f 在点 P 的偏导数 $\frac{\partial f}{\partial x}$ 存在,则沿坐标轴 Ox 的正方向 $\boldsymbol{e}_l=(1,0)$ 的方向导数

$$\frac{\partial f}{\partial \boldsymbol{e}_l}=\frac{\partial f}{\partial x}.$$

沿坐标轴 Ox 的负方向 $\boldsymbol{e}_l'=(-1,0)$ 的方向导数

$$\frac{\partial f}{\partial \boldsymbol{e}_l'}=-\frac{\partial f}{\partial x}.$$

这里还要指出,若函数沿任意方向 $\boldsymbol{e}_l$ 的方向导数存在,其偏导数不一定存在;反之,若偏导数存在,方向导数也不一定存在.

三元函数 $u=f(x,y,z)$ 若在点 $P(x,y,z)$ 可微,则沿 $\boldsymbol{e}_l=(\cos\alpha,\cos\beta,\cos\gamma)$ 的方向导数

$$\boxed{\frac{\partial f}{\partial l}=\nabla f\cdot\boldsymbol{e}_l=\frac{\partial f}{\partial x}\cos\alpha+\frac{\partial f}{\partial y}\cos\beta+\frac{\partial f}{\partial z}\cos\gamma.}$$

例 24　设函数 $f(x,y,z)=xy+yz+zx$,求它在点 $P_0(-1,1,7)$ 沿方向 $\boldsymbol{n}=(3,4,-12)$ 的方向导数.

解　因为

$$\boldsymbol{e}_n=\frac{1}{13}(3,4,-12),$$

所以

$$\left.\frac{\partial f}{\partial \boldsymbol{n}}\right|_{P_0}=\nabla f\cdot \boldsymbol{e}_n=\frac{3}{13}\left.\frac{\partial f}{\partial x}\right|_{P_0}+\frac{4}{13}\left.\frac{\partial f}{\partial y}\right|_{P_0}-\frac{12}{13}\left.\frac{\partial f}{\partial z}\right|_{P_0}$$

$$=\frac{3}{13}(y+z)\Big|_{P_0}+\frac{4}{13}(x+z)\Big|_{P_0}-\frac{12}{13}(y+x)\Big|_{P_0}=\frac{48}{13}.$$

释疑解惑 7.5

二元函数的偏导数与方向导数的关系.

二、梯度

（1）梯度的概念

方向导数$\frac{\partial f}{\partial l}$表示函数$f(P)$在点$P$沿$l$方向的变化率，试问$f$在点$P$沿什么方向的变化率最大？

释疑解惑 7.6

用框图表示函数在某点极限存在、连续、偏导数存在、方向导数存在、可微与偏导数连续之间的关系.

由定理 7.2.8 知，若$f(P)$可微，则方向导数

$$\frac{\partial f(P)}{\partial l}=\nabla f\cdot \boldsymbol{e}_l=|\nabla f|\cos(\nabla f,\boldsymbol{e}_l),$$

其中$(\nabla f,\boldsymbol{e}_l)$表示向量$\nabla f$与$\boldsymbol{e}_l$的夹角.由此可见，当$\boldsymbol{e}_l$与$\nabla f$同方向时，$\cos(\nabla f,\boldsymbol{e}_l)=1$，$\frac{\partial f(P)}{\partial l}$有最大值$|\nabla f|$.所以，$f$在点$P$处沿$\nabla f$的方向变化率最大.$\nabla f$称为函数$f$在点$P$的梯度.

定义 7.2.4　设函数$f(x,y)$在点$P(x,y)$处可微，则向量$\nabla f=\left(\frac{\partial f}{\partial x},\frac{\partial f}{\partial y}\right)$称为$f(x,y)$在点$P$的梯度向量，简称梯度(gradient)，记为$\mathbf{grad}\,f$，即

$$\mathbf{grad}\,f=\nabla f=\left(\frac{\partial f}{\partial x},\frac{\partial f}{\partial y}\right).$$

若函数$f(x,y,z)$在点$P(x,y,z)$处可微，则

$$\mathbf{grad}\,f=\nabla f=\left(\frac{\partial f}{\partial x},\frac{\partial f}{\partial y},\frac{\partial f}{\partial z}\right).$$

因此，那勒勒算子∇又称为梯度算子.

如上所述，可微函数$f(P)$在点P的梯度是一个向量，其方向与f在该点取得最大方向导数的方向一致，其模为方向导数的最大值，即

$$|\mathbf{grad}\,f|=\max\frac{\partial f}{\partial l}.$$

显然，可微函数的方向导数等于梯度在该方向上的投影.这是由于

$$\frac{\partial f}{\partial l}=\mathbf{grad}\,f\cdot \boldsymbol{e}_l=|\mathbf{grad}\,f|\cos(\mathbf{grad}\,f,\boldsymbol{e}_l)=\mathrm{Prj}_l\mathbf{grad}\,f.$$

例 25　设一金属板上电压的分布为

$$v=50-x^2-4y^2,$$

问在点$(1,-2)$处，沿什么方向电压升高最快？沿什么方向下降最快？其速率各为多少？沿

什么方向电压变化最慢?

解 由梯度知,函数沿其梯度的方向上升最快,沿与梯度相反的方向下降最快,沿与梯度垂直的方向变化最慢.因为电压分布 v 的梯度

$$\mathbf{grad}\ v=\left(\frac{\partial v}{\partial x},\frac{\partial v}{\partial y}\right)=(-2x,-8y).$$

$$\mathbf{grad}\ v(1,-2)=(-2,16),\quad -\mathbf{grad}\ v(1,-2)=(2,-16).$$

所以,在$(1,-2)$处,沿$-2\boldsymbol{i}+16\boldsymbol{j}$ 的方向电压升高最快,沿 $2\boldsymbol{i}-16\boldsymbol{j}$ 的方向电压下降最快,其上升或下降的速率都为$\sqrt{2^2+16^2}=\sqrt{260}$.

因为与 $\mathbf{grad}\ v(1,-2)$垂直的方向为$(16,2)$,故沿 $16\boldsymbol{i}+2\boldsymbol{j}$ 的方向或$-16\boldsymbol{i}-2\boldsymbol{j}$ 的方向电压变化最慢.

(2) 梯度与数量场的等值线(面)

物理学中,把分布有某种物理量的空间区域称为场.如果物理量是数量,称为数量场,如果是向量,称为向量场.如大气温度分布、流体密度分布是数量场;流速分布、电场强度分布是向量场.

如果场中的物理量在各点处的值随位置、时间变化的,该场称为不定常场(或不稳定场);不随时间变化的,称为定常场(或稳定场).定常的数量场,在场域 Ω 中确定了一个数值函数 $u(M)$,$M\in\Omega$;定常的向量场,在场域 Ω 中确定了一个向量值函数 $\boldsymbol{A}(M)$,$M\in\Omega$.

平面数量场 $u(x,y)$ 中,具有相同数值 C 的点,即 $u(x,y)=C$(C 为常数)称为该场的等值线.地图上的等高线,地面气象图上的等温线、等压线都是等值线.

空间数量场 $u(x,y,z)$ 中,曲面 $u(x,y,z)=C$(C 为常数)称为该场的等值面.

等值线(面)充满了整个场域,由于 $u(M)$ 是单值函数,所以,通过数量场的每一点只有一条等值线(一个等值面).

等值线(面)反映了物理量在场中的总体分布.易见,地形图(如图 7-9)上等高线较稠密的地方较陡,而较稀疏的地方较平缓.

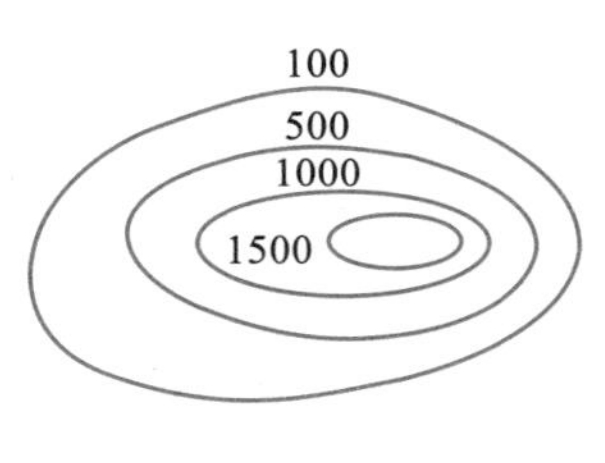

图 7-9

下面讨论梯度与等值线(面)的关系:

二元函数 $z=f(x,y)$ 一般表示一个空间曲面,若用平面 $z=C$(C 为常数)去截所得的曲线,它在 xOy 面上的投影是 $f(x,y)=C$,即为函数 $z=f(x,y)$ 的等值线.在函数 $f(x,y)$ 有定义的点 $P(x,y)$ 处,必有一条等值线通过.

当 f_x,f_y 不同时为零,则在点 $P(x,y)$ 的梯度向量为 $\mathbf{grad}\ f=\nabla f=(f_x,f_y)$,它与等值线 $f(x,y)=C$ 在点 $P(x,y)$ 处的一个法线向量相同;又因 $f(x,y)$ 沿梯度方向 l 的方向导数$\dfrac{\partial u}{\partial l}=\mathbf{grad}\ u\cdot\boldsymbol{e}_l=|\mathbf{grad}\ u|>0$,说明梯度指向等值线 $f(x,y)=C$ 的数值 C 增加的方向.

对于三元函数 $u=f(x,y,z)$ 也有类似的结果,它在点 $P(x,y,z)$ 的梯度向量与等值面 $f(x,y,z)=C$ 在点 $P(x,y,z)$ 处的一个法线向量相同,其指向为等值面数值增加的方向.

(3) 梯度的运算法则

设 $u(P),v(P)\in C^{(1)}(\Omega),f\in C^{(1)},C$ 为常数,则

① $\nabla C=\mathbf{0}$.　　② $\nabla(Cu)=C\nabla u$.

③ $\nabla(u\pm v)=\nabla u\pm\nabla v$.　　④ $\nabla(uv)=u\nabla v+v\nabla u$.

⑤ $\nabla\left(\dfrac{u}{v}\right)=\dfrac{1}{v^2}(v\nabla u-u\nabla v)$.　　⑥ $\nabla f(u)=f'(u)\nabla u$.

⑦ $\nabla f(u,v)=\dfrac{\partial f}{\partial u}\nabla u+\dfrac{\partial f}{\partial v}\nabla v$.

现将公式⑦在 $\mathbf{R}^3$ 中证明之.

证

$$\begin{aligned}\nabla f(u,v)&=\frac{\partial f}{\partial x}\boldsymbol{i}+\frac{\partial f}{\partial y}\boldsymbol{j}+\frac{\partial f}{\partial z}\boldsymbol{k}\\&=\left(\frac{\partial f}{\partial u}\frac{\partial u}{\partial x}+\frac{\partial f}{\partial v}\frac{\partial v}{\partial x}\right)\boldsymbol{i}+\left(\frac{\partial f}{\partial u}\frac{\partial u}{\partial y}+\frac{\partial f}{\partial v}\frac{\partial v}{\partial y}\right)\boldsymbol{j}+\left(\frac{\partial f}{\partial u}\frac{\partial u}{\partial z}+\frac{\partial f}{\partial v}\frac{\partial v}{\partial z}\right)\boldsymbol{k}\\&=\frac{\partial f}{\partial u}\left(\frac{\partial u}{\partial x}\boldsymbol{i}+\frac{\partial u}{\partial y}\boldsymbol{j}+\frac{\partial u}{\partial z}\boldsymbol{k}\right)+\frac{\partial f}{\partial v}\left(\frac{\partial v}{\partial x}\boldsymbol{i}+\frac{\partial v}{\partial y}\boldsymbol{j}+\frac{\partial v}{\partial z}\boldsymbol{k}\right)\\&=\frac{\partial f}{\partial u}\nabla u+\frac{\partial f}{\partial v}\nabla v.\end{aligned}$$

证毕

习题 7-2(4)

A

1. 求下列函数沿给定方向的方向导数:

(1) $u=x^2+2y^2+3z^2,P_0(1,1,0),\boldsymbol{n}=(1,-1,2)$;

(2) $u=\left(\dfrac{y}{x}\right)^z,P_0(1,1,1),\boldsymbol{n}=(2,1,-1)$;

(3) $u=\ln(x^2+y^2),P_0(1,1)$,方向 l 与 Ox 轴夹角为 $\dfrac{\pi}{3}$;

(4) $u=xyz,P_0(5,1,2),P_1(9,4,14),\boldsymbol{n}=\overrightarrow{P_0P_1}$.

2. 求下列函数的梯度 $\mathbf{grad}\,f$:

(1) $f(x,y)=\sin(x^2y)+\cos(xy^2)$;　　(2) $f(x,y)=\dfrac{y}{x}\mathrm{e}^{\frac{x}{y}}$;

(3) $f(x_1,x_2,\cdots,x_n)=\sum\limits_{i=1}^{n}x_i^2$.

3. 设 $f(p)$ 在 p 可微,则 $\mathbf{grad}\,f(p)$ 存在,并证

(1) 若 $\mathbf{grad}\,f=\mathbf{0}$,则对任何方向 l,$\dfrac{\partial f}{\partial l}=0$;

(2) 若 $\mathbf{grad}\,f\neq\mathbf{0}$,则当 $\boldsymbol{T}=\dfrac{\mathbf{grad}\,f}{|\mathbf{grad}\,f|}$ 时,$\dfrac{\partial f}{\partial \boldsymbol{T}}$ 最大,且 $\dfrac{\partial f}{\partial \boldsymbol{T}}=|\mathbf{grad}\,f|$.

4. 设$f(x,y)=x^2-xy+y^2$,求$\dfrac{\partial f(1,1)}{\partial l}$,又问在怎样的方向上此方向导数(1)有最大值;(2)有最小值;(3)等于零.

5. 设$f(x,y)$在点$P_0(2,0)$指向$P_1(2,-2)$的方向导数是1,指向原点的方向导数是-3,试问指向$P_2(2,1)$,$P_3(3,2)$的方向导数各为多少?

6. 设$\boldsymbol{r}=x\boldsymbol{i}+y\boldsymbol{j}+z\boldsymbol{k}$,$r=|\boldsymbol{r}|$,$n$为正整数:

(1) 求∇r^2,∇r^n;

(2) 证明$\nabla(\boldsymbol{a}\cdot\boldsymbol{r})=\boldsymbol{a}$($\boldsymbol{a}$为常向量).

7. 求函数$z=1-\left(\dfrac{x^2}{a^2}+\dfrac{y^2}{b^2}\right)$沿曲线$\dfrac{x^2}{a^2}+\dfrac{y^2}{b^2}=1$在点$\left(\dfrac{a}{\sqrt{2}},\dfrac{b}{\sqrt{2}}\right)$处的内法线方向的方向导数.

B

1. 在$\mathbf{R}^3$中,证明 **grad** u为常向量的充分必要条件是u为线性函数

$$u=ax+by+cz+d(a,b,c,d\text{ 为常数}).$$

2. 一个登山者在山坡上点$\left(-\dfrac{3}{2},-1,\dfrac{3}{4}\right)$处,山坡的高度$z$由公式$z=5-x^2-2y^2$近似,其中$x$和$y$是水平直角坐标,他决定按最陡的道路上登,问应当沿什么方向登山?

3. 一块金属板在xOy平面上占据的区域是$0<x<1,0<y<1$,已知板上各点的温度分布是$T=xy(1-x)(1-y)$,在点$\left(\dfrac{1}{4},\dfrac{1}{3}\right)$处一个昆虫为尽可能快地逃到较冷的地方,它应按什么方向运动?

第三节　多元向量值函数的微分法

本节讨论多元向量值函数的微分法,它在几何、物理以及多元分析的许多应用中都有着重要意义.这里首先给出多元向量值函数导数的定义和求导法则,然后介绍它们在几何上的应用.

3-1　多元向量值函数的导数

一、多元向量值函数的导数

多元向量值函数的导数的概念和数值函数的导数的概念类似.这里主要讨论一元向量值函数的导数.

定义 7.3.1　设向量值函数$\boldsymbol{f}(t)$在点t_0的某一邻域内有定义,若

$$\lim_{\Delta t\to 0}\frac{\Delta \boldsymbol{f}}{\Delta t}=\lim_{\Delta t\to 0}\frac{\boldsymbol{f}(t_0+\Delta t)-\boldsymbol{f}(t_0)}{\Delta t}$$

存在,则称向量值函数$\boldsymbol{f}(t)$在点t_0可导,此极限值称为$\boldsymbol{f}(t)$在t_0的导数.

注意:这个导数是向量,故也称导向量.记为

$$\left.\frac{\mathrm{d}\boldsymbol{f}(t)}{\mathrm{d}t}\right|_{t=t_0},\quad \boldsymbol{f}'(t_0)\text{或}D\boldsymbol{f}(t_0).$$

若$\boldsymbol{f}(t)$在t的某区间I上的每一点处都有导数,则称$\boldsymbol{f}(t)$在该区间上可导,其导数记为

$$\frac{d\boldsymbol{f}(t)}{\mathrm{d}t},\quad \boldsymbol{f}'(t)\text{或}D\boldsymbol{f}(t).$$

若$\boldsymbol{f}(t)=(f_1(t),f_2(t),\cdots,f_m(t)),t\in I\subset\mathbf{R}$,且$f_i(t)(i=1,2,\cdots,m)$在$I$上可导,则由定义7.1.4、7.3.1可得

$$\boldsymbol{f}'(t)=(f_1'(t),f_2'(t),\cdots,f_m'(t)).$$

可见向量值函数导数的各个分量为向量值函数各分量(数值函数)的导数.

例1　设向量值函数$\boldsymbol{r}(t)=(a\cos t,a\sin t,bt)$,求$\boldsymbol{r}'(t)$.

解　$\boldsymbol{r}'(t)=((a\cos t)',(a\sin t)',(bt)')=(-a\sin t,a\cos t,b)$.

二、求导法则

设向量值函数$\boldsymbol{f}(t),\boldsymbol{g}(t)$,数值函数$u(t)$,在$t\in I\subset\mathbf{R}$上均可导,$C$为常数,则

(1) $\boldsymbol{C}'=\boldsymbol{0}$(其中$\boldsymbol{C}$为常向量);

(2) $(\boldsymbol{f}(t)+\boldsymbol{g}(t))'=\boldsymbol{f}'(t)+\boldsymbol{g}'(t)$;

(3) $(C\boldsymbol{f}(t))'=C\boldsymbol{f}'(t)$;

(4) $(u(t)\boldsymbol{f}(t))'=u'(t)\boldsymbol{f}(t)+u(t)\boldsymbol{f}'(t)$;

(5) $(\boldsymbol{f}(t)\cdot\boldsymbol{g}(t))'=\boldsymbol{f}'(t)\cdot\boldsymbol{g}(t)+\boldsymbol{f}(t)\cdot\boldsymbol{g}'(t)$;

(6) $(\boldsymbol{f}[u(t)])'=\boldsymbol{f}'(u)u'(t)$.

(7) 若$\boldsymbol{f}:\mathbf{R}\to\mathbf{R}^3,g:\mathbf{R}\to\mathbf{R}^3$,则$(\boldsymbol{f}(t)\times\boldsymbol{g}(t))'=\boldsymbol{f}'(t)\times\boldsymbol{g}(t)+\boldsymbol{f}(t)\times\boldsymbol{g}'(t)$.

证　这里给出法则(5)的证明,设

$$\boldsymbol{f}(t)=(f_1(t),f_2(t),\cdots,f_m(t)),\boldsymbol{g}(t)=(g_1(t),g_2(t),\cdots,g_m(t)),$$

则

$$(\boldsymbol{f}(t)\cdot\boldsymbol{g}(t))'=\left(\sum_{i=1}^{m}f_i(t)g_i(t)\right)'=\sum_{i=1}^{m}f'_i(t)g_i(t)+\sum_{i=1}^{m}f_i(t)g_i'(t)$$
$$=\boldsymbol{f}'(t)\cdot g(t)+\boldsymbol{f}(t)\cdot g'(t).$$

证毕

例2　设$|\boldsymbol{r}(t)|=1$,证明$\boldsymbol{r}'(t)\perp\boldsymbol{r}(t)$.

证　因为$\boldsymbol{r}(t)\cdot\boldsymbol{r}(t)=1$,所以

$$(\boldsymbol{r}(t)\cdot\boldsymbol{r}(t))'=\boldsymbol{r}'(t)\cdot\boldsymbol{r}(t)+\boldsymbol{r}(t)\cdot\boldsymbol{r}'(t)=2\boldsymbol{r}'(t)\cdot\boldsymbol{r}(t)=0,$$

即

$$\boldsymbol{r}'(t)\cdot\boldsymbol{r}(t)=0,$$

所以

$$\boldsymbol{r}'(t)\perp\boldsymbol{r}(t).$$

即单位向量值函数的导数与其自身垂直.

三、一元向量值函数的导数的几何意义

设空间曲线 Γ 是向量值函数 $\boldsymbol{f}(t)=(x(t),y(t),z(t))$ 的矢端曲线，如图 7-10 所示，$\Delta\boldsymbol{f}$ 是过点 $P_0(x(t_0),y(t_0),z(t_0))$ 的割线向量 $\overrightarrow{P_0P}$. 当 $\Delta t>0$ 时，向量 $\Delta\boldsymbol{f}$ 指向与曲线 Γ 的参数 t 值增加的方向一致，这时向量 $\dfrac{\Delta\boldsymbol{f}}{\Delta t}$ 与向量 $\Delta\boldsymbol{f}$ 的方向相同；当 $\Delta t<0$ 时，向量 $\Delta\boldsymbol{f}$ 指向与 t 值减小的方向一致，这时向量 $\dfrac{\Delta\boldsymbol{f}}{\Delta t}$ 与向量 $\Delta\boldsymbol{f}$ 的方向相反，因此 $\dfrac{\Delta\boldsymbol{f}}{\Delta t}$ 指向永远与 t 值增加的方向一致. 所以当 $\Delta t\to0$ 时，有 $\lim\limits_{\Delta t\to0}\dfrac{\Delta\boldsymbol{f}}{\Delta t}=\boldsymbol{f}'(t)$，即割线向量 $\overrightarrow{P_0P}$ 以曲线 Γ 在点 P_0 处的切线 $\overrightarrow{P_0T}$ 为其极限位置，割线的方向向量变成了相应的切线的方向向量.

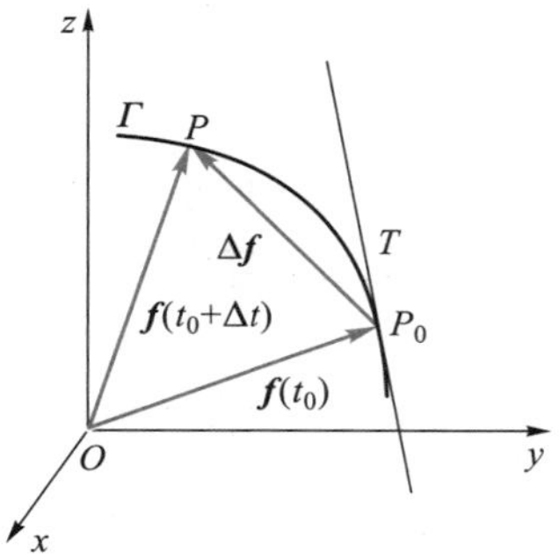

图 7-10

所以，向量值函数 $\boldsymbol{f}(t)$ 在点 P_0 处的导数，在几何上表示矢端曲线在该点处的切线向量（简称切向量）$\boldsymbol{\tau}=(x'(t_0),y'(t_0),z'(t_0))$，且指向与曲线 Γ 的参数 t 值增加的方向相同.

四、高阶导数

向量值函数 $\boldsymbol{f}(t)$ 的导数 $\boldsymbol{f}'(t)$ 的导数称为 $\boldsymbol{f}(t)$ 的二阶导数，记为 $\boldsymbol{f}''(t)$；以此类推，$\boldsymbol{f}^{(n-1)}(t)$ 的导数称为 $\boldsymbol{f}(t)$ 的 n 阶导数，记为

$$\boldsymbol{f}^{(n)}(t)=(f_1^{(n)}(t),f_2^{(n)}(t),\cdots,f_m^{(n)}(t)).$$

3-2　向量值函数的导数的几何应用

一、空间曲线的切线与法平面

1. 空间曲线为参数方程的形式

设空间曲线 Γ：$x=x(t)$，$y=y(t)$，$z=z(t)$，它由向量值函数 $\boldsymbol{f}(t)=(x(t),y(t),z(t))$，$t\in I\subset\mathbf{R}$ 所确定，若 $\boldsymbol{f}(t)$ 在 I 内可导，且 $\boldsymbol{f}'(t)\neq0$，由导数的几何意义知，$\boldsymbol{f}(t)$ 在点 $P_0(x(t_0),y(t_0),z(t_0))$ 处的导数

$$\boldsymbol{f}'(t_0)=(x'(t_0),y'(t_0),z'(t_0)),$$

即为曲线在该点处的切向量，于是可得空间曲线 Γ 在点 P_0 处的切线方程为

$$\boxed{\frac{x-x_0}{x'(t_0)}=\frac{y-y_0}{y'(t_0)}=\frac{z-z_0}{z'(t_0)},}$$

式中 $x'(t_0),y'(t_0),z'(t_0)$ 不全为零.若某个为零,则相应的分子为零.

通过点 P_0 而与切线垂直的平面称为曲线 Γ 在 P_0 点的法平面,它是过点 P_0 以 $(x'(t_0),y'(t_0),z'(t_0))$ 为法向量的平面,其方程为

$$\boxed{x'(t_0)(x-x_0)+y'(t_0)(y-y_0)+z'(t_0)(z-z_0)=0.}$$

例 3　求曲线 $x=t-\sin t,y=1-\cos t,z=4\sin\dfrac{t}{2}$ 在点 $\left(\dfrac{\pi}{2}-1,1,2\sqrt{2}\right)$ 的切线方程和法平面方程.

解　因为 $x'(t)=1-\cos t,y'(t)=\sin t,z'(t)=2\cos\dfrac{t}{2}$,而点 $\left(\dfrac{\pi}{2}-1,1,2\sqrt{2}\right)$ 对应的参数 $t_0=\dfrac{\pi}{2}$,所以切向量为

$$\boldsymbol{\tau}=(x'(t_0),y'(t_0),z'(t_0))=(1,1,\sqrt{2}).$$

于是,切线方程为

$$\frac{x-\dfrac{\pi}{2}+1}{1}=\frac{y-1}{1}=\frac{z-2\sqrt{2}}{\sqrt{2}}.$$

法平面方程为

$$\left(x-\frac{\pi}{2}+1\right)+(y-1)+\sqrt{2}(z-2\sqrt{2})=0,$$

即

$$x+y+\sqrt{2}z=\frac{\pi}{2}+4.$$

如果空间曲线 Γ 的方程为

$$\begin{cases}y=\varphi(x),\\ z=\psi(x),\end{cases}$$

可将其视为由向量值函数 $\boldsymbol{f}(x)=(x,\varphi(x),\psi(x)),x\in I\subset\mathbf{R}$ 所确定.

如果函数 $\boldsymbol{f}(x)$ 在点 x_0 可导,且 $\boldsymbol{f}'(x)\neq 0$,则曲线 Γ 在点 $P_0(x_0,y_0,z_0)$ 的切向量为 $(1,\varphi'(x_0),\psi'(x_0))$,故切线方程为

$$\frac{x-x_0}{1}=\frac{y-y_0}{\varphi'(x_0)}=\frac{z-z_0}{\psi'(x_0)}.$$

法平面方程为

$$(x-x_0)+\varphi'(x_0)(y-y_0)+\psi'(x_0)(z-z_0)=0.$$

2. 空间曲线方程为方程组的形式

设空间曲线 Γ:

$$\begin{cases}F(x,y,z)=0,\\ G(x,y,z)=0,\end{cases}\tag{1}$$

$P_0(x_0,y_0,z_0)$ 为 Γ 上一点,函数 $F(x,y,z),G(x,y,z)\in C^{(1)}(U_\delta(P_0))$,且 $\left.\dfrac{\partial(F,G)}{\partial(y,z)}\right|_{P_0}\neq 0$,则

由方程组(1)在 $U_\delta(P_0)$ 内确定了一组函数 $y=\varphi(x)$,$z=\psi(x)$,且

$$\varphi'(x_0)=\frac{\left.\frac{\partial(F,G)}{\partial(z,x)}\right|_{P_0}}{\left.\frac{\partial(F,G)}{\partial(y,z)}\right|_{P_0}},\psi'(x_0)=\frac{\left.\frac{\partial(F,G)}{\partial(x,y)}\right|_{P_0}}{\left.\frac{\partial(F,G)}{\partial(y,z)}\right|_{P_0}},$$

可见曲线 Γ 在点 P_0 的切向量为

$$\boldsymbol{\tau}=\left(1,\frac{\left.\frac{\partial(F,G)}{\partial(z,x)}\right|_{P_0}}{\left.\frac{\partial(F,G)}{\partial(y,z)}\right|_{P_0}},\frac{\left.\frac{\partial(F,G)}{\partial(x,y)}\right|_{P_0}}{\left.\frac{\partial(F,G)}{\partial(y,z)}\right|_{P_0}}\right)$$

或

$$\boldsymbol{\tau}=\left(\left.\frac{\partial(F,G)}{\partial(y,z)}\right|_{P_0},\left.\frac{\partial(F,G)}{\partial(z,x)}\right|_{P_0},\left.\frac{\partial(F,G)}{\partial(x,y)}\right|_{P_0}\right).$$

于是切线方程为

$$\frac{x-x_0}{\left.\frac{\partial(F,G)}{\partial(y,z)}\right|_{P_0}}=\frac{y-y_0}{\left.\frac{\partial(F,G)}{\partial(z,x)}\right|_{P_0}}=\frac{z-z_0}{\left.\frac{\partial(F,G)}{\partial(x,y)}\right|_{P_0}}.$$

法平面方程为

$$\left.\frac{\partial(F,G)}{\partial(y,z)}\right|_{P_0}(x-x_0)+\left.\frac{\partial(F,G)}{\partial(z,x)}\right|_{P_0}(y-y_0)+\left.\frac{\partial(F,G)}{\partial(x,y)}\right|_{P_0}(z-z_0)=0,$$

这里要求 $\left.\frac{\partial(F,G)}{\partial(y,z)}\right|_{P_0},\left.\frac{\partial(F,G)}{\partial(z,x)}\right|_{P_0},\left.\frac{\partial(F,G)}{\partial(x,y)}\right|_{P_0}$ 不全为 0.

例 4 求空间曲线 $\Gamma:\begin{cases}2x^2+y^2+z^2=45,\\x^2+2y^2=z\end{cases}$ 在点 $P_0(-2,1,6)$ 的切线方程和法平面方程.

解 令 $F(x,y,z)=2x^2+y^2+z^2-45$,$G(x,y,z)=x^2+2y^2-z$.在点 $P_0(-2,1,6)$ 有

$$\left.\frac{\partial F}{\partial x}\right|_{P_0}=-8,\left.\frac{\partial F}{\partial y}\right|_{P_0}=2,\left.\frac{\partial F}{\partial z}\right|_{P_0}=12,$$

$$\left.\frac{\partial G}{\partial x}\right|_{P_0}=-4,\left.\frac{\partial G}{\partial y}\right|_{P_0}=4,\left.\frac{\partial G}{\partial z}\right|_{P_0}=-1,$$

所以切向量为

$$\begin{aligned}\boldsymbol{\tau}&=\left(\left.\frac{\partial(F,G)}{\partial(y,z)}\right|_{P_0},\left.\frac{\partial(F,G)}{\partial(z,x)}\right|_{P_0},\left.\frac{\partial(F,G)}{\partial(x,y)}\right|_{P_0}\right)\\&=\left(\begin{vmatrix}2&12\\4&-1\end{vmatrix},\begin{vmatrix}12&-8\\-1&-4\end{vmatrix},\begin{vmatrix}-8&2\\-4&4\end{vmatrix}\right)\\&=(-50,-56,-24).\end{aligned}$$

于是,切线方程为

$$\frac{x+2}{25}=\frac{y-1}{28}=\frac{z-6}{12}.$$

法平面方程为

$$25x+28y+12z-50=0.$$

题型归类解析 7.3

曲线的切线和法平面方程的求法.

二、曲面的切平面与法线

1. 曲面由(隐式)方程 $F(x,y,z)=0$ 表示

设曲面 $\Sigma: F(x,y,z)=0$,点 $P_0(x_0,y_0,z_0)\in\Sigma$,函数 $F(x,y,z)$ 在 $U_\delta(P_0)$ 内具有连续的偏导数,且不全为零.设曲面上经过 P_0 点的任一曲线为

$$x=\varphi(t),y=\psi(t),z=\omega(t),\tag{2}$$

于是有 $x_0=\varphi(t_0),y_0=\psi(t_0),z_0=\omega(t_0)$,以及 $F(\varphi(t),\psi(t),\omega(t))\equiv 0$.方程两边对 t 求导,则有

$$F'(t_0)=0.$$

根据复合函数的链式求导法则,有

$$\left.\frac{\partial F}{\partial x}\right|_{P_0}\varphi'(t_0)+\left.\frac{\partial F}{\partial y}\right|_{P_0}\psi'(t_0)+\left.\frac{\partial F}{\partial z}\right|_{P_0}\omega'(t_0)=0,\tag{3}$$

而 $\boldsymbol{\tau}=(\varphi'(t_0),\psi'(t_0),\omega'(t_0))$是曲线(2)在点 P_0的切向量,由(3)式表明,向量

$$\boldsymbol{n}=(F_x(x_0,y_0,z_0),F_y(x_0,y_0,z_0),F_z(x_0,y_0,z_0))$$

使 $\boldsymbol{\tau}\cdot\boldsymbol{n}=0$,即 $\boldsymbol{n}$ 与 $\boldsymbol{\tau}$ 正交.注意到曲线(2)是曲面 Σ 上通过点 P_0的任一条曲线,在点 P_0的切线都与同一向量 $\boldsymbol{n}$ 正交,所以 Σ 上通过点 P_0的一切曲线的切线都在同一平面上,这个平面称为曲面 Σ 在点 P_0的切平面,向量 $\boldsymbol{n}$ 称为曲面 Σ 在点 P_0的法向量.故切平面方程为

$$\boxed{F_x(x_0,y_0,z_0)(x-x_0)+F_y(x_0,y_0,z_0)(y-y_0)+F_z(x_0,y_0,z_0)(z-z_0)=0.}$$

通过点 $P_0(x_0,y_0,z_0)$且垂直于切平面的直线称为曲面 Σ 在点 P_0的法线,其方程为

$$\frac{x-x_0}{F_x(x_0,y_0,z_0)}=\frac{y-y_0}{F_y(x_0,y_0,z_0)}=\frac{z-z_0}{F_z(x_0,y_0,z_0)}.$$

2. 曲面由(显式)方程 $z=f(x,y)$ 表示

设曲面 $\Sigma: z=f(x,y)$,点 $P_0(x_0,y_0,z_0)\in\Sigma$,且函数 $f(x,y)$ 在点(x_0,y_0)有连续的偏导数,则令 $F(x,y,z)=f(x,y)-z$,有

$$\frac{\partial F}{\partial x}=f_x(x,y),\frac{\partial F}{\partial y}=f_y(x,y),\frac{\partial F}{\partial z}=-1,$$

所以 Σ 在点 P_0的法向量为 $\boldsymbol{n}=(f_x(x_0,y_0),f_y(x_0,y_0),-1)$,切平面方程为

$$z-z_0=f_x(x_0,y_0)(x-x_0)+f_y(x_0,y_0)(y-y_0).\tag{4}$$

法线方程为

$$\frac{x-x_0}{f_x(x_0,y_0)}=\frac{y-y_0}{f_y(x_0,y_0)}=\frac{z-z_0}{-1}.$$

释疑解惑 7.7

一元函数的微分有几何意义,二元函数的全微分是否也有几何意义?

上述切平面方程(4)恰好给出了全微分的几何解释,即函数 $z=f(x,y)$ 在点 $P_0(x_0,y_0)$ 的全微分(方程右端),在几何上等于当 x_0 与 y_0 分别有增量 $x-x_0$ 与 $y-y_0$ 时,曲面 $z=f(x,y)$ 在点 (x_0,y_0,z_0) 处的切平面的竖坐标的增量 $z-z_0$(方程左端).

例 5　求抛物面 $z=3x^2+2y^2$ 在点 $P_0(2,-1,14)$ 的切平面方程和法线方程.

解　因为

$$\left.\frac{\partial z}{\partial x}\right|_{P_0}=6x\left.\right|_{x=2}=12,\quad \left.\frac{\partial z}{\partial y}\right|_{P_0}=4y\left.\right|_{y=-1}=-4,$$

于是所求切平面方程为

$$z-14=12(x-2)-4(y+1),$$

即

$$12x-4y-z-14=0.$$

法线方程为

$$\frac{x-2}{12}=\frac{y+1}{-4}=\frac{z-14}{-1}.$$

例 6　求曲面 $3x^2+y^2-z^2=27$ 的切平面,使其过直线

$$\begin{cases}10x+2y-2z=27,\\x+y-z=0.\end{cases}$$

解　设过曲面 $3x^2+y^2-z^2=27$ 上点 (x_0,y_0,z_0) 的切平面其法向量为 $\boldsymbol{n}$,由 $F(x,y,z)=3x^2+y^2-z^2-27$ 知

$$\boldsymbol{n}=(F_x,F_y,F_z)\left.\right|_{(x_0,y_0,z_0)}=(6x_0,2y_0,-2z_0).$$

又所求曲面的切平面过直线 $\begin{cases}10x+2y-2z=27,\\x+y-z=0,\end{cases}$ 故该切平面是平面束方程

$$\lambda(10x+2y-2z-27)+\mu(x+y-z)=0 \tag{5}$$

中的一个平面,其法向量又为

$$\boldsymbol{n}=(10\lambda+\mu,2\lambda+\mu,-2\lambda-\mu).$$

所以

$$\begin{cases}\dfrac{10\lambda+\mu}{6x_0}=\dfrac{2\lambda+\mu}{2y_0}=\dfrac{-2\lambda-\mu}{-2z_0},\\3x_0^2+y_0^2-z_0^2=27.\end{cases} \tag{6}$$

由第一式得 $y_0=z_0$,代入第二式解得 $x_0=\pm3$,将其代入(5)式得,$\mu=-\lambda$,$\mu=-19\lambda$,再代入(6)式,故得两个切点 $(3,1,1)$ 和 $(-3,-17,-17)$,于是所求切平面方程为

$$9x+y-z-27=0,$$

和

$$9x+17y-17z+27=0.$$

3. 曲面由参数方程$\begin{cases}x=x(u,v),\\y=y(u,v),\\z=z(u,v)\end{cases}$表示

设曲面Σ：$\begin{cases}x=x(u,v),\\y=y(u,v)\\z=z(u,v),\end{cases}$，函数$x(u,v),y(u,v),z(u,v)$有连续的偏导数，点$P_0(x_0,y_0,z_0)\in\Sigma$，对应的参数为$u_0,v_0$.

曲面Σ由向量值函数

$$\boldsymbol{r}(u,v)=(x(u,v),y(u,v),z(u,v))$$

所确定.

若固定v，则得Σ上一条以u为参数的曲线

$$\boldsymbol{r}_1(u)=(x(u,v),y(u,v),z(u,v)),$$

此曲线过点P_0的切向量为

$$\boldsymbol{\tau}_1=\boldsymbol{r}_1'(P_0)=\left(\frac{\partial x}{\partial u},\frac{\partial y}{\partial u},\frac{\partial z}{\partial u}\right)\bigg|_{P_0}.$$

若固定u，也可得Σ上一条以v为参数的曲线

$$\boldsymbol{r}_2(v)=(x(u,v),y(u,v),z(u,v)),$$

它过点P_0的切向量为

$$\boldsymbol{\tau}_2=\boldsymbol{r}_2'(P_0)=\left(\frac{\partial x}{\partial v},\frac{\partial y}{\partial v},\frac{\partial z}{\partial v}\right)\bigg|_{P_0}.$$

由于$\boldsymbol{\tau}_1,\boldsymbol{\tau}_2$都在切平面上，所以过点$P_0$的切平面的法向量为

$$\boldsymbol{n}=\boldsymbol{\tau}_1\times\boldsymbol{\tau}_2=(n_x,n_y,n_z),$$

其中　$n_x=\begin{vmatrix}\left(\frac{\partial y}{\partial u}\right)_{P_0} & \left(\frac{\partial z}{\partial u}\right)_{P_0}\\ \left(\frac{\partial y}{\partial v}\right)_{P_0} & \left(\frac{\partial z}{\partial v}\right)_{P_0}\end{vmatrix},n_y=\begin{vmatrix}\left(\frac{\partial z}{\partial u}\right)_{P_0} & \left(\frac{\partial x}{\partial u}\right)_{P_0}\\ \left(\frac{\partial z}{\partial v}\right)_{P_0} & \left(\frac{\partial x}{\partial v}\right)_{P_0}\end{vmatrix},n_z=\begin{vmatrix}\left(\frac{\partial x}{\partial u}\right)_{P_0} & \left(\frac{\partial y}{\partial u}\right)_{P_0}\\ \left(\frac{\partial x}{\partial v}\right)_{P_0} & \left(\frac{\partial y}{\partial v}\right)_{P_0}\end{vmatrix}$，

于是，Σ在点P_0的切平面方程为

$$n_x(x-x_0)+n_y(y-y_0)+n_z(z-z_0)=0.$$

法线方程为

$$\frac{x-x_0}{n_x}=\frac{y-y_0}{n_y}=\frac{z-z_0}{n_z}.$$

例 7　求球面$\boldsymbol{f}(\varphi,\theta)=(\rho\cos\theta\sin\varphi,\rho\sin\theta\sin\varphi,\rho\cos\varphi)(0\leqslant\varphi\leqslant\pi,0\leqslant\theta\leqslant2\pi)$过点$P_0(\rho\cos\theta_0\sin\varphi_0,\rho\sin\theta_0\sin\varphi_0,\rho\cos\varphi_0)$的切平面方程.

解　因为

$$\boldsymbol{\tau}_1=\frac{\partial\boldsymbol{f}}{\partial\varphi}=(\rho\cos\theta\cos\varphi,\rho\sin\theta\cos\varphi,-\rho\sin\varphi),$$

$$\boldsymbol{\tau}_2=\frac{\partial\boldsymbol{f}}{\partial\theta}=(-\rho\sin\theta\sin\varphi,\rho\cos\theta\sin\varphi,0).$$

所以,法向量

$$\boldsymbol{n}=\boldsymbol{\tau}_1\times\boldsymbol{\tau}_2=(\rho^2\cos\theta\sin^2\varphi,\rho^2\sin\theta\sin^2\varphi,\rho^2\cos\varphi\sin\varphi),$$

即

$$\boldsymbol{n}=(\cos\theta\sin\varphi,\sin\theta\sin\varphi,\cos\varphi).$$

题型归类解析 7.4

曲面的切平面方程及法线方程的求法.

故过点 P_0 的切平面方程是

$$\cos\theta_0\sin\varphi_0(x-\rho\cos\theta_0\sin\varphi_0)+\sin\theta_0\sin\varphi_0(y-\rho\sin\theta_0\sin\varphi_0)+\cos\varphi_0(z-\rho\cos\varphi_0)=0.$$

即

$$\cos\theta_0\sin\varphi_0x+\sin\theta_0\sin\varphi_0y+\cos\varphi_0z-\rho=0.$$

习题 7-3

A

1. 求下列曲线在已给点 t_0 处的切线方程:

(1) $x=t-\cos t,y=3+\sin 2t,z=1+\cos 3t,t_0=\dfrac{\pi}{2}$;

(2) $x=a\sin^2 t,y=b\sin t\cos t,z=c\cos^2 t,t_0=\dfrac{\pi}{4}$.

2. 设 $\boldsymbol{r}=\boldsymbol{f}(t)$ 是质点 m 在时刻 t 的位置,求质点 m 在时刻 t 的速度向量和加速度向量.

(1) $\boldsymbol{r}=\boldsymbol{f}(t)=(a\cos t,a\sin t,kt)$,其中 a,k 为常数.

(2) $\boldsymbol{r}=\boldsymbol{f}(t)=(2\ln(t+1),\mathrm{e}^{2t},t^2)$.

3. 设 $\boldsymbol{f}(u)=(\ln u,\sin 2u,\cos u),u=3t$,求 $\dfrac{\mathrm{d}\boldsymbol{f}}{\mathrm{d}t}$.

4. 求曲线 $x=t,y=t^2,z=t^3$ 上一点 P,使在点 P 处的切线平行于平面 $x+2y+z=4$.

5. 求下列曲线在已给点 P_0 处的切平面方程和法线方程:

(1) $z=\arctan\dfrac{y}{x},P_0\left(1,1,\dfrac{\pi}{4}\right)$;

(2) $z=y+\ln\dfrac{x}{z},P_0(1,1,1)$;

(3) $2^{\frac{x}{z}}+2^{\frac{y}{z}}=8,P_0(2,2,1)$.

6. 求函数 $u=\dfrac{y}{\sqrt{x^2+y^2+z^2}}$ 沿曲线 $x=t,y=2t^2,z=-2t^4$ 在点 $M(1,2,-2)$ 处的切线方向的方向导数.

7. 求曲面 $x^2+y^2+z^2=x$ 的切平面，使其垂直于平面 $x-y-z=2$ 和 $x-y-\frac{1}{2}z=2$.

8. 求下列曲线在给定点 P_0 处的切线方程：

(1) $x^2+z^2=10, z^2+y^2=10, P_0(1,1,3)$;

(2) $x^2+y^2+z^2-3x=0, 2x-3y+5z-4=0, P_0(1,1,1)$.

9. 证明曲面 $xyz=a^3(a>0)$ 上任意点处的切平面与坐标平面围成的体积是定值.

B

1. 试证曲面 $x^{\frac{2}{3}}+y^{\frac{2}{3}}+z^{\frac{2}{3}}=a^{\frac{2}{3}}$ 上任意点处的切平面与坐标轴的截距平方和等于 a^2.

2. 试证所有与曲面 $z=xf\left(\frac{y}{x}\right)$ 相切的平面都相交于一点.

3. 求螺旋线 $x=a\cos t, y=a\sin t, z=bt$ 在任意点 t_0 处的切线方程及法平面方程，并证明曲线上任意点的切线与 Oz 轴交成定角.

4. 求曲线 $\begin{cases}xyz=1,\\ y^2=x\end{cases}$ 在点 $P_0(1,1,1)$ 处的切线的方向余弦.

5. 试证曲面 $z=x+f(y-z)$ 的所有切平面恒与一定直线平行.

6. 试证曲面 $F\left(\frac{x-a}{z-c},\frac{y-b}{z-c}\right)=0$ 上任意点的切平面均过定点，其中 $F(u,v)$ 连续可微，a,b,c 为常数.

7. 求两曲面的交线

$$\begin{cases}F(x,y,z)=0,\\ G(x,y,z)=0\end{cases}$$

在 xOy 平面上的投影曲线的切线方程.

8. 证明曲面 $ax+by+cz=\varphi(x^2+y^2+z^2)$ 在点 $P_0(x_0,y_0,z_0)$ 的法向量与向量 (x_0,y_0,z_0) 及 (a,b,c) 共面.

9. 设一金属板的温度分布为 $T(x,y)=100-x^2-4y^2$，求从点 $(1,-2)$ 出发的一条路径，使沿此路径的温度变化得最快.

（提示：设路径为 $y=f(x)$，则其上点 (x,y) 处的切向量 $\boldsymbol{\tau}=(\mathrm{d}x,\mathrm{d}y)$ 与 **grad** T 方向相同.）

第四节　多元函数的极值、条件极值

*4-1　多元函数的泰勒公式

上册已学了一元函数的泰勒公式，这里要给出二元函数 $f(x,y)$ 的泰勒公式.

定理 7.4.1　设二元函数 $f(x,y)\in C^{(n+1)}(U_\delta(P_0))$，$P_0(x_0,y_0)$，$P(x_0+h,y_0+k)\in U_\delta(P_0)$，则

$$f(x_0+h,y_0+k)=f(x_0,y_0)+\sum_{m=1}^{n}\frac{1}{m!}\left(h\frac{\partial}{\partial x}+k\frac{\partial}{\partial y}\right)^m f(x_0,y_0)+R_n, \tag{1}$$

其中

$$R_n=\frac{1}{(n+1)!}\left(h\frac{\partial}{\partial x}+k\frac{\partial}{\partial y}\right)^{n+1} f(x_0+\theta h,y_0+\theta k)\quad(0<\theta<1). \tag{2}$$

(2) 式称为拉格朗日余项，(1)式称为二元函数 $f(x,y)$ 在点 $P_0(x_0,y_0)$ 具有拉格朗日余项的 n 阶泰勒公式.其中记号

$$\left(h\frac{\partial}{\partial x}+k\frac{\partial}{\partial y}\right)f(x_0,y_0)=h\frac{\partial f(x_0,y_0)}{\partial x}+k\frac{\partial f(x_0,y_0)}{\partial y},$$

$$\left(h\frac{\partial}{\partial x}+k\frac{\partial}{\partial y}\right)^m f(x_0,y_0)=\sum_{p=0}^{m}\mathrm{C}_m^p h^{m-p}k^p\frac{\partial f^m(x_0,y_0)}{\partial x^{m-p}\partial y^p}.$$

证　令 $F(t)=f(x_0+th,y_0+tk)$，它为 t 的一元函数，且 $F(1)=F(x_0+h,y_0+k)$，$F(0)=f(x_0,y_0)$，因此，证明(1)，(2)式便转化为求一元函数 $F(t)$ 的麦克劳林展开式的问题.

因为 $F(t)\in C^{(n+1)}[0,1]$，由链式求导法则知，

$$\begin{aligned}F'(t)&=hf_x'(x_0+th,y_0+tk)+kf_y'(x_0+th,y_0+tk)\\&=\left(h\frac{\partial}{\partial x}+k\frac{\partial}{\partial y}\right)f(x_0+th,y_0+tk),\end{aligned}$$

$$F^{(m)}(t)=\left(h\frac{\partial}{\partial x}+k\frac{\partial}{\partial y}\right)^m f(x_0+th,y_0+tk)\quad(1\leqslant m\leqslant n+1).$$

由一元函数的麦克劳林公式即得

$$F(t)=F(0)+\sum_{m=1}^{n}\frac{1}{m!}F^{(m)}(0)t^m+\frac{t^{n+1}}{(n+1)!}F^{(n+1)}(\theta t),$$

其中 $t\in[0,1]$，$0<\theta<1$.令 $t=1$，即得(1)式和(2)式.　证毕

特别地，当 $n=1$ 时，有一阶泰勒公式

$$\begin{aligned}f(x_0+h,y_0+k)=f(x_0,y_0)+\frac{\partial f(x_0,y_0)}{\partial x}h+\frac{\partial f(x_0,y_0)}{\partial y}k+\\\frac{1}{2}\left[\frac{\partial^2 f(x_0+\theta h,y_0+\theta k)}{\partial x^2}h^2+2\frac{\partial^2 f(x_0+\theta h,y_0+\theta k)}{\partial x\partial y}hk+\right.\\\left.\frac{\partial^2 f(x_0+\theta h,y_0+\theta k)}{\partial y^2}k^2\right]\quad(0<\theta<1).\end{aligned} \tag{3}$$

例 1　设 $f(x,y)=\mathrm{e}^{x+y}$，求 $f(x,y)$ 具有拉格朗日余项的 n 阶麦克劳林公式.

解　由于 $\dfrac{\partial^m f}{\partial x^{m-p}\partial y^p}=\mathrm{e}^{x+y}(p=0,1,2,\cdots,m)(m=0,1,\cdots,n)$，所以 $\dfrac{\partial^m f(0,0)}{\partial x^{m-p}\partial y^p}=1$，于是有

$$f(x,y)=\mathrm{e}^{x+y}=1+(x+y)+\frac{1}{2!}(x+y)^2+\cdots+\frac{1}{n!}(x+y)^n+R_n,$$

其中 $R_n=\frac{1}{(n+1)!}(x+y)^{n+1}e^{\theta(x+y)}$, $0<\theta<1$.

4-2　多元函数的极值与最值

一、极值

定义 7.4.1　设函数 $f(P)=f(x,y)$ 在 $U_\delta(P_0)$ 内有定义，如果对于任意 $P\in U_\delta(P_0)$ 均有

$$f(P)\leqslant f(P_0)\quad (f(P)\geqslant f(P_0)),$$

则称 $f(P)$ 在点 P_0 取得极大值(极小值).极大值、极小值统称为极值,使函数取得极值的点称为极值点.

例如,函数 $z=3x^2+4y^2$ 在点 $(0,0)$ 取得极小值 0,函数 $z=-\sqrt{x^2+y^2}$ 在点 $(0,0)$ 取得极大值 0.

定义 7.4.1 可以推广到 n 元函数 $f(P)$, $P\in\Omega\subseteq\mathbf{R}^n$ 的情形.

定理 7.4.2(极值存在的必要条件)　设函数 $f(x,y)$ 在点 $P_0(x_0,y_0)$ 可导,并取得极值,则有

$$f_x(x_0,y_0)=0,\quad f_y(x_0,y_0)=0.$$

证　设函数 $f(x,y)$ 在点 $P_0(x_0,y_0)$ 取得极值,则当 y 保持常量 y_0 时,函数 $f(x,y_0)$ 在 $x=x_0$ 必取得极值.由一元函数极值的必要条件知,必有

$$f_x(x_0,y_0)=0,$$

同理,当 x 保持常量 x_0 时,函数 $f(x_0,y)$ 在 $y=y_0$ 必取得极值,也有

$$f_y(x_0,y_0)=0.$$

证毕

使得 $f_x(x,y)=0$, $f_y(x,y)=0$ 同时成立的点 $P_0(x_0,y_0)$,称为函数 $f(P)$ 的驻点.与一元函数的情况类似,可导函数的极值点一定是驻点,但驻点不一定是极值点,如点 $(0,0)$ 是函数 $z=xy$ 的驻点,但并非是极值点.

定理 7.4.3(极值存在的充分条件)　设函数 $f(x,f)\in C^{(2)}(U_\delta(P_0))$, $P_0(x_0,y_0)$ 是 $f(x,y)$ 的驻点,即 $f_x(x_0,y_0)=0$, $f_y(x_0,y_0)=0$.若记

$$f_{xx}(x_0,y_0)=A,\quad f_{xy}(x_0,y_0)=B,\quad f_{yy}(x_0,y_0)=C,$$

则

(1) 若 $AC-B^2>0$, $A>0$ 时, $f(x,y)$ 在 $P_0(x_0,y_0)$ 取得极小值; $A<0$ 时, $f(x,y)$ 在 $P_0(x_0,y_0)$ 取得极大值;

(2) 若 $AC-B^2<0$, $f(x,y)$ 在 $P_0(x_0,y_0)$ 无极值;

(3) 若 $AC-B^2=0$,不能确定 $f(x,y)$ 在 $P_0(x_0,y_0)$ 有无极值.

证　由 $f_x(x_0,y_0)=0$, $f_y(x_0,y_0)=0$,所以,上目一阶泰勒公式(3)式即为

$$f(x_0+h,y_0+k)-f(x_0,y_0)$$

$$=\frac{1}{2}[f_{xx}(x_0+\theta h,y_0+\theta k)h^2+2f_{xy}(x_0+\theta h,y_0+\theta k)hk+f_{yy}(x_0+\theta h,y_0+\theta k)k^2].$$

又由于$f(x,y)$二阶偏导数连续,于是

$$f(x_0+h,y_0+k)-f(x_0,y_0)$$
$$=\frac{1}{2}[f_{xx}(x_0,y_0)h^2+2f_{xy}(x_0,y_0)hk+f_{yy}(x_0,y_0)k^2]+\frac{1}{2}(\varepsilon_1 h^2+2\varepsilon_2 hk+\varepsilon_3 k^2),$$

其中$\varepsilon_1,\varepsilon_2,\varepsilon_3$当$h\to 0,k\to 0$时,都趋于零.

所以,$\varepsilon_1 h^2+2\varepsilon_2 hk+\varepsilon_3 k^2$与$f_{xx}(x_0,y_0)h^2+2f_{xy}(x_0,y_0)hk+f_{yy}(x_0,y_0)k^2$相比较,当$h\to 0$,$k\to 0$时,是一个高阶无穷小量,因此,$f(x_0+h,y_0+k)-f(x_0,y_0)$的正负号取决于右端第一个方括号内的正负号.而

$$f_{xx}(x_0,y_0)h^2+2f_{xy}(x_0,y_0)hk+f_{yy}(x_0,y_0)k^2,$$

即为

$$Ah^2+2Bhk+Ck^2=\frac{1}{A}[(hA+kB)^2+(AC-B^2)k^2].$$

故

当$AC-B^2>0,A>0$时,$f(x_0+h,y_0+k)-f(x_0,y_0)>0$,$f(x,y)$在$P_0(x_0,y_0)$取得极小值;$A<0$时,$f(x_0+h,y_0+k)-f(x_0,y_0)<0$,$f(x,y)$在$P_0(x_0,y_0)$取得极大值.

对于当$AC-B^2<0$时,$f(x,y)$在$P_0(x_0,y_0)$无极值;当$AC-B^2=0$时,不能确定$f(x,y)$在$P_0(x_0,y_0)$有无极值的证明较繁,这里不再证了.

综上所述,如果$f(x,y)\in C^{(2)}$,则求其极值的步骤如下:

(1) 解方程组$f_x(x,y)=0,f_y(x,y)=0$,求得所有驻点;

(2) 求驻点(x_0,y_0)处的A,B,C的值;

(3) 按定理7.4.3判定驻点是否为极值点,是极大值点还是极小值点;

(4) 求出极值.

例2 求函数$z=x^3+y^3-3(x^2+y^2)$的极值.

解 由

$$\begin{cases}z_x=3x^2-6x=0,\\ z_y=3y^2-6y=0\end{cases}$$

解得驻点$(0,0),(0,2),(2,0),(2,2)$,又由

$$z_{xx}=6x-6,\quad z_{xy}=0,\quad z_{yy}=6y-6,$$

于是,在驻点$(0,0)$处,$A=-6,B=0,C=-6$,有$AC-B^2>0,A<0$,所以点$(0,0)$为极大值点,极大值为$z=0$.

在驻点$(2,2)$处,$A=6,B=0,C=6$,有$AC-B^2>0,A>0$,所以点$(2,2)$为极小值点,极小值为$z=-8$.

在驻点$(2,0)$处,$A=6,B=0,C=-6$;在驻点$(0,2)$处,$A=-6,B=0,C=6$;均有$AC-B^2<0$,所以点$(2,0),(0,2)$不是极值点.

二、最大值与最小值

如果 Ω 为有界闭区域，$f(P)\in C(\Omega)$，则 $f(P)$ 在 Ω 上必有最大值和最小值，它们在 Ω 内部，或在边界上取得.如果在 Ω 内取得最大值或最小值，则它必为极值.因此，求函数 $f(P)$ 在 Ω 上的最大值、最小值的一般方法是：首先求出 $f(P)$ 在 Ω 内的所有极值和在边界 $\partial\Omega$ 上的最大值、最小值，然后比较它们的大小，最大(小)者即为最大(小)值.

值得注意的是，在实际问题中，若函数 $f(P)$ 在区域 Ω 内的最大值或最小值是客观存在的，而且在 Ω 内仅有一个驻点 P_0，则 $f(P_0)$ 即为所求的最大值或最小值.

例 3　设有 $A(0,0)$，$B(1,0)$，$C(0,1)$ 三点，在 $\triangle ABC$ 所构成的闭区域上，求到三顶点距离平方和为最大、最小的点.

题型归类解析 7.5

多元函数的极值与最值的求法.

解　设点 (x,y) 是 $\triangle ABC$ 上任一点，则它到三顶点的距离平方和为

$$\begin{aligned}f(x,y)&=[x^2+y^2]+[(x-1)^2+y^2]+[x^2+(y-1)^2]\\&=3x^2+3y^2-2x-2y+2,\end{aligned}$$

由 $\begin{cases}f_x=6x-2=0,\\f_y=6y-2=0\end{cases}$ 解得驻点 $\left(\frac{1}{3},\frac{1}{3}\right)$，且 $f\left(\frac{1}{3},\frac{1}{3}\right)=\frac{4}{3}$.

在 AB 边上，有 $y=0$，所以

$$f(x,0)=3x^2-2x+2,x\in(0,1),$$

作为 x 的一元函数，它的驻点为 $x=\frac{1}{3}$，且 $f\left(\frac{1}{3},0\right)=\frac{5}{3}$.

在 AC 边上，有 $x=0$，所以

$$f(0,y)=3y^2-2y+2,y\in(0,1),$$

它的驻点为 $y=\frac{1}{3}$，且 $f\left(0,\frac{1}{3}\right)=\frac{5}{3}$.

在 BC 边上，有 $x+y=1$，所以

$$f(x,1-x)=6x^2-6x+3,x\in(0,1),$$

它的驻点为 $x=\frac{1}{2}$，相应的 $y=\frac{1}{2}$，且 $f\left(\frac{1}{2},\frac{1}{2}\right)=\frac{3}{2}$.

在三顶点上，有 $f(0,0)=2$，$f(0,1)=3$，$f(1,0)=3$.

因此，在区域 $\triangle ABC$ 上，$B(1,0)$、$C(0,1)$ 两点到三顶点的距离平方和最大，最大值为 3；点 $\left(\frac{1}{3},\frac{1}{3}\right)$ 到三顶点的距离平方和最小，最小值为 $\frac{4}{3}$.

例 4　存贮问题.工厂存贮原料，商店存贮商品等，都有一个存贮多少原料或商品所需费用最小、效益最高问题.以存贮商品为例，进货过多，费用就大，且影响资金周转，进货过少，又会出现缺货现象，造成盈利的减少.试根据销售情况和各项费用支出，权衡利弊，判定最优进货方案，即多长时间进一次货，进多少货，使其支出费用最小.

解 假设:

(1) 进货为单一品种,每隔 T 天进货一次;

(2) 每次进货量为 Q 吨,进货费用为 C_1;

(3) 每天每吨货物存贮费为 C_2;

(4) 每天货物需求量为 R 吨;

(5) 允许暂时缺货,每天每吨缺货损失为 $C_3(C_3<C_2)$,在 $t=T_1$ 天售完 Q 吨货物,在 $t=T$ 天再次进货($T>T_1$).

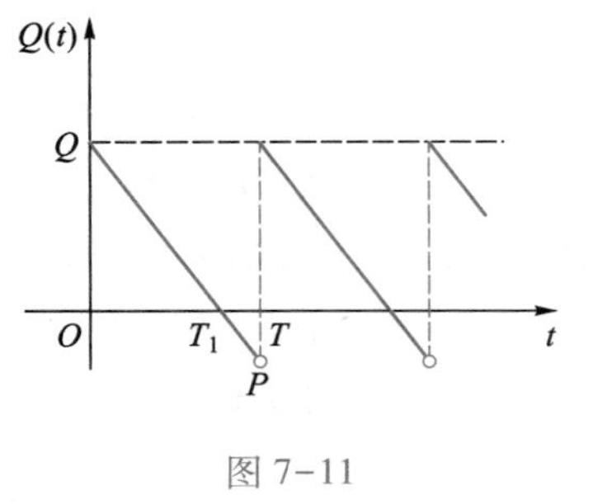

图 7-11

于是有 $Q=RT_1$,T_1 天内每天的平均存贮量为$\frac{Q}{2}=\frac{1}{2}RT_1$,$T_1$ 天内的存贮费用$\frac{1}{2}RT_1^2\cdot C_2$(图 7-11).

$T-T_1$ 天内因缺货造成的损失为$\frac{1}{2}R(T-T_1)^2\cdot C_3$,所以,$T$ 天内的总费用为

$$C_1+\frac{1}{2}RT_1^2C_2+\frac{1}{2}R(T-T_1)^2C_3,$$

平均每天所需费用为

$$C(T,Q)=\frac{1}{T}\left[C_1+\frac{C_2Q^2}{2R}+\frac{C_3}{2R}(RT-Q)^2\right].$$

最优进货方案即为使 $C(T,Q)$ 最小的 T、Q 值,由

$$\begin{cases}\dfrac{\partial C}{\partial T}=-\dfrac{1}{T^2}\left[C_1+\dfrac{C_2Q^2}{2R}+\dfrac{C_3}{2R}(RT-Q)^2\right]+\dfrac{2C_3}{2RT}(RT-Q)R=0,\\ \dfrac{\partial C}{\partial Q}=\dfrac{1}{T}\left[\dfrac{C_2Q}{R}-\dfrac{C_3}{R}(RT-Q)\right]=0\end{cases}$$

解得

$$T=\sqrt{\frac{2C_1(C_2+C_3)}{RC_2C_3}},\quad Q=\sqrt{\frac{2C_1C_3R}{C_2(C_2+C_3)}}.$$

注意到,使商店支出费用最小是客观存在的,而且函数 $C(T,Q)$ 有唯一的驻点,因此,所求得的 T 和 Q 即为最佳进货周期和进货量.由结果可知,若进货费 C_1 增大,则进货周期要长,进货量要增多;若存贮费 C_2 增大,则进货周期要缩短,进货量要减少;当缺货损失 $C_3\gg C_2$ 时,则$\frac{C_2+C_3}{C_3}\approx1$,即得

$$T\approx\sqrt{\frac{2C_1}{RC_2}},\quad Q\approx\sqrt{\frac{2C_1R}{C_2}},$$

即为不允许缺货的公式,称为 E.O.Q 公式(经济订货批量公式).

4-3　多元函数的条件极值

一、问题的提出

上面讨论的极值问题，对自变量没有任何约束条件，但在实际问题中还有另一类极值问题，对自变量要附加一些约束条件，称为条件极值问题.

例如，求表面积为 a^2，体积为最大的长方体.

设长方体三条棱的长分别为 x,y,z，则体积为 $V=xyz$，且 x,y,z 还应满足条件 $2(xy+yz+xz)=a^2$，于是便归结为求目标函数 $V=xyz$ 在约束条件 $2(xy+yz+xz)=a^2$ 下的条件极值问题.

对有些较简单的条件极值问题，可以化为无条件极值问题.如本例由约束条件解出 $z=\dfrac{a^2-2xy}{2(x+y)}$，代入 $V=xyz$ 中，就化为求二元函数 $V=\dfrac{xy}{2}\left(\dfrac{a^2-2xy}{x+y}\right)$ 的无条件极值问题.求解得，当三条棱等长，皆为 $\dfrac{\sqrt{6}}{6}a$ 时，正方体的体积最大，最大值为 $V=\dfrac{\sqrt{6}}{36}a^3$.

一般情况下，求目标函数 $f(P)$ 在约束条件 $g(P)=0$ 下的极值，而约束条件 $g(P)=0$ 未必都能解出某个变量，使之化为求无条件极值的问题.下面介绍一种有效的求条件极值的方法——拉格朗日乘数法.

二、拉格朗日乘数法

首先对只有一个约束条件 $g(P)=0$ 的问题，讨论极值点所满足的条件.由 $g(P)=0$ 所确定的曲面设为 Σ.

定理 7.4.4　设函数 $f(P),g(P)\in C^{(1)}(\Omega)$，且 $\nabla g(P)\neq\mathbf{0}$，如果 $P_0\in\Sigma$ 是 $f(P)$ 在约束条件 $g(P)=0$ 下的极值点，则存在一个常数 λ 使得

$$\nabla f(P_0)=-\lambda\nabla g(P_0).$$

证　设 $P=P(t)$ 是曲面 Σ 上过点 P_0 的任一光滑曲线，且 $P_0=P(t_0)$，则按假设 $f(P(t))$ 必在 t_0 点取得极值，从而有

$$\frac{\mathrm{d}}{\mathrm{d}t}f(P(t))\Big|_{t=t_0}=0,$$

即

$$\nabla f(P_0)\cdot P'(t_0)=0.$$

因此，向量 $\nabla f(P_0)$ 垂直于曲面 Σ 上过点 P_0 的每一条曲线的切向量 $P'(t_0)$，即 $\nabla f(P_0)$ 垂直于曲面 Σ 在点 P_0 的切平面.

又因为 $\nabla g(P_0)\neq\mathbf{0}$，而 $\nabla g(P_0)$ 是曲面 Σ 在点 P_0 的切平面的法向量，所以，向量 $\nabla g(\rho_0)$ 与 $\nabla f(P_0)$ 平行，即存在一个常数 λ，使得

$$\nabla f(P_0)=-\lambda\nabla g(P_0),$$

其中常数 λ 称为拉格朗日乘数. 证毕

这里添加负号仅是为了下面引入拉格朗日函数时,与习惯形式相一致.

由此可见,求目标函数 $f(P)$ 在约束条件 $g(P)=0$ 下的极值点 P_0,只要求出满足方程组

$$\begin{cases}\nabla f(P)=-\lambda\nabla g(P),\\ g(P)=0\end{cases}\tag{4}$$

的所有驻点 P,再从中找出所求的极值点 P_0.

习惯上,我们通常引入辅助函数

$$L(P)=f(P)+\lambda g(P),$$

称为拉格朗日函数.由于 $L(P)$ 在点 P_0 取得极值,其必要条件为 P_0 满足(4)式.所以,求目标函数 $f(P)$ 在约束条件 $g(P)=0$ 下的极值,可化为求拉格朗日函数 $L(P)$ 的无条件极值.

释疑解惑 7.8

目标函数的条件极值的求法及其几何意义.

一般地,求目标函数 $f(P)$ 在两个约束条件

$$g_1(P)=0,g_2(P)=0$$

下的极值,可引入拉格朗日函数

$$L(P)=f(P)+\lambda_1g_1(P)+\lambda_2g_2(P),$$

化为求拉格朗日函数 $L(P)$ 的无条件极值的问题.

例 5 求函数 $f(x,y,z)=xy+yz+zx$ 在约束条件 $x^2+y^2+z^2=1(x>0,y>0,z>0)$ 下的极值.

解 引入拉格朗日函数

$$L(x,y,z)=xy+yz+zx+\lambda(x^2+y^2+z^2-1),$$

由

$$\begin{cases}\dfrac{\partial L}{\partial x}=y+z+2\lambda x=0,\\ \dfrac{\partial L}{\partial y}=x+z+2\lambda y=0,\\ \dfrac{\partial L}{\partial z}=x+y+2\lambda z=0,\\ x^2+y^2+z^2-1=0\end{cases}$$

解得驻点为 $P\left(\dfrac{1}{\sqrt3},\dfrac{1}{\sqrt3},\dfrac{1}{\sqrt3}\right)$,因为

$$\begin{aligned}f(x,y,z)-f\left(\frac{1}{\sqrt3},\frac{1}{\sqrt3},\frac{1}{\sqrt3}\right)&=xy+yz+zx-1\\&=-[(x^2+y^2+z^2)-(xy+yz+zx)]\\&=-\frac12[(x-y)^2+(y-z)^2+(z-x)^2]\leqslant0,\end{aligned}$$

且仅当 $x=y=z=\dfrac{1}{\sqrt3}$ 时等号成立,故函数 f 在点 $\left(\dfrac{1}{\sqrt3},\dfrac{1}{\sqrt3},\dfrac{1}{\sqrt3}\right)$ 取得极大值,极大

值$f\left(\frac{1}{\sqrt{3}},\frac{1}{\sqrt{3}},\frac{1}{\sqrt{3}}\right)=1$.

注意：由拉格朗日函数确定的驻点，判定是否为函数f的极值点的方法有：将约束条件确定的隐函数记为$z=z(x,y)$，代入目标函数$f(x,y,z(x,y))$，然后对其用二元函数极值的充分条件判定；用代数方法判定（如例5）等方法.

对于实际问题，若最大值或最小值是客观存在的，而且仅有一个驻点P_0，则$f(P_0)$即为所求的函数f在约束条件下的最大值或最小值.

例6　光的折射定律　假定粒子从A点起沿着如图7-12所示的折线AMB到达B点，并设在线段AM，MB上依次以速度v_1,v_2运动，问怎样才能从A点最快到达B点？

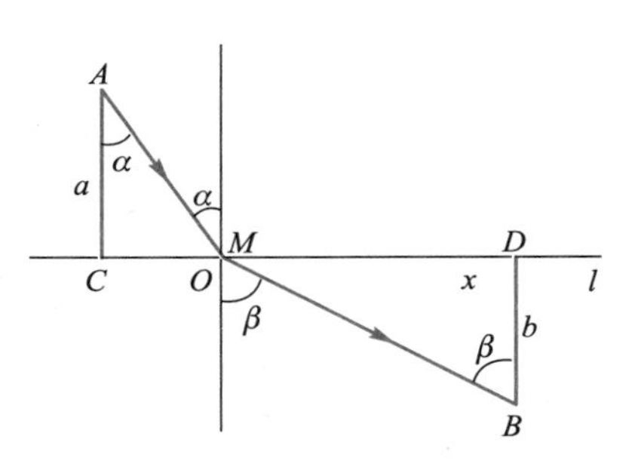

图7-12

解　过A,B点作直线l的垂线，交l于C,D点，设$AC=a,BD=b$，又$CD=d$，取夹角α,β为自变量，则

$$AM=\frac{a}{\cos\alpha},MB=\frac{b}{\cos\beta},CM=a\tan\alpha,MD=b\tan\beta,$$

因此，问题就化为求目标函数

$$f(\alpha,\beta)=\frac{a}{v_1\cos\alpha}+\frac{b}{v_2\cos\beta}$$

在约束条件

$$g(\alpha,\beta)=a\tan\alpha+b\tan\beta-d=0$$

下的最小值.

由光学知识知，M在C与D之间，即

$$0\leqslant\alpha\leqslant\arctan\frac{d}{a}.$$

作拉格朗日函数

$$L(\alpha,\beta)=\frac{a}{v_1\cos\alpha}+\frac{b}{v_2\cos\beta}+\lambda(a\tan\alpha+b\tan\beta-d),$$

由

$$\begin{cases}\dfrac{\partial L}{\partial\alpha}=\dfrac{a\sin\alpha}{v_1\cos^2\alpha}+\lambda\dfrac{a}{\cos^2\alpha}=0,\\[2ex]\dfrac{\partial L}{\partial\beta}=\dfrac{b\sin\beta}{v_2\cos^2\beta}+\lambda\dfrac{b}{\cos^2\beta}=0\end{cases}$$

解得$\lambda=-\frac{\sin\alpha}{v_1},\lambda=-\frac{\sin\beta}{v_2}$，即当$\frac{\sin\alpha}{\sin\beta}=\frac{v_1}{v_2}$时，粒子才能从$A$点最快到达$B$点，这就是光的折射定律.

习题 7-4

A

*1. 将函数 $f(x,y)=\ln(1+x+y)$ 展开为三阶麦克劳林公式.

*2. 求函数 $f(x,y)=2x^2-xy-y^2-6x-3y+5$ 在点 $(1,-2)$ 的泰勒公式.

3. 求下列函数的极值：

(1) $f(x,y)=xy+\dfrac{a}{x}+\dfrac{a}{y}(a>0)$；

(2) $f(x,y)=(6x-x^2)(4y-y^2)$；

(3) $f(x,y)=x^4+y^4-4a^2xy+8a^4$；

(4) $f(x,y,z)=x^2+y^2+z^2-4xy+6x+2z$.

4. 求下列函数在 σ 上的最大值和最小值：

(1) $f(x,y)=x-x^2-y^2,\sigma=\{(x,y)\mid x^2+y^2\leqslant 1\}$；

(2) $f(x,y)=x^2+2xy-4x+8y,\sigma=\{(x,y)\mid 0\leqslant x\leqslant 1,0\leqslant y\leqslant 2\}$.

5. 设有三个质点位于 $(x_1,y_1),(x_2,y_2),(x_3,y_3)$，它们的质量依次是 m_1,m_2,m_3，求一点 (x,y)，使这三个质点对于它的转动惯量

$$I=f(x,y)=\sum_{i=1}^{3}m_i[(x-x_i)^2+(y-y_i)^2]$$

最小.

6. 求函数 $z=xy(4-x-y)$ 在 $x=1,y=0,x+y=6$ 所围闭域上的最大值、最小值.

7. 试求内接于椭球 $\dfrac{x^2}{a^2}+\dfrac{y^2}{b^2}+\dfrac{z^2}{c^2}=1$ 的长方体中体积的最大值.

8. 已知三角形周长为 $2p$，求出这样的三角形，当它绕着自己的一边旋转时所构成的体积最大.

9. 要挖掘一条灌溉渠道，横截面呈梯形，要求流量一定（即截面积一定），试问怎样选择两岸边的倾斜角 θ 以及高度 h，使得湿周最小，即用料最省.

B

1. 求函数 $2x^2+2y^2+z^2+8xz-z+8=0$（其中 z 是 x,y 的函数）的极值.

2. 要制作一个中间是圆柱、两端为相等的圆锥的中空浮标，它的体积是一定的，要使制作材料最省，应当怎样选择这个圆柱和圆锥的尺寸.

3. 人们发现鲑鱼在河中逆流行进时，如果相对于河水的速度为 v，那么游 t h 所消耗的能量为

$$E(v,t)=Cv^3t,\text{其中 } C \text{ 为常数}.$$

假设水流的速度为 4 km/h，鲑鱼逆流而上 200 km，问它游多快才能使消耗的能量最少？

4. 求函数 $f(x,y,z)=\ln x+\ln y+3\ln z$ 在球面 $x^2+y^2+z^2=5r^2(x>0,y>0,z>0)$ 上的最大值，并证明对任何正数 a,b,c，有

$$abc^3\leqslant 27\left(\frac{a+b+c}{5}\right)^5.$$

5. 试求 n 个正数，在其和为定值 l 的条件下，使其乘积最大，并由此导出

$$\sqrt[n]{x_1x_2\cdots x_n}\leqslant\frac{1}{n}(x_1+x_2+\cdots+x_n).$$

6. 分解已知正数 a 为 n 个正的因数，使得它们的倒数之和为最小.

7. 分解已知正数 a 为 n 个非负数的和，使得它们的平方和为最小.

第七章测试题

第八章

多元函数积分学及其应用

平面图形的面积的计算已由定积分解决，而空间立体的体积、曲面的表面积、曲线构件的质量、物体的质心等的计算，将由多元数值函数积分来完成．多元数值函数积分包括重积分和第一型线、面积分，这里仅就二维、三维区域的情况加以讨论，而计算方法，通常是将其化为求定积分的方法来解决的．

第一节　重积分的概念和性质

第四章我们用分割、近似、求和、取极限的方法导出了定积分的概念，这里仍用这个方法给出多元数值函数的重积分的概念．

1-1　重积分的概念

一、引例

引例 1（曲顶柱体的体积）设 $z=f(x,y)$ 是定义在区域 σ 上的非负的连续函数，$(x,y)\in\sigma\subset\mathbf{R}^2$．以 σ 为底，$z=f(x,y)$ 为顶，及 σ 的边界为准线，母线平行于 z 轴的柱面所围成的立体，称为曲顶柱体（如图 8-1 所示）．现求其体积 V．

与求曲边梯形的面积一样，我们的方法是

（1）分割　将区域 σ 任意分成 n 个子区域 $\Delta\sigma_i(i=1,2,\cdots,n)$，并用它表示该子区域 $\Delta\sigma_i$ 的面积．以各子区域 $\Delta\sigma_i$ 的边界为准线，作母线平行于 z 轴的柱面，将曲顶柱体分为 n 个小曲顶柱体．

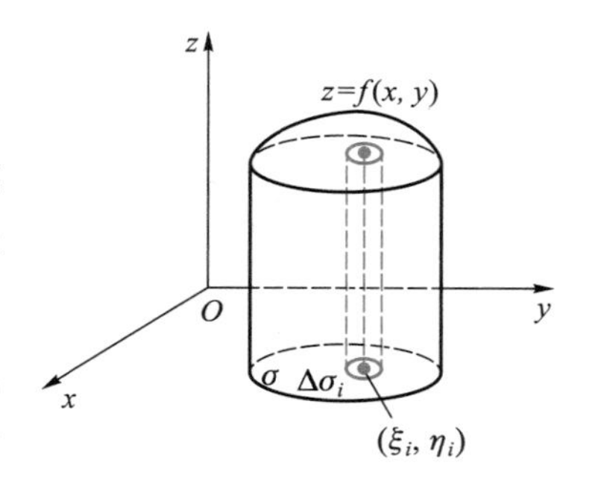

图 8-1

（2）近似　由于小曲顶柱体的底面 $\Delta\sigma_i$ 的直径很小（区域的直径是指区域中任意两点的距离的最大者），曲顶的变化也就甚小，所以，可将它近似地看成一个平顶柱体．

若任意取点 $p_i(\xi_i,\eta_i)\in\Delta\sigma_i$，则第 i 个小曲顶柱体的体积 ΔV_i 近似等于以 $f(\xi_i,\eta_i)$ 为高，$\Delta\sigma_i$ 为底的小柱体的体积，即

$$\Delta V_i\approx f(\xi_i,\eta_i)\Delta\sigma_i\quad(i=1,2,\cdots,n).$$

（3）**求和** 曲顶柱体体积 V 近似等于 n 个小平顶柱体的体积之和，

$$V\approx\sum_{i=1}^{n}f(\xi_i,\eta_i)\Delta\sigma_i.$$

（4）**取极限** 当 $\lambda=\max\limits_{1\leqslant i\leqslant n}(\Delta\sigma_i$ 的直径$)\to0$ 时，和式 $\sum\limits_{i=1}^{n}f(\xi_i,\eta_i)\Delta\sigma_i$ 的极限就是曲顶柱体体积的精确值 V，即

$$V=\lim_{\lambda\to0}\sum_{i=1}^{n}f(\xi_i,\eta_i)\Delta\sigma_i.$$

引例 2（密度分布不均匀的平面薄片、空间立体的质量）

1. 设有物质平面薄片，它在 xOy 平面上占有区域 σ，有确定的面积，其上点 $p(x,y)$ 处的面密度函数 $f(p)=f(x,y)$ 为连续函数，试求其质量 m.

首先将平面薄片所占的区域 σ 任意分为 n 个小区域 $\Delta\sigma_i(i=1,2,\cdots,n)$，并用它表示其面积，从而平面薄片分为 n 个小薄片，因为每个小区域 $\Delta\sigma_i$ 很小，所以，可认为其上物质的分布是近似均质的，故小薄片的质量 $\Delta m_i\approx f(p_i)\Delta\sigma_i=f(\xi_i,\eta_i)\Delta\sigma_i(i=1,2,\cdots,n)$，其中 $p_i(\xi_i,\eta_i)\in\Delta\sigma_i$，从而，平面薄片的质量 $m\approx\sum\limits_{i=1}^{n}f(\xi_i,\eta_i)\Delta\sigma_i$，当 $\lambda=\max\limits_{1\leqslant i\leqslant n}(\Delta\sigma_i$ 的直径$)\to0$ 时，和式的极限就是平面薄片质量的精确值 m，即

$$m=\lim_{\lambda\to0}\sum_{i=1}^{n}f(\xi_i,\eta_i)\Delta\sigma_i.$$

2. 设空间立体 $V\subset\mathbf{R}^3$ 有确定的体积，其体密度函数 $f(p)=f(x,y,z)$ 为连续函数，其中 $p(x,y,z)\in V$，求其质量.

将空间立体 V 分成 n 个小立体 $\Delta V_i(i=1,2,\cdots,n)$，并表示其体积，小立体 ΔV_i 的质量 $m\approx f(p_i)\Delta V_i=f(\xi_i,\eta_i,\zeta_i)\Delta V_i$，这里 $p_i(\xi_i,\eta_i,\zeta_i)\in\Delta V_i$；空间立体 V 的质量 $m\approx\sum\limits_{i=1}^{n}f(\xi_i,\eta_i,\zeta_i)\Delta V_i$，于是空间立体 V 的质量

$$m=\lim_{\lambda\to0}\sum_{i=1}^{n}f(\xi_i,\eta_i,\zeta_i)\Delta V_i,$$

其中 $\lambda=\max\limits_{1\leqslant i\leqslant n}(\Delta V_i$ 的直径$)$.

由引例可见，虽然讨论的具体对象各异，但最终都归结为处理同一类型的和式的极限.在自然科学中，还会碰到大量类似的问题（在本章第四节还要讨论），由此给出下面定义.

二、重积分的定义

定义 8.1.1 设 Ω 为一有界几何形体（平面图形、空间立体），且均是可以度量的（可求

面积、可求体积)，在 Ω 上定义了一个函数 $f(p)$，$p\in\Omega$，将 Ω 任意分为 n 个可度量的小几何形体 $\Delta\Omega_i(i=1,2,\cdots,n)$，它也表示其度量的大小，任取 $p_i\in\Delta\Omega_i$，作乘积 $f(p_i)\Delta\Omega_i(i=1,2,\cdots,n)$，并求其和(称为黎曼和) $\sum\limits_{i=1}^{n}f(p_i)\Delta\Omega_i$，当 $\lambda=\max\limits_{1\leqslant i\leqslant n}(\Delta\Omega_i\text{的直径})\to 0$ 时，对和式取极限

$$\lim_{\lambda\to 0}\sum_{i=1}^{n}f(p_i)\Delta\Omega_i,$$

如果，不论 Ω 如何分法，p_i 在 $\Delta\Omega_i$ 上如何取法，都趋于同一极限值，则称函数 $f(p)$ 在 Ω 上可积(黎曼可积)，此极限值称为函数 $f(p)$ 在 Ω 上的积分，记为

$$\boxed{\int_{\Omega}f(p)\,\mathrm{d}\Omega=\lim_{\lambda\to 0}\sum_{i=1}^{n}f(p_i)\Delta\Omega_i.} \tag{1}$$

$f(p)$ 称为被积函数，Ω 称为积分区域.

下面根据不同的几何形体 Ω，给出各自的积分表示式和名称.

(1) 如果 Ω 是可求面积的平面区域 σ，则(1)式称为 $f(p)$ 在 σ 上的二重积分，记为

$$\boxed{\iint_{\sigma}f(x,y)\,\mathrm{d}\sigma=\lim_{\lambda\to 0}\sum_{i=1}^{n}f(\xi_i,\eta_i)\Delta\sigma_i,}$$

其中 $f(x,y)$ 称为被积函数，σ 称为积分区域，$\mathrm{d}\sigma$ 称为面积微元.

(2) 如果 Ω 是可求体积的空间区域 V，则(1)式称为 $f(p)$ 在 V 上的三重积分，记为

$$\boxed{\iiint_{V}f(x,y,z)\,\mathrm{d}V=\lim_{\lambda\to 0}\sum_{i=1}^{n}f(\xi_i,\eta_i,\zeta_i)\Delta V_i,}$$

其中 $f(x,y,z)$ 称为被积函数，V 称为积分区域，$\mathrm{d}V$ 称为体积微元.

二重积分、三重积分统称为重积分.

显然，若 Ω 是 x 轴上一直线段 AB，点 A,B 的坐标分别为 a,b. 那么，在 Ω 上的积分(1)即为大家所熟悉的定积分

$$\int_a^b f(x)\,\mathrm{d}x=\lim_{\lambda\to 0}\sum_{i=1}^{n}f(\xi_i)\Delta x_i,$$

相对重积分而言，定积分又称单积分.

特别地，当被积函数 $f(p)\equiv 1$ 时，由定义可知，$\int_{\Omega}\mathrm{d}\Omega$ 就是几何形体 Ω 的度量，即

$$\int_{\Omega}\mathrm{d}\Omega=\sum_{i=1}^{n}\Delta\Omega_i=(\Omega\text{的度量}).$$

易见，在定积分 $\int_a^b\mathrm{d}x=b-a$ 中，即为区间 $[a,b]$ 的长度.

由引例 1 知，当 $f(x,y)\geqslant 0$ 时，二重积分即为以 σ 为底，$f(x,y)$ 为曲顶的柱体的体积；一般而言，当 $f(x,y)$ 在 σ 上有正有负时，二重积分的几何意义是在区域 σ 上的曲顶柱体体积

的代数和,三重积分则无直观的几何意义可言.

最后我们要指出,若$f(p)\in C(\Omega)$,则$f(p)$在Ω上一定可积.

1-2　重积分的性质

重积分的性质与定积分的性质完全一致,现叙述如下:

设函数$f(p)$,$g(p)$在Ω上可积,则有

(1) $\int_{\Omega}kf(p)\mathrm{d}\Omega=k\int_{\Omega}f(p)\mathrm{d}\Omega$　(k为常数).

(2) $\int_{\Omega}(f(p)\pm g(p))\mathrm{d}\Omega=\int_{\Omega}f(p)\mathrm{d}\Omega\pm\int_{\Omega}g(p)\mathrm{d}\Omega$.

(3) $\int_{\Omega}f(p)\mathrm{d}\Omega=\int_{\Omega_1}f(p)\mathrm{d}\Omega+\int_{\Omega_2}f(p)\mathrm{d}\Omega$.

其中$\Omega=\Omega_1\cup\Omega_2$,且$\Omega_1$与$\Omega_2$除边界公共外,无其他公共部分.

(4) 若$f(p)\leqslant g(p)$,则

$$\int_{\Omega}f(p)\mathrm{d}\Omega\leqslant\int_{\Omega}g(p)\mathrm{d}\Omega.$$

(5) $\left|\int_{\Omega}f(p)\mathrm{d}\Omega\right|\leqslant\int_{\Omega}|f(p)|\mathrm{d}\Omega$.

(6) 若$m\leqslant f(p)\leqslant M$, $\forall p\in\Omega$,则

$$m\cdot(\Omega\text{的度量})\leqslant\int_{\Omega}f(p)\mathrm{d}\Omega\leqslant M\cdot(\Omega\text{的度量}).$$

(7)(积分中值定理)　若$f\in C(\Omega)$,则在Ω上至少存在一点M,使得

$$\int_{\Omega}f(p)\mathrm{d}\Omega=f(M)\cdot(\Omega\text{的度量}).$$

例　比较$\iint\limits_{\sigma}(x+y)^2\mathrm{d}\sigma$与$\iint\limits_{\sigma}(x+y)^3\mathrm{d}\sigma$的大小,其中

$$\sigma=\{(x,y)\mid(x-2)^2+(y-1)^2\leqslant2\}.$$

解　考虑$x+y$在σ上的取值,见图8-2.

由于点$A(1,0)$在圆周上,过该点的切线方程为

$$x+y=1,$$

所以,在σ上处处有$x+y\geqslant1$,故知,在σ上有

$$(x+y)^2\leqslant(x+y)^3,$$

于是有

$$\iint\limits_{\sigma}(x+y)^2\mathrm{d}\sigma\leqslant\iint\limits_{\sigma}(x+y)^3\mathrm{d}\sigma.$$

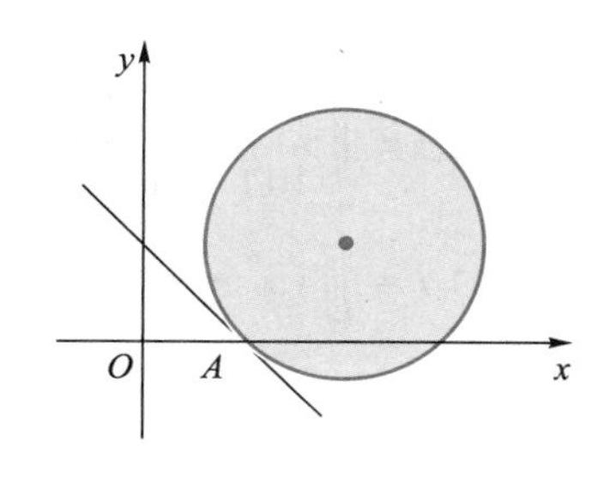

图8-2

习题 8-1

A

题型归类解析 8.1

估计重积分的值.

1. 设在 xOy 平面上,有一平面薄板,所占的平面区域为 σ,薄板上连续分布着面密度为 $\mu=\mu(x,y)$ 的电荷,试用二重积分表示该板上的电荷总量.

2. 利用二重积分几何意义说明:

(1) 当积分区域 σ 关于 y 轴对称,$f(x,y)$ 为 x 的奇函数时,即 $f(x,y)=-f(-x,y)$,则

$$\iint\limits_{\sigma} f(x,y)\,\mathrm{d}\sigma=0.$$

(2) 当积分区域 σ 关于 y 轴对称,$f(x,y)$ 为 x 的偶函数时,即 $f(x,y)=f(-x,y)$,则

$$\iint\limits_{\sigma} f(x,y)\,\mathrm{d}\sigma=2\iint\limits_{\sigma_1} f(x,y)\,\mathrm{d}\sigma\quad(\sigma_1\text{ 为 }\sigma\text{ 的 }x\geqslant 0\text{ 的部分}).$$

试求下列积分的值,其中 $\sigma=\{(x,y)\mid x^2+y^2\leqslant R^2\}$.

(i) $\iint\limits_{\sigma} xy^4\,\mathrm{d}\sigma$;　(ii) $\iint\limits_{\sigma} y\sqrt{R^2-x^2}\,\mathrm{d}\sigma$;　(iii) $\iint\limits_{\sigma}\dfrac{y\cos x}{x^2+y^2}\mathrm{d}\sigma$.

3. 利用二重积分的性质比较下列积分的大小:

(1) $\iint\limits_{\sigma}(x+y)^2\,\mathrm{d}\sigma$ 与 $\iint\limits_{\sigma}(x+y)^3\,\mathrm{d}\sigma$,其中 σ 是由 x 轴、y 轴与直线 $x+y=1$ 所围成.

(2) $\iint\limits_{\sigma}\ln(x+y)\,\mathrm{d}\sigma$ 与 $\iint\limits_{\sigma}[\ln(x+y)]^2\,\mathrm{d}\sigma$,其中 $\sigma=\{(x,y)\mid 3\leqslant x\leqslant 5,0\leqslant y\leqslant 1\}$.

4. 利用重积分的性质估计下列积分的值:

(1) $I=\iint\limits_{\sigma}(x+y+1)\,\mathrm{d}\sigma$,其中 $\sigma=\{(x,y)\mid 0\leqslant x\leqslant 1,0\leqslant y\leqslant 2\}$.

(2) $I=\iint\limits_{\sigma}(x^2+4y^2+9)\,\mathrm{d}\sigma$,其中 $\sigma=\{(x,y)\mid x^2+y^2\leqslant 4\}$.

(3) $I=\iint\limits_{\sigma}\dfrac{\mathrm{d}\sigma}{100+\cos^2 x+\cos^2 y}$,其中 $\sigma=\{(x,y)\mid |x|+|y|\leqslant 10\}$.

(4) $I=\iiint\limits_{V}(x^2+y^2+z^2)\,\mathrm{d}V$,其中 $V=\{(x,y,z)\mid x^2+y^2+z^2\leqslant R^2\}$.

B

1. 利用重积分定义证明:

$$\iint\limits_{\sigma} f(x,y)\,\mathrm{d}\sigma=\iint\limits_{\sigma_1} f(x,y)\,\mathrm{d}\sigma+\iint\limits_{\sigma_2} f(x,y)\,\mathrm{d}\sigma,$$

其中 $\sigma=\sigma_1\cup\sigma_2$,且除了有公共边界外,无其他公共部分.

2. 证明二重积分中值定理.并证明 $\lim\limits_{r\to0^+}\dfrac{1}{\pi r^2}\iint\limits_{\sigma}e^{x^2+y^2}\cos(x+y)\,d\sigma=1$,其中 $\sigma=\{(x,y)\mid x^2+y^2\leqslant r^2\}$.

3. 写出圆域 $\{(x,y)\mid(x-a)^2+(y-b)^2\leqslant R^2\}$ 上的点到原点距离的平方的平均值表达式.

4. 利用积分中值定理,估计积分

$$\iiint\limits_{V}\frac{dV}{\sqrt{(x-a)^2+(y-b)^2+(z-c)^2}}$$

之值,其中 $V=\{(x,y,z)\mid x^2+y^2+z^2\leqslant R^2\}$,且设 $a^2+b^2+c^2>R^2$.

5. 证明积分中值定理:若 $f,g\in C(\Omega)$,g 在 Ω 上不变号,则

$$\int_{\Omega}f(p)g(p)\,d\Omega=f(M)\int_{\Omega}g(p)\,d\Omega,$$

其中 $M\in\Omega$.

6. 设 $f\in C(\Omega)$,$f\geqslant0$,且 $f\not\equiv0$,证明:

$$\int_{\Omega}f(p)\,d\Omega>0.$$

第二节 重积分在直角坐标系下的计算法

2-1 直角坐标系下二重积分的计算法

计算二重积分的一种基本方法是化为计算两次定积分,称为二次积分法.

设函数 f 在平面区域 σ 上可积,用两族坐标线 $x=$ 常数,$y=$ 常数,划分积分区域 σ,设 $|f(x,y)|\leqslant M$,L 为 σ 的边界线长度,λ 为小区域直径的最大值,则含有 σ 边界线的小区域,其对应项的和 $\left|\sum\limits_{i=1}^{l}f(\xi_i,\eta_i)\Delta\sigma_i\right|\leqslant M\sum\limits_{i=1}^{l}\Delta\sigma_i\leqslant ML\lambda$,其中 l 为含边界线的小区域的个数.当 $\lambda\to0$ 时的极限为零,而其他小区域 $\Delta\sigma$ 的面积可表示为

$$\Delta\sigma=\Delta x\Delta y,$$

于是二重积分

$$\iint\limits_{\sigma}f(x,y)\,d\sigma=\iint\limits_{\sigma}f(x,y)\,dx\,dy,$$

其中面积微元 $d\sigma=dx\,dy$.

下面从二重积分的几何意义入手导出其计算方法.不妨假定 $f(x,y)\geqslant0$,$f(x,y)\in C(\sigma)$.

若积分区域 σ 可表示为

$$\sigma=\{(x,y)\mid \varphi_1(x)\leqslant y\leqslant \varphi_2(x),a\leqslant x\leqslant b\},$$

其中 $\varphi_1(x),\varphi_2(x)\in C[a,b]$,如图 8-3 所示.

因为,过$[a,b]$内任一点 x 作平行于 yOz 面的平面,截曲顶柱体所得截面是一个曲边梯形(图 8-4),其面积

$$A(x)=\int_{\varphi_1(x)}^{\varphi_2(x)}f(x,y)\,\mathrm{d}y,$$

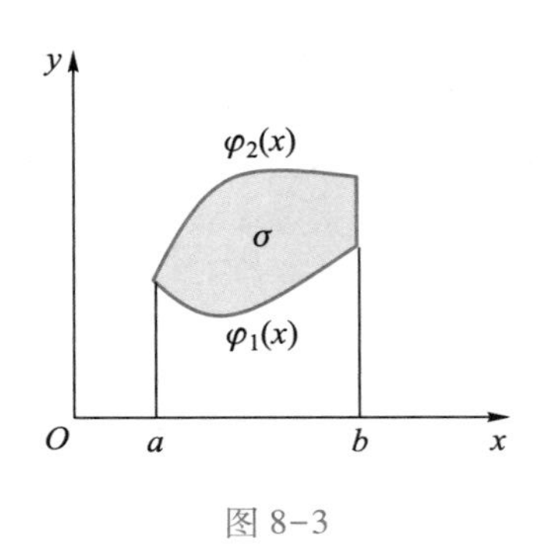

图 8-3

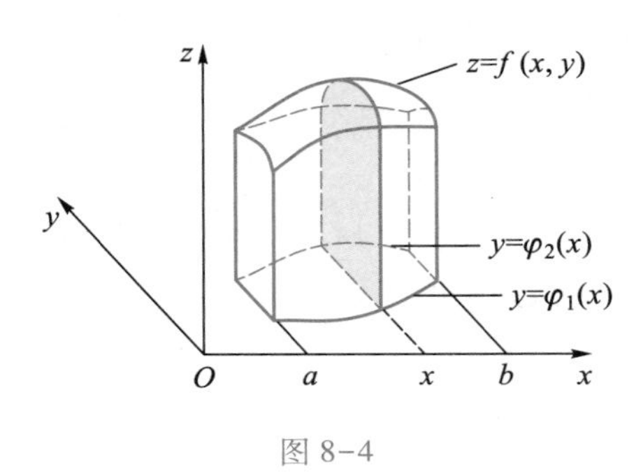

图 8-4

所以,曲顶柱体体积

$$V=\int_a^b A(x)\,\mathrm{d}x=\int_a^b\left[\int_{\varphi_1(x)}^{\varphi_2(x)}f(x,y)\,\mathrm{d}y\right]\mathrm{d}x.$$

即

$$\boxed{\iint_\sigma f(x,y)\,\mathrm{d}x\mathrm{d}y=\int_a^b\mathrm{d}x\int_{\varphi_1(x)}^{\varphi_2(x)}f(x,y)\,\mathrm{d}y.}\tag{1}$$

(1) 式右端为先对 y 后对 x 的二次积分,在先对 y 积分时,将 x 视为常量.

若 σ 可表示为

$$\sigma=\{(x,y)\mid \psi_1(y)\leqslant x\leqslant \psi_2(y),c\leqslant y\leqslant d\},$$

则

$$\boxed{\iint_\sigma f(x,y)\,\mathrm{d}x\mathrm{d}y=\int_c^d\mathrm{d}y\int_{\psi_1(y)}^{\psi_2(y)}f(x,y)\,\mathrm{d}x.}\tag{2}$$

(2) 式右端为先对 x 后对 y 的二次积分,先对 x 积分时,将 y 视为常量.

公式(1)(2)并不限于 $f(x,y)\geqslant 0$,对任意的 $f(x,y)$ 都是成立的.

至于对具体问题是用哪个公式为宜,要视积分区域和被积函数而定.若积分区域 σ 不能表示为上述两种形式,则必须用平行于坐标轴的直线将其划分为若干个上述形式的子区域,如图 8-5 所示区域 σ,可划分为三个子区域 $\sigma_1,\sigma_2,\sigma_3$.

释疑解惑 8.1

二重积分的区域和定限.

例 1 计算 $\iint\limits_\sigma xy\,\mathrm{d}\sigma$,其中 σ 是由抛物线 $y=x^2$ 及直线 $y=x+2$ 所围成的闭区域.

解 画出区域 σ 的草图(如图 8-6 所示),抛物线与直线的交点为 $A(-1,1)$,$B(2,4)$,则

$$\sigma=\{(x,y)\mid x^2\leqslant y\leqslant x+2,-1\leqslant x\leqslant 2\},$$

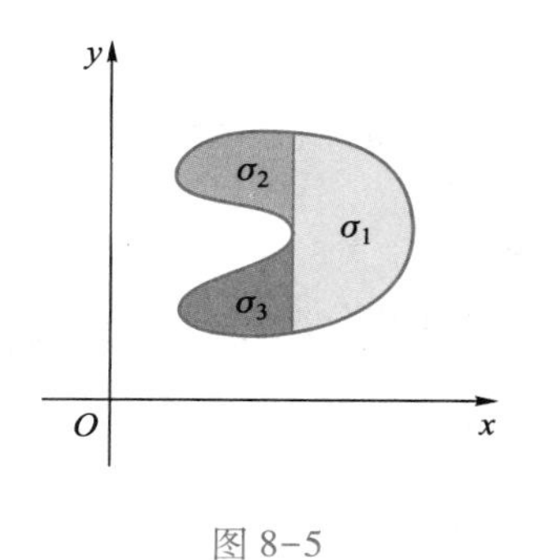

图 8-5

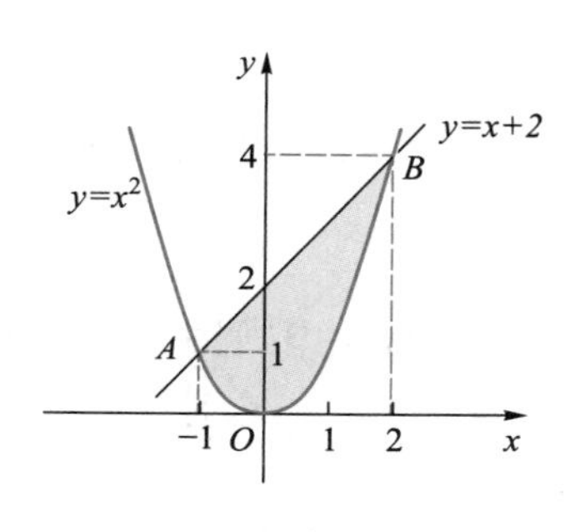

图 8-6

所以

$$\iint_\sigma xy\mathrm{d}\sigma=\int_{-1}^{2}\mathrm{d}x\int_{x^2}^{x+2}xy\mathrm{d}y=\int_{-1}^{2}\left(x\frac{y^2}{2}\right)\Big|_{x^2}^{x+2}\mathrm{d}x$$

$$=\frac{1}{2}\int_{-1}^{2}[x(x+2)^2-x^5]\mathrm{d}x=\frac{45}{8}.$$

若先对 x 后对 y 积分,区域 σ 表示为

$$\sigma=\{(x,y)\mid y-2\leqslant x\leqslant\sqrt{y},1\leqslant y\leqslant 4\}\cup$$

$$\{(x,y)\mid -\sqrt{y}\leqslant x\leqslant\sqrt{y},0\leqslant y\leqslant 1\},$$

则

$$\iint_\sigma xy\mathrm{d}x\mathrm{d}y=\int_0^1\mathrm{d}y\int_{-\sqrt{y}}^{\sqrt{y}}xy\mathrm{d}x+\int_1^4\mathrm{d}y\int_{y-2}^{\sqrt{y}}xy\mathrm{d}x=\frac{45}{8}.$$

易见计算较为麻烦.

例 2 计算 $\iint\limits_\sigma \mathrm{e}^{-y^2}\mathrm{d}\sigma$,其中 σ 为 $y=x,y=1$ 与 y 轴所围成的区域.

解 区域 σ(图 8-7)为

$$\sigma=\{(x,y)\mid 0\leqslant x\leqslant y,0\leqslant y\leqslant 1\},$$

则

$$\iint_\sigma \mathrm{e}^{-y^2}\mathrm{d}\sigma=\int_0^1\mathrm{d}y\int_0^y\mathrm{e}^{-y^2}\mathrm{d}x=\int_0^1 y\mathrm{e}^{-y^2}\mathrm{d}y=\frac{1}{2}(1-\mathrm{e}^{-1}).$$

若先对 y 后对 x 积分,则

$$\iint_\sigma \mathrm{e}^{-y^2}\mathrm{d}\sigma=\int_0^1\mathrm{d}x\int_x^1\mathrm{e}^{-y^2}\mathrm{d}y,$$

因为对 y 积分不能用有限形式表示,所以就无法往下计算,可见选择积分次序是重要的.

例 3 交换二次积分

释疑解惑 8.2

二重积分计算中积分区域的对称性和被积函数的奇偶性的应用.

题型归类解析 8.2

交换二次积分的积分次序.

$$\int_0^1 \mathrm{d}x \int_{x^2}^1 \frac{xy}{\sqrt{1+y^3}} \mathrm{d}y$$

的积分次序,并求其值.

解　由二次积分可知,与它对应的二重积分 $\iint\limits_{\sigma} \frac{xy}{\sqrt{1+y^3}} \mathrm{d}\sigma$ 的积分区域

$$\sigma = \{(x,y) \mid x^2 \leqslant y \leqslant 1, 0 \leqslant x \leqslant 1\},$$

即为由 $y=x^2$,$y=1$ 与 $x=0$ 所围成的区域,如图 8-8 所示.交换积分次序就是将二重积分化为先对 x 后对 y 的二次积分.这时,可将 σ 表示为

$$\sigma = \{(x,y) \mid 0 \leqslant x \leqslant \sqrt{y}, 0 \leqslant y \leqslant 1\},$$

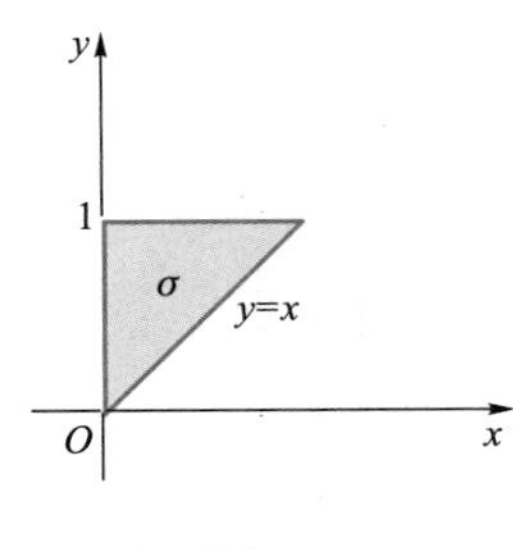

图 8-7

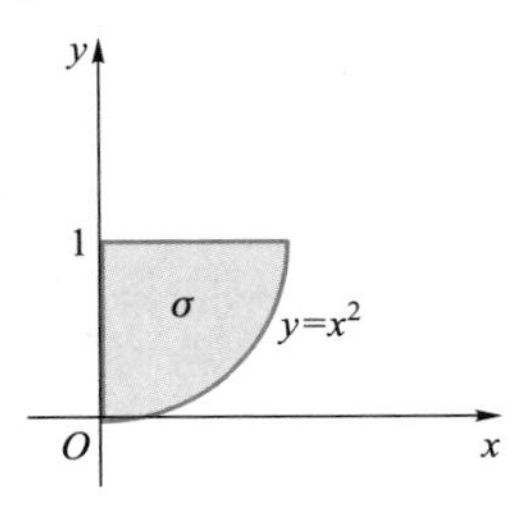

图 8-8

于是

$$\int_0^1 \mathrm{d}x \int_{x^2}^1 \frac{xy}{\sqrt{1+y^3}} \mathrm{d}y = \int_0^1 \mathrm{d}y \int_0^{\sqrt{y}} \frac{xy}{\sqrt{1+y^3}} \mathrm{d}x$$

$$= \frac{1}{2} \int_0^1 \frac{y^2}{\sqrt{1+y^3}} \mathrm{d}y = \frac{1}{3}(\sqrt{2}-1).$$

本例若不交换积分次序,计算是很困难的.

例 4　计算 $\iint\limits_{\sigma} \sqrt{|y-x^2|} \mathrm{d}\sigma$,其中

$$\sigma = \{(x,y) \mid -1 \leqslant x \leqslant 1, 0 \leqslant y \leqslant 2\}.$$

解　区域 σ 如图 8-9 所示.为了去掉绝对值号,令 $y-x^2=0$,即 $y=x^2$,它将区域 σ 分为 σ_1 和 σ_2 上下两部分,显然,在 σ_1 内有 $y-x^2>0$,在 σ_2 内有 $y-x^2<0$,故

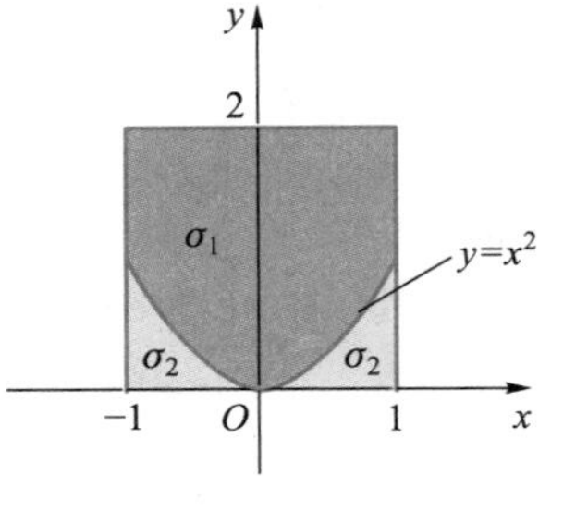

图 8-9

$$\iint\limits_{\sigma} \sqrt{|y-x^2|} \mathrm{d}\sigma = \iint\limits_{\sigma_1} \sqrt{y-x^2} \mathrm{d}\sigma + \iint\limits_{\sigma_2} \sqrt{x^2-y} \mathrm{d}\sigma$$

$$= \int_{-1}^1 \mathrm{d}x \int_{x^2}^2 \sqrt{y-x^2} \mathrm{d}y + \int_{-1}^1 \mathrm{d}x \int_0^{x^2} \sqrt{x^2-y} \mathrm{d}y$$

$$= \int_{-1}^1 \frac{2}{3} (y-x^2)^{3/2} \Big|_{x^2}^2 \mathrm{d}x - \int_{-1}^1 \frac{2}{3} (x^2-y)^{3/2} \Big|_0^{x^2} \mathrm{d}x$$

$$= \int_{-1}^1 \frac{2}{3} (2-x^2)^{3/2} \mathrm{d}x + \int_{-1}^1 \frac{2}{3} |x|^3 \mathrm{d}x$$

$$=\frac{5}{3}+\frac{\pi}{2}.$$

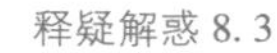

如何计算带有绝对值、最值（max 或 min）等符号的被积函数的积分?

例 5　求曲面 $z=2-x^2-y^2$ 与 $z=x^2+y^2$ 所围成的立体的体积.

解　由图 8-10 可见,所求体积 V 为两个曲顶柱体体积之差,即

$$V=\iint_{\sigma}(2-x^2-y^2)\mathrm{d}\sigma-\iint_{\sigma}(x^2+y^2)\mathrm{d}\sigma$$
$$=2\iint_{\sigma}(1-x^2-y^2)\mathrm{d}\sigma,$$

其中 σ 为两曲面交线在 xOy 平面上的投影曲线所围成的区域.在交线方程

$$\begin{cases}z=2-x^2-y^2,\\ z=x^2+y^2\end{cases}$$

中消去 z,即得投影曲线在 xOy 平面上的方程 $x^2+y^2=1$,也即 σ 的边界曲线方程,故 σ 为一单位圆域.由图形的对称性,V 为第Ⅰ卦限部分体积的 4 倍,于是

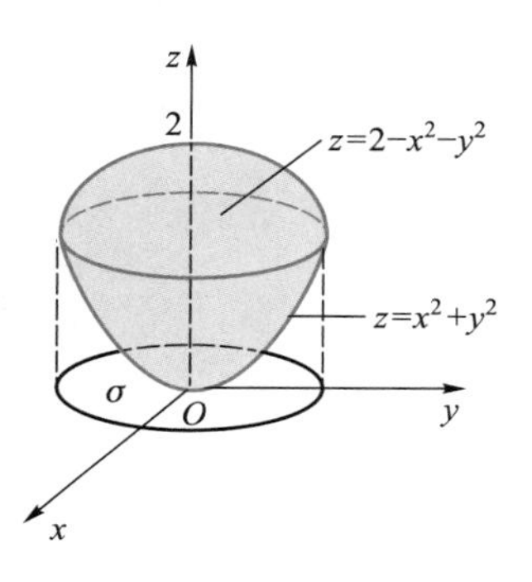

图 8-10

$$V=4\cdot 2\int_0^1\mathrm{d}x\int_0^{\sqrt{1-x^2}}(1-x^2-y^2)\mathrm{d}y=\frac{16}{3}\int_0^1(1-x^2)^{3/2}\mathrm{d}x$$
$$=\frac{16}{3}\int_0^{\frac{\pi}{2}}\cos^4 t\mathrm{d}t=\frac{16}{3}\cdot\frac{3}{4}\cdot\frac{1}{2}\cdot\frac{\pi}{2}=\pi.$$

2-2　直角坐标系下三重积分的计算法

设 f 在空间区域 V 上可积,用平行于坐标面的三族平面去划分 V,这样除与边界面相接的小区域外,其余都是形为长方体的小区域,其体积

$$\Delta V=\Delta x\Delta y\Delta z,$$

于是

$$\iiint_V f(x,y,z)\mathrm{d}V=\iiint_V f(x,y,z)\mathrm{d}x\mathrm{d}y\mathrm{d}z,$$

其中体积微元 $\mathrm{d}V=\mathrm{d}x\mathrm{d}y\mathrm{d}z$.

计算三重积分的方法是将其化为计算一个定积分和一个二重积分,最终化为计算三次单积分.这里又有“先一后二”和“先二后一”两种计算法.

一、先一后二计算法

由引例知,三重积分

$$\iiint_V f(x,y,z)\mathrm{d}x\mathrm{d}y\mathrm{d}z$$

可视为体密度为$f(x,y,z)$且占有空间区域V的立体的质量.设V在xOy平面上的投影区域为σ,以σ的边界$\partial\sigma$为准线,作母线平行于z轴的柱面,将V的边界分为上下两个曲面,其方程分别为

$$\Sigma_2: z=z_2(x,y),$$
$$\Sigma_1: z=z_1(x,y),$$

设它们为σ上的单值连续函数,且$z_1(x,y)\leqslant z\leqslant z_2(x,y)$,如图 8-11 所示.

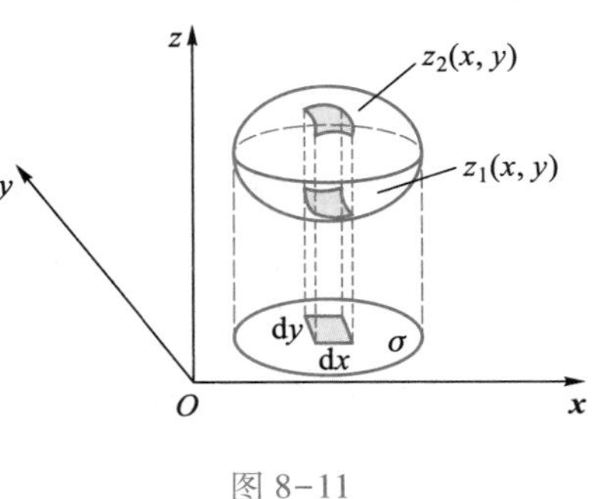

图 8-11

用垂直于x,y轴的两平面族将区域V分为以$d\sigma=dxdy$为底面的若干细长条,则细长条的质量为

$$\int_{z_1(x,y)}^{z_2(x,y)} f(x,y,z)\,d\sigma dz = d\sigma\int_{z_1(x,y)}^{z_2(x,y)} f(x,y,z)\,dz,$$

所以,总质量

$$\iiint_V f(x,y,z)\,dxdydz = \iint_\sigma\left(\int_{z_1(x,y)}^{z_2(x,y)} f(x,y,z)\,dz\right)d\sigma$$
$$= \iint_\sigma\left(\int_{z_1(x,y)}^{z_2(x,y)} f(x,y,z)\,dz\right)dxdy.$$

这种方法是先计算一个单积分,后计算一个二重积分,故称为先一后二计算法.

一般而言,若V可表示为

$$V=\{(x,y,z)\mid z_1(x,y)\leqslant z\leqslant z_2(x,y), y_1(x)\leqslant y\leqslant y_2(x), a\leqslant x\leqslant b\},$$

则

$$\boxed{\iiint_V f(x,y,z)\,dV = \int_a^b dx\int_{y_1(x)}^{y_2(x)} dy\int_{z_1(x,y)}^{z_2(x,y)} f(x,y,z)\,dz.} \tag{3}$$

例 6 计算$\iiint_V(x+y+z)\,dV$,其中V是由平面$x+y+z=1$与三个坐标面所围成的区域.

解 V如图 8-12 所示,有

$$V=\{(x,y,z)\mid 0\leqslant z\leqslant 1-x-y, 0\leqslant y\leqslant 1-x, 0\leqslant x\leqslant 1\},$$

故

$$\iiint_V(x+y+z)\,dV = \int_0^1 dx\int_0^{1-x} dy\int_0^{1-x-y}(x+y+z)\,dz$$
$$= \frac{1}{2}\int_0^1 dx\int_0^{1-x}[1-(x+y)^2]\,dy$$
$$= \frac{1}{2}\int_0^1\left(\frac{2}{3}-x+\frac{1}{3}x^3\right)dx = \frac{1}{8}.$$

由于所求积分具有轮换对称性,即若将x换为y,y换为z,z换为x,被积函数和积分区域不变,从而$\iiint_V x\,dV=\iiint_V y\,dV=\iiint_V z\,dV$.于是,计算可简化为

$$\iiint_V (x+y+z)\mathrm{d}V = 3\iiint_V x\mathrm{d}x\mathrm{d}y\mathrm{d}z = 3\int_0^1 x\mathrm{d}x\int_0^{1-x}\mathrm{d}y\int_0^{1-x-y}\mathrm{d}z$$
$$= 3\int_0^1 x\mathrm{d}x\int_0^{1-x}(1-x-y)\mathrm{d}y$$
$$= 3\int_0^1 \frac{1}{2}x(1-x)^2\mathrm{d}x = \frac{1}{8}.$$

例 7　求由抛物面 $x^2+y^2=6-z$，平面 $x=0,y=0,x=1,y=2$ 及 $y=4z$ 所围成的立体的体积.

解　所围成的立体如图 8-13 所示，有

$$V=\left\{(x,y,z)\,\middle|\,\frac{y}{4}\leqslant z\leqslant 6-x^2-y^2,0\leqslant y\leqslant 2,0\leqslant x\leqslant 1\right\},$$

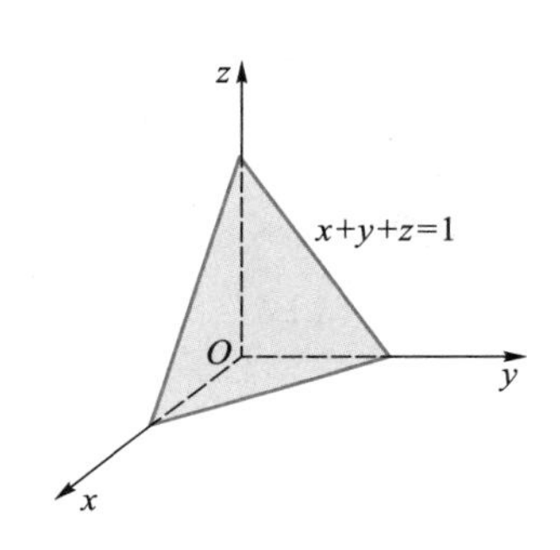

图 8-12

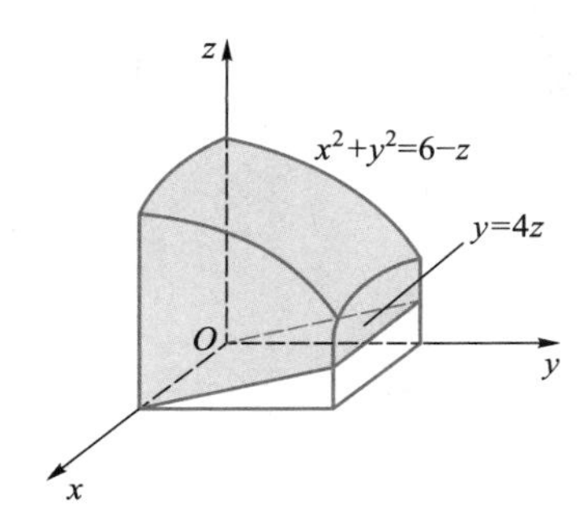

图 8-13

所求体积

$$V = \iiint_V \mathrm{d}V = \int_0^1\mathrm{d}x\int_0^2\mathrm{d}y\int_{\frac{y}{4}}^{6-x^2-y^2}\mathrm{d}z$$
$$= \int_0^1\mathrm{d}x\int_0^2\left(6-x^2-y^2-\frac{y}{4}\right)\mathrm{d}y$$
$$= \int_0^1\left(\frac{53}{6}-2x^2\right)\mathrm{d}x = \frac{49}{6}.$$

二、先二后一计算法

设三重积分的积分区域为

$$V=\{(x,y,z)\mid c_1\leqslant z\leqslant c_2,(x,y)\in\sigma(z)\},$$

其中 $\sigma(z)$ 为过点 $(0,0,z)$，作平行于 xOy 面的平面，截区域 V 所得的平面区域，它随 z 而定，则

$$\iiint_V f(x,y,z)\mathrm{d}V = \int_{c_1}^{c_2}\mathrm{d}z\iint_{\sigma(z)} f(x,y,z)\mathrm{d}x\mathrm{d}y. \tag{4}$$

(4)式可以这样理解，即用与 xOy 平行的平面将区域 V 分成许多薄片，那么厚度为 $\mathrm{d}z$ 的薄片的质量为 $\mathrm{d}z\iint_{\sigma(z)} f(x,y,z)\mathrm{d}x\mathrm{d}y$，然后再将薄片的质量相加得 $\int_{c_1}^{c_2}\mathrm{d}z\iint_{\sigma(z)} f(x,y,z)\mathrm{d}x\mathrm{d}y$，即

释疑解惑 8.4

三重积分计算中积分区域的对称性和被积函数的奇偶性的应用.

题型归类解析 8.3

直角坐标系下重积分化为累次积分.

为总质量 $\iiint\limits_V f(x,y,z)\,\mathrm{d}V$.

例 8 计算 $\iiint\limits_V z^2\mathrm{d}x\mathrm{d}y\mathrm{d}z$，其中区域 V 是椭球体 $\frac{x^2}{a^2}+\frac{y^2}{b^2}+\frac{z^2}{c^2}\leqslant 1$.

解 由题设，区域

$$V=\left\{(x,y,z)\,\middle|\,-c\leqslant z\leqslant c,\frac{x^2}{a^2}+\frac{y^2}{b^2}\leqslant 1-\frac{z^2}{c^2}\right\},$$

所以

$$\begin{aligned}\iiint\limits_V z^2\mathrm{d}x\mathrm{d}y\mathrm{d}z&=\int_{-c}^{c}z^2\mathrm{d}z\iint\limits_{\sigma(z)}\mathrm{d}x\mathrm{d}y\\&=\int_{-c}^{c}z^2\pi ab\left(1-\frac{z^2}{c^2}\right)\mathrm{d}z\\&=\frac{4}{15}\pi abc^3.\end{aligned}$$

习题 8-2

A

1. 画出下列二重积分 $\iint\limits_\sigma f(x,y)\,\mathrm{d}\sigma$ 的积分区域的图形，并将其化为二次积分：

（1）$\sigma=\{(x,y)\mid x+y\leqslant 1,x-y\leqslant 1,x\geqslant 0\}$；

（2）$\sigma=\{(x,y)\mid y\geqslant x^2,y\leqslant 4-x^2\}$；

（3）$\sigma=\{(x,y)\mid 9x^2+4y^2\leqslant 36\}$；

（4）$\sigma=\left\{(x,y)\,\middle|\,y\geqslant\frac{1}{x},y\leqslant x,x\leqslant 2\right\}$.

2. 计算下列二重积分：

（1）$\iint\limits_\sigma x^2y\,\mathrm{d}\sigma$，$\sigma$ 为 $x=0,y=1,y=x^2$ 所围成的区域在 $x>0$ 的部分；

（2）$\iint\limits_\sigma \mathrm{e}^{x+y}\mathrm{d}\sigma$，$\sigma$ 为由 $|x|+|y|\leqslant 1$ 所确定的区域；

（3）$\iint\limits_\sigma \cos(x+y)\,\mathrm{d}\sigma$，$\sigma$ 为 $x=0,y=\pi,y=x$ 所围成的区域；

（4）$\iint\limits_\sigma (x^2-y^2)\,\mathrm{d}\sigma$，$\sigma$ 为 $0\leqslant y\leqslant \sin x,0\leqslant x\leqslant\pi$ 所围成的区域；

（5）$\iint\limits_\sigma |xy|\,\mathrm{d}\sigma$，$\sigma$ 为 $x=1,y=x,y=-x$ 所围成的区域.

3. 交换下列二次积分的积分次序：

(1) $\int_0^2 dy \int_{y^2}^{2y} f(x,y)dx$;

(2) $\int_1^2 dx \int_{2-x}^{\sqrt{2x-x^2}} f(x,y)dy$;

(3) $\int_0^{\frac{a}{2}} dx \int_{\sqrt{a^2-2ax}}^{\sqrt{a^2-x^2}} f(x,y)dy + \int_{\frac{a}{2}}^{a} dx \int_0^{\sqrt{a^2-x^2}} f(x,y)dy\ (a>0)$;

(4) $\int_1^2 dx \int_{\sqrt{x}}^{x} f(x,y)dy + \int_2^4 dx \int_{\sqrt{x}}^{2} f(x,y)dy$.

4. 将三重积分 $I=\iiint\limits_V f(x,y,z)dV$ 化为三次积分，其中 V 为

(1) 由双曲抛物面 $z=xy$ 及平面 $x+y-1=0$，$z=0$ 所围成；

(2) 由 $x=\sqrt{y-z^2}$，$\frac{1}{2}\sqrt{y}=x$ 及 $y=1$ 所围成；

(3) 由 $z=x^2+2y^2$ 及 $z=2-x^2$ 所围成；

(4) 由 $z=x^2+y^2$，$y=x^2$，$y=1$ 及 $z=0$ 所围成.

5. 计算下列三重积分：

(1) $\iiint\limits_V xy^2z^3dV$，其中 V 是由曲面 $z=xy$ 与平面 $y=x$，$x=1$ 和 $z=0$ 所围成；

(2) $\iiint\limits_V \frac{dV}{(1+x+y+z)^3}$，其中 V 是由平面 $x+y+z=1$ 与坐标面所围成的四面体；

(3) $\iiint\limits_V xyzdV$，其中 V 是由 $z\geqslant 0$，$z\leqslant\sqrt{4-x^2-y^2}$ 及 $x^2+y^2\leqslant 1$ 所围成；

(4) $\iiint\limits_V z^2dV$，其中 V 是 $x^2+y^2+z^2\leqslant R^2$ 和 $x^2+y^2+z^2\leqslant 2Rz\,(R>0)$ 的公共部分.

6. 若 $f(x,y,z)=f_1(x)\cdot f_2(y)\cdot f_3(z)$. 积分区域

$$V=\{(x,y,z)\mid a\leqslant x\leqslant b, c\leqslant y\leqslant d, e\leqslant z\leqslant h\},$$

证明

$$\iiint\limits_V f(x,y,z)dV=\int_a^b f_1(x)dx\int_c^d f_2(y)dy\int_e^h f_3(z)dz.$$

7. 计算由四个平面 $x=0$，$y=0$，$x=1$，$y=1$ 所围成的柱体被平面 $z=0$，$2x+3y+z=6$ 截得的立体体积.

8. 设有一物体，占有空间闭区域 $V=\{(x,y,z)\mid 0\leqslant x\leqslant 1, 0\leqslant y\leqslant 1, 0\leqslant z\leqslant 1\}$，在点 (x,y,z) 处的密度为 $\rho(x,y,z)=x+y+z$，计算该物体的质量.

B

1. 交换积分次序，证明

$$\int_0^a dy\int_0^y e^{m(a-x)}f(x)dx=\int_0^a (a-x)\,e^{m(a-x)}f(x)dx.$$

2. 证明

$$\iint_{\sigma} x^2 \mathrm{d}\sigma = \iint_{\sigma} y^2 \mathrm{d}\sigma = \frac{1}{2}\iint_{\sigma} (x^2+y^2)\mathrm{d}\sigma,$$

其中 $\sigma=\{(x,y)\mid x^2+y^2\leqslant R^2, x\geqslant 0, y\geqslant 0\}$，并计算其值.

3. 计算 $\iint\limits_{\sigma} \sin|x-y|\mathrm{d}\sigma$，其中 $\sigma=\left\{(x,y)\,\middle|\,0\leqslant x\leqslant \pi, 0\leqslant y\leqslant \frac{\pi}{2}\right\}$.

4. 计算 $\iint\limits_{\sigma} |\sin(x+y)|\mathrm{d}\sigma$，其中 $\sigma=\{(x,y)\mid 0\leqslant x\leqslant \pi, 0\leqslant y\leqslant \pi\}$.

5. 设 $f(x)\in C[a,b]$，证明

$$\int_a^b \mathrm{d}x\int_a^x f(y)\mathrm{d}y=\int_a^b f(x)(b-x)\mathrm{d}x\,(b>a).$$

6. 设 $f(x)>0$，$f(x)\in C[a,b]$，证明

$$\int_a^b f(x)\mathrm{d}x\int_a^b \frac{1}{f(x)}\mathrm{d}x\geqslant (b-a)^2.$$

7. 证明：由曲面 $(z-a)\varphi(x)+(z-b)\varphi(y)=0\,(a>0,b>0)$，$x^2+y^2=c^2\,(c>0)$ 和 $z=0$ 所围成的立体的体积等于

$$\frac{1}{2}\pi c^2(a+b),$$

其中 φ 是任意正的可微函数.

8. 设函数 $f,g\in C[0,1]$ 同为递增（或递减）函数，证明

$$\int_0^1 f(x)g(x)\mathrm{d}x\geqslant \int_0^1 f(x)\mathrm{d}x\int_0^1 g(x)\mathrm{d}x.$$

第三节　重积分的换元法

定积分的换元法可将一个较为复杂的积分化为计算较为简单或更容易认出怎样计算的积分.重积分的换元法也具有类似的作用.常用的有二重积分的极坐标换元法，三重积分的柱面坐标、球面坐标换元法及重积分的一般换元法.

3-1　二重积分的极坐标换元法

被积函数为 $f(x^2+y^2)$ 的形式，积分区域为圆或圆的一部分时，用极坐标换元常给计算带来方便.

设从极点 O 发出的穿过积分区域 σ 内部的射线与 σ 的边界曲线相交不多于两点.为要把二重积分中的直角坐标 x,y 变换为极坐标 r,θ，我们用同心圆族 $r=$ 常数，射线族 $\theta=$ 常数，分区域 σ 为许多小区域，除包含边界的一些小区域外，都是扇面形的小区域.考虑由 r,θ 各取得微小增量 $\mathrm{d}r,\mathrm{d}\theta$ 所得的小区域的面积，如图 8-14 所示，在不计高阶无穷小时，近似等于

长为 $\mathrm{d}r$,宽为 $r\mathrm{d}\theta$ 的矩形面积 $r\mathrm{d}r\mathrm{d}\theta$,于是得极坐标的面积微元 $\mathrm{d}\sigma=r\mathrm{d}r\mathrm{d}\theta$.又有直角坐标与极坐标的关系 $x=r\cos\theta,y=r\sin\theta$ 区域 σ 内的点 (x,y) 可用 $(r\cos\theta,r\sin\theta)$ 表示,因此有二重积分在极坐标系下的换元积分公式

$$\boxed{\iint\limits_{\sigma}f(x,y)\,\mathrm{d}\sigma=\iint\limits_{\sigma}f(r\cos\theta,r\sin\theta)\,r\mathrm{d}r\mathrm{d}\theta} \tag{1}$$

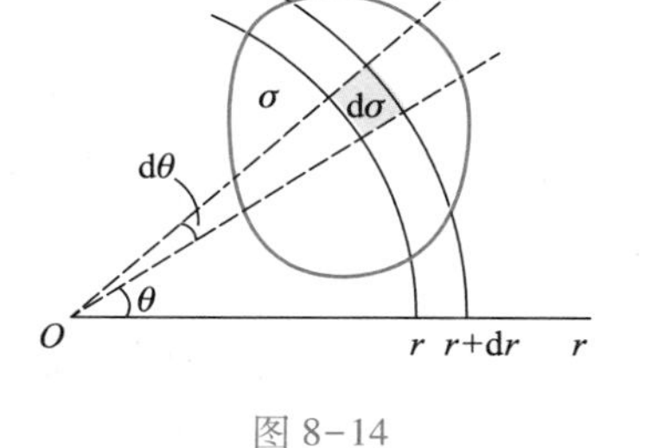

图 8-14

下面讨论积分区域 σ 在不同的情形下,将二重积分化为极坐标系下的二次积分.

1. 若极点在 σ 的内部,σ 可表示为

$$\sigma=\{(r,\theta)\mid 0\leqslant r\leqslant r(\theta),0\leqslant\theta\leqslant 2\pi\},$$

则

$$\iint\limits_{\sigma}f(r\cos\theta,r\sin\theta)\,r\mathrm{d}r\mathrm{d}\theta=\int_0^{2\pi}\mathrm{d}\theta\int_0^{r(\theta)}f(r\cos\theta,r\sin\theta)\,r\mathrm{d}r.$$

2. 若极点在 σ 的外部,σ 可表示为

$$\sigma=\{(r,\theta)\mid r_1(\theta)\leqslant r\leqslant r_2(\theta),\alpha\leqslant\theta\leqslant\beta\},$$

则

$$\iint\limits_{\sigma}f(r\cos\theta,r\sin\theta)\,r\mathrm{d}r\mathrm{d}\theta=\int_\alpha^{\beta}\mathrm{d}\theta\int_{r_1(\theta)}^{r_2(\theta)}f(r\cos\theta,r\sin\theta)\,r\mathrm{d}r.$$

3. 若极点在区域的边界上,σ 可表示为

$$\sigma=\{(r,\theta)\mid 0\leqslant r\leqslant r(\theta),\alpha\leqslant\theta\leqslant\beta\},$$

则

$$\iint\limits_{\sigma}f(r\cos\theta,r\sin\theta)\,r\mathrm{d}r\mathrm{d}\theta=\int_\alpha^{\beta}\mathrm{d}\theta\int_0^{r(\theta)}f(r\cos\theta,r\sin\theta)\,r\mathrm{d}r.$$

例 1 计算 $\iint\limits_{\sigma}\sqrt{x^2+y^2}\,\mathrm{d}x\mathrm{d}y$,其中 σ 由 $x^2+y^2=4$ 与 $x^2+y^2=1$ 所围成.

解 因被积函数含有 x^2+y^2,且积分区域 σ 为圆环形区域,因此,可用极坐标来计算.在极坐标系下

$$\sigma=\{(r,\theta)\mid 1\leqslant r\leqslant 2,0\leqslant\theta\leqslant 2\pi\},$$

所以

$$\iint\limits_{\sigma}\sqrt{x^2+y^2}\,\mathrm{d}x\mathrm{d}y=\iint\limits_{\sigma}r\cdot r\mathrm{d}r\mathrm{d}\theta=\int_0^{2\pi}\mathrm{d}\theta\int_1^2 r^2\mathrm{d}r=\frac{14}{3}\pi.$$

例 2 计算球体 $x^2+y^2+z^2\leqslant 4a^2$ 和圆柱体 $x^2+y^2\leqslant 2ax\,(a>0)$ 公共部分的体积(称为维维安尼立体)

解 维维安尼立体与 xOy,xOz 坐标面都是对称的,所求体积为第Ⅰ卦限部分的 4 倍,如图 8-15 所示,故

$$V=4\iint\limits_{\sigma}\sqrt{4a^2-x^2-y^2}\,\mathrm{d}x\mathrm{d}y,$$

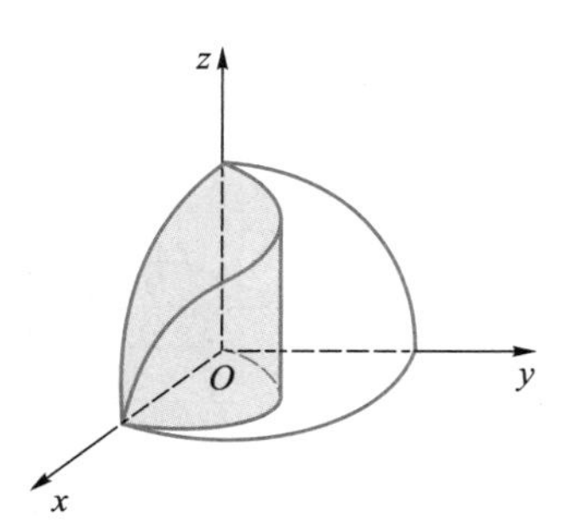

图 8-15

其中

$$\sigma=\{(x,y)\mid 0\leqslant y\leqslant\sqrt{2ax-x^2},0\leqslant x\leqslant 2a\}.$$

在极坐标下

$$\sigma=\left\{(r,\theta)\,\middle|\,0\leqslant r\leqslant 2a\cos\theta,0\leqslant\theta\leqslant\frac{\pi}{2}\right\},$$

所以

$$V=4\iint_{\sigma}\sqrt{4a^2-r^2}\cdot r\mathrm{d}r\mathrm{d}\theta=4\int_0^{\frac{\pi}{2}}\mathrm{d}\theta\int_0^{2a\cos\theta}\sqrt{4a^2-r^2}\cdot r\mathrm{d}r$$

$$=\frac{32}{3}a^3\int_0^{\frac{\pi}{2}}(1-\sin^3\theta)\mathrm{d}\theta=\frac{32}{3}a^3\left(\frac{\pi}{2}-\frac{2}{3}\right).$$

例 3　计算双纽线

$$(x^2+y^2)^2=2a^2(x^2-y^2)$$

所围成的区域的面积.

解　双纽线如图 8-16 所示,将 $x=r\cos\theta,y=r\sin\theta$ 代入双纽线方程得

$$r^4=2a^2r^2\cos 2\theta,\quad 即\quad r=a\sqrt{2\cos 2\theta},$$

这就是双纽线的极坐标方程,利用对称性,所求面积

$$S=4\iint_{\sigma}r\mathrm{d}r\mathrm{d}\theta,$$

其中

$$\sigma=\left\{(r,\theta)\,\middle|\,0\leqslant r\leqslant a\sqrt{2\cos 2\theta},\quad 0\leqslant\theta\leqslant\frac{\pi}{4}\right\},$$

所以

$$S=4\int_0^{\frac{\pi}{4}}\mathrm{d}\theta\int_0^{a\sqrt{2\cos 2\theta}}r\mathrm{d}r=2a^2.$$

有时,积分区域虽不是圆的一部分,也可以用极坐标变换.比如

例 4　计算 $\iint_{\sigma}\sqrt{x^2+y^2}\mathrm{d}\sigma$ 其中 $\sigma=\{(x,y)\mid x^2\leqslant y\leqslant x,0\leqslant x\leqslant 1\}$.

解　σ 如图 8-17 所示.将 $x=r\cos\theta,y=r\sin\theta$ 代入 $y=x^2$,得 $r=\sec\theta\tan\theta$,因此,在极坐标系下

$$\sigma=\left\{(r,\theta)\,\middle|\,0\leqslant r\leqslant\sec\theta\tan\theta,0\leqslant\theta\leqslant\frac{\pi}{4}\right\},$$

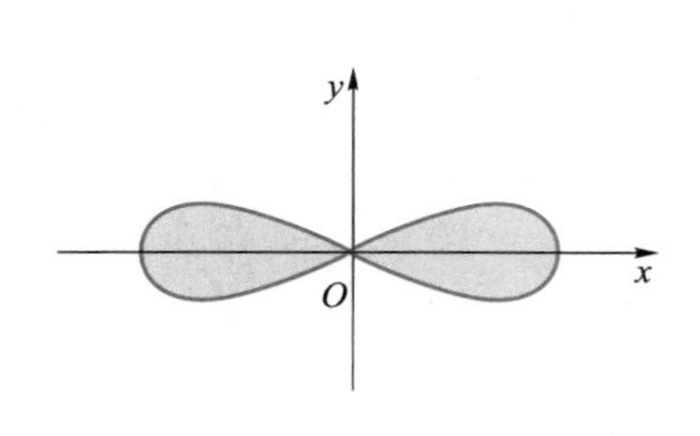

图 8-16

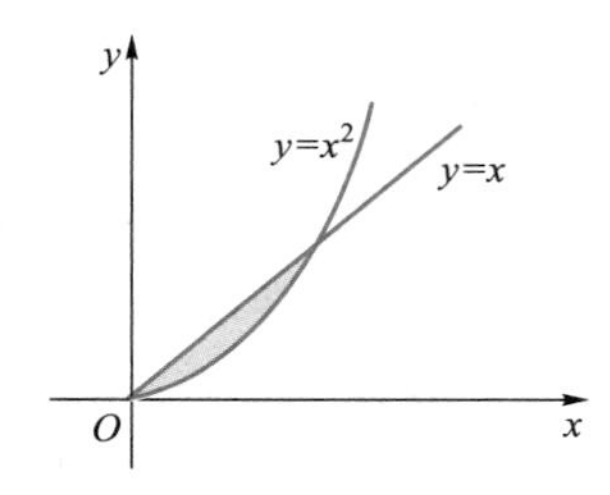

图 8-17

所以

$$\iint_{\sigma}\sqrt{x^2+y^2}\,\mathrm{d}\sigma=\iint_{\sigma}r^2\mathrm{d}r\mathrm{d}\theta=\int_0^{\frac{\pi}{4}}\mathrm{d}\theta\int_0^{\sec\theta\tan\theta}r^2\mathrm{d}r=\frac{2}{45}(\sqrt{2}+1).$$

对于反常重积分,这里不作详细讨论,仅举例说明之.类似于反常定积分,这种积分也分为两类:(1) 如果是无界函数的反常重积分,则先用包含各个奇点的小区域将奇点从原积分区域隔离开,然后再在去掉了小区域的域上积分,最后令小区域的直径趋于零时取极限;(2) 如果是无界区域的反常重积分,先在有界区域内积分,然后令有界区域趋于原无界区域时取极限.

例 5 计算二重积分

$$\iint_{\sigma}\mathrm{e}^{-x^2-y^2}\mathrm{d}x\mathrm{d}y,\sigma\text{ 是整个平面}.$$

解 这是无界区域上的反常二重积分,考虑在 $\sigma(R)=\{(x,y)\mid x^2+y^2\leqslant R^2\}$ 内,

$$\iint_{\sigma(R)}\mathrm{e}^{-x^2-y^2}\mathrm{d}x\mathrm{d}y=\int_0^{2\pi}\mathrm{d}\theta\int_0^R\mathrm{e}^{-r^2}r\mathrm{d}r=\pi(1-\mathrm{e}^{-R^2}),$$

所以

$$\iint_{\sigma}\mathrm{e}^{-x^2-y^2}\mathrm{d}x\mathrm{d}y=\lim_{R\to\infty}\pi(1-\mathrm{e}^{-R^2})=\pi.$$

进一步考虑,由于

$$\left(\int_{-\infty}^{+\infty}\mathrm{e}^{-x^2}\mathrm{d}x\right)^2=\int_{-\infty}^{+\infty}\mathrm{e}^{-x^2}\mathrm{d}x\int_{-\infty}^{+\infty}\mathrm{e}^{-y^2}\mathrm{d}y=\iint_{\sigma}\mathrm{e}^{-x^2-y^2}\mathrm{d}x\mathrm{d}y=\pi,$$

所以

$$\int_{-\infty}^{+\infty}\mathrm{e}^{-x^2}\mathrm{d}x=\sqrt{\pi},$$

即

$$\int_0^{+\infty}\mathrm{e}^{-x^2}\mathrm{d}x=\frac{\sqrt{\pi}}{2}.$$

这是著名的概率积分.

例 6 计算二重积分

$$I=\iint_{\sigma}\frac{\mathrm{d}x\mathrm{d}y}{(1+x^2+y^2)^{\alpha}},\quad \alpha\neq1,\quad \sigma\text{ 是整个平面}.$$

解 这是无界区域上的反常二重积分,考虑积分

$$I(R)=\iint_{x^2+y^2\leqslant R^2}\frac{\mathrm{d}x\mathrm{d}y}{(1+x^2+y^2)^{\alpha}}=\int_0^{2\pi}\mathrm{d}\theta\int_0^R\frac{r\mathrm{d}r}{(1+r^2)^{\alpha}}$$

$$=\frac{\pi}{1-\alpha}\left(\frac{1}{(1+R^2)^{\alpha-1}}-1\right).$$

当 $\alpha>1$ 时,因 $\lim\limits_{R\to\infty}I(R)=\frac{\pi}{\alpha-1}$,故原积分收敛,且 $I=\frac{\pi}{\alpha-1}$.当 $\alpha<1$ 时,$\lim\limits_{R\to\infty}I(R)=\infty$,所以原积分发散.

例 7　计算二重积分

$$\iint\limits_{\substack{0\leqslant x\leqslant 1\\0\leqslant y\leqslant 1}} \frac{y}{\sqrt{x}}\mathrm{d}x\mathrm{d}y.$$

解　被积函数在线段 $x=0(0\leqslant y\leqslant 1)$ 上处处为奇点，以直线 $x=\varepsilon>0$ 隔离开，再令 $\varepsilon\to 0^+$ 取极限，

$$\iint\limits_{\substack{0\leqslant x\leqslant 1\\0\leqslant y\leqslant 1}} \frac{y}{\sqrt{x}}\mathrm{d}x\mathrm{d}y = \lim_{\varepsilon\to 0^+}\int_{\varepsilon}^{1}\frac{\mathrm{d}x}{\sqrt{x}}\int_0^1 y\mathrm{d}y = \lim_{\varepsilon\to 0^+}(1-\sqrt{\varepsilon}) = 1.$$

例 8　计算二重积分

$$\iint\limits_{x^2+y^2\leqslant x} \frac{1}{\sqrt{x^2+y^2}}\mathrm{d}x\mathrm{d}y.$$

解　区域 σ 如图 8-18 所示.原点 $(0,0)$ 为奇点，用 $x^2+y^2=\varepsilon^2$ 将原点隔开.

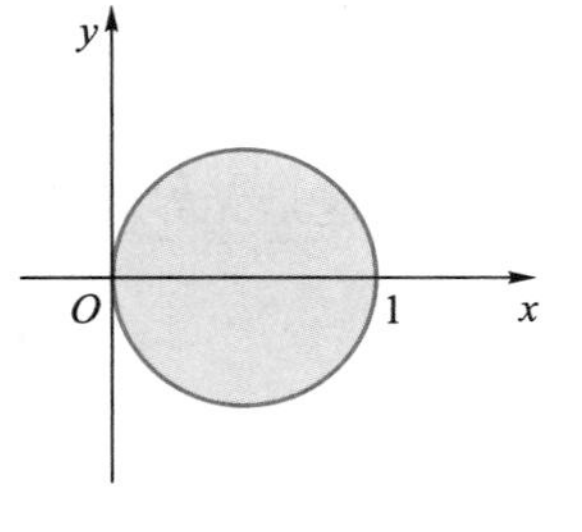

图 8-18

$$\iint\limits_{x^2+y^2\leqslant x} \frac{1}{\sqrt{x^2+y^2}}\mathrm{d}x\mathrm{d}y = \lim_{\varepsilon\to 0^+}2\int_0^{\arccos\varepsilon}\mathrm{d}\theta\int_{\varepsilon}^{\cos\theta}\mathrm{d}r$$

$$= \lim_{\varepsilon\to 0^+}2\int_0^{\arccos\varepsilon}(\cos\theta-\varepsilon)\mathrm{d}\theta = 2.$$

习题 8-3(1)

A

1. 把下列积分化为极坐标形式，并计算之：

(1) $\int_0^{2a}\mathrm{d}x\int_0^{\sqrt{2ax-x^2}}(x^2+y^2)\mathrm{d}y$；　　(2) $\int_0^{a}\mathrm{d}x\int_0^{x}\sqrt{x^2+y^2}\mathrm{d}y$；

(3) $\int_0^{a}\mathrm{d}y\int_0^{\sqrt{a^2-y^2}}(x^2+y^2)\mathrm{d}x$；　　(4) $\int_0^{\frac{\sqrt{3}}{2}a}\mathrm{d}x\int_{a-\sqrt{a^2-x^2}}^{\sqrt{a^2-x^2}}(x^2+y^2)\mathrm{d}y$.

2. 用极坐标计算下列二重积分：

(1) $\iint\limits_{\sigma}\mathrm{e}^{x^2+y^2}\mathrm{d}\sigma,\sigma=\{(x,y)\mid a^2\leqslant x^2+y^2\leqslant b^2\}$；

(2) $\iint\limits_{\sigma}(x^2+y^2)^{\frac{1}{2}}\mathrm{d}\sigma,\sigma=\{(x,y)\mid x^2+y^2\leqslant 4,x^2+y^2\geqslant 2x,x\geqslant 0\}$；

(3) $\iint\limits_{\sigma}\sqrt{1-x^2-y^2}\mathrm{d}\sigma,\sigma=\{(x,y)\mid x^2+y^2\leqslant 1,x\geqslant 0,y\geqslant 0\}$；

(4) $\iint\limits_{\sigma}\sin\sqrt{x^2+y^2}\mathrm{d}\sigma,\sigma=\{(x,y)\mid \pi^2\leqslant x^2+y^2\leqslant 4\pi^2\}$.

3. 计算下列各题：

(1) $\iint\limits_{\sigma}\sqrt{\dfrac{1-x^2-y^2}{1+x^2+y^2}}\mathrm{d}\sigma$，其中 σ 为由 $x^2+y^2=1$ 及坐标轴所围成的在第一象限内的闭区域；

(2) $\iint\limits_{\sigma}(x^2+y^2)\mathrm{d}\sigma$，其中 σ 由直线 $y=x, y=x+a, y=a, y=3a(a>0)$ 所围成的闭区域；

(3) $\iint\limits_{\sigma}\ln(1+x^2+y^2)\mathrm{d}\sigma$，其中 σ 为由 $x^2+y^2=1, y=0, y=x$ 在第一象限内所围的闭区域；

(4) $\iint\limits_{\sigma}(x+y)\mathrm{d}\sigma$，其中 σ 由曲线 $x^2+y^2=x+y$ 所围的闭区域.

4. 求下列各组曲面所围成的立体的体积：

(1) $z=1-4x^2-y^2, z=0$；

(2) $z=x^2+y^2, x+y=1$ 与坐标面；

(3) $z=xy, x^2+y^2=2x, z=0$；

(4) 求由平面 $y=0, y=kx(k>0), z=0$ 及球心在原点、半径为 R 的上半球面所围成的第Ⅰ卦限内的立体的体积.

B

1. 计算下列各题：

(1) $\iint\limits_{\sigma}(y-x)^2\mathrm{d}\sigma, \sigma=\{(x,y)\mid 0\leqslant y\leqslant R+x, x^2+y^2\leqslant R^2\}\quad(R>0)$；

(2) $\iint\limits_{\sigma}|x^2+y^2-1|\mathrm{d}\sigma, \sigma=\{(x,y)\mid x^2+y^2\leqslant 4\}$；

(3) $\iint\limits_{\sigma}(x+y)\ \mathrm{sgn}\ (x-y)\mathrm{d}\sigma, \sigma=\{(x,y)\mid 0\leqslant x\leqslant 1, 0\leqslant y\leqslant 1\}$；

(4) $\iint\limits_{\sigma}\max\{1, x^2+y^2\}\mathrm{d}\sigma, \sigma=\{(x,y)\mid x^2+y^2\leqslant 4\}$；

(5) $\iint\limits_{\sigma}\min\{x,y\}\mathrm{d}\sigma, \sigma=\{(x,y)\mid 0\leqslant x\leqslant 3, 0\leqslant y\leqslant 1\}$.

2. 求 $\lim\limits_{\varepsilon\to 0^+}\iint\limits_{\sigma}\ln(x^2+y^2)\mathrm{d}\sigma$ 其中 $\sigma=\{(x,y)\mid \varepsilon^2\leqslant x^2+y^2\leqslant 1\}$.

3. 设函数 $f(u)$ 连续，$f(0)=0$，且在 $u=0$ 处可导，求

$$\lim_{t\to 0}\frac{1}{t^4}\iint\limits_{x^2+y^2\leqslant t^2}f(x^2+y^2)\mathrm{d}x\mathrm{d}y\quad(t>0).$$

3-2　三重积分的柱面坐标与球面坐标换元法

一、柱面坐标换元法

柱面坐标系是由以 z 轴为轴的圆柱面族 $r=$ 常数，过 z 轴的半平面族 $\theta=$ 常数和平行于坐

标面 xOy 的平面族 z=常数三族坐标面组成,其任何三个坐标面,交于空间一点 P,如图 8-19,从而,点 P 可由有序数组 (r,θ,z) 唯一确定,其中 $0\leqslant r<+\infty$,$0\leqslant\theta\leqslant 2\pi$,$-\infty<z<+\infty$.$(r,\theta,z)$ 称为点 P 的柱面坐标.

显然,点 P 的直角坐标 (x,y,z) 与柱面坐标 (r,θ,z) 之间的关系为

$$\begin{cases}x=r\cos\theta,\\ y=r\sin\theta,\\ z=z.\end{cases}$$

为把三重积分中的直角坐标 x,y,z 变换为柱面坐标 r,θ,z,我们用坐标面族 r=常数,θ=常数,z=常数,将积分区域 V 分为许多小区域,除包含 V 的边界的一些小区域外,其他小区域都是小柱体.考虑由 r,θ,z 各取得微小增量 $\mathrm{d}r,\mathrm{d}\theta,\mathrm{d}z$ 所得的小柱体的体积,如图 8-20 所示,在不计高阶无穷小时,近似等于长为 $\mathrm{d}r$,宽为 $r\mathrm{d}\theta$,高为 $\mathrm{d}z$ 的柱体体积 $r\mathrm{d}r\mathrm{d}\theta\mathrm{d}z$,于是得柱面坐标的体积微元 $\mathrm{d}V=r\mathrm{d}r\mathrm{d}\theta\mathrm{d}z$.又有直角坐标与柱面坐标的关系,则有三重积分的柱面坐标系下的换元积分公式

$$\boxed{\iiint_V f(x,y,z)\,\mathrm{d}V=\iiint_V f(r\cos\theta,r\sin\theta,z)\,r\mathrm{d}r\mathrm{d}\theta\mathrm{d}z.}\tag{2}$$

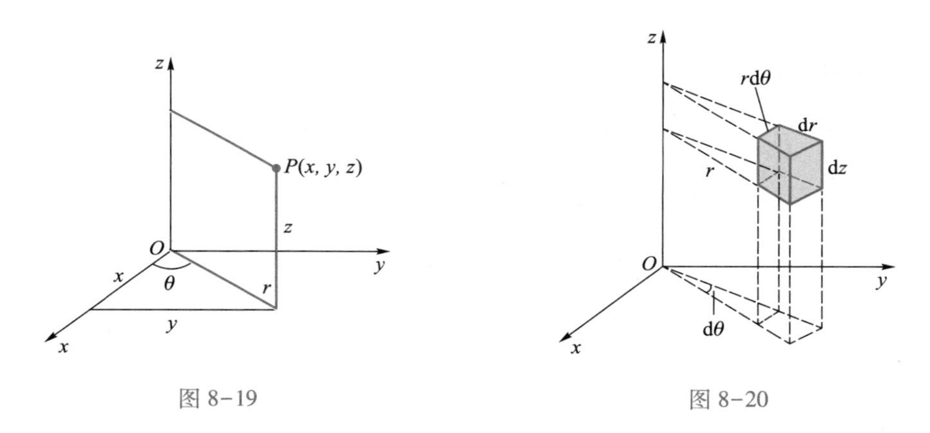

图 8-19　　　图 8-20

例 9　计算 $\iiint\limits_V (x^2+y^2)\,\mathrm{d}V$,其中区域 V 由 $x^2+y^2=z^2$,$z=h(h>0)$ 围成.

解　在柱面坐标系中

$$V=\{(r,\theta,z)\mid r\leqslant z\leqslant h,0\leqslant r\leqslant h,0\leqslant\theta\leqslant 2\pi\},$$

所以

$$\iiint_V (x^2+y^2)\,\mathrm{d}V=\iiint_V r^3\mathrm{d}r\mathrm{d}\theta\mathrm{d}z=\int_0^{2\pi}\mathrm{d}\theta\int_0^h r^3\mathrm{d}r\int_r^h\mathrm{d}z=\frac{\pi h^5}{10}.$$

例 10　计算 $\iiint\limits_V xyz\mathrm{d}V$,其中区域 $V=\{(x,y,z)\mid x^2+y^2+z^2\leqslant 1,x\geqslant 0,y\geqslant 0,z\geqslant 0\}$.

解法一　在柱面坐标系中

$$V=\left\{(r,\theta,z)\,\middle|\,0\leqslant z\leqslant\sqrt{1-r^2},0\leqslant r\leqslant 1,0\leqslant\theta\leqslant\frac{\pi}{2}\right\},$$

所以

$$\begin{aligned}\iiint_V xyz\mathrm{d}V &= \iiint_V r^2\sin\theta\cos\theta\cdot z\cdot r\mathrm{d}r\mathrm{d}\theta\mathrm{d}z\\&=\int_0^{\frac{\pi}{2}}\sin\theta\cos\theta\mathrm{d}\theta\int_0^1 r^3\mathrm{d}r\int_0^{\sqrt{1-r^2}}z\mathrm{d}z\\&=\frac{1}{2}\int_0^1 r^3\frac{(1-r^2)}{2}\mathrm{d}r=\frac{1}{48}.\end{aligned}$$

解法二 可在直角坐标系中用先二后一法,再用极坐标变换来解.

$$\iiint_V xyz\mathrm{d}V=\int_0^1 z\mathrm{d}z\iint_{\sigma(z)}xy\mathrm{d}\sigma,$$

其中

$$\sigma(z)=\{(x,y)\mid x^2+y^2\leqslant 1-z^2,x\geqslant 0,y\geqslant 0\},$$

所以

$$\begin{aligned}\iiint_V xyz\mathrm{d}V &= \int_0^1 z\mathrm{d}z\iint_{\sigma(z)}xy\mathrm{d}\sigma\\&=\int_0^1 z\mathrm{d}z\iint_{\sigma(z)}r^2\sin\theta\cos\theta\cdot r\mathrm{d}r\mathrm{d}\theta\\&=\int_0^1 z\mathrm{d}z\int_0^{\frac{\pi}{2}}\sin\theta\cos\theta\mathrm{d}\theta\int_0^{\sqrt{1-z^2}}r^3\mathrm{d}r\\&=\frac{1}{2}\int_0^1 z\frac{(1-z^2)^2}{4}\mathrm{d}z=\frac{1}{48}.\end{aligned}$$

二、球面坐标换元法

球面坐标系是由以原点为中心的球面族 $\rho=$常数,以原点为顶点,z 轴为对称轴且半顶角为 φ 的圆锥面族 $\varphi=$常数和过 z 轴的半平面族 $\theta=$常数三族坐标面组成,其任意三个坐标面交于空间一点 P,如图 8-21 所示,从而点 P 由有序数组(ρ,θ,φ)唯一确定,其中 $0\leqslant\rho<+\infty$,$0\leqslant\varphi\leqslant\pi$,$0\leqslant\theta\leqslant 2\pi$.(ρ,θ,φ)称为点 P 的球面坐标.

由图 8-21 可知,点 P 的直角坐标(x,y,z)与球面坐标(ρ,θ,φ)之间的关系为

$$\begin{cases}x=\rho\sin\varphi\cos\theta,\\y=\rho\sin\varphi\sin\theta,\\z=\rho\cos\varphi.\end{cases}$$

为把三重积分中的直角坐标 x,y,z 变换为球面坐标 ρ,θ,φ,我们用坐标面族 $\rho=$常数,$\theta=$常数,$\varphi=$常数,将积分区域 V 分为许多小区域,除包含 V 的边界的一些小区域外,其小区域都是小六面体.考虑由 ρ,θ,φ 各取得微小增量 $\mathrm{d}\rho,\mathrm{d}\theta,\mathrm{d}\varphi$ 所得的小六面体的体积,如图 8-22 所示,在不计高阶无穷小时,近似等于长为 $\rho\mathrm{d}\varphi$,宽为 $\rho\sin\varphi\mathrm{d}\theta$,高为 $\mathrm{d}\rho$ 的长方体体积 $\rho^2\sin\varphi\mathrm{d}\rho\mathrm{d}\theta\mathrm{d}\varphi$,于是得球面坐标的体积微元 $\mathrm{d}V=\rho^2\sin\varphi\mathrm{d}\rho\mathrm{d}\theta\mathrm{d}\varphi$.又有直角坐标与球面坐标的关系,则有三重积分的球面坐标系下的换元积分公式

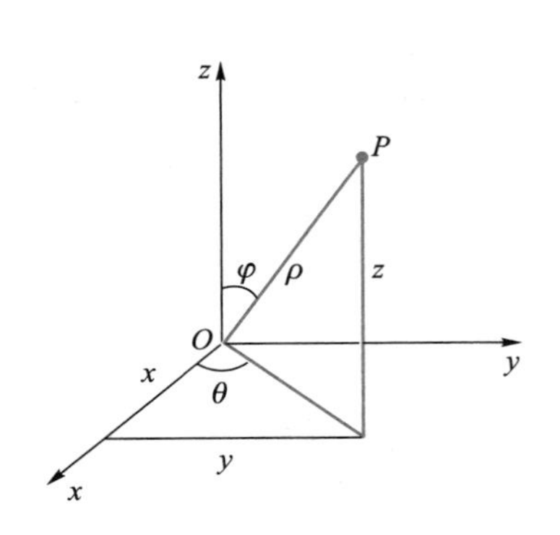

图 8-21

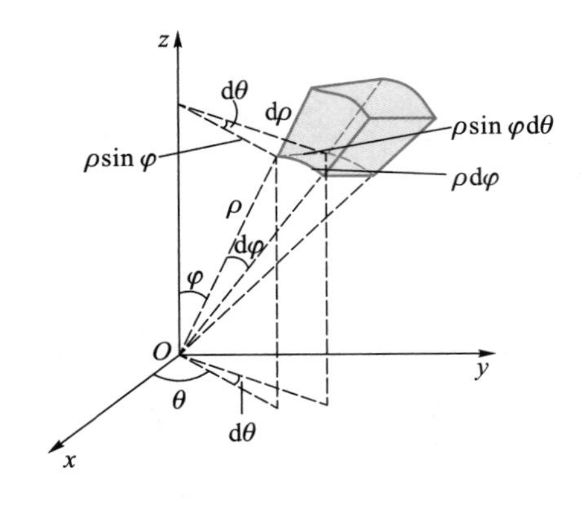

图 8-22

$$\iiint\limits_V f(x,y,z)\,\mathrm{d}V=\iiint\limits_V f(\rho\sin\varphi\cos\theta,\rho\sin\varphi\sin\theta,\rho\cos\varphi)\rho^2\sin\varphi\,\mathrm{d}\rho\mathrm{d}\theta\mathrm{d}\varphi. \tag{3}$$

例 11　计算 $\iiint\limits_V z\mathrm{d}V$，其中区域 V：

（1）由 $z=\sqrt{x^2+y^2}$ 与 $x^2+y^2+z^2\leqslant R^2$ 所围成；

（2）由 $z=\sqrt{x^2+y^2}$ 与 $z=R$ 所围成.

解　（1）区域 V 在球面坐标系中为

$$V=\left\{(\rho,\theta,\varphi)\,\middle|\,0\leqslant\rho\leqslant R,0\leqslant\theta\leqslant 2\pi,0\leqslant\varphi\leqslant\frac{\pi}{4}\right\},$$

所以

$$\begin{aligned}\iiint\limits_V z\mathrm{d}V&=\iiint\limits_V \rho\cos\varphi\rho^2\sin\varphi\,\mathrm{d}\rho\mathrm{d}\theta\mathrm{d}\varphi\\&=\int_0^{2\pi}\mathrm{d}\theta\int_0^{\frac{\pi}{4}}\sin\varphi\cos\varphi\,\mathrm{d}\varphi\int_0^R\rho^3\mathrm{d}\rho=\frac{\pi R^4}{8}.\end{aligned}$$

（2）将球面坐标与直角坐标关系式的 $z=\rho\cos\varphi$ 代入 $z=R$，得 $\rho=\dfrac{R}{\cos\varphi}$，于是区域 V 在球面坐标系中为

$$V=\left\{(\rho,\theta,\varphi)\,\middle|\,0\leqslant\rho\leqslant\frac{R}{\cos\varphi},0\leqslant\theta\leqslant 2\pi,0\leqslant\varphi\leqslant\frac{\pi}{4}\right\},$$

所以

题型归类解析 8.4

用柱面坐标、球面坐标换元法计算三重积分.

$$\begin{aligned}\iiint\limits_V z\mathrm{d}V&=\int_0^{2\pi}\mathrm{d}\theta\int_0^{\frac{\pi}{4}}\sin\varphi\cos\varphi\,\mathrm{d}\varphi\int_0^{\frac{R}{\cos\varphi}}\rho^3\mathrm{d}\rho\\&=\frac{\pi R^4}{2}\int_0^{\frac{\pi}{4}}\frac{\sin\varphi}{\cos^3\varphi}\mathrm{d}\varphi=\frac{\pi R^4}{4}.\end{aligned}$$

一般地，若三重积分的积分区域为球体、柱体、锥体或它们的一部分，则用柱面坐标、球面坐标变换，易于简化计算.

习题 8-3(2)

A

1. 将三重积分 $\iiint\limits_V f(x,y,z)\mathrm{d}V$ 化为柱面坐标系中的三次积分,其中 V 分别为:

(1) $z=\sqrt{a^2-x^2-y^2}$ 与 $z=0$ 所围成的区域;

(2) $z=\sqrt{x^2+y^2}$ 与 $z=1$ 所围成的区域;

(3) $z=\sqrt{4-x^2-y^2}$, $z=0$ 与 $x^2+y^2=2x$ 所围成的区域;

(4) $z=x^2+y^2$ 与 $z=\sqrt{x^2+y^2}$ 所围成的区域.

2. 利用柱面坐标计算下列各题:

(1) $\iiint\limits_V z\mathrm{d}V$,其中 V 由 $z=\sqrt{2-x^2-y^2}$ 与 $z=x^2+y^2$ 所围成;

(2) $\iiint\limits_V (x^3+xy^2)\mathrm{d}V$,其中 V 由 $x^2+(y-1)^2=1$, $z=0$, $z=2$ 所围成;

(3) $\iiint\limits_V 2\sqrt{x^2+y^2}\mathrm{d}V$,其中 V 由 $z=\sqrt{h^2-x^2-y^2}$, $x\geqslant0$, $y\geqslant0$, $z\geqslant0$ 所围成;

(4) $\iiint\limits_V (x^2+y^2)\mathrm{d}V$,其中 V 由 $x^2+y^2=2z$, $z=2$ 所围成.

*3. 将三重积分 $\iiint\limits_V f(x^2+y^2+z^2)\mathrm{d}V$ 化为球面坐标系中的三次积分,其中 V 分别为

(1) $z=\sqrt{1-x^2-y^2}$, $z=\sqrt{4-x^2-y^2}$, $z=0$ 所围成的区域;

(2) $z=\sqrt{x^2+y^2}$ 与 $z=1$ 所围成的区域;

(3) $z=\sqrt{a^2-x^2-y^2}$, $z=a-\sqrt{a^2-x^2-y^2}$ 所围成的区域;

(4) $x^2+y^2+z^2=2az$ 所围成的区域.

*4. 利用球面坐标计算下列各题:

(1) $\iiint\limits_V z\mathrm{d}V$, $V=\{(x,y,z)\mid x^2+y^2+(z-a)^2\leqslant a^2, x^2+y^2\leqslant z^2\}$;

(2) $\iiint\limits_V \dfrac{\sin\sqrt{x^2+y^2+z^2}}{x^2+y^2+z^2}\mathrm{d}V$, $V=\{(x,y,z)\mid x^2+y^2+z^2\leqslant1, x\geqslant0, y\geqslant0, z\geqslant0\}$;

(3) $\iiint\limits_V \sqrt{x^2+y^2+z^2}\mathrm{d}V$, $V=\{(x,y,z)\mid x^2+y^2\leqslant z^2, x^2+y^2+z^2\leqslant R^2, z\geqslant0\}$;

(4) $\iiint\limits_V x\mathrm{e}^{\frac{x^2+y^2+z^2}{a^2}}\mathrm{d}V$, $V=\{(x,y,z)\mid x^2+y^2+z^2\leqslant a^2, x\geqslant0, y\geqslant0, z\geqslant0\}$.

5. 计算 $\iiint\limits_V \dfrac{z\ln(x^2+y^2+z^2+1)}{x^2+y^2+z^2+1}\mathrm{d}V$, $V=\{(x,y,z)\mid x^2+y^2+z^2\leqslant1\}$.

B

1. 选取适当坐标系,计算下列各题:

(1) $\iiint\limits_V (x^2+y^2)\mathrm{d}V$, 其中 V 是由 $4z^2=25(x^2+y^2)$ 与 $z=5$ 所围成的闭区域;

(2) $\iiint\limits_V xz\mathrm{d}V$, 其中 V 是由 $z=x,z=0,y=1$ 及 $y=x^2$ 所围成的闭区域;

(3) $\iiint\limits_V x^2yz\mathrm{d}V$, 其中 V 是 $x^2+y^2=2y$ 含于 $x^2+y^2+z^2=8$ 内的闭区域;

(4) $\iiint\limits_V (x^2+y^2)\mathrm{d}V$, 其中 V 是由曲线$\begin{cases}y^2=2z,\\ x=0\end{cases}$绕 z 轴旋转而成的曲面与 $z=2,z=8$ 所围成的区域;

(5) $\iiint\limits_V (x^2+y^2)\mathrm{d}V$, 其中 V 是由 $z=c\sqrt{1-\dfrac{x^2}{a^2}-\dfrac{y^2}{b^2}}$,$z=0$ 所围成的区域.

2. 计算由下列曲面所围成的立体的体积:

(1) $z=\sqrt{5-x^2-y^2}$ 及 $x^2+y^2=4z$;

(2) $az=a^2-x^2-y^2,z=a-x-y,x=0,y=0$ 及 $z=0(a>0)$;

(3) $x=\sqrt{y-z^2}$, $\dfrac{1}{2}\sqrt{y}=x$ 及 $y=1$;

(4) $x^2+y^2+z^2=a^2,x^2+y^2+z^2=b^2$ 及 $z=\sqrt{x^2+y^2}\ (b>a>0)$.

*3. 求 $\lim\limits_{R\to0^+}\dfrac{1}{R^6}\iiint\limits_V\left(\sqrt{x^2+y^2+z^2}-\sin\sqrt{x^2+y^2+z^2}\right)\mathrm{d}V$,其中 $V=\{(x,y,z)\mid x^2+y^2+z^2\leqslant R^2\}$.

*4. 设函数 $f(u)$ 在 $u=0$ 处可微,且 $f(0)=0$,求

$$\lim_{t\to0}\frac{1}{\pi t^4}\iiint\limits_V f(\sqrt{x^2+y^2+z^2})\mathrm{d}V,$$

其中 $V=\{(x,y,z)\mid x^2+y^2+z^2\leqslant t^2\}$.

*5. 计算下列各题:

(1) $\iiint\limits_V (x+y+z)\mathrm{d}V,V=\{(x,y,z)\mid (x-a)^2+(y-b)^2+(z-c)^2\leqslant R^2\}$;

(2) $\iiint\limits_V (|x|+|y|+|z|)\mathrm{d}V,V=\{(x,y,z)\mid |x|+|y|+|z|\leqslant 1\}$;

(3) $\iiint\limits_V |xyz|\mathrm{d}V,V=\{(x,y,z)\mid x^2+y^2=z^2,-1\leqslant z\leqslant 1\}$;

(4) $\iiint\limits_V \left|\sqrt{x^2+y^2+z^2}-1\right|\mathrm{d}V,V=\{(x,y,z)\mid \sqrt{x^2+y^2}\leqslant z\leqslant 1\}$.

*3-3　重积分的一般换元法

上面已学的极坐标换元法、柱面坐标和球面坐标换元法,都是重积分的一般换元法的特

殊情形.下面给出二重积分的一般换元公式.

定理 8.3.1 设函数$f(x,y)\in C(\sigma)$,$\sigma\subset\mathbf{R}^2$,变换$T: x=x(u,v), y=y(u,v)\ (u,v)\in\sigma'\subset\mathbf{R}^2$满足

(1) $x(u,v), y(u,v)\in C^{(1)}(\sigma')$;

(2) 在σ'上雅可比行列式$J=\dfrac{\partial(x,y)}{\partial(u,v)}\neq 0$;

(3) 变换$T:\sigma'\to\sigma$是一一对应的.

则有

$$\boxed{\iint_{\sigma} f(x,y)\mathrm{d}\sigma=\iint_{\sigma'} f(x(u,v),y(u,v))\,|J|\,\mathrm{d}\sigma'.}\tag{4}$$

题型归类解析 8.5

由多元数值函数积分所确定的函数及其运算.

证 用平行于坐标轴的直线网

$$u=c_i, v=c_j,$$

将区域σ'分割为许多小区域(见图 8-23(a)),变换$x=x(u,v)$,$y=y(u,v)$将uv平面上的小区域$\Delta\sigma'$一一对应地映射成为xy平面上的小区域$\Delta\sigma$($\Delta\sigma'$,$\Delta\sigma$也分别表示其面积).设$\Delta\sigma'$的四个顶点的坐标分别为$P_1'(u,v)$,$P_2'(u+\Delta u,v)$,$P_3'(u+\Delta u,v+\Delta v)$,$P_4'(u,v+\Delta v)$,变换之后与之对应的$\Delta\sigma$的四个顶点的坐标分别为$P_1(x_1,y_1)$,$P_2(x_2,y_2)$,$P_3(x_3,y_3)$,$P_4(x_4,y_4)$(见图 8-23(b)).由于函数是连续的,当$\Delta\sigma'$的直径趋于 0 时,$\Delta\sigma$的直径也趋于 0.

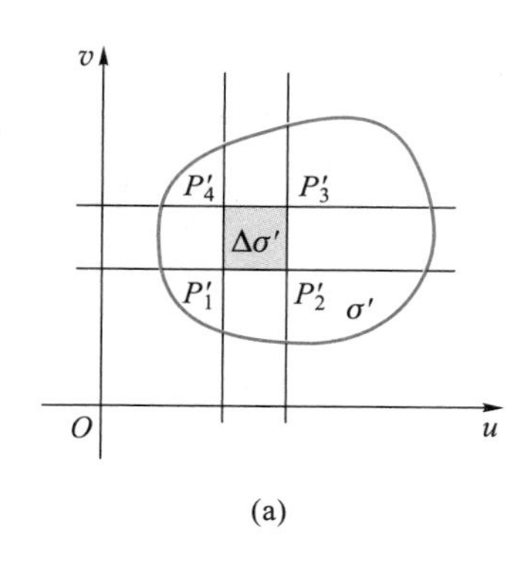

(a)

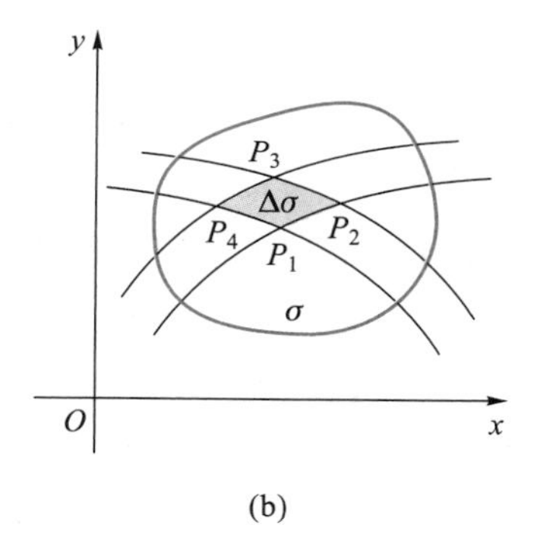

(b)

图 8-23

现考察$\Delta\sigma$与$\Delta\sigma'$之间的关系.由于直线网分割细密,因此,若不计高阶无穷小,曲边四边形$P_1P_2P_3P_4$的面积$\Delta\sigma$,可近似地看作以P_1P_2,P_1P_4为邻边的平行四边形的面积.而

$$\begin{aligned}\overrightarrow{P_1P_2}&=(x_2-x_1)\boldsymbol{i}+(y_2-y_1)\boldsymbol{j}\\&=[x(u+\Delta u,v)-x(u,v)]\boldsymbol{i}+[y(u+\Delta u,v)-y(u,v)]\boldsymbol{j}\\&\approx\frac{\partial x}{\partial u}\Delta u\boldsymbol{i}+\frac{\partial y}{\partial u}\Delta u\boldsymbol{j}.\end{aligned}$$

同理

$$\overrightarrow{P_1P_4}\approx\frac{\partial x}{\partial v}\Delta v\boldsymbol{i}+\frac{\partial y}{\partial v}\Delta v\boldsymbol{j}.$$

所以 $\Delta\sigma \approx \| \overrightarrow{P_1P_2} \times \overrightarrow{P_1P_4} \|$，即

$$\Delta\sigma \approx \left\| \begin{vmatrix} \boldsymbol{i} & \boldsymbol{j} & \boldsymbol{k} \\ \dfrac{\partial x}{\partial u}\Delta u & \dfrac{\partial y}{\partial u}\Delta u & 0 \\ \dfrac{\partial x}{\partial v}\Delta v & \dfrac{\partial y}{\partial v}\Delta v & 0 \end{vmatrix} \right\| = \left| \frac{\partial(x,y)}{\partial(u,v)} \right| \Delta u \Delta v = |J| \Delta\sigma',$$

当直线网愈来愈细密时，面积微元 $\mathrm{d}\sigma = |J|\mathrm{d}\sigma'$，且其误差是 $\Delta u \Delta v$ 的高阶无穷小量. 证毕

由此可见，$|J|$ 为 σ' 与 σ 之间对应的面积微元的放大系数.

对于三重积分也有类似的一般换元公式.

设函数 $f(x,y,z) \in C(V)$，$V \subset \mathbf{R}^3$，变换 T：$x=x(u,v,w)$，$y=y(u,v,w)$，$z=z(u,v,w)$，$(u,v,w) \in V' \subset \mathbf{R}^3$ 满足

(1) $x(u,v,w)$，$y(u,v,w)$，$z(u,v,w) \in C^{(1)}(V')$；

(2) 在 V' 上雅可比行列式

$$J = \frac{\partial(x,y,z)}{\partial(u,v,w)} \neq 0;$$

(3) 变换 T：$V' \to V$ 是一一对应的.

则有

$$\boxed{\iiint_V f(x,y,z)\,\mathrm{d}V = \iiint_{V'} f(x(u,v,w),y(u,v,w),z(u,v,w))\,|J|\,\mathrm{d}V'.} \tag{5}$$

注意：若 J 在个别点、线上为零，定理仍然成立. 使 $J=0$ 的点称为新坐标系的奇点.

重积分的一般变换 T，要根据具体问题所给出的被积函数和积分区域的形式来选取，它没有统一的规律可循，下面通过实例说明其方法.

例 12 求由抛物线 $x^2=2y$，$x^2=4y$，$y^2=x$，$y^2=4x$ 所围成的闭区域 σ 的面积.

解 由抛物线方程的形式，可设

$$\begin{cases} u = \dfrac{x^2}{y}, \\ v = \dfrac{y^2}{x}. \end{cases}$$

在该变换下，$\sigma' = \{(u,v) \mid 2 \leqslant u \leqslant 4, 1 \leqslant v \leqslant 4\}$，

$$|J| = \left| \frac{\partial(x,y)}{\partial(u,v)} \right| = \frac{1}{\left| \dfrac{\partial(u,v)}{\partial(x,y)} \right|} = \frac{1}{3},$$

于是

$$\iint_\sigma \mathrm{d}x\mathrm{d}y = \iint_{\sigma'} |J|\,\mathrm{d}u\mathrm{d}v = \frac{1}{3}\int_2^4 \mathrm{d}u \int_1^4 \mathrm{d}v = 2.$$

注意：$\left| \dfrac{\partial(x,y)}{\partial(u,v)} \right| = \dfrac{1}{\left| \dfrac{\partial(u,v)}{\partial(x,y)} \right|}$ 证明见第七章第二节例 23.

例 13　计算 $\iint\limits_{\sigma} e^{\frac{y-x}{y+x}}\mathrm{d}x\mathrm{d}y$，其中 σ 为直线 $x+y=2$ 与 x 轴，y 轴所围成的闭区域.

解　根据被积函数和积分区域的形式，作变换

$$\begin{cases} u=y-x, \\ v=y+x. \end{cases}$$

区域 σ（图 8-24(a)）在该变换下变为

$$\sigma'=\{(u,v)\mid -v\leqslant u\leqslant v,0\leqslant v\leqslant 2\}$$

（如图 8-24(b) 所示），

$$|J|=\left|\frac{\partial(x,y)}{\partial(u,v)}\right|=\frac{1}{\left|\frac{\partial(u,v)}{\partial(x,y)}\right|}=\frac{1}{|-2|}=\frac{1}{2},$$

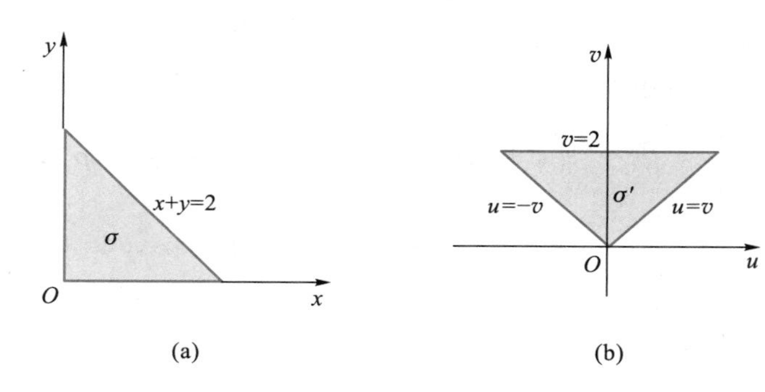

图 8-24

所以

$$\iint\limits_{\sigma} e^{\frac{y-x}{y+x}}\mathrm{d}x\mathrm{d}y=\iint\limits_{\sigma'}\frac{1}{2}e^{\frac{u}{v}}\mathrm{d}u\mathrm{d}v=\frac{1}{2}\int_0^2\mathrm{d}v\int_{-v}^{v}e^{\frac{u}{v}}\mathrm{d}u=e-e^{-1}.$$

例 14　计算 $\iint\limits_{\sigma}\frac{\mathrm{d}x\mathrm{d}y}{\sqrt{1-\left(\frac{x^2}{a^2}+\frac{y^2}{b^2}\right)}}$，其中 $\sigma=\left\{(x,y)\left|\frac{x^2}{a^2}+\frac{y^2}{b^2}\leqslant 1\right.\right\}$.

解　作广义极坐标变换

$$\begin{cases} x=ar\cos\theta, \\ y=br\sin\theta, \end{cases}$$

σ 变为 σ'：

$$\sigma'=\{(r,\theta)\mid 0\leqslant r\leqslant 1,0\leqslant\theta\leqslant 2\pi\},$$

$$|J|=\left|\frac{\partial(x,y)}{\partial(r,\theta)}\right|=abr,$$

所以

$$\iint\limits_{\sigma}\frac{\mathrm{d}x\mathrm{d}y}{\sqrt{1-\left(\frac{x^2}{a^2}+\frac{y^2}{b^2}\right)}}=\iint\limits_{\sigma'}\frac{abr}{\sqrt{1-r^2}}\mathrm{d}r\mathrm{d}\theta$$

$$= \lim_{\varepsilon \to 0^+} ab \int_0^{2\pi} \mathrm{d}\theta \int_0^{1-\varepsilon} \frac{r}{\sqrt{1-r^2}} \mathrm{d}r = 2\pi ab.$$

例 15　计算 $\iiint\limits_V x^2 \mathrm{d}x\mathrm{d}y\mathrm{d}z$，其中区域 V 为 $\frac{x^2}{a^2}+\frac{y^2}{b^2}+\frac{z^2}{c^2} \leqslant 1$.

解　作广义球面坐标变换

$$\begin{cases} x = a\rho\sin\varphi\cos\theta, \\ y = b\rho\sin\varphi\sin\theta, \\ z = c\rho\cos\varphi, \end{cases}$$

则

$$V' = \{(\rho,\theta,\varphi) \mid 0 \leqslant \rho \leqslant 1, 0 \leqslant \theta \leqslant 2\pi, 0 \leqslant \varphi \leqslant \pi\},$$

$$|J| = \left| \frac{\partial(x,y,z)}{\partial(\rho,\theta,\varphi)} \right| = abc\rho^2 \sin\varphi.$$

题型归类解析 8.6

用一般换元法计算重积分.

所以

$$\begin{aligned} \iiint\limits_V x^2 \mathrm{d}x\mathrm{d}y\mathrm{d}z &= \iiint\limits_{V'} (a\rho\sin\varphi\cos\theta)^2 abc\rho^2 \sin\varphi \mathrm{d}\rho\mathrm{d}\theta\mathrm{d}\varphi \\ &= a^3bc \int_0^1 \rho^4 \mathrm{d}r \int_0^{2\pi} \cos^2\theta \mathrm{d}\theta \int_0^{\pi} \sin^3\varphi \mathrm{d}\varphi \\ &= \frac{4}{15}\pi a^3 bc. \end{aligned}$$

*习题 8-3(3)

A

1. 作适当变换，计算下列各题：

(1) $\iint\limits_\sigma (x-y)^2 \sin^2(x+y) \mathrm{d}x\mathrm{d}y$，其中 σ 是平行四边形区域，其顶点分别为 $(\pi,0)$，$(2\pi,\pi)$，$(\pi,2\pi)$ 和 $(0,\pi)$；

(2) $\iint\limits_\sigma x^2y^2 \mathrm{d}x\mathrm{d}y$，其中 σ 为 $xy=1, xy=2, y=x$ 和 $y=4x$ 所围成的在第一象限内的闭区域；

(3) $\iint\limits_\sigma \mathrm{e}^{\frac{y}{x+y}} \mathrm{d}x\mathrm{d}y$，其中 σ 由 $x+y=1$，x 轴与 y 轴所围成的闭区域；

(4) $\iiint\limits_V x^2 \mathrm{d}x\mathrm{d}y\mathrm{d}z$，其中 V 是 $z=ay^2, z=by^2 (0<a<b, y \geqslant 0)$，$z=\alpha x, z=\beta x\ (0<\alpha<\beta)$ 及 $z=0, z=h(h>0)$ 所围成的闭区域；

(5) $\iiint\limits_V \sqrt{1-\frac{x^2}{a^2}-\frac{y^2}{b^2}-\frac{z^2}{c^2}} \mathrm{d}x\mathrm{d}y\mathrm{d}z$，其中 V 是 $\frac{x^2}{a^2}+\frac{y^2}{b^2}+\frac{z^2}{c^2}=1$ 所围成的区域.

2. 求由曲线 $y=x^3, y=4x^3, x=y^3, x=4y^3$ 所围成的第一象限内的闭区域的面积.

3. 求由曲线 $y^2=px, y^2=qx, x^2=ay, x^2=by\ (0<p<q, 0<a<b)$ 所围成的闭区域的面积.

4. 求证

$$\iint_\sigma \cos\left(\frac{x-y}{x+y}\right)\mathrm{d}x\mathrm{d}y=\frac{1}{2}\sin 1,$$

其中 σ 是由 $x+y=1, x=0, y=0$ 所围成的闭区域.

B

1. 证明下列等式:

(1) $\iint_\sigma f(x+y)\mathrm{d}x\mathrm{d}y=\int_{-1}^{1}f(u)\mathrm{d}u$, 其中 $\sigma=\{(x,y)\mid |x|+|y|\leqslant 1\}$;

(2) $\iint_\sigma f(ax+by+c)\mathrm{d}x\mathrm{d}y=2\int_{-1}^{1}\sqrt{1-u^2}f(u\sqrt{a^2+b^2}+c)\mathrm{d}u$, 其中 $\sigma=\{(x,y)\mid x^2+y^2\leqslant 1, a^2+b^2\neq 0\}$.

$\left(\text{提示:作变换 } x=\frac{au-bv}{\sqrt{a^2+b^2}}, y=\frac{bu+av}{\sqrt{a^2+b^2}}.\right)$

2. 设在 $\mathbf{R}^3$ 中有一立体,它所占有的区域由 $x_i\geqslant 0, \sum_{i=1}^{3}x_i^5\leqslant 1$ 所确定,如果它的体积为 k,试用 k 表示占有空间区域: $x_i\geqslant 0, \sum_{i=1}^{3}x_i^5\leqslant 32$ 的立体的体积.

第四节　第一型曲线积分和第一型曲面积分的概念及其计算法

4-1　第一型曲线积分和第一型曲面积分的概念

在本章第一节引例 2 中,讨论了密度分布不均匀的平面图形、空间立体的质量,由此引入了重积分的定义;事实上,对于密度分布不均匀的曲线构件、空间曲面的质量可用同样的方法讨论,且可得到类似的结果.

一、密度分布不均匀的曲线构件、空间曲面的质量

1. 设在曲线构件 $L\subset\mathbf{R}^3$ 上,其线密度函数 $f(P)=f(x,y,z)$ 为连续函数,其中 $P(x,y,z)\in L$,求其质量.

首先将 L 任意分成 n 个小弧段 $\Delta l_i(i=1,2,\cdots,n)$(图 8-25),且表示小弧段 $\widehat{M_{i-1}M_i}$ 的长度;由于小弧段 $\widehat{M_{i-1}M_i}$ 很短,可用任一点 $P_i(\xi_i,\eta_i,\zeta_i)\in\Delta l_i$ 的线密度代替小弧段上各点处的线密度,因此,小弧段构件的质量近似等于 $\Delta m_i\approx f(\xi_i,\eta_i,\zeta_i)\Delta l_i$; 于是曲线构件的质量

$$m \approx \sum_{i=1}^{n} f(\xi_i,\eta_i,\zeta_i)\Delta l_i,$$

当 $\lambda=\max\limits_{1\leqslant i\leqslant n}(\Delta l_i)\to 0$ 时,上式右端和式的极限,即为曲线构件的质量,

$$m=\lim_{\lambda\to 0}\sum_{i=1}^{n} f(\xi_i,\eta_i,\zeta_i)\Delta l_i.$$

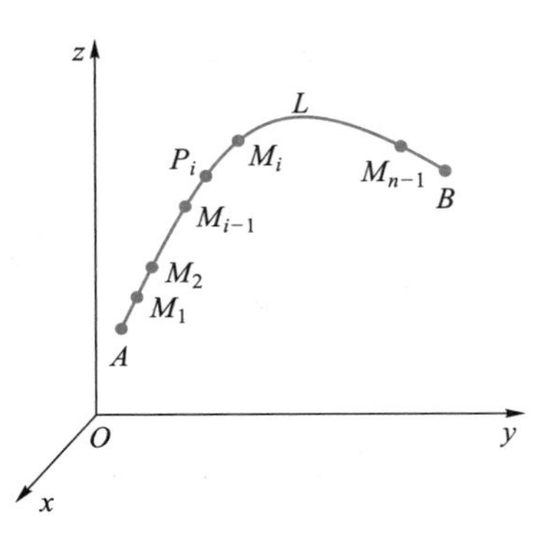

图 8-25

2. 设在空间曲面 $\Sigma\subset\mathbf{R}^3$ 上,其面密度函数 $f(P)=f(x,y,z)$ 为连续函数,$P(x,y,z)\in\Sigma$,求其质量.

用同样的方法.将空间曲面 Σ 分成 n 个小曲面块 $\Delta s_i(i=1,2,\cdots,n)$,并表示其面积,小曲面块 Δs_i 的质量 $\Delta m_i\approx f(\xi_i,\eta_i,\zeta_i)\Delta s_i$,其中 $P_i(\xi_i,\eta_i,\zeta_i)\in\Delta s_i$;空间曲面 Σ 的质量 $m\approx\sum\limits_{i=1}^{n} f(\xi_i,\eta_i,\zeta_i)\Delta s_i$,于是,当 $\lambda=\max\limits_{1\leqslant i\leqslant n}(\Delta s_i$ 的直径$)\to 0$ 时,上式右端和式的极限,即为空间曲面 Σ 的质量

$$m=\lim_{\lambda\to 0}\sum_{i=1}^{n} f(\xi_i,\eta_i,\zeta_i)\Delta V_i,$$

由此可见,它们的几何形体虽然各不相同,但最终都归结为处理同一类型的和式的极限,且与本章第一节引例所得的数学结构完全相同,因此,便得到与定义 8.1.1 完全一致的第一型曲线积分和第一型曲面积分的定义.

二、第一型曲线积分和第一型曲面积分的定义

定义 8.4.1 设 Ω 为一有界几何形体(曲线弧段、空间曲面),且均是可以度量的(可求长、可求面积),在 Ω 上定义了函数 $f(P)$,$P\in\Omega$,将 Ω 任意分为 n 个小几何形体 $\Delta\Omega_i(i=1,2,\cdots,n)$,它也表示其度量的大小,任取 $P_i\in\Delta\Omega_i$,作乘积 $f(P_i)\Delta\Omega_i(i=1,2,\cdots,n)$,求其和 $\sum\limits_{i=1}^{n} f(P_i)\Delta\Omega_i$,当 $\lambda=\max\limits_{1\leqslant i\leqslant n}(\Delta\Omega_i$的直径$)\to 0$ 时,对和式取极限

$$\lim_{\lambda\to 0}\sum_{i=1}^{n} f(P_i)\Delta\Omega_i,$$

如果,不论 Ω 如何分法,P_i 在 $\Delta\Omega_i$上如何取法,都趋于同一极限值,则此极限值称为函数 $f(P)$在 Ω 上的积分,记为

$$\boxed{\int_{\Omega} f(P)\,\mathrm{d}\Omega=\lim_{\lambda\to 0}\sum_{i=1}^{n} f(P_i)\Delta\Omega_i.} \tag{1}$$

于是有

(1) 如果 Ω 是可求长的空间曲线 L,则(1)式称为$f(P)$在 L 上的第一型曲线积分(或称对弧长的曲线积分),记为

$$\boxed{\int_{L} f(x,y,z)\,\mathrm{d}l=\lim_{\lambda\to 0}\sum_{i=1}^{n} f(\xi_i,\eta_i,\zeta_i)\Delta l_i;}$$

若 L 是平面曲线,则有

$$\int_L f(x,y)\,\mathrm{d}l=\lim_{\lambda\to 0}\sum_{i=1}^{n}f(\xi_i,\eta_i)\Delta l_i,$$

其中 $f(x,y,z)$(或 $f(x,y)$)称为被积函数,L 称为积分路径,$\mathrm{d}l$ 称为弧微元.

若 L 是封闭曲线,则曲线积分记为

$$\oint_L f(P)\,\mathrm{d}l.$$

$\int_L f(x,y)\,\mathrm{d}l$ 有何几何意义?请读者思考.

释疑解惑 8.5

第一型平面曲线积分的几何意义.

(2) 如果 Ω 是可求面积的空间曲面 Σ,则(1)式称为 $f(p)$ 在 Σ 上的第一型曲面积分(或称对面积的曲面积分),记为

$$\iint_{\Sigma}f(x,y,z)\,\mathrm{d}S=\lim_{\lambda\to 0}\sum_{i=1}^{n}f(\xi_i,\eta_i,\zeta_i)\Delta S_i,$$

其中 $f(x,y,z)$ 称为被积函数,Σ 称为积分曲面,$\mathrm{d}S$ 称为曲面微元.

若 Σ 为封闭曲面,则曲面积分记为

$$\oiint_{\Sigma}f(x,y,z)\,\mathrm{d}S.$$

最后要指出的是:

(1) 若 $f(P)\in C(\Omega)$,则 $f(P)$ 在 Ω 上一定可积;

(2) 第一型曲线积分和第一型曲面积分的性质与本章 1—2 目重积分的性质完全一致,不再赘述.

4-2　第一型曲线积分的计算法

第一型曲线积分的计算方法与重积分的计算方法一样,也是将其化为定积分来完成.

1. 设 L 为自身不相交的分段光滑的平面曲线(所谓光滑曲线即曲线弧具有连续转动的切线),其参数方程为

$$\begin{cases}x=x(t),\\ y=y(t)\end{cases}\quad(\alpha\leqslant t\leqslant\beta),$$

$x(t),y(t)\in C^{(1)}[\alpha,\beta]$,$t_1=\alpha,t_2=\beta$ 分别对应曲线的两个端点,又设 $f(x,y)\in C(L)$,则曲线积分 $\int_L f(x,y)\,\mathrm{d}l$ 存在,且

$$\int_L f(x,y)\,\mathrm{d}l=\int_{\alpha}^{\beta}f(x(t),y(t))\sqrt{x'^2(t)+y'^2(t)}\,\mathrm{d}t,\qquad(2)$$

其中 $\alpha<\beta$.

证　将区间$[\alpha,\beta]$任意划分为 n 份,

$$\alpha=t_0<t_1<t_2<\cdots<t_n=\beta.$$

曲线 L 相应地划分为 n 个小弧段,设$[t_{i-1},t_i]$对应的小弧段为 $\Delta l_i(i=1,2,\cdots,n)$,$\Delta l_i$ 也表示小弧段的长.根据曲线积分的定义

$$\int_L f(x,y)\,\mathrm{d}l=\lim_{\lambda\to 0}\sum_{i=1}^{n}f(\xi_i,\eta_i)\Delta l_i,$$

设点(ξ_i,η_i)对应的参数值为 $\tau_i\in[t_{i-1},t_i](i=1,2,\cdots,n)$,则

$$\xi_i=x(\tau_i),\eta_i=y(\tau_i);$$

$$\Delta l_i=\int_{t_{i-1}}^{t_i}\sqrt{x'^2(t)+y'^2(t)}\,\mathrm{d}t=\sqrt{x'^2(\tau'_i)+y'^2(\tau'_i)}\,\Delta t_i,$$

其中 $\tau'_i\in[t_{i-1},t_i]$,$\Delta t_i=t_i-t_{i-1}$,于是

$$\begin{aligned}\int_L f(x,y)\,\mathrm{d}l&=\lim_{\lambda\to 0}\sum_{i=1}^{n}f(x(\tau_i),y(\tau_i))\sqrt{x'^2(\tau'_i)+y'^2(\tau'_i)}\,\Delta t_i\\&=\lim_{\lambda\to 0}\Big[\sum_{i=1}^{n}f(x(\tau_i),y(\tau_i))\big(\sqrt{x'^2(\tau'_i)+y'^2(\tau'_i)}-\\&\quad\sqrt{x'^2(\tau_i)+y'^2(\tau_i)}\big)\Delta t_i+\sum_{i=1}^{n}f(x(\tau_i),y(\tau_i))\sqrt{x'^2(\tau_i)+y'^2(\tau_i)}\,\Delta t_i\Big].\end{aligned}$$

考虑上式中的前一和式,由于$f(x(t),y(t))\in C[\alpha,\beta]$,故必有界,设

$$|f(x(t),y(t))|\leqslant M,$$

又$\sqrt{x'^2(t)+y'^2(t)}\in C[\alpha,\beta]$,故必一致连续,所以$\forall\varepsilon>0$,$\exists\delta>0$,当 $\lambda=\max\limits_{1\leqslant i\leqslant n}\Delta t_i<\delta$ 时,有

$$\left|\sqrt{x'^2(\tau'_i)+y'^2(\tau'_i)}-\sqrt{x'^2(\tau_i)+y'^2(\tau_i)}\right|<\frac{\varepsilon}{M(\beta-\alpha)}.$$

从而

$$\begin{aligned}&\left|\sum_{i=1}^{n}f(x(\tau_i),y(\tau_i))\big(\sqrt{x'^2(\tau'_i)+y'^2(\tau'_i)}-\sqrt{x'^2(\tau_i)+y'^2(\tau_i)}\big)\Delta t_i\right|\\&<M\cdot\frac{\varepsilon}{M(\beta-\alpha)}\sum_{i=1}^{n}\Delta t_i=\varepsilon.\end{aligned}$$

所以

$$\begin{aligned}\int_L f(x,y)\,\mathrm{d}l&=\lim_{\lambda\to 0}\sum_{i=1}^{n}f(x(\tau_i),y(\tau_i))\sqrt{x'^2(\tau_i)+y'^2(\tau_i)}\,\Delta t_i\\&=\int_\alpha^\beta f(x(t),y(t))\sqrt{x'^2(t)+y'^2(t)}\,\mathrm{d}t.\end{aligned}$$

证毕

上面给出了公式(2)的严格证明,这是读者可逐步领悟的一种数学思维方法.

公式(2)也可这样理解:由于曲线积分的被积函数$f(x,y)$在曲线 L 上有定义,故$f(x,y)=f(x(t),y(t))$,又 $\mathrm{d}l=\sqrt{x'^2(t)+y'^2(t)}\,\mathrm{d}t$,于是,由定义即可推得.

注意:积分限 $\alpha<\beta$,这是因为 $\mathrm{d}l>0$,从而 $\mathrm{d}t>0$ 之故.

设平面曲线 L 的方程为 $y=y(x)$,$a\leqslant x\leqslant b$,且 $y(x)\in C^{(1)}[a,b]$,$f(x,y)\in C(L)$,则

$$\int_L f(x,y)\,\mathrm{d}l=\int_a^b f(x,y(x))\sqrt{1+y'^2(x)}\,\mathrm{d}x.$$

设平面曲线 L 的极坐标方程为 $r=r(\theta)$，$\alpha\leqslant\theta\leqslant\beta$，且 $r(\theta)\in C^{(1)}[\alpha,\beta]$，$f(x,y)\in C(L)$．由于 L 可表示为 $x=r\cos\theta$，$y=r\sin\theta(\alpha\leqslant\theta\leqslant\beta)$，$\mathrm{d}l=\sqrt{r^2(\theta)+r'^2(\theta)}\,\mathrm{d}\theta$，故

$$\int_L f(x,y)\,\mathrm{d}l=\int_\alpha^\beta f(r\cos\theta,r\sin\theta)\sqrt{r^2(\theta)+r'^2(\theta)}\,\mathrm{d}\theta.$$

2. 设分段光滑的空间曲线 L 的参数方程为 $x=x(t)$，$y=y(t)$，$z=z(t)$，$\alpha\leqslant t\leqslant\beta$，且 $x(t)$，$y(t)$，$z(t)\in C^{(1)}[\alpha,\beta]$，$t_1=\alpha$，$t_2=\beta$ 分别对应曲线的两个端点，又设 $f(x,y,z)\in C(L)$，则

$$\boxed{\int_L f(x,y,z)\,\mathrm{d}l=\int_\alpha^\beta f(x(t),y(t),z(t))\sqrt{x'^2(t)+y'^2(t)+z'^2(t)}\,\mathrm{d}t.}$$

例 1　计算 $I=\int_L(x^2+y^2+z^2)\,\mathrm{d}l$，其中 L 为螺旋线 $x=a\cos t$，$y=a\sin t$，$z=kt$ 上相应于 $0\leqslant t\leqslant 2\pi$ 的一段弧．

题型归类解析 8.7

第一型曲线积分的求法．

解　因为 $\mathrm{d}l=\sqrt{x'^2(t)+y'^2(t)+z'^2(t)}\,\mathrm{d}t=\sqrt{a^2+k^2}\,\mathrm{d}t$，所以

$$I=\int_0^{2\pi}(a^2+k^2t^2)\sqrt{a^2+k^2}\,\mathrm{d}t=\frac{2}{3}\pi\sqrt{a^2+k^2}(3a^2+4\pi^2k^2).$$

例 2　计算 $\oint_L\sqrt{x^2+y^2}\,\mathrm{d}l$，其中 L 为 $x^2+y^2=ax(a>0)$．如图 8-26 所示．

解法一　L 用参数方程表示，则

$$\begin{cases}x=\dfrac{a}{2}(1+\cos\theta),\\ y=\dfrac{a}{2}\sin\theta\end{cases}\quad(0\leqslant\theta\leqslant2\pi),$$

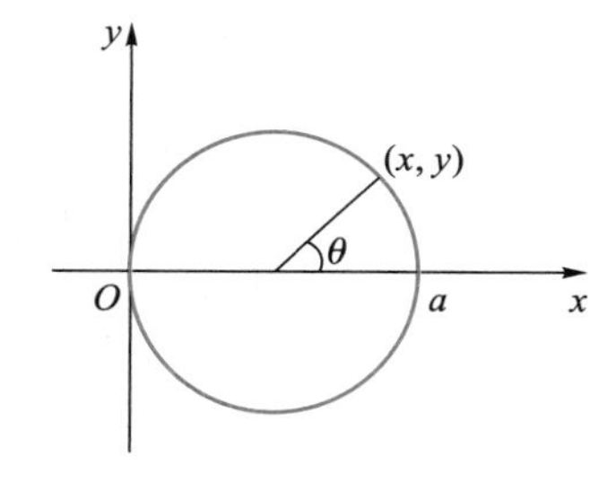

图 8-26

又

$$\mathrm{d}l=\sqrt{x'^2(\theta)+y'^2(\theta)}\,\mathrm{d}\theta=\frac{a}{2}\mathrm{d}\theta,$$

所以

$$\oint_L\sqrt{x^2+y^2}\,\mathrm{d}l=\int_0^{2\pi}\frac{a}{\sqrt{2}}\sqrt{1+\cos\theta}\cdot\frac{a}{2}\mathrm{d}\theta=\frac{a^2}{2\sqrt{2}}\int_0^{2\pi}\sqrt{2}\left|\cos\frac{\theta}{2}\right|\mathrm{d}\theta=2a^2.$$

解法二　L 用极坐标方程表示，则

$$r=a\cos\theta\quad\left(-\frac{\pi}{2}\leqslant\theta\leqslant\frac{\pi}{2}\right),$$

又

释疑解惑 8.6

第一型曲线积分计算中积分路径的对称性和被积函数的奇偶性的应用.

$$\mathrm{d}l=\sqrt{r^2(\theta)+r'^2(\theta)}\,\mathrm{d}\theta=\sqrt{a^2\cos^2\theta+a^2\sin^2\theta}\,\mathrm{d}\theta=a\mathrm{d}\theta,$$

所以

$$\oint_L\sqrt{x^2+y^2}\,\mathrm{d}l=\oint_L\sqrt{ax}\,\mathrm{d}l=\int_{-\frac{\pi}{2}}^{\frac{\pi}{2}}\sqrt{a^2\cos^2\theta}\cdot a\mathrm{d}\theta$$

$$=a^2\int_{-\frac{\pi}{2}}^{\frac{\pi}{2}}\cos\theta\mathrm{d}\theta=2a^2.$$

4-3　第一型曲面积分的计算法

第一型曲面积分

$$\iint_\Sigma f(x,y,z)\,\mathrm{d}S$$

的计算方法是将其化为二重积分.

设分片光滑的曲面 Σ(即曲面具有连续转动的切平面)的方程为 $z=z(x,y)$,它与平行于 z 轴的直线至多交于一点,它在 xOy 平面上的投影区域为 σ_{xy},$z(x,y)\in C^{(1)}(\sigma_{xy})$,又设 $f(x,y,z)\in C(\Sigma)$,则曲面积分 $\iint\limits_\Sigma f(x,y,z)\,\mathrm{d}S$ 存在.为计算该曲面积分我们先考虑曲面的面积微元 $\mathrm{d}S$.

在闭区域 σ_{xy} 内任取小区域 $\mathrm{d}\sigma$,也表示其面积,以 $\mathrm{d}\sigma$ 的边界为准线,作母线平行于 z 轴的柱面,在 Σ 上截出一小块曲面,其面积可用点 $P(x,y)\in\mathrm{d}\sigma$ 在曲面 Σ 上对应的点 $M(x,y,z)$ 处的切平面被该柱面截下的小片面积 $\mathrm{d}S$ 近似,如图 8-27 所示,

$$\mathrm{d}\sigma=|\cos\gamma|\,\mathrm{d}S,$$

其中 γ 为 Σ 在点 M 处的法向量 $\boldsymbol{n}$ 与 z 轴正向的夹角,故

$$\cos\gamma=\pm\frac{1}{\sqrt{1+z_x^2+z_y^2}},$$

所以

$$\boxed{\mathrm{d}S=\sqrt{1+z_x^2+z_y^2}\,\mathrm{d}\sigma.}$$

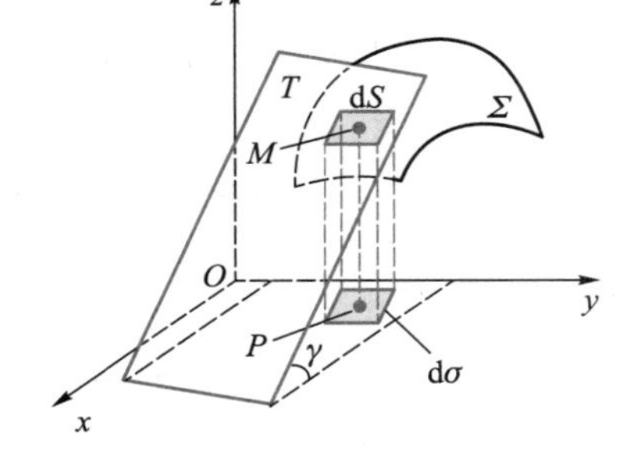

图 8-27

又由于曲面积分的被积函数在曲面 $z=z(x,y)$ 上有定义,故 $f(x,y,z)=f(x,y,z(x,y))$,于是由定义即可推知第一型曲面积分的计算公式

$$\boxed{\iint_\Sigma f(x,y,z)\,\mathrm{d}S=\iint_{\sigma_{xy}}f(x,y,z(x,y))\sqrt{1+z_x^2+z_y^2}\,\mathrm{d}x\mathrm{d}y.}\tag{3}$$

公式(3)的严格证明,可仿公式(2)的证明,这里从略.同理可得

$$\iint_\Sigma f(x,y,z)\,\mathrm{d}S=\iint_{\sigma_{yz}}f(x(y,z),y,z)\sqrt{1+x_y^2+x_z^2}\,\mathrm{d}y\mathrm{d}z,$$

$$\iint\limits_{\Sigma} f(x,y,z)\,\mathrm{d}S=\iint\limits_{\sigma_{zx}} f(x,y(x,z),z)\sqrt{1+y_x^2+y_z^2}\,\mathrm{d}z\mathrm{d}x,$$

其中 σ_{yz},σ_{zx} 分别为 Σ 在 yOz 平面，xOz 平面上的投影区域.

Σ 向哪个坐标面投影，要视垂直于该坐标面的直线与 Σ 是否至多只交于一点及是否便于计算而定.

题型归类解析 8.8

第一型曲面积分的求法.

例 3　计算 $\oiint\limits_{\Sigma} xyz\mathrm{d}S$，其中 Σ 是平面 $x=0,y=0,z=0$ 及 $x+y+z=1$ 所围成的四面体的表面，如图 8-28 所示.

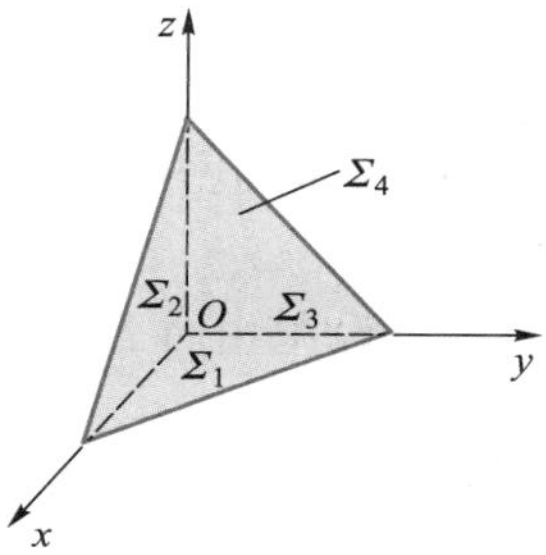

解　设 Σ 在平面 $z=0,y=0,x=0$ 及 $x+y+z=1$ 上的部分分别记为 $\Sigma_1,\Sigma_2,\Sigma_3$ 及 Σ_4. 则

$$\oiint\limits_{\Sigma} xyz\mathrm{d}S=\iint\limits_{\Sigma_1} xyz\mathrm{d}S+\iint\limits_{\Sigma_2} xyz\mathrm{d}S+\iint\limits_{\Sigma_3} xyz\mathrm{d}S+\iint\limits_{\Sigma_4} xyz\mathrm{d}S.$$

由于在 $\Sigma_1,\Sigma_2,\Sigma_3$ 上被积函数均等于零，所以

$$\iint\limits_{\Sigma_1} xyz\mathrm{d}S=\iint\limits_{\Sigma_2} xyz\mathrm{d}S=\iint\limits_{\Sigma_3} xyz\mathrm{d}S=0.$$

在 Σ_4 上，$z=1-x-y$，它在 xOy 平面上的投影区域为

$$\sigma_{xy}=\{(x,y)\mid x+y\leqslant 1,x\geqslant 0,y\geqslant 0\},$$

图 8-28

面积微元

$$\mathrm{d}S=\sqrt{1+z_x^2+z_y^2}\,\mathrm{d}\sigma=\sqrt{3}\,\mathrm{d}x\mathrm{d}y,$$

于是

$$\begin{aligned}\oiint\limits_{\Sigma} xyz\mathrm{d}S&=\iint\limits_{\Sigma_4} xyz\mathrm{d}S=\iint\limits_{\sigma_{xy}} xy(1-x-y)\sqrt{3}\,\mathrm{d}x\mathrm{d}y\\&=\sqrt{3}\int_0^1\mathrm{d}x\int_0^{1-x} xy(1-x-y)\,\mathrm{d}y=\frac{\sqrt{3}}{120}.\end{aligned}$$

例 4　计算 $\iint\limits_{\Sigma}\dfrac{\mathrm{d}S}{x^2+y^2+z^2}$，其中 Σ 为柱面 $x^2+y^2=R^2$ 位于平面 $z=0,z=H$ 之间的部分.

解　Σ 被 xOz 平面分为左、右两部分，若分别记为 Σ_1,Σ_2，其方程为

$$\Sigma_1:y=-\sqrt{R^2-x^2},$$

$$\Sigma_2:y=\sqrt{R^2-x^2}.$$

它们在 xOz 平面上的投影区域均为

$$\sigma_{zx}=\{(x,z)\mid -R\leqslant x\leqslant R,0\leqslant z\leqslant H\},$$

面积微元均为

$$\mathrm{d}S=\sqrt{1+y_x^2+y_z^2}\,\mathrm{d}\sigma=\frac{R}{\sqrt{R^2-x^2}}\mathrm{d}z\mathrm{d}x,$$

所以

$$\iint_{\Sigma}\frac{\mathrm{d}S}{x^2+y^2+z^2}=\iint_{\Sigma_1}\frac{\mathrm{d}S}{x^2+y^2+z^2}+\iint_{\Sigma_2}\frac{\mathrm{d}S}{x^2+y^2+z^2}$$

$$=2\iint_{\sigma_{zx}}\frac{1}{R^2+z^2}\cdot\frac{R}{\sqrt{R^2-x^2}}\mathrm{d}z\mathrm{d}x$$

$$=2R\int_0^H\frac{1}{R^2+z^2}\mathrm{d}z\int_{-R}^{R}\frac{1}{\sqrt{R^2-x^2}}\mathrm{d}x$$

$$=2\pi\arctan\frac{H}{R}.$$

本例若将 Σ 向 xOy 平面作投影行吗？向 yOz 平面呢？

例 5　求面密度 $\rho=z$ 的抛物面薄壳 $z=\frac{1}{2}(x^2+y^2)(0\leqslant z\leqslant 1)$ 的质量.

解　设抛物面 $\Sigma:z=\frac{1}{2}(x^2+y^2)$ 上任取面积微元 $\mathrm{d}S$，其质量微元 $\mathrm{d}M=\rho\mathrm{d}S=z\mathrm{d}S$，可视为集中于点 $(x,y,z)\in\mathrm{d}S$. 于是，所求质量

释疑解惑 8.7

第一型曲面积分计算中积分区域的对称性和被积函数的奇偶性的应用.

$$M=\iint_{\Sigma}z\mathrm{d}S.$$

又 Σ 在 xOy 平面上的投影区域 $\sigma_{xy}=\{(x,y)\mid x^2+y^2\leqslant 2\}$，面积微元 $\mathrm{d}S=\sqrt{1+z_x^2+z_y^2}\,\mathrm{d}\sigma=\sqrt{1+x^2+y^2}\,\mathrm{d}x\mathrm{d}y$. 所以

$$M=\iint_{\Sigma}z\mathrm{d}S=\iint_{\sigma_{xy}}\frac{1}{2}(x^2+y^2)\sqrt{1+x^2+y^2}\,\mathrm{d}x\mathrm{d}y$$

$$=\frac{1}{2}\int_0^{2\pi}\mathrm{d}\theta\int_0^{\sqrt{2}}r^3\sqrt{1+r^2}\,\mathrm{d}r=\frac{2(1+6\sqrt{3})}{15}\pi.$$

习题 8-4

A

1. 计算下列第一型曲线积分：

(1) $\int_L\frac{1}{x-y}\mathrm{d}l$，$L$ 为连接点 $(1,0)$ 与点 $(2,1)$ 的直线段；

(2) $\oint_L(x^2+y^2)^n\mathrm{d}l$，$L$ 为圆周 $x^2+y^2=a^2$；

(3) $\int_L\sqrt{2y}\,\mathrm{d}l$，$L$ 为摆线 $x=a(t-\sin t),y=a(1-\cos t)(a>0)$ 的第一拱；

(4) $\oint_L(x^{\frac{4}{3}}+y^{\frac{4}{3}})\mathrm{d}l$，$L$ 为星形线 $x^{\frac{2}{3}}+y^{\frac{2}{3}}=a^{\frac{2}{3}}(a>0)$；

(5) $\int_L \frac{1}{x^2+y^2+z^2}\mathrm{d}l$, L 为曲线 $x=\mathrm{e}^t\cos t, y=\mathrm{e}^t\sin t, z=\mathrm{e}^t$ 上相应于 t 从 0 变到 2 的一段弧；

(6) $\int_L x^2\mathrm{d}l$, L 是球面 $x^2+y^2+z^2=a^2$ 与平面 $x+y+z=0$ 相交的圆周；

(7) $\int_L x^2yz\mathrm{d}l$, L 为折线 $ABCD$,其中 $A(0,0,0)$, $B(0,0,2)$, $C(1,0,2)$, $D(1,3,2)$；

(8) $\int_L z\mathrm{d}l$, L 为曲线 $x=t\cos t, y=t\sin t, z=t(0\leqslant t\leqslant t_0)$.

2. 计算下列第一型曲面积分：

(1) $\iint_\Sigma z\mathrm{d}S$, Σ 为上半球面 $z=\sqrt{R^2-x^2-y^2}$；

(2) $\iint_\Sigma \left(z+2x+\frac{4}{3}y\right)\mathrm{d}S$, Σ 为平面 $\frac{x}{2}+\frac{y}{3}+\frac{z}{4}=1$ 在第 I 卦限内的部分；

(3) $\iint_\Sigma z\sqrt{x^2+y^2}\mathrm{d}S$, Σ 为锥面 $z=\sqrt{x^2+y^2}$ 与平面 $z=1$ 所围立体的表面；

(4) $\iint_\Sigma xyz\mathrm{d}S$, Σ 为平面 $2x+2y+z=2$ 在第 I 卦限内的部分.

B

1. 计算下列积分：

(1) $\int_L x\sqrt{x^2-y^2}\mathrm{d}l$, L 为双纽线的右半部分,即 $\rho^2=a^2\cos 2\varphi, -\frac{\pi}{4}\leqslant\varphi\leqslant\frac{\pi}{4}(a>0)$；

(2) $\int_L xyz\mathrm{d}l$, L 为球面 $x^2+y^2+z^2=R^2$ 与柱面 $x^2+y^2=\frac{R^2}{4}$ 的交线在第 I 卦限内的部分；

(3) $\iint_\Sigma (xy+yz+zx)\mathrm{d}S$, Σ 为锥面 $z=\sqrt{x^2+y^2}$ 被曲面 $x^2+y^2=2ax$ 所截得的部分；

(4) $\iint_\Sigma (x^2+y^2)\mathrm{d}S$, Σ 是由柱面 $x^2+y^2=2Rx$, 平面 $x+z=2R$ 及 $z=0$ 所围立体的表面.

2. 求圆柱面 $x^2+z^2=R^2$ 被圆柱面 $x^2+y^2=R^2$ 截下的面积.

第五节　多元数值函数积分的应用

用多元数值函数积分解决实际问题的方法与定积分类似,仍是**微元法**.前面已介绍了平面图形的面积、空间立体的体积的计算,这里讨论曲面面积、空间形体的质心、转动惯量、引力等问题的计算.

5-1　曲面的面积

设曲面 Σ 由 $z=f(x,y)$ 给出，它在 xOy 平面上的投影区域为 σ，$f(x,y)\in C^{(1)}(\sigma)$，现计算 Σ 的面积 S.由上节知，Σ 的面积微元

$$\mathrm{d}S=\sqrt{1+z_x^2+z_y^2}\,\mathrm{d}\sigma,$$

所以，所求曲面的面积

$$\boxed{S=\iint\limits_{\sigma}\sqrt{1+z_x^2+z_y^2}\,\mathrm{d}\sigma.}\tag{1}$$

例 1　求半径为 R 的球上截下高为 H 的球缺的面积 S（不含底面）.

解　设球缺截自上半球，其球面方程为 $z=\sqrt{R^2-x^2-y^2}$，球缺底面在平面 $z=R-H$ 上，故球缺在 xOy 平面上的投影区域为 $\sigma=\{(x,y)\mid x^2+y^2\leqslant 2RH-H^2\}$，面积微元

$$\mathrm{d}S=\sqrt{1+z_x^2+z_y^2}\,\mathrm{d}\sigma=\frac{R}{\sqrt{R^2-x^2-y^2}}\mathrm{d}\sigma,$$

所以

$$S=\iint\limits_{\sigma}\frac{R}{\sqrt{R^2-x^2-y^2}}\mathrm{d}\sigma=R\int_0^{2\pi}\mathrm{d}\theta\int_0^{\sqrt{2RH-H^2}}\frac{r}{\sqrt{R^2-r^2}}\mathrm{d}r=2\pi RH.$$

例 2　求柱面 $x^2+y^2=ax\,(a>0)$ 含在球面 $x^2+y^2+z^2=a^2$ 内部的面积 S，如图 8-15 所示.

解　考虑含在第 Ⅰ 卦限球面内的柱面，由方程 $x^2+y^2+z^2=a^2$ 与 $x^2+y^2=ax$ 中消去 y，得它在 xOz 平面的投影曲线 $z=\sqrt{a^2-ax}$，故其投影区域

$$\sigma=\{(x,y)\mid 0\leqslant z\leqslant\sqrt{a^2-ax},0\leqslant x\leqslant a\}.$$

柱面方程表示为 $y=\sqrt{ax-x^2}$，又 $y_x=\dfrac{a-2x}{2\sqrt{ax-x^2}}$，$y_z=0$，于是，面积微元

$$\mathrm{d}S=\sqrt{1+y_x^2+y_z^2}\,\mathrm{d}x\mathrm{d}z=\frac{a}{2\sqrt{ax-x^2}}\mathrm{d}x\mathrm{d}z,$$

所以

$$S=4\iint\limits_{\sigma}\frac{a}{2\sqrt{ax-x^2}}\mathrm{d}x\mathrm{d}z=2a\int_0^a\mathrm{d}x\int_0^{\sqrt{a^2-ax}}\frac{1}{\sqrt{ax-x^2}}\mathrm{d}z=4a^2.$$

5-2　质　　心

设平面薄片所占的区域为 σ，其面密度 $\rho=\rho(x,y)\in C(\sigma)$，求其质心.

应用微元法.在 σ 上任取面积微元 $\mathrm{d}\sigma$，点 $(x,y)\in\mathrm{d}\sigma$.则对应于 $\mathrm{d}\sigma$ 的质量微元

$$dm=\rho(x,y)d\sigma,$$

并且可视为集中于点(x,y)处.它关于x轴、y轴的静力矩微元分别为

$$dM_x=y\rho(x,y)d\sigma,\quad dM_y=x\rho(x,y)d\sigma,$$

所以薄片的质心坐标为

$$\bar{x}=\frac{M_y}{m}=\frac{\iint\limits_{\sigma}x\rho(x,y)d\sigma}{\iint\limits_{\sigma}\rho(x,y)d\sigma},$$

$$\bar{y}=\frac{M_x}{m}=\frac{\iint\limits_{\sigma}y\rho(x,y)d\sigma}{\iint\limits_{\sigma}\rho(x,y)d\sigma},$$

其中m是所占区域为σ的平面薄片的总质量.若薄片是均匀的,面密度为常数,则

$$\bar{x}=\frac{\iint\limits_{\sigma}xd\sigma}{\iint\limits_{\sigma}d\sigma},\quad \bar{y}=\frac{\iint\limits_{\sigma}yd\sigma}{\iint\limits_{\sigma}d\sigma},$$

$(\bar{x},\bar{y})$称为均匀平面薄片所占的平面图形的形心.

类似地,设有一体密度为$\rho(x,y,z)$的立体,它所占的空间区域为V,且$\rho(x,y,z)\in C(V)$,则它的质心坐标为

$$\bar{x}=\frac{M_{yz}}{m}=\frac{\iiint\limits_{V}x\rho(x,y,z)dV}{\iiint\limits_{V}\rho(x,y,z)dV},$$

$$\bar{y}=\frac{M_{xz}}{m}=\frac{\iiint\limits_{V}y\rho(x,y,z)dV}{\iiint\limits_{V}\rho(x,y,z)dV},$$

$$\bar{z}=\frac{M_{xy}}{m}=\frac{\iiint\limits_{V}z\rho(x,y,z)dV}{\iiint\limits_{V}\rho(x,y,z)dV},$$

其中m是空间立体V的总质量,M_{yz},M_{xz},M_{xy}为V关于yOz,xOz,xOy坐标面的静力矩.

例3　求位于两圆$r=2\sin\theta$和$r=4\sin\theta$之间的均匀薄片的形心.

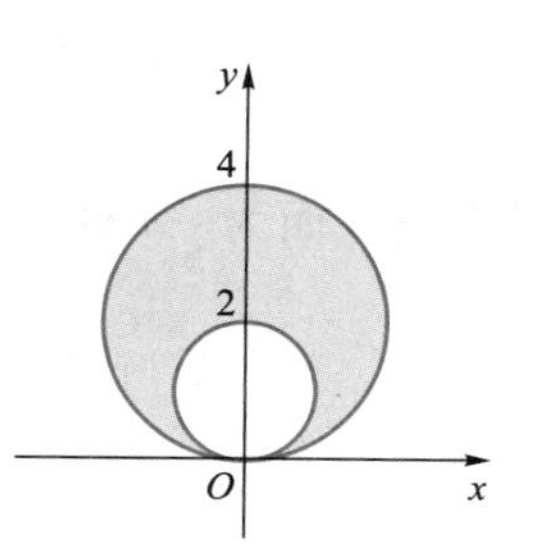

图 8-29

解　薄片如图8-29所示.

设其形心为$P(\bar{x},\bar{y})$,由薄片的均匀性、对称性知,$\bar{x}=0$.又

$$\iint_{\sigma} \mathrm{d}\sigma = 3\pi,$$

$$\begin{aligned}\iint_{\sigma} y\mathrm{d}\sigma &= \iint_{\sigma} r\sin\theta \cdot r\mathrm{d}r\mathrm{d}\theta \\ &= \int_0^{\pi}\mathrm{d}\theta\int_{2\sin\theta}^{4\sin\theta} r^2\sin\theta\mathrm{d}r = \frac{56}{3}\int_0^{\pi}\sin^4\theta\mathrm{d}\theta \\ &= 7\pi,\end{aligned}$$

所以

$$\bar{y} = \frac{7\pi}{3\pi} = \frac{7}{3}.$$

故所求薄片的形心 $P\left(0,\frac{7}{3}\right)$.

例 4　已知高为 h,底半径为 a 的正圆锥体内各点的体密度与该点到它的轴的距离成正比,求其质心.

解　设正圆锥体的顶点在坐标原点,底在坐标面 xOy 的上方,则它所占的区域

$$V=\left\{(x,y,z)\left|\frac{h}{a}\sqrt{x^2+y^2}\leqslant z\leqslant h\right.\right\},$$

按题意,$\rho=k\sqrt{x^2+y^2}$,故

$$\begin{aligned}m &= \iiint_V \rho\mathrm{d}V = \iiint_V k\sqrt{x^2+y^2}\mathrm{d}V \\ &= k\int_0^{2\pi}\mathrm{d}\theta\int_0^a r^2\mathrm{d}r\int_{\frac{h}{a}r}^{h}\mathrm{d}z = \frac{1}{6}k\pi ha^3,\end{aligned}$$

$$\begin{aligned}M_{xy} &= \iiint_V \rho z\mathrm{d}V = \iiint_V k\sqrt{x^2+y^2}z\mathrm{d}V \\ &= k\int_0^{2\pi}\mathrm{d}\theta\int_0^a r^2\mathrm{d}r\int_{\frac{h}{a}r}^{h} z\mathrm{d}z = \frac{2}{15}k\pi h^2a^3,\end{aligned}$$

$$M_{yz} = k\iiint_V x\sqrt{x^2+y^2}\mathrm{d}V = 0,$$

$$M_{xz} = k\iiint_V y\sqrt{x^2+y^2}\mathrm{d}V = 0,$$

故所求的质心坐标为 $\bar{x}=\bar{y}=0,\bar{z}=\frac{M_{xy}}{m}=\frac{4}{5}h$,即质心为$\left(0,0,\frac{4}{5}h\right)$,也就是质心在正圆锥体的轴上离底面为$\frac{1}{5}h$ 处.

5-3　转动惯量

设体密度为 $\rho(x,y,z)$ 的立体,占有空间区域 V,且 $\rho(x,y,z)\in C(V)$,在 V 上任取体积微

元 $\mathrm{d}V$，其质量微元为

$$\mathrm{d}m=\rho(x,y,z)\mathrm{d}V,$$

且视为集中于点 $(x,y,z)\in\mathrm{d}V$ 处，它关于 x 轴、xOy 平面及原点的转动惯量微元分别为

$$\mathrm{d}I_x=(y^2+z^2)\rho(x,y,z)\mathrm{d}V,$$
$$\mathrm{d}I_{xy}=z^2\rho(x,y,z)\mathrm{d}V,$$
$$\mathrm{d}I_O=(x^2+y^2+z^2)\rho(x,y,z)\mathrm{d}V,$$

于是，立体关于 x 轴、xOy 平面及原点的转动惯量分别为

$$I_x=\iiint\limits_V(y^2+z^2)\rho(x,y,z)\mathrm{d}V,$$

$$I_{xy}=\iiint\limits_V z^2\rho(x,y,z)\mathrm{d}V,$$

$$I_O=\iiint\limits_V(x^2+y^2+z^2)\rho(x,y,z)\mathrm{d}V.$$

例 5　设球体 $x^2+y^2+z^2\leqslant 2Rz(R>0)$ 上各点的体密度与该点到原点的距离成正比，求球体关于(1) z 轴；(2) xOy 平面；(3)原点的转动惯量.

解　已知

$$V=\{(x,y,z)\mid x^2+y^2+z^2\leqslant 2Rz,R>0\},$$

$$\rho(x,y,z)=k\sqrt{x^2+y^2+z^2},$$

所以

$$\begin{aligned}I_z&=\iiint\limits_V(x^2+y^2)\cdot k\sqrt{x^2+y^2+z^2}\,\mathrm{d}x\mathrm{d}y\mathrm{d}z\\&=\iiint\limits_V k\rho^3\sin^2\varphi\cdot\rho^2\sin\varphi\,\mathrm{d}\rho\mathrm{d}\theta\mathrm{d}\varphi\\&=k\int_0^{2\pi}\mathrm{d}\theta\int_0^{\frac{\pi}{2}}\sin^3\varphi\,\mathrm{d}\varphi\int_0^{2R\cos\varphi}\rho^5\mathrm{d}\rho\\&=\frac{128}{189}\pi kR^6.\end{aligned}$$

$$\begin{aligned}I_{xy}&=\iiint\limits_V z^2\cdot k\sqrt{x^2+y^2+z^2}\,\mathrm{d}x\mathrm{d}y\mathrm{d}z\\&=\iiint\limits_V k\rho^3\cos^2\varphi\cdot\rho^2\sin\varphi\,\mathrm{d}\rho\mathrm{d}\theta\mathrm{d}\varphi\\&=k\int_0^{2\pi}\mathrm{d}\theta\int_0^{\frac{\pi}{2}}\cos^2\varphi\sin\varphi\,\mathrm{d}\varphi\int_0^{2R\cos\varphi}\rho^5\mathrm{d}\rho\\&=\frac{64}{27}\pi kR^6.\end{aligned}$$

$$\begin{aligned}I_O&=\iiint\limits_V(x^2+y^2+z^2)\cdot k\sqrt{x^2+y^2+z^2}\,\mathrm{d}x\mathrm{d}y\mathrm{d}z\\&=\iiint\limits_V k\rho^3\cdot\rho^2\sin\varphi\,\mathrm{d}\rho\mathrm{d}\theta\mathrm{d}\varphi\\&=k\int_0^{2\pi}\mathrm{d}\theta\int_0^{\frac{\pi}{2}}\sin\varphi\,\mathrm{d}\varphi\int_0^{2R\cos\varphi}\rho^5\mathrm{d}\rho\end{aligned}$$

$$=\frac{64}{21}\pi kR^6.$$

例 6　求螺旋线 $L: x=a\cos t, y=a\sin t, z=kt$ 上相应于 t 从 0 到 2π 的质量均匀分布($\rho=1$)的一段弧关于 z 轴的转动惯量.

解　任取弧微元 $\mathrm{d}l$,其质量微元 $\rho\mathrm{d}l$,视为集中于点 $(x,y,z)\in\mathrm{d}l$,则关于 z 轴的转动惯量微元为

$$\mathrm{d}I_z=(x^2+y^2)\rho\mathrm{d}l=(x^2+y^2)\mathrm{d}l,$$

而

$$\mathrm{d}l=\sqrt{x'^2(t)+y'^2(t)+z'^2(t)}\,\mathrm{d}t=\sqrt{a^2+k^2}\,\mathrm{d}t,$$

所以

$$\begin{aligned}I_z&=\int_L(x^2+y^2)\mathrm{d}l=\int_0^{2\pi}a^2\sqrt{a^2+k^2}\,\mathrm{d}t\\&=2\pi a^2\sqrt{a^2+k^2}.\end{aligned}$$

5-4　引　　力

例 7　设有一内半径为 a,外半径为 b,高为 H 的空心匀质圆柱体,求它对位于某一端的中心处的具有单位质量的质点的引力.

解　取坐标系如图 8-30,则圆柱体所占空间区域 $V=\{(x,y,z)\mid a^2\leqslant x^2+y^2\leqslant b^2, 0\leqslant z\leqslant H\}$,单位质量的质点位于 $P(0,0,H)$.

在 V 内任取体积微元 $\mathrm{d}V$,其质量微元 $\mathrm{d}m=\rho\mathrm{d}V$,可视为集中于点 $M(x,y,z)\in\mathrm{d}V$ 处,它对单位质点 P 的引力大小为

$$|\mathrm{d}\boldsymbol{F}|=G\frac{\rho\mathrm{d}V}{r^2}\quad(G\text{ 为万有引力常数}),$$

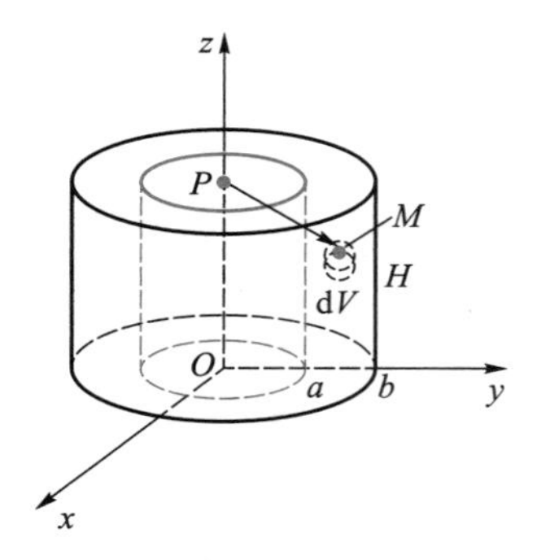

图 8-30

方向为 $(x,y,z-H)$,$\mathrm{d}\boldsymbol{F}$ 在坐标轴上的投影分别为

$$\mathrm{d}F_x=G\frac{\rho\mathrm{d}V}{r^2}\cos\alpha=G\frac{\rho x}{r^3}\mathrm{d}V,$$

$$\mathrm{d}F_y=G\frac{\rho\mathrm{d}V}{r^2}\cos\beta=G\frac{\rho y}{r^3}\mathrm{d}V,$$

$$\mathrm{d}F_z=G\frac{\rho\mathrm{d}V}{r^2}\cos\gamma=G\frac{\rho(z-H)}{r^3}\mathrm{d}V,$$

其中

$$r=\sqrt{x^2+y^2+(z-H)^2}.$$

由对称性知

$$F_x = F_y = 0.$$

$$\begin{aligned} F_z &= \iiint\limits_V \frac{G\rho(z-H)}{[x^2+y^2+(z-H)^2]^{3/2}}\mathrm{d}x\mathrm{d}y\mathrm{d}z \\ &= G\rho\int_0^{2\pi}\mathrm{d}\theta\int_a^b r\mathrm{d}r\int_0^H \frac{z-H}{[r^2+(z-H)^2]^{3/2}}\mathrm{d}z \\ &= 2\pi G\rho\int_a^b r\left(\frac{1}{\sqrt{r^2+H^2}}-\frac{1}{r}\right)\mathrm{d}r \\ &= 2\pi G\rho(\sqrt{b^2+H^2}-\sqrt{a^2+H^2}-b+a). \end{aligned}$$

所求引力

$$\boldsymbol{F}=2\pi G\rho(\sqrt{b^2+H^2}-\sqrt{a^2+H^2}-b+a)\boldsymbol{k}(\boldsymbol{k}=(0,0,1)).$$

例 8　xOy 平面上有一半径为 R 的上半圆弧，且质量均匀分布($\rho=1$)，求其对圆心处的单位质量质点的引力.

解　如图 8-31 所示. 圆弧的参数方程为 $x=R\cos\theta, y=R\sin\theta(0\leqslant\theta\leqslant\pi)$.

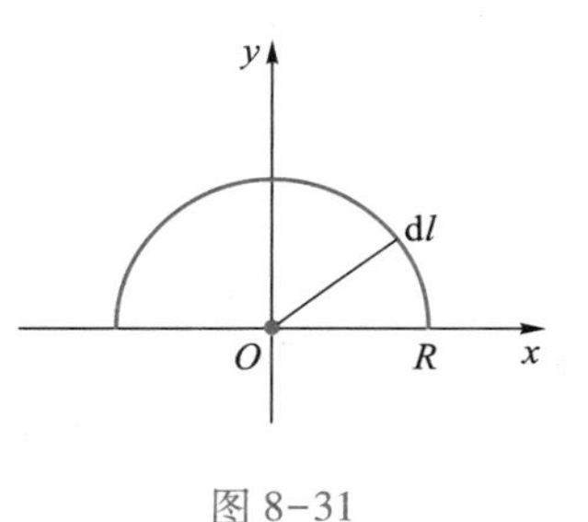

图 8-31

设引力 $\boldsymbol{F}=(F_x,F_y)$，任取弧微元 $\mathrm{d}l$，其质量微元 $\mathrm{d}m=\rho\mathrm{d}l=\mathrm{d}l$，视为集中于点 $(x,y)\in\mathrm{d}l$，则引力微元分量为

$$\mathrm{d}F_x=\frac{G\mathrm{d}l}{R^2}\cos\theta,$$

$$\mathrm{d}F_y=\frac{G\mathrm{d}l}{R^2}\sin\theta,$$

由对称性知

$$F_x=0,$$

$$F_y=\int_L\frac{G\sin\theta}{R^2}\mathrm{d}l=\int_0^\pi\frac{G\sin\theta}{R^2}R\mathrm{d}\theta=\frac{2G}{R}.$$

所求引力 $\boldsymbol{F}=\left(0,\dfrac{2G}{R}\right)$.

习题 8-5

A

1. 求曲面 $x^2+z^2=y^2$ 包含在 $x^2+y^2+z^2=2z$ 内的那部分的面积.
2. 求球面 $x^2+y^2+z^2=a^2$ 包含在圆柱面 $x^2+y^2=ax$ 内部的那部分的面积.
3. 求平面 $\dfrac{x}{a}+\dfrac{y}{b}+\dfrac{z}{c}=1$ 被三个坐标面所截出部分的面积.

4. 求锥面 $z=\sqrt{x^2+y^2}$ 被抛物柱面 $z^2=2x$ 所截出的那部分的面积.

5. 一圆环薄片内径为4,外径为8,其上任一点的面密度与该点到圆心的距离成反比,已知内圆周上各点的面密度为1,求该薄片的质量.(注:内径指内直径.)

6. 设边长为 a 的正方形薄板上每点的面密度与该点距正方形之某一顶点的距离平方成正比,且在正方形的中点等于 ρ_0,求该薄板的质量.

7. 设有一物体在空间所占的区域为 $V:0\leqslant x\leqslant 1,0\leqslant y\leqslant 1,0\leqslant z\leqslant 1$,在点 (x,y,z) 处的体密度为 $\rho(x,y,z)=x+y+z$,求该物体的质量.

8. 球心在原点、半径为 R 的球体,其上任一点的体密度与这点到球心的距离成正比,求该球体的质量.

9. 求下列曲线或曲面所围形体的形心(设 $\rho=1$).

(1) $r=a\cos\theta,r=b\cos\theta(0<a<b)$ 所围的闭区域;

(2) $x^{\frac{2}{3}}+y^{\frac{2}{3}}=a^{\frac{2}{3}}(x\geqslant 0,y\geqslant 0)$;

(3) $z^2=x^2+y^2,z=1$;

(4) $z=x^2+y^2,x+y=a,x=0,y=0,z=0$.

10. 由抛物线 $y=x^2$ 及直线 $y=x$ 所围成的平面薄片,其面密度 $\rho(x,y)=x^2y$,求该薄片的质心.

11. 已知球体 $x^2+y^2+z^2\leqslant 2Rz$ 内,各点处的体密度等于该点到坐标原点的距离平方,试求球体的质心.

12. 由抛物线 $y^2=\dfrac{9}{2}x$ 与直线 $x=2$ 所围成的均匀平面薄片,求转动惯量 I_x 和 I_y.

13. 求半径为 a,高为 h 的均匀圆柱体对于其对称轴的转动惯量($\rho=1$).

14. 求面密度为常量 ρ 的均匀半圆环形薄片:$\sqrt{R_1^2-y^2}\leqslant x\leqslant\sqrt{R_2^2-y^2},z=0$ 对位于 z 轴上点 $M_0(0,0,a)(a>0)$ 处单位质量的质点的引力.

15. 均匀圆锥体,高为 H,底面半径为 R,求该锥体对位于它顶点处的单位质点的引力.

B

1. 在 xOy 平面上有一段曲线,其方程为

$$y=\frac{1}{4}(x^2-2\ln x),1\leqslant x\leqslant 4,$$

求此曲线绕 y 轴旋转所得的旋转曲面的面积.

2. 设半径为 R 的球面 Σ 的球心在定球面 $x^2+y^2+z^2=a^2(a>0)$ 上,问 R 取何值时,球面 Σ 在定球面内部的那部分的面积最大.

3. 在均匀半圆形薄片的直径上,要接上一个一边与直径等长的均匀矩形薄片,为了使整个均匀薄片的形心恰好落在圆心上,问接上的均匀矩形薄片另一边的长度应是

多少?

4. 求由抛物线 $y=x^2$ 及直线 $y=1$ 所围成的均匀薄片($\rho=1$)对于直线 $y=-1$ 的转动惯量.

5. 设由曲线$(x^2+y^2)^3=a^2(x^4+y^4)(a>0)$围成的均匀平面薄片($\rho=1$),求转动惯量 I_x,I_y.

6. 设螺旋形弹簧一圈的方程为 $x=a\cos t,y=a\sin t,z=kt(0\leqslant t\leqslant 2\pi)$,其线密度 $\rho(x,y,z)=x^2+y^2+z^2$,求它的质心及转动惯量 I_z.

7. 设由 $z=\sqrt{x^2+y^2}$ 与 $z=\sqrt{8-x^2-y^2}$ 围成的空间立体,密度为 $\rho=z$,求其对原点处单位质点的引力.

8. 试用曲线积分求圆柱面 $x^2+y^2=a^2$ 介于曲面 $z=a+\dfrac{x^2}{a}(a>0)$ 与 $z=0$ 之间的面积.

9. 试用曲线积分求平面曲线 $L_1: y=\dfrac{1}{3}x^3+2x(0\leqslant x\leqslant 1)$,绕直线 $L_2: y=\dfrac{4}{3}x$ 旋转所成旋转曲面的面积.

*第六节　含参变量的积分

设 $f(x,y)$ 在闭区域 $\sigma=\{(x,y)\mid a\leqslant x\leqslant b,\alpha\leqslant y\leqslant\beta\}$ 上连续,则对$[a,b]$上任一固定的 x, $f(x,y)$ 便是 y 的连续函数,从而在$[\alpha,\beta]$上可积,积分

$$\varphi(x)=\int_{\alpha}^{\beta}f(x,y)\,\mathrm{d}y \tag{1}$$

称为含参变量 x 的积分,它确定了一个 x 的函数,x 称为参变量.

含参变量积分有一些重要的分析性质,它在理论上或工程技术上都有广泛的应用.

定理 8.6.1(连续性)　设函数 $f(x,y)$,在矩形域 $\sigma=\{(x,y)\mid a\leqslant x\leqslant b,\alpha\leqslant y\leqslant\beta\}$ 上连续,则函数

$$\varphi(x)=\int_{\alpha}^{\beta}f(x,y)\,\mathrm{d}y$$

在区间$[a,b]$上连续.

证　设 $x,x+\Delta x\in[a,b]$,则

$$\begin{aligned}|\varphi(x+\Delta x)-\varphi(x)|&=\left|\int_{\alpha}^{\beta}(f(x+\Delta x,y)-f(x,y))\,\mathrm{d}y\right|\\&\leqslant\int_{\alpha}^{\beta}|(f(x+\Delta x,y)-f(x,y))|\,\mathrm{d}y,\end{aligned}$$

由于 $f(x,y)$ 在有界闭区域 σ 上连续,所以,$f(x,y)$ 在 σ 上必一致连续,即对于 $\forall\varepsilon>0$, $\exists\delta>0$,当点$(x+\Delta x,y)$与(x,y)的距离$|\Delta x|<\delta$ 时,就有

$$|f(x+\Delta x,y)-f(x,y)|<\varepsilon,$$

于是

$$|\varphi(x+\Delta x)-\varphi(x)| \leqslant \int_{\alpha}^{\beta} |f(x+\Delta x,y)-f(x,y)| \mathrm{d}y < \varepsilon(\beta-\alpha),$$

所以 $\varphi(x)$ 在 $[a,b]$ 上连续. 证毕

由定理结论可得

$$\lim_{x\to x_0}\int_{\alpha}^{\beta} f(x,y)\mathrm{d}y = \lim_{x\to x_0}\varphi(x) = \varphi(x_0) = \int_{\alpha}^{\beta} f(x_0,y)\mathrm{d}y$$

$$= \int_{\alpha}^{\beta} \lim_{x\to x_0} f(x,y)\mathrm{d}y, \quad x_0 \in [a,b],$$

即极限运算与积分运算可以交换顺序.

定理 8.6.2(可导性——积分号下求导) 设函数 $f(x,y)$ 及 $f_x(x,y)$ 在矩形区域 $\sigma=\{(x,y) \mid a\leqslant x\leqslant b,\alpha\leqslant y\leqslant\beta\}$ 上连续,则函数

$$\varphi(x) = \int_{\alpha}^{\beta} f(x,y)\mathrm{d}y$$

在区间 $[a,b]$ 上有连续的导数,且

$$\boxed{\varphi'(x) = \frac{\mathrm{d}}{\mathrm{d}x}\int_{\alpha}^{\beta} f(x,y)\mathrm{d}y = \int_{\alpha}^{\beta} f_x(x,y)\mathrm{d}y.} \tag{2}$$

证 设 $x,x+\Delta x \in [a,b]$,则有

$$\varphi(x+\Delta x)-\varphi(x) = \int_{\alpha}^{\beta} [f(x+\Delta x,y)-f(x,y)]\mathrm{d}y,$$

对右端的被积函数应用微分中值定理,并以 Δx 除上述等式两端,得

$$\frac{\varphi(x+\Delta x)-\varphi(x)}{\Delta x} = \int_{\alpha}^{\beta} f_x(x+\theta\Delta x,y)\mathrm{d}y \quad (0<\theta<1),$$

由 $f_x(x,y)$ 的连续性及定理 8.6.1 知,可以交换极限与积分的运算顺序,从而得

$$\lim_{\Delta x\to 0}\frac{\varphi(x+\Delta x)-\varphi(x)}{\Delta x} = \int_{\alpha}^{\beta} f_x(x,y)\mathrm{d}y,$$

即 $\varphi(x)$ 在 $[a,b]$ 上可导,且

$$\varphi'(x) = \int_{\alpha}^{\beta} f_x(x,y)\mathrm{d}y.$$

又因 $f_x(x,y)$ 在 σ 上连续,故由定理 8.6.1 知 $\varphi'(x)$ 在 $[a,b]$ 上连续,即 $\varphi(x)$ 在 $[a,b]$ 上有连续的导数. 证毕

定理说明求导运算与积分运算可交换顺序.

定理 8.6.3(可积性—积分号下求积分) 设 $f(x,y)$ 在矩形区域 $\sigma=\{(x,y) \mid a\leqslant x\leqslant b,\alpha\leqslant y\leqslant\beta\}$ 上连续,则

$$\boxed{\int_{\alpha}^{\beta}\mathrm{d}y\int_{a}^{b} f(x,y)\mathrm{d}x = \int_{a}^{b}\mathrm{d}x\int_{\alpha}^{\beta} f(x,y)\mathrm{d}y.} \tag{3}$$

证 设

$$I(t) = \int_{\alpha}^{t}\mathrm{d}y\int_{a}^{b} f(x,y)\mathrm{d}x - \int_{a}^{b}\mathrm{d}x\int_{\alpha}^{t} f(x,y)\mathrm{d}y,$$

对变量 t 求导，上式右端第二个积分利用定理 8.6.2，即得

$$I'(t)=\int_a^b f(x,t)\,dx-\int_a^b\left(\frac{d}{dt}\int_\alpha^t f(x,y)\,dy\right)dx$$
$$=\int_a^b f(x,t)\,dx-\int_a^b f(x,t)\,dx\equiv 0.$$

所以 $I(t)\equiv C$，又因为 $I(\alpha)=0$，故 $I(t)\equiv 0$。当 $t=\beta$ 时，即得 $I(\beta)=0$. 证毕

这说明当 $f\in C(\sigma)$ 时，二次积分可以交换积分次序，或说函数(1)可对参数 x 在积分号下求积分.

下面讨论上、下限都含参变量的积分

$$\varphi(x)=\int_{\alpha(x)}^{\beta(x)}f(x,y)\,dy. \tag{4}$$

定理 8.6.4 设函数 $f(x,y)$ 及 $f_x(x,y)$ 在矩形区域 $\sigma=\{(x,y)\mid a\leqslant x\leqslant b,\alpha\leqslant y\leqslant\beta\}$ 上连续，又函数 $\alpha(x)$，$\beta(x)$ 都在区间 $[a,b]$ 上可导，且

$$\alpha\leqslant\alpha(x)\leqslant\beta,\alpha\leqslant\beta(x)\leqslant\beta\quad(a\leqslant x\leqslant b),$$

则积分(4)所确定的函数 $\varphi(x)$ 在 $[a,b]$ 上可导，且

$$\begin{aligned}\varphi'(x)&=\frac{d}{dx}\int_{\alpha(x)}^{\beta(x)}f(x,y)\,dy\\&=\int_{\alpha(x)}^{\beta(x)}f_x(x,y)\,dy+f(x,\beta(x))\beta'(x)-f(x,\alpha(x))\alpha'(x).\end{aligned}\tag{5}$$

公式(5)称为莱布尼茨公式.

证 将 $\varphi(x)$ 视为复合函数

$$\varphi(x)=\int_v^u f(x,y)\,dy=\psi(x,u,v),$$

其中 $u=\beta(x)$，$v=\alpha(x)$.

由定理所设条件，根据定理 8.6.2 和变上限积分的求导公式，函数 ψ 对变量 x,u,v 具有连续的偏导数，再由多元复合函数链式求导法则，则有

$$\varphi'(x)=\psi'_x+\psi'_u\frac{du}{dx}+\psi'_v\frac{dv}{dx}$$
$$=\int_{\alpha(x)}^{\beta(x)}f_x(x,y)\,dy+f(x,\beta(x))\beta'(x)-f(x,\alpha(x))\alpha'(x).$$

证毕

显然，当 $\alpha(x)$，$\beta(x)$ 在区间 $[a,b]$ 上是常数时，公式(5)便是公式(2).

例 1 设 $\varphi(x)=\int_x^{x^2}\frac{\sin(xy)}{y}dy$，求 $\varphi'(x)$.

解 由莱布尼茨公式得

$$\varphi'(x)=\int_x^{x^2}\cos(xy)\,dy+\frac{\sin x^3}{x^2}\cdot 2x-\frac{\sin x^2}{x}\cdot 1$$
$$=\frac{\sin x^3}{x}-\frac{\sin x^2}{x}+\frac{2\sin x^3}{x}-\frac{\sin x^2}{x}$$

$$=\frac{3\sin x^3-2\sin x^2}{x}.$$

例 2　计算 $I=\int_0^1\frac{x^b-x^a}{\ln x}\mathrm{d}x\quad(0<a<b)$.

解　因为

$$\int_a^b x^y\mathrm{d}y=\frac{x^b-x^a}{\ln x},$$

所以

$$I=\int_0^1\mathrm{d}x\int_a^b x^y\mathrm{d}y,$$

而函数 $f(x,y)=x^y$ 在区域 $\sigma=\{(x,y)\mid 0\leqslant x\leqslant 1,0<a\leqslant y\leqslant b\}$ 上连续,故由定理 8.6.3 知,可以交换积分次序,所以

$$I=\int_a^b\mathrm{d}y\int_0^1 x^y\mathrm{d}x=\int_a^b\frac{x^{y+1}}{y+1}\bigg|_0^1\mathrm{d}y=\int_a^b\frac{1}{y+1}\mathrm{d}y=\ln\frac{b+1}{a+1}.$$

* 习题 8-6

A

1. 求下列函数的导数:

(1) $\varphi(x)=\int_{\sqrt{x}}^{x}\mathrm{e}^{xy^2}\mathrm{d}y$;　　(2) $\varphi(x)=\int_{\sin x}^{\cos x}(y^2\sin x-y^3)\mathrm{d}y$;

(3) $\varphi(t)=\int_0^t\frac{\ln(1+tx)}{x}\mathrm{d}x$;　　(4) $\varphi(y)=\int_{y+a}^{y+b}\frac{\sin(xy)}{x}\mathrm{d}x$;

(5) $\varphi(x)=\int_0^x f(y+x,y-x)\mathrm{d}y$.

2. 设 f 为可微函数, $F(x)=\int_0^x(x+y)f(y)\mathrm{d}y$,求 $F''(x)$.

B

1. 应用对参数的微分法,计算下列积分:

(1) $I=\int_0^{\frac{\pi}{2}}\ln\frac{1+a\cos x}{1-a\cos x}\cdot\frac{\mathrm{d}x}{\cos x}\quad(|a|<1)$;

(2) $I=\int_0^{\frac{\pi}{2}}\ln(\cos^2x+a^2\sin^2x)\mathrm{d}x\quad(a>0)$.

$\left(\text{提示:设 }\psi(a)=\int_0^{\frac{\pi}{2}}\ln(\cos^2x+a^2\sin^2x)\mathrm{d}x\text{,则有 }\psi(1)=0,\psi(a)=I.\right)$

2. 计算下列积分：

(1) $\int_0^1 \sin\left(\ln\frac{1}{x}\right)\frac{x^b - x^a}{\ln x}\mathrm{d}x \quad (0 < a < b)$；

$\left(提示：利用\frac{x^b - x^a}{\ln x} = \int_a^b x^y \mathrm{d}y.\right)$

(2) $\int_0^{+\infty} \frac{\mathrm{e}^{-ax^2} - \mathrm{e}^{-bx^2}}{x}\mathrm{d}x \quad (a > 0, b > 0).$

第八章测试题

第九章

多元向量值函数积分

本章学习多元向量值函数的积分，对于一元向量值函数

$$\boldsymbol{f}(t)=(f_1(t),f_2(t),\cdots,f_m(t)),\quad t\in[t_1,t_2],$$

若 $f_1(t),f_2(t),\cdots,f_m(t)$ 在 $[t_1,t_2]$ 上可积，易见 $\boldsymbol{f}(t)$ 在 $[t_1,t_2]$ 上的定积分

$$\int_{t_1}^{t_2}\boldsymbol{f}(t)\,\mathrm{d}t=\left(\int_{t_1}^{t_2}f_1(t)\,\mathrm{d}t,\int_{t_1}^{t_2}f_2(t)\,\mathrm{d}t,\cdots,\int_{t_1}^{t_2}f_m(t)\,\mathrm{d}t\right),$$

这里不再细述.下面只讨论二元和三元向量值函数积分区域为有向曲线和有向曲面上的第二型曲线积分和曲面积分，并给出各型积分之间关系的重要公式，它们是研究各种物理场的重要工具，在科学技术中有着广泛的应用.

第一节 第二型曲线积分

1-1 第二型曲线积分与向量场的环流量

一、变力沿曲线所做的功

在定积分中解决了变力沿直线的做功问题，现在讨论变力沿曲线所做的功.设有力场 $\boldsymbol{F}(M)$，求质点沿有向光滑曲线 L 由 A 移动到 B，力 $\boldsymbol{F}(M)$ 所做的功.

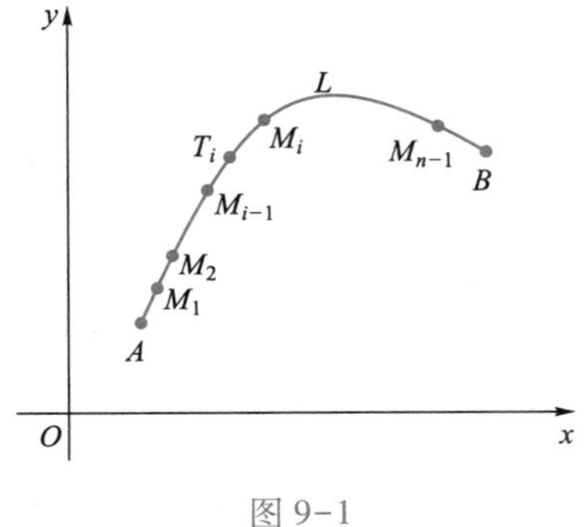

图 9-1

解决问题的方法还是：

(1) 将有向曲线 L 任意分为 n 个小弧段，如图 9-1.

(2) 取有向小弧段 $\widehat{M_{i-1}M_i}$ 分析之.

由于小弧段光滑且很短，作用于 $\widehat{M_{i-1}M_i}$ 上的变力可用常力 $\boldsymbol{F}(T_i)$ $(T_i\in\widehat{M_{i-1}M_i})$ 来近似代替；沿小弧段

的曲线运动可视为沿$\overrightarrow{M_{i-1}M_i}$的直线运动,于是,力 $\boldsymbol{F}(M)$ 沿 $\widehat{M_{i-1}M_i}$ 所做的功

$$\Delta W_i \approx \boldsymbol{F}(T_i)\cdot\overrightarrow{M_{i-1}M_i}\quad(i=1,2,\cdots,n);$$

(3) 力沿曲线 L 所做功的近似值等于各小弧段上所作功的近似值之和,即

$$W\approx\sum_{i=1}^{n}\boldsymbol{F}(T_i)\cdot\overrightarrow{M_{i-1}M_i};$$

(4) 当各小弧段长度的最大值 $\lambda\to0$ 时,对上式右端和式取极限,即得功的精确值

$$W=\lim_{\lambda\to0}\sum_{i=1}^{n}\boldsymbol{F}(T_i)\cdot\overrightarrow{M_{i-1}M_i}.$$

这类和式的极限的抽象,即得第二型曲线积分的定义.

二、第二型曲线积分

定义 9.1.1 设向量场 $\boldsymbol{A}(M)$,L 是其场域中一条由 A 到 B 的可求长的光滑有向曲线,将有向曲线 L 任意分成 n 个小弧段;在小弧段 $\widehat{M_{i-1}M_i}$ 上任取点 $T_i(i=1,2,\cdots,n)$,作乘积 $\boldsymbol{A}(T_i)\cdot\overrightarrow{M_{i-1}M_i}$;再作和式

$$\sum_{i=1}^{n}A(T_i)\cdot\overrightarrow{M_{i-1}M_i};$$

当各小弧段长度的最大值 $\lambda\to0$ 时,如果不论 L 的分法和 T_i 的取法如何,和式都趋于同一极限值,则此极限值称为向量场 $\boldsymbol{A}(M)$ 沿有向曲线 L 从 A 到 B 的第二型曲线积分,或称为对坐标的曲线积分,记为 $\int_{(A)}^{(B)}\boldsymbol{A}(M)\cdot\mathrm{d}\boldsymbol{l}$,或简记为 $\int_L\boldsymbol{A}(M)\cdot\mathrm{d}\boldsymbol{l}$,即

$$\boxed{\int_L\boldsymbol{A}(M)\cdot\mathrm{d}\boldsymbol{l}=\lim_{\lambda\to0}\sum_{i=1}^{n}\boldsymbol{A}(T_i)\cdot\overrightarrow{M_{i-1}M_i}.}\tag{1}$$

若 L 为光滑平面曲线 $\boldsymbol{r}=x\boldsymbol{i}+y\boldsymbol{j}$,$\boldsymbol{A}(M)=P(x,y)\boldsymbol{i}+Q(x,y)\boldsymbol{j}$ 为平面向量场,设(x_{i-1},y_{i-1})与$(x_{i-1}+\Delta x_i,y_{i-1}+\Delta y_i)$分别为点 M_{i-1}与 M_i 的坐标,则$\overrightarrow{M_{i-1}M_i}=\Delta x_i\boldsymbol{i}+\Delta y_i\boldsymbol{j}$,$T_i(\xi_i,\eta_i)\in\widehat{M_{i-1}M_i}$,故有

$$\lim_{\lambda\to0}\sum_{i=1}^{n}\boldsymbol{A}(T_i)\cdot\overrightarrow{M_{i-1}M_i}=\lim_{\lambda\to0}\sum_{i=1}^{n}(P(\xi_i,\eta_i)\Delta x_i+Q(\xi_i,\eta_i)\Delta y_i),$$

于是

$$\boxed{\int_L\boldsymbol{A}(M)\cdot\mathrm{d}\boldsymbol{l}=\int_L P(x,y)\,\mathrm{d}x+Q(x,y)\,\mathrm{d}y,}\tag{2}$$

其中 $P(x,y)$,$Q(x,y)$ 称为被积函数,L 称为积分路径.

若 L 为从 A 到 B 的光滑空间曲线 $\boldsymbol{r}=x\boldsymbol{i}+y\boldsymbol{j}+z\boldsymbol{k}$,$\boldsymbol{A}(M)=P(x,y,z)\boldsymbol{i}+Q(x,y,z)\boldsymbol{j}+R(x,y,z)\boldsymbol{k}$ 为空间向量场,则

$$\boxed{\int_L\boldsymbol{A}(M)\cdot\mathrm{d}\boldsymbol{l}=\int_L P(x,y,z)\,\mathrm{d}x+Q(x,y,z)\,\mathrm{d}y+R(x,y,z)\,\mathrm{d}z.}\tag{3}$$

我们要指出:若 P,Q,R 是定义于积分曲线 L 上的连续函数,则线积分(3)总是存在的.(3)式右端实际上是 $\int_L P\mathrm{d}x$,$\int_L Q\mathrm{d}y$,$\int_L R\mathrm{d}z$ 三个积分,分别称为对坐标 x,y,z 的曲线积分,它们

的和称为组合曲线积分;最重要的是第二型曲线积分有方向性,向量微元 $\mathrm{d}\boldsymbol{l}=(\mathrm{d}x,\mathrm{d}y,\mathrm{d}z)$,其中 $\mathrm{d}x,\mathrm{d}y,\mathrm{d}z$ 可正、可负或为零的,而第一型曲线积分中弧长微元 $\mathrm{d}l>0$.

三、第二型曲线积分的性质

(1) 设 L 是分段光滑的有向曲线,L^- 表示与 L 方向相反的有向曲线,则有

$$\int_L \boldsymbol{A}\cdot\mathrm{d}\boldsymbol{l}=-\int_{L^-}\boldsymbol{A}\cdot\mathrm{d}\boldsymbol{l};$$

(2) 设 L 是有向曲线 L_1 的终端与 L_2 的始端连接而成的有向曲线,则有

$$\int_L \boldsymbol{A}\cdot\mathrm{d}\boldsymbol{l}=\left(\int_{L_1}+\int_{L_2}\right)\boldsymbol{A}\cdot\mathrm{d}\boldsymbol{l}.$$

性质(2)可推广到 $L=\bigcup\limits_{i=1}^{n}L_i$ 的情况.

这些性质有明显的物理意义,读者试用场力做功为例说明之.

四、两型曲线积分的关系

由(2)式知,$\mathrm{d}\boldsymbol{l}=(\mathrm{d}x,\mathrm{d}y)$ 是平面曲线 L 在点 M 处沿切线指定方向的向量微元,记 $\mathrm{d}\boldsymbol{l}=\boldsymbol{e}_\tau\mathrm{d}l$,其中 $\mathrm{d}l=|\mathrm{d}\boldsymbol{l}|$,$\boldsymbol{e}_\tau=(\cos\alpha,\cos\beta)$ 为单位切线向量,$\boldsymbol{A}=(P(x,y),Q(x,y))$,于是有

$$\int_L \boldsymbol{A}\cdot\mathrm{d}\boldsymbol{l}=\int_L \boldsymbol{A}\cdot\boldsymbol{e}_\tau\mathrm{d}l, \tag{4}$$

即得

$$\boxed{\int_L P\mathrm{d}x+Q\mathrm{d}y=\int_L(P\cos\alpha+Q\cos\beta)\mathrm{d}l,} \tag{5}$$

其中 α,β 为变量 x,y 的函数.(5)式就是两型曲线积分的关系式.

若 L 为空间曲线,则有

$$\boxed{\int_L P\mathrm{d}x+Q\mathrm{d}y+R\mathrm{d}z=\int_L(P\cos\alpha+Q\cos\beta+R\cos\gamma)\mathrm{d}l.} \tag{6}$$

五、向量场的环流量

设有向量场 $\boldsymbol{A}(M)$,则沿场中某一有向闭曲线 L 的第二型曲线积分

$$\Gamma=\oint_L \boldsymbol{A}\cdot\mathrm{d}\boldsymbol{l},$$

称为向量场 $\boldsymbol{A}(M)$ 按所取方向沿曲线 L 的环流量.

在流速场 $\boldsymbol{v}(M)$ 中,$\oint_L \boldsymbol{v}\cdot\mathrm{d}\boldsymbol{l}$ 表示单位时间内,沿闭路 L 指定方向的速度环流量;在磁场强度为 $\boldsymbol{H}(M)$ 的磁场中,由安培环路定理知,线积分 $\oint_L \boldsymbol{H}\cdot\mathrm{d}\boldsymbol{l}$ 等于通过 L 上所张的任何曲面 $\boldsymbol{\Sigma}$ 的各电流 $I_1,I_2,\cdots,I_n$ 的代数和,即

$$\oint_L \boldsymbol{H}\cdot\mathrm{d}\boldsymbol{l}=\sum_{k=1}^{n}I_k,$$

其中电流 I_k 的正负方向和积分路径的方向成右手法则.

1-2 第二型曲线积分的计算法

设自身不相交的有向光滑的平面曲线 L,由参数方程 $x=x(t),y=y(t)$ 给出,$t=\alpha$ 对应于 L 的起点 A,$t=\beta$ 对应于终点 B,在以 α,β 为端点的区间内,$x(t),y(t)\in C^{(1)}$,且 $P,Q\in C(L)$.

由于 $\boldsymbol{\tau}=(x'(t),y'(t))$ 为曲线 L 在点 $M(x,y)\in L$ 处的切向量,因此

$$\boldsymbol{e}_{\tau}=(\cos\alpha,\cos\beta)=\frac{1}{\sqrt{x'^2(t)+y'^2(t)}}(x'(t),y'(t)),$$

又

$$\mathrm{d}l=\sqrt{x'^2(t)+y'^2(t)}\,\mathrm{d}t,$$

所以,由(5)式和第一型曲线积分计算公式可得

$$\boxed{\int_L P(x,y)\,\mathrm{d}x+Q(x,y)\,\mathrm{d}y=\int_{\alpha}^{\beta}[P(x(t),y(t))x'(t)+Q(x(t),y(t))y'(t)]\,\mathrm{d}t.}\tag{7}$$

公式(7)表明,计算 $\int_L P(x,y)\,\mathrm{d}x+Q(x,y)\,\mathrm{d}y$,只要将积分路径 L 的参数方程代入 $P(x,y)\mathrm{d}x+Q(x,y)\mathrm{d}y$ 中,然后计算所得的定积分.

对空间曲线 $L:x=x(t),y=y(t),z=z(t)$,则有

$$\boxed{\begin{aligned}&\int_L P(x,y,z)\,\mathrm{d}x+Q(x,y,z)\,\mathrm{d}y+R(x,y,z)\,\mathrm{d}z=\\&\int_{\alpha}^{\beta}[P(x(t),y(t),z(t))x'(t)+Q(x(t),y(t),z(t))y'(t)+R(x(t),y(t),z(t))z'(t)]\,\mathrm{d}t.\end{aligned}}\tag{8}$$

注意:将第二型曲线积分化为定积分时,下限 α 总是对应 L 的起点,上限 β 则对应 L 的终点.所以上限可以小于下限,这是与第一型曲线积分不同之点.

题型归类解析 9.1

第二型曲线积分的直接计算法.

例 1 计算 $\oint_L(x^2+y^2)\,\mathrm{d}x+(x^2-y^2)\,\mathrm{d}y$,其中 L 为连接点 $O(0,0)$,$A(1,1)$,$B(2,0)$ 所成的闭曲线,取顺时针方向.

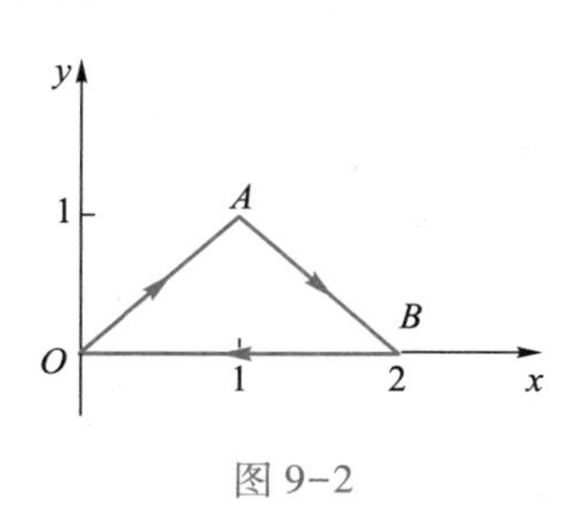

图 9-2

解 闭曲线 L 如图 9-2 所示,三条直线段的方程分别为

$$OA:y=x,$$
$$AB:y=-x+2,$$
$$BO:y=0.$$

所以

释疑解惑 9.1

积分曲线关于坐标轴的对称性在第二型平面曲线积分中的应用.

$$\oint_L (x^2+y^2)\mathrm{d}x+(x^2-y^2)\mathrm{d}y$$

$$=\left(\int_{OA}+\int_{AB}+\int_{BO}\right)(x^2+y^2)\mathrm{d}x+(x^2-y^2)\mathrm{d}y$$

$$=\int_0^1(x^2+x^2)\mathrm{d}x+\int_1^2[x^2+(-x+2)^2+(x^2-(-x+2)^2)(-1)]\mathrm{d}x+\int_2^0 x^2\mathrm{d}x$$

$$=\frac{2}{3}+\frac{2}{3}-\frac{8}{3}=-\frac{4}{3}.$$

例 2 计算 $\oint_L (y-z)\mathrm{d}x+(z-x)\mathrm{d}y+(x-y)\mathrm{d}z$，其中 L 为圆柱面 $x^2+y^2=1$ 与平面 $x+y+z=0$ 的交线，从 z 轴正向看去沿逆时针方向.

解 积分曲线 L 的方程为

$$\begin{cases}x^2+y^2=1,\\ x+y+z=0.\end{cases}$$

由于它在 xOy 平面上的投影为 $\begin{cases}z=0,\\ x^2+y^2=1,\end{cases}$ 故 L 的参数方程为

$$\begin{cases}x=\cos t,\\ y=\sin t,\\ z=-(\cos t+\sin t)\end{cases}\quad(0\leqslant t\leqslant 2\pi).$$

所以

$$\oint_L (y-z)\mathrm{d}x+(z-x)\mathrm{d}y+(x-y)\mathrm{d}z$$

$$=\int_0^{2\pi}[(2\sin t+\cos t)(-\sin t)-(2\cos t+\sin t)\cos t+(\cos t-\sin t)(\sin t-\cos t)]\mathrm{d}t$$

$$=\int_0^{2\pi}(-3)\mathrm{d}t=-6\pi.$$

例 3 质量为 m 的质点受重力作用，沿空间一光滑曲线 L 由 $A(x_1,y_1,z_1)$ 移动到 $B(x_2,y_2,z_2)$，求重力所做的功.

解 设空间曲线 L 如图 9-3 所示，则 $\boldsymbol{F}(M)=(0,0,-mg)$，所以

$$W=\int_L \boldsymbol{F}\cdot\mathrm{d}\boldsymbol{l}=\int_L(-mg)\mathrm{d}z$$

$$=-mg\int_{z_1}^{z_2}\mathrm{d}z=mg(z_1-z_2).$$

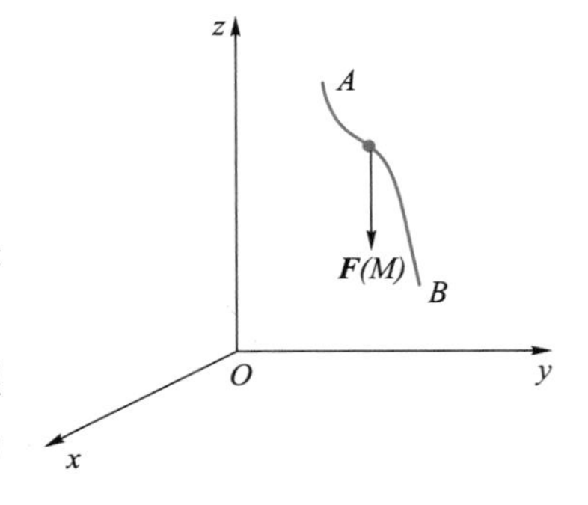

图 9-3

可见重力所做的功与质点移动的路径无关，而只取决于下降的距离.

在物理上，当曲线积分值只与场的分布及曲线 L 的起点和终点的位置有关，而与积分路径无关时，称场 $\boldsymbol{A}(M)$ 为保守场.所以，重力场是保守场.

习题 9-1(1)

A

1. 计算下列第二型曲线积分：

(1) $\int_L (x^2-y^2)\,\mathrm{d}x$，$L$ 是抛物线 $y=x^2$ 上由点 $(0,0)$ 到点 $(2,4)$ 的一段弧；

(2) $\oint_L y\,\mathrm{d}x-x\,\mathrm{d}y$，$L$ 是按逆时针方向绕行的椭圆 $x=a\cos t, y=b\sin t$；

(3) $\oint_L \dfrac{(x+y)\,\mathrm{d}x-(x-y)\,\mathrm{d}y}{x^2+y^2}$，$L$ 为按逆时针方向绕行的圆 $x^2+y^2=a^2$；

(4) $\oint_L \dfrac{\mathrm{d}x+\mathrm{d}y}{|x|+|y|}$，$L$ 为以 $(1,0),(0,1),(-1,0),(0,-1)$ 为顶点的正方形闭路，取逆时针方向；

(5) $\int_L y\,\mathrm{d}x+z\,\mathrm{d}y+x\,\mathrm{d}z$，$L$ 为螺旋线 $x=a\cos t, y=a\sin t, z=bt$ 上由 $t=0$ 到 $t=2\pi$ 的有向弧段；

(6) $\int_L x\,\mathrm{d}x+y\,\mathrm{d}y+(x+y-1)\,\mathrm{d}z$，$L$ 为由点 $(1,1,1)$ 到点 $(2,3,4)$ 的一段直线；

(7) $\oint_L \boldsymbol{F}\cdot\mathrm{d}\boldsymbol{l}$，其中 $\boldsymbol{F}=-y\boldsymbol{i}+x\boldsymbol{j}$，$L$ 为由 $y=x, x=1$ 及 $y=0$ 所构成的三角形闭路，取逆时针方向；

(8) $\oint_L \boldsymbol{F}\cdot\mathrm{d}\boldsymbol{l}$，其中 $\boldsymbol{F}=\dfrac{y\boldsymbol{i}-x\boldsymbol{j}}{x^2+y^2}$，$L$ 为按逆时针方向绕行的圆 $x=a\cos t, y=a\sin t$.

2. 一力场由以横轴正向为方向的常力 $\boldsymbol{F}$ 构成，试求当一质量为 m 的质点沿圆周 $x^2+y^2=R^2$ 按逆时针方向走过第一象限的弧段时，场力所做的功.

3. 把第二型曲线积分 $\int_L P\,\mathrm{d}x+Q\,\mathrm{d}y$ 化为第一型曲线积分，其中 L 为

(1) 沿直线由点 $(0,0)$ 到点 $(1,1)$；

(2) 沿上半圆周 $x^2+y^2=2x$ 由点 $(0,0)$ 到点 $(1,1)$.

B

1. 求 $\int_L (2a-y)\,\mathrm{d}x+x\,\mathrm{d}y$，$L$ 为摆线 $x=a(t-\sin t), y=a(1-\cos t)$ 上由 $t_1=0$ 到 $t_2=2\pi$ 的一段弧.

2. 求 $\int_L \dfrac{x^2\,\mathrm{d}y-y^2\,\mathrm{d}x}{x^{5/3}+y^{5/3}}$，$L$ 为 $x=R\cos^3 t, y=R\sin^3 t\,(R>0)$ 在第一象限内从 $(0,R)$ 到 $(R,0)$ 的弧段.

3. 求 $\int_L x^2\mathrm{d}x + z\mathrm{d}y - y\mathrm{d}z$，$L$ 为 $x=k\theta, y=a\cos\theta, z=a\sin\theta$ 上从 $\theta_1=0$ 到 $\theta_2=\pi$ 的一段弧.

4. 求 $\oint_L y^2\mathrm{d}x + z^2\mathrm{d}y + x^2\mathrm{d}z$，$L$ 为球面 $x^2+y^2+z^2=R^2$ 和柱面 $x^2+y^2=Rx(z\geqslant 0, R>0)$ 的交线，由 x 轴正向看去是逆时针方向.

5. 有一平面力场 $\boldsymbol{F}$，大小等于点 (x,y) 到原点的距离，方向指向原点.试求单位质量的质点 P 沿椭圆 $\frac{x^2}{a^2}+\frac{y^2}{b^2}=1$ 逆时针方向绕行一周，力 $\boldsymbol{F}$ 所做的功.

6. 有一力场，其力的大小与力的作用点到 xOy 平面的距离成反比且方向指向原点，试求单位质量的质点沿直线 $x=at, y=bt, z=ct(c\neq 0)$ 从点 (a,b,c) 移动到 $(2a,2b,2c)$ 时，该场力所做的功.

1-3 格林公式

格林公式揭示了平面区域 σ 上的二重积分与 σ 的周界上的第二型平面曲线积分的关系，它在理论和应用上都有其重要意义.

定理 9.1.1（格林（Green）公式） 设 σ 是由分段光滑的曲线 L 所围成的平面闭区域，$P(x,y), Q(x,y)\in C^{(1)}(\sigma)$，则

$$\oint_L P\mathrm{d}x + Q\mathrm{d}y = \iint_\sigma \left(\frac{\partial Q}{\partial x} - \frac{\partial P}{\partial y}\right)\mathrm{d}x\mathrm{d}y. \tag{9}$$

其中 L 是 σ 的正向周界（如图 9-4），即若当 M 点沿曲线 L 前进时，闭区域 σ 内邻近点 M 的部分永远在其左侧，则此方向称为 L 的正向.

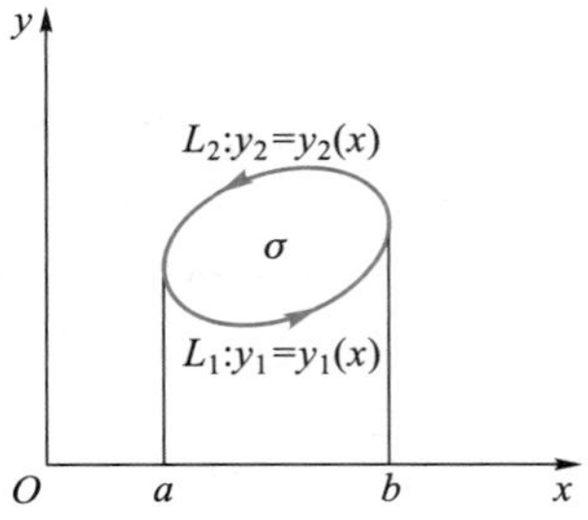

图 9-4

证 不妨设 $\sigma=\{(x,y)\mid y_1(x)\leqslant y\leqslant y_2(x), a\leqslant x\leqslant b\}$，如图 9-4 所示，先证 $\oint_L P\mathrm{d}x = -\iint_\sigma \frac{\partial P}{\partial y}\mathrm{d}x\mathrm{d}y$.

设 $L_1: y=y_1(x)$，$L_2: y=y_2(x)$，由于

$$\begin{aligned}\oint_L P\mathrm{d}x &= \int_{L_1} P\mathrm{d}x + \int_{L_2} P\mathrm{d}x = \int_a^b P(x,y_1(x))\mathrm{d}x + \int_b^a P(x,y_2(x))\mathrm{d}x \\ &= \int_a^b [P(x,y_1(x)) - P(x,y_2(x))]\mathrm{d}x,\end{aligned}$$

又

$$\iint_\sigma \frac{\partial P}{\partial y}\mathrm{d}x\mathrm{d}y = \int_a^b \mathrm{d}x\int_{y_1(x)}^{y_2(x)} \frac{\partial P}{\partial y}\mathrm{d}y = \int_a^b [P(x,y_2(x)) - P(x,y_1(x))]\mathrm{d}x,$$

所以

$$\oint_L P\mathrm{d}x = -\iint_\sigma \frac{\partial P}{\partial y}\mathrm{d}x\mathrm{d}y;$$

同理可证

$$\oint_L Q\mathrm{d}y=\iint_\sigma \frac{\partial Q}{\partial x}\mathrm{d}x\mathrm{d}y.$$

上述两式相加,即得格林公式. 证毕

在上述证明中,闭区域 σ 限为平行于坐标轴且穿过 σ 内部的直线与 σ 边界曲线的交点至多是两个,若多于两个,如平面多连通域,则可添加辅助曲线将域 σ 分成若干个小区域,使每个小区域符合上述条件,由于沿辅助曲线正、反两方向的曲线积分恰好相抵消,故格林公式仍成立.

格林公式中,L 取区域 σ 的正向周界,$P,Q\in C^{(1)}(\sigma)$ 这两个条件是重要的,缺一不可,否则,要变 L 为正向或作辅助曲线,使之符合条件方可应用.

例 4 计算 $\oint_L xy^2\mathrm{d}y-yx^2\mathrm{d}x$,L 为圆周 $x^2+y^2=R^2$,取逆时针方向为其正向.

解 由题设知,可用格林公式

$$\oint_L xy^2\mathrm{d}y-yx^2\mathrm{d}x=\iint_\sigma (y^2+x^2)\mathrm{d}x\mathrm{d}y=\int_0^{2\pi}\mathrm{d}\theta\int_0^R r^3\mathrm{d}r=\frac{\pi R^4}{2}.$$

例 5 计算 $\int_L(\mathrm{e}^x\sin y-my)\mathrm{d}x+(\mathrm{e}^x\cos y-m)\mathrm{d}y$,$L$ 为 $x^2+y^2=ax$ 的上半圆周,取逆时针方向为其正向.

解 这里 L 不是闭曲线(如图 9-5),故不能直接应用格林公式,但可添加辅助线 OA,使之成为闭曲线,则便可使用公式了.

又 $\frac{\partial P}{\partial y}=\mathrm{e}^x\cos y-m,\frac{\partial Q}{\partial x}=\mathrm{e}^x\cos y$,所以

$$\int_L(\mathrm{e}^x\sin y-my)\mathrm{d}x+(\mathrm{e}^x\cos y-m)\mathrm{d}y$$

$$=\int_{L+OA}(\mathrm{e}^x\sin y-my)\mathrm{d}x+(\mathrm{e}^x\cos y-m)\mathrm{d}y-\int_{OA}(\mathrm{e}^x\sin y-my)\mathrm{d}x+(\mathrm{e}^x\cos y-m)\mathrm{d}y$$

$$=\iint_\sigma m\mathrm{d}x\mathrm{d}y-0=\frac{1}{8}\pi ma^2.$$

例 6 计算 $\oint_L\frac{-y\mathrm{d}x+x\mathrm{d}y}{x^2+y^2}$,$L$ 为$\frac{x^2}{a^2}+\frac{y^2}{b^2}=1$,取逆时针方向为正向.

解 L 及所围区域 σ 如图 9-6,因为

$$P=\frac{-y}{x^2+y^2},Q=\frac{x}{x^2+y^2},$$

$$\frac{\partial P}{\partial y}=\frac{y^2-x^2}{(x^2+y^2)^2}=\frac{\partial Q}{\partial x},$$

所以,P,Q,P_y,Q_x 在 σ 内点(0,0)处不连续,点(0,0)为奇点.为应用格林公式,可选取充分小的 $r>0$,作位于 σ 内的圆周 L_1 :$x=r\cos\theta,y=r\sin\theta$,取其逆时针方向,将 L 和 L_1^- 所围成的环形闭区域记为 σ_1,由于格林公式在平面多连通域内仍成立,故在 σ_1 内可应用格林公式,于是

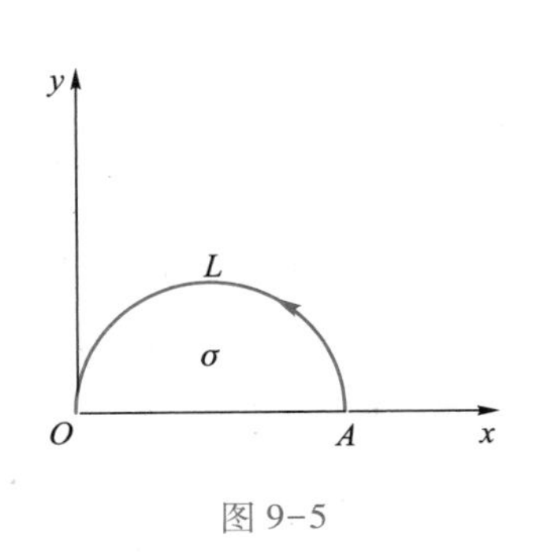

图 9-5

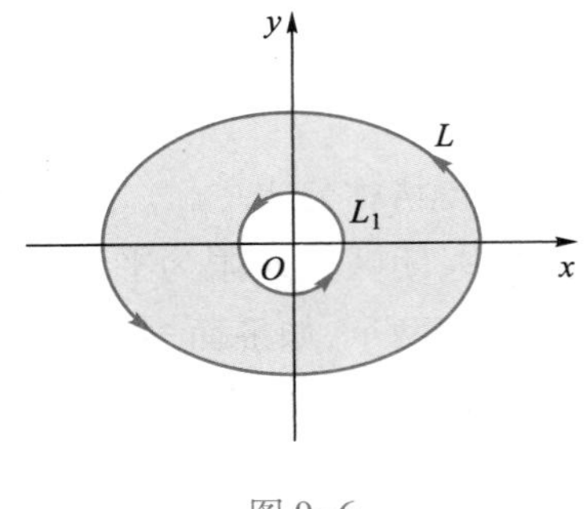

图 9-6

$$\oint_L \frac{-y\mathrm{d}x+x\mathrm{d}y}{x^2+y^2}=\int_L \frac{-y\mathrm{d}x+x\mathrm{d}y}{x^2+y^2}+\int_{L_1^-} \frac{-y\mathrm{d}x+x\mathrm{d}y}{x^2+y^2}-\oint_{L_1^-} \frac{-y\mathrm{d}x+x\mathrm{d}y}{x^2+y^2}$$

$$=\iint_{\sigma_1} 0\mathrm{d}x\mathrm{d}y-\oint_{L_1^-} \frac{-y\mathrm{d}x+x\mathrm{d}y}{x^2+y^2}=\oint_{L_1} \frac{-y\mathrm{d}x+x\mathrm{d}y}{x^2+y^2}.$$

题型归类解析 9.2

利用格林公式计算第二型平面曲线积分.

这里 L_1 取圆周 $x=r\cos\theta, y=r\sin\theta$ 的正向,所以

$$\oint_L \frac{-y\mathrm{d}x+x\mathrm{d}y}{x^2+y^2}=\oint_{L_1} \frac{-y\mathrm{d}x+x\mathrm{d}y}{x^2+y^2}$$

$$=\int_0^{2\pi} \frac{r^2\sin^2\theta+r^2\cos^2\theta}{r^2}\mathrm{d}\theta=2\pi.$$

环绕奇点一周的正向闭路上的积分值,称为区域 σ 上对应于该奇点的循环常数.本例的循环常数为 2π.

1-4　第二型曲线积分和路径无关的条件

一般说来,曲线积分的值与积分路径有关,但是也有例外,如重力场 $\boldsymbol{F}(M)$ 所做的功,只与起点和终点有关,而与路径无关.所谓曲线积分与路径无关,是指

$$\int_{L_1} \boldsymbol{A}\cdot\mathrm{d}\boldsymbol{l}=\int_{L_2} \boldsymbol{A}\cdot\mathrm{d}\boldsymbol{l},$$

其中 L_1, L_2 是向量场 $\boldsymbol{A}(M)$ 的场域中从起点 A 到终点 B 的任意两条曲线.

对于平面曲线积分,则有

$$\int_{L_1} P\mathrm{d}x+Q\mathrm{d}y=\int_{L_2} P\mathrm{d}x+Q\mathrm{d}y,$$

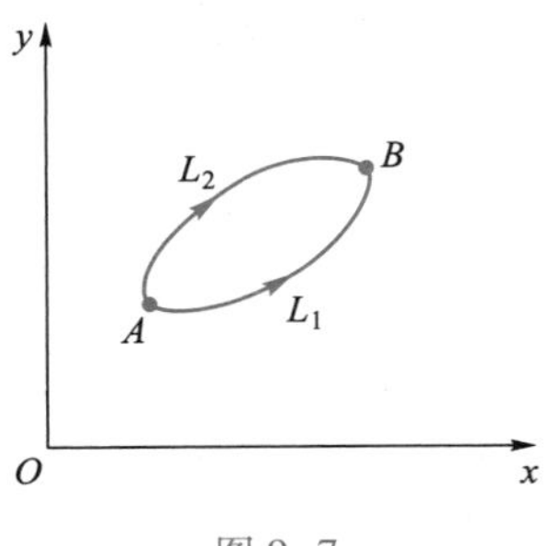

图 9-7

如图 9-7 所示.下面我们要回答,线积分 $\int_L P\mathrm{d}x+Q\mathrm{d}y$ 与路径无关的条件是什么?

定理 9.1.2　若 D 是 $\mathbf{R}^2$ 中的单连通域,P、$Q\in C^{(1)}(D)$,则下面四个命题相互等价.

（1）曲线积分$\int_{L_1} P\mathrm{d}x + Q\mathrm{d}y = \int_{L_2} P\mathrm{d}x + Q\mathrm{d}y$，$L_1$，$L_2$ 为域 D 内由起点 A 到终点 B 的任意两条分段光滑的有向曲线，即 $\int_{(A)}^{(B)} P\mathrm{d}x + Q\mathrm{d}y$ 与 D 内的积分路径无关.

（2）存在定义在 D 内的连续可微函数 $u(x,y)$，有 $\mathrm{d}u = P\mathrm{d}x+Q\mathrm{d}y$，即微分式 $P\mathrm{d}x+Q\mathrm{d}y$ 在 D 内等于某个函数 $u(x,y)$ 的全微分，$u(x,y)$ 称为 $P\mathrm{d}x+Q\mathrm{d}y$ 的原函数.

（3）在 D 内任意点上有$\dfrac{\partial P}{\partial y}=\dfrac{\partial Q}{\partial x}$.

（4）在 D 内沿任意分段光滑闭曲线 L，都有 $\oint_L P\mathrm{d}x + Q\mathrm{d}y = 0$.

证　(1)⇒(2).

由于 $\int_L P\mathrm{d}x + Q\mathrm{d}y$ 与路径无关，所以，起点 $A(x_0,y_0)$ 固定后，积分是终点 $B(x,y)$ 的函数，记为

$$u(x,y) = \int_{(x_0,y_0)}^{(x,y)} P(x,y)\mathrm{d}x + Q(x,y)\mathrm{d}y.$$

下面只要证 $u(x,y)$ 即为所求的连续可微函数，即有 $\dfrac{\partial u}{\partial x}=P$，$\dfrac{\partial u}{\partial y}=Q$.

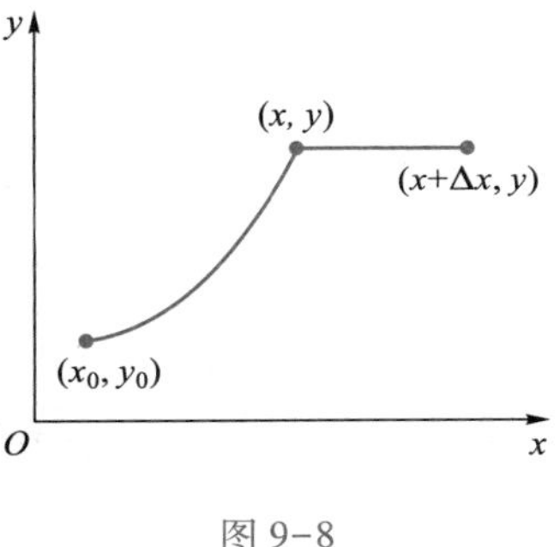

图 9-8

因为 $u(x+\Delta x,y) = \int_{(x_0,y_0)}^{(x+\Delta x,y)} P(x,y)\mathrm{d}x + Q(x,y)\mathrm{d}y$（由于积分与路径无关），故可取图 9-8 的路径，所以

$$\begin{aligned} u(x+\Delta x,y) &= \left(\int_{(x_0,y_0)}^{(x,y)} + \int_{(x,y)}^{(x+\Delta x,y)}\right) P(x,y)\mathrm{d}x + Q(x,y)\mathrm{d}y \\ &= u(x,y) + \int_{(x,y)}^{(x+\Delta x,y)} P(x,y)\mathrm{d}x + Q(x,y)\mathrm{d}y. \end{aligned}$$

于是

$$\begin{aligned} & u(x+\Delta x,y)-u(x,y) \\ =& \int_{(x,y)}^{(x+\Delta x,y)} P(x,y)\mathrm{d}x + Q(x,y)\mathrm{d}y \\ =& \int_x^{x+\Delta x} P(x,y)\mathrm{d}x = P(x+\theta\Delta x,y)\Delta x,\ 0\leqslant\theta\leqslant 1 \end{aligned}$$

所以

$$\lim_{\Delta x\to 0}\frac{u(x+\Delta x,y)-u(x,y)}{\Delta x} = \lim_{\Delta x\to 0} P(x+\theta\Delta x,y) = P(x,y),$$

即

$$\frac{\partial u}{\partial x} = P(x,y).$$

同理可证

$$\frac{\partial u}{\partial y}=Q(x,y).$$

由 P,Q 的连续性知,$\frac{\partial u}{\partial x},\frac{\partial u}{\partial y}$连续,于是有

$$\mathrm{d}u=\frac{\partial u}{\partial x}\mathrm{d}x+\frac{\partial u}{\partial y}\mathrm{d}y=P\mathrm{d}x+Q\mathrm{d}y.$$

显然,如果 $u(x,y)$是 $P\mathrm{d}x+Q\mathrm{d}y$ 的一个原函数,那么 $u(x,y)+C$(C 为常数)也是其原函数.易证,任意两个原函数仅相差一个常数.

(2)⇒(3).

由于 $\mathrm{d}u=P\mathrm{d}x+Q\mathrm{d}y=\frac{\partial u}{\partial x}\mathrm{d}x+\frac{\partial u}{\partial y}\mathrm{d}y$,则

$$P=\frac{\partial u}{\partial x},\quad Q=\frac{\partial u}{\partial y},$$

故

$$\frac{\partial P}{\partial y}=\frac{\partial^2 u}{\partial x\partial y},\quad \frac{\partial Q}{\partial x}=\frac{\partial^2 u}{\partial y\partial x},$$

又由$\frac{\partial P}{\partial y},\frac{\partial Q}{\partial x}$的连续性,即$\frac{\partial^2 u}{\partial x\partial y},\frac{\partial^2 u}{\partial y\partial x}$连续,从而有

$$\frac{\partial P}{\partial y}=\frac{\partial Q}{\partial x}.$$

(3)⇒(4).

设 σ 为 D 内任意的分段光滑正向闭曲线 L 所围成的闭区域,由格林公式知

$$\oint_L P\mathrm{d}x+Q\mathrm{d}y=\iint_\sigma\left(\frac{\partial Q}{\partial x}-\frac{\partial P}{\partial y}\right)\mathrm{d}x\mathrm{d}y=0.$$

(4)⇒(1).

如图 9-7 所示,在 D 内任作连接起点 A 到终点 B 的光滑曲线 L_1,L_2,方向由 A 到 B,显然 $L=L_1\cup L_2^-$ 是分段光滑闭曲线.因为

$$\begin{aligned}\oint_L P\mathrm{d}x+Q\mathrm{d}y&=\int_{L_1\cup L_2^-}P\mathrm{d}x+Q\mathrm{d}y=\int_{L_1}P\mathrm{d}x+Q\mathrm{d}y+\int_{L_2^-}P\mathrm{d}x+Q\mathrm{d}y\\&=\int_{L_1}P\mathrm{d}x+Q\mathrm{d}y-\int_{L_2}P\mathrm{d}x+Q\mathrm{d}y,\end{aligned}$$

所以当 $\oint_L P\mathrm{d}x+Q\mathrm{d}y=0$ 时,有

$$\int_{L_1}P\mathrm{d}x+Q\mathrm{d}y=\int_{L_2}P\mathrm{d}x+Q\mathrm{d}y,$$

故曲线积分与路径无关. 证毕

由命题(1),(2)的等价性,可得到由原函数求线积分的公式.事实上,若 $u(x,y)$是 $P\mathrm{d}x+$

$Q\mathrm{d}y$ 的一个原函数,又由于

$$\Phi(x,y)=\int_{(x_0,y_0)}^{(x,y)} P\mathrm{d}x+Q\mathrm{d}y$$

也是其一个原函数,故

$$\Phi(x,y)=u(x,y)+C,$$

又 $\Phi(x_0,y_0)=0$,所以

$$C=-u(x_0,y_0),$$

于是

$$\Phi(x,y)=u(x,y)-u(x_0,y_0),$$

即

$$\int_{(x_0,y_0)}^{(x,y)} P\mathrm{d}x+Q\mathrm{d}y=u(x,y)-u(x_0,y_0)=u(x,y)\Big|_{(x_0,y_0)}^{(x,y)}.$$

此公式类似于计算定积分的牛顿-莱布尼茨公式.

例 7　计算 $\int_L (x^2-y^2)\mathrm{d}x-2xy\mathrm{d}y$,$L$ 沿曲线 $y=\begin{cases}\dfrac{\sin x}{x}, & x\neq 0,\\ 1, & x=0,\end{cases}$ 由 $A(0,1)$ 到 $B(\pi,0)$.

释疑解惑 9.2

曲线积分的牛顿-莱布尼茨公式成立的条件.

题型归类解析 9.3

利用第二型曲线积分与路径无关计算平面曲线积分.

解　本题若直接计算是相当困难的.我们注意到这里

$$P=x^2-y^2,Q=-2xy.$$

故

$$\frac{\partial P}{\partial y}=\frac{\partial Q}{\partial x}=-2y,$$

且 $P,Q\in C^{(1)}(\mathrm{R}^2)$,所以,线积分与路径无关(见图 9-9).于是

$$\int_L P\mathrm{d}x+Q\mathrm{d}y=\int_{AO} P\mathrm{d}x+Q\mathrm{d}y+\int_{OB} P\mathrm{d}x+Q\mathrm{d}y=0+\int_0^{\pi} x^2\mathrm{d}x=\frac{\pi^3}{3}.$$

例 8　设 $\varphi(x)$ 连续可微,且 $\varphi(0)=-1$,若积分

$$\int_{(0,0)}^{\left(\frac{\pi}{4},\frac{\pi}{4}\right)} (2y\sin 2x-xy)\mathrm{d}x+\varphi(x)\mathrm{d}y$$

与积分路径无关,试求其值.

解　由题设积分与路径无关,则有 $\dfrac{\partial P}{\partial y}=\dfrac{\partial Q}{\partial x}$,

即

$$2\sin 2x-x=\varphi'(x),$$

由此解得

$$\varphi(x)=-\cos 2x-\frac{x^2}{2}+C.$$

由 $\varphi(0)=-1$,确定 $C=0$,从而

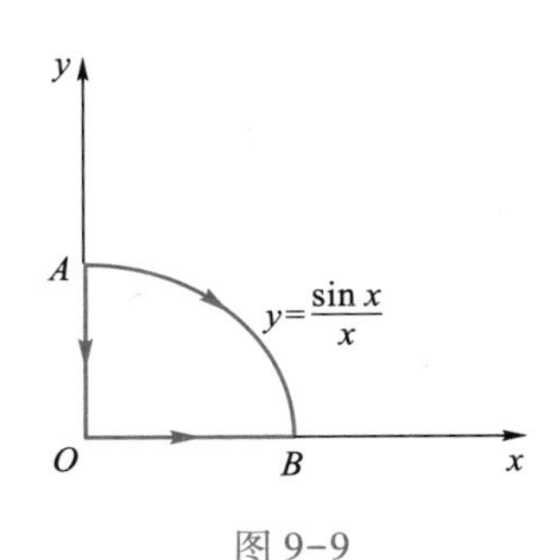

图 9-9

$$\varphi(x)=-\cos 2x-\frac{x^2}{2}.$$

再计算(路径如图 9-10 所示)

$$\begin{aligned}&\int_{(0,0)}^{\left(\frac{\pi}{4},\frac{\pi}{4}\right)}(2y\sin 2x-xy)\mathrm{d}x+\varphi(x)\mathrm{d}y\\&=\int_{(0,0)}^{\left(\frac{\pi}{4},\frac{\pi}{4}\right)}(2y\sin 2x-xy)\mathrm{d}x-\left(\cos 2x+\frac{x^2}{2}\right)\mathrm{d}y\\&=\left(\int_{OB}+\int_{BA}\right)(2y\sin 2x-xy)\mathrm{d}x-\left(\cos 2x+\frac{x^2}{2}\right)\mathrm{d}y\\&=0-\int_0^{\frac{\pi}{4}}\left(\cos\frac{\pi}{2}+\frac{\pi^2}{32}\right)\mathrm{d}y=-\frac{\pi^3}{128}.\end{aligned}$$

例 9 验证微分式$(3x^2-6xy)\mathrm{d}x+(3y^2-3x^2)\mathrm{d}y$是某函数$u(x,y)$的全微分,求出原函数$u(x,y)$,并由原函数$u(x,y)$,计算$\int_{(1,0)}^{(2,2)}(3x^2-6xy)\mathrm{d}x+(3y^2-3x^2)\mathrm{d}y$.

解 由于$\frac{\partial Q}{\partial x}=\frac{\partial P}{\partial y}=-6x$,所以该微分式是函数$u(x,y)$的全微分,由定理知

$$\begin{aligned}u(x,y)&=\int_{(0,0)}^{(x,y)}(3x^2-6xy)\mathrm{d}x+(3y^2-3x^2)\mathrm{d}y\\&=\left(\int_{OM}+\int_{MN}\right)(3x^2-6xy)\mathrm{d}x+(3y^2-3x^2)\mathrm{d}y\\&=\int_0^x 3x^2\mathrm{d}x+\int_0^y(3y^2-3x^2)\mathrm{d}y=x^3+y^3-3x^2y.\end{aligned}$$

其中 OM,MN 如图 9-11 所示.此为微分式的一个原函数.它的所有原函数为

$$u(x,y)=x^3+y^3-3x^2y+C\quad(C\text{ 为任意常数}).$$

所以

$$\int_{(1,0)}^{(2,2)}(3x^2-6xy)\mathrm{d}x+(3y^2-3x^2)\mathrm{d}y=u(x,y)\Big|_{(1,0)}^{(2,2)}=(x^3+y^3-3x^2y)\Big|_{(1,0)}^{(2,2)}=-9.$$

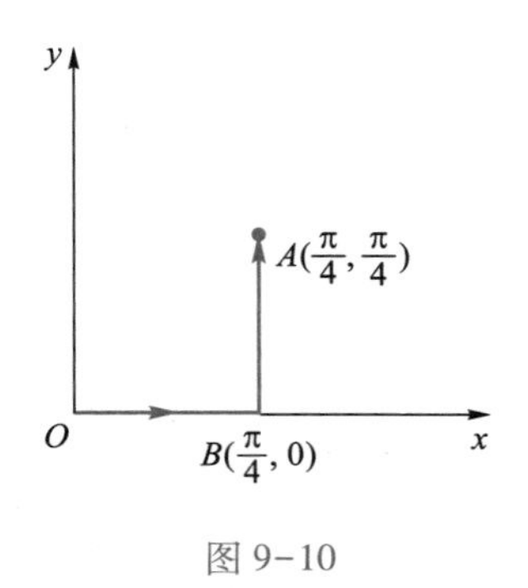

图 9-10

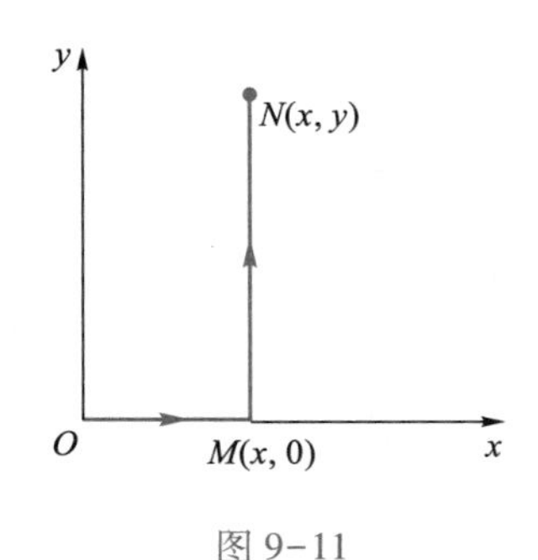

图 9-11

习题 9-1(2)

A

1. 证明正向分段光滑且自身不相交的封闭曲线 L 所围平面图形的面积 $S=\frac{1}{2}\oint_L x\mathrm{d}y-y\mathrm{d}x$ 或 $S=\oint_L x\mathrm{d}y$ 或 $S=-\oint_L y\mathrm{d}x$，并用它计算下列曲线所围成的图形的面积.

(1) $x=a\cos^3 t, y=a\sin^3 t$;

(2) $x^2+y^2=2ax$.

2. 利用格林公式计算下列曲线积分：

(1) $\oint_L (x^2-y)\mathrm{d}x+(x-\mathrm{e}^y)\mathrm{d}y$，$L$ 为椭圆 $\frac{x^2}{a^2}+\frac{y^2}{b^2}=1$ 的正向；

(2) $\oint_L (x+y)^2\mathrm{d}x-(x^2+y^2)\mathrm{d}y$，$L$ 为以 $(0,0)$，$(1,0)$，$(0,1)$ 为顶点的三角形区域正向边界曲线；

(3) $\oint_L \mathrm{e}^x(1-\cos y)\mathrm{d}x-\mathrm{e}^x(y-\sin y)\mathrm{d}y$，$L$ 为 $y=\sin x$ 与 x 轴 $(0\leqslant x\leqslant\pi)$ 所围区域的正向边界曲线；

(4) $\oint_L (x+1)y\mathrm{d}x-x(y-2)\mathrm{d}y$，$L$ 为 $x+y=1$ 与坐标轴所围成三角形区域的正向边界曲线；

(5) $\oint_L (x+y)\mathrm{d}x+(x-y)\mathrm{d}y$，$L$ 为 $|x|+|y|=1$ 所围正方形域的正向边界；

(6) $\oint_L f'(x)\sin y\mathrm{d}x+(f(x)\cos y-nx)\mathrm{d}y$，$L$ 为沿正向圆周 $(x-1)^2+(y-\pi)^2=1+\pi^2$ 由 $A(2,2\pi)$ 到 $B(0,0)$.

3. 用曲线积分与路径无关的条件，计算下列积分：

(1) $\int_{(1,2)}^{(3,4)}(6xy^2-y^3)\mathrm{d}x+(6x^2y-3xy^2)\mathrm{d}y$;

(2) $\int_{(0,0)}^{\left(\frac{\pi}{2},\frac{\pi}{2}\right)} y\cos x\mathrm{d}x+\sin x\mathrm{d}y$;

(3) $\int_{(2,1)}^{(1,2)}\frac{y\mathrm{d}x-x\mathrm{d}y}{x^2}$（路径不过 y 轴）；

(4) $\int_L (2xy+3x\sin x)\mathrm{d}x+(x^2-y\mathrm{e}^y)\mathrm{d}y$，其中 L 由点 $(0,0)$ 沿摆线 $x=a(t-\sin t)$，$y=a(1-\cos t)$ 到点 $(\pi a,2a)$；

(5) $\int_L (1+x\mathrm{e}^{2y})\mathrm{d}x+(x^2\mathrm{e}^{2y}-y^2)\mathrm{d}y$，其中 L 由点 $(0,0)$ 沿上半圆周 $(x-2)^2+y^2=4(y>0)$

到点(4,0).

4. 验证下列各微分式是某二元函数 $u(x,y)$ 的全微分,并求 $u(x,y)$:

(1) $(x+2y)\mathrm{d}x+(2x+y)\mathrm{d}y$;

(2) $(4\sin x\sin 3y\cos x)\mathrm{d}x-(3\cos 3y\cos 2x)\mathrm{d}y$;

(3) $(2x\cos y-y^2\sin x)\mathrm{d}x+(2y\cos x-x^2\sin y)\mathrm{d}y$;

(4) $\dfrac{1}{x^2}(y\mathrm{d}x-x\mathrm{d}y)$;

(5) $\dfrac{2x(1-\mathrm{e}^y)}{(1+x^2)^2}\mathrm{d}x+\dfrac{\mathrm{e}^y}{1+x^2}\mathrm{d}y$.

5. 证明:$\dfrac{x\mathrm{d}x+y\mathrm{d}y}{x^2+y^2}$在整个 xOy 面除 y 的负半轴和原点外的开区域 Ω 内是某个二元函数 $u(x,y)$ 的全微分,并求 $u(x,y)$.

6. 设在半平面 $x>0$ 中有力场 $\boldsymbol{F}=-\dfrac{k}{r^3}(x\boldsymbol{i}+y\boldsymbol{j})$,$k$ 为常数,$r=\sqrt{x^2+y^2}$,证明,此力场中场力所做的功与所取路径无关.

B

1. 用格林公式计算下列曲线积分:

(1) $\int_L(2xy^3-y^2\cos x)\mathrm{d}x+(1-2y\sin x+3x^2y^2)\mathrm{d}y$,$L$ 为抛物线 $2x=\pi y^2$ 上由点(0,0)到点$\left(\dfrac{\pi}{2},1\right)$的一段弧;

(2) $\int_L(x^2-y)\mathrm{d}x-(x+\sin^2 y)\mathrm{d}y$,$L$ 为圆周 $y=\sqrt{2x-x^2}$ 上由点(0,0)到点(1,1)的一段弧.

2. 计算 $\int_L\dfrac{(x+y)\mathrm{d}x-(x-y)\mathrm{d}y}{x^2+y^2}$,其中 L 为

(1) 域 $\sigma=\{(x,y)\mid a^2\leqslant x^2+y^2\leqslant b^2\}$ 的正向边界$(a>0,b>0)$;

(2) 域 $\sigma=\{(x,y)\mid x^2+y^2\leqslant a^2(a>0)\}$ 的正向边界;

(3) 域 $\sigma=\{(x,y)\mid |x|+|y|\leqslant 1\}$ 的正向边界;

(4) 曲线 $y=\pi\cos x$ 上从点 $A(-\pi,-\pi)$ 到点 $B(\pi,-\pi)$ 的一段弧.

3. 设 $\oint_L(f''(x)+9f(x)+2x^2-5x+1)y^2\mathrm{d}x+7f''(x)\mathrm{d}y=0$,求 $f(x)$ 及

$$I=\int_{(0,0)}^{(1,1)}(f''(x)+9f(x)+2x^2-5x+1)y^2\mathrm{d}x+7f''(x)\mathrm{d}y.$$

4. 确定 λ 的值,使曲线积分

$$\int_{(A)}^{(B)}(x^4+4xy^3)\mathrm{d}x+(6x^{\lambda-1}y^2-5y^4)\mathrm{d}y$$

与路径无关,并求当 $A(0,0)$,$B(1,2)$ 时的积分值.

5. 设 $u(x,y),v(x,y)\in C^{(1)}(\sigma)$,其中 $\sigma=\{(x,y)\mid x^2+y^2\leqslant 1\}$. 又 $\boldsymbol{f}(x,y)=v(x,y)\boldsymbol{i}+u(x,y)\boldsymbol{j}$,$\boldsymbol{g}(x,y)=\left(\dfrac{\partial u}{\partial x}-\dfrac{\partial u}{\partial y}\right)\boldsymbol{i}+\left(\dfrac{\partial v}{\partial x}-\dfrac{\partial v}{\partial y}\right)\boldsymbol{j}$,在 σ 的边界上有 $u(x,y)\equiv 1,v(x,y)\equiv y$,试计算 $I=\iint\limits_{\sigma}\boldsymbol{f}\cdot\boldsymbol{g}\mathrm{d}\sigma$.

6. 设域 σ 的面积为 S,函数 $u(x,y)\in C^{(2)}(\sigma)$ 且满足 $u_{xx}+u_{yy}=1$,证明

$$\oint_L\frac{\partial u}{\partial \boldsymbol{n}}\mathrm{d}l=|S|.$$

其中 L 为域 σ 的正向边界曲线,$\boldsymbol{n}$ 为 L 的外法线单位向量.

7. 设 $u,v\in C^{(2)}(\sigma)$,$\sigma\subset\mathbf{R}^2$,$L$ 为 σ 的正向边界闭曲线,$\boldsymbol{n}$ 为 L 的外法线单位向量,证明

(1) $\displaystyle\oint_L\frac{\partial u}{\partial \boldsymbol{n}}\mathrm{d}l=\iint\limits_{\sigma}\Delta u\mathrm{d}x\mathrm{d}y$;

(2) $\displaystyle\oint_L v\frac{\partial u}{\partial \boldsymbol{n}}\mathrm{d}l=\iint\limits_{\sigma}v\Delta u\mathrm{d}x\mathrm{d}y+\iint\limits_{\sigma}\nabla u\cdot\nabla v\mathrm{d}x\mathrm{d}y$;

(3) $\displaystyle\oint_L\left(u\frac{\partial v}{\partial \boldsymbol{n}}-v\frac{\partial u}{\partial \boldsymbol{n}}\right)\mathrm{d}l=\iint\limits_{\sigma}(u\Delta v-v\Delta u)\mathrm{d}x\mathrm{d}y$.

其中 $\Delta u=u_{xx}+u_{yy}$.

释疑解惑 9.3

封闭平面有向曲线 L 在某点处的外法线向量的方向余弦和切向量的方向余弦之间的关系.

1-5　全微分方程

形如

$$P(x,y)\mathrm{d}x+Q(x,y)\mathrm{d}y=0 \tag{10}$$

且满足关系式 $\dfrac{\partial Q}{\partial x}=\dfrac{\partial P}{\partial y}$ 的方程,称为全微分方程.其中 P,Q 在单连通域内具有一阶连续偏导数.由曲线积分与路径无关的条件知,必存在函数 $u(x,y)$ 使

$$\mathrm{d}u(x,y)=P(x,y)\mathrm{d}x+Q(x,y)\mathrm{d}y,$$

于是

$$u(x,y)=\int_{x_0}^{x}P(x,y_0)\mathrm{d}x+\int_{y_0}^{y}Q(x,y)\mathrm{d}y, \tag{11}$$

由于方程(10)即为

$$\mathrm{d}u(x,y)=0,$$

从而得方程的隐式通解

$$u(x,y)=C,$$

其中 C 为任意常数.

例 10　求方程 $(x^3-3xy^2)\mathrm{d}x+(y^3-3x^2y)\mathrm{d}y=0$ 的通解.

解法一　由于$\frac{\partial Q}{\partial x}=-6xy=\frac{\partial P}{\partial y}$，所以原方程为全微分方程.

$$u(x,y)=\int_0^x x^3\mathrm{d}x+\int_0^y(y^3-3x^2y)\mathrm{d}y=\frac{x^4}{4}+\frac{y^4}{4}-\frac{3x^2y^2}{2},$$

故原方程的通解为

$$\frac{x^4}{4}+\frac{y^4}{4}-\frac{3x^2y^2}{2}=C.$$

解法二　由于所给方程为全微分方程，所以存在函数 $u(x,y)$，且$\frac{\partial u}{\partial x}=x^3-3xy^2$，上式两边对 x 积分得

$$u(x,y)=\frac{x^4}{4}-\frac{3}{2}x^2y^2+\varphi(y),$$

将 $u(x,y)$ 对 y 求偏导数，并注意到$\frac{\partial u}{\partial y}=y^3-3x^2y$，即得

$$\frac{\partial u}{\partial y}=-3x^2y+\varphi'(y)=y^3-3x^2y,$$

故

$$\varphi'(y)=y^3,$$

所以

$$\varphi(y)=\frac{y^4}{4}(\text{只任取一个原函数}),$$

由此得

$$u(x,y)=\frac{x^4}{4}-\frac{3}{2}x^2y^2+\frac{y^4}{4},$$

所以原方程的通解为

$$\frac{x^4}{4}+\frac{y^4}{4}-\frac{3}{2}x^2y^2=C.$$

有时对全微分方程可用分项重新组合的方法求解，这种方法称为可积组合法.

例 11　求方程$\frac{2x}{y^3}\mathrm{d}x+\frac{y^2-3x^2}{y^4}\mathrm{d}y=0$ 的通解.

解　因为

$$\frac{\partial P}{\partial y}=-\frac{6x}{y^4}=\frac{\partial Q}{\partial x},$$

所以这是全微分方程，将方程左端重新组合，

$$\frac{1}{y^2}\mathrm{d}y+\left(\frac{2x}{y^3}\mathrm{d}x-\frac{3x^2}{y^4}\mathrm{d}y\right)=\mathrm{d}\left(-\frac{1}{y}\right)+\mathrm{d}\left(\frac{x^2}{y^3}\right),$$

故原方程的通解为

$$-\frac{1}{y}+\frac{x^2}{y^3}=C.$$

有时方程(10)并不是全微分方程,但方程两端乘以非零因子$\mu(x,y)$后可变为全微分方程.因子$\mu(x,y)$称方程(10)的积分因子.

但是,求积分因子一般来说并非易事,在某些简单情况下,积分因子常借助熟知的函数的全微分式,用观察法求得. 常用的函数的全微分式有

$$x\mathrm{d}y+y\mathrm{d}x=\mathrm{d}\left(\frac{x^2+y^2}{2}\right),\qquad y\mathrm{d}x+x\mathrm{d}y=\mathrm{d}(xy),$$

$$\frac{-y\mathrm{d}x+x\mathrm{d}y}{x^2}=\mathrm{d}\left(\frac{y}{x}\right),\qquad \frac{y\mathrm{d}x-x\mathrm{d}y}{y^2}=\mathrm{d}\left(\frac{x}{y}\right),$$

$$\frac{-y\mathrm{d}x+x\mathrm{d}y}{x^2+y^2}=\mathrm{d}\left(\arctan\frac{y}{x}\right),\qquad \frac{x\mathrm{d}x+y\mathrm{d}y}{x^2+y^2}=\mathrm{d}(\ln\sqrt{x^2+y^2}),$$

$$\frac{x\mathrm{d}y-y\mathrm{d}x}{xy}=\mathrm{d}\left(\ln\frac{y}{x}\right),\qquad \frac{2xy\mathrm{d}x-x^2\mathrm{d}y}{y^2}=\mathrm{d}\left(\frac{x^2}{y}\right).$$

例 12　求方程$(3xy+y^2)\mathrm{d}x+(x^2+xy)\mathrm{d}y=0$的通解.

解　将方程左端重新组合,得

$$(3xy\mathrm{d}x+x^2\mathrm{d}y)+y(y\mathrm{d}x+x)\mathrm{d}y=0,$$

观察可知,积分因子$\mu(x,y)=x$,将$\mu(x,y)$乘方程两端有

$$3x^2y\mathrm{d}x+x^3\mathrm{d}y+xy(y\mathrm{d}x+x\mathrm{d}y)=0,$$

即得

$$\mathrm{d}\left(yx^3+\frac{1}{2}(xy)^2\right)=0,$$

所以原方程的通解为

$$yx^3+\frac{1}{2}(xy)^2=C.$$

例 13　求方程$2xy\ln y\mathrm{d}x+(x^2+y^2\sqrt{1+y^2})\mathrm{d}y=0$的通解.

解　将方程左端重新组合,有

$$(2xy\ln y\mathrm{d}x+x^2\mathrm{d}y)+y^2\sqrt{1+y^2}\,\mathrm{d}y=0,$$

观察可知,$\mu(x,y)=\dfrac{1}{y}$,用$\mu(x,y)$乘方程两端有

$$\left(2x\ln y\mathrm{d}x+\frac{x^2}{y}\mathrm{d}y\right)+y\sqrt{1+y^2}\,\mathrm{d}y=0,$$

即

$$\mathrm{d}(x^2\ln y)+\frac{1}{3}\mathrm{d}(1+y^2)^{\frac{3}{2}}=0,$$

故原方程的通解为

$$x^2\ln y+\frac{1}{3}(1+y^2)^{\frac{3}{2}}=C.$$

例 14　求方程$(1+xy)y\mathrm{d}x+(1-xy)x\mathrm{d}y=0$的通解.

解　将方程左端重新组合,有

$$(y\mathrm{d}x+x\mathrm{d}y)+xy(y\mathrm{d}x-x\mathrm{d}y)=0,$$

再将其改写为

$$\mathrm{d}(xy)+x^2y^2\left(\frac{\mathrm{d}x}{x}-\frac{\mathrm{d}y}{y}\right)=0,$$

可见,$\mu(x,y)=\dfrac{1}{x^2y^2}$,用$\mu(x,y)$乘方程两端有

$$\frac{\mathrm{d}(xy)}{x^2y^2}+\frac{\mathrm{d}x}{x}-\frac{\mathrm{d}y}{y}=0,$$

题型归类解析 9.4

全微分方程.

得方程的通解为

$$-\frac{1}{xy}+\ln\left|\frac{x}{y}\right|=C_1,$$

即

$$\frac{x}{y}=C\mathrm{e}^{\frac{1}{xy}}\quad(C=\pm\mathrm{e}^{C_1}).$$

习题 9-1(3)

A

1. 求下列方程的通解:

(1) $(2x^3-xy^2)\mathrm{d}x+(2y^3-x^2y)\mathrm{d}y=0$;

(2) $(x^2-2xy-y^2)\mathrm{d}x-(x+y)^2\mathrm{d}y=0$;

(3) $\dfrac{x\mathrm{d}x+y\mathrm{d}y}{\sqrt{x^2+y^2}}+\dfrac{x\mathrm{d}y-y\mathrm{d}x}{x^2}=0$;

(4) $\dfrac{y+\sin x\cos^2(xy)}{\cos^2(xy)}\mathrm{d}x+\left[\dfrac{x}{\cos^2(xy)}+\sin y\right]\mathrm{d}y=0.$

*2. 用积分因子法解下列方程:

(1) $(x+y)(\mathrm{d}x-\mathrm{d}y)=\mathrm{d}x+\mathrm{d}y$;

(2) $y^2(x-3y)\mathrm{d}x+(1-3y^2x)\mathrm{d}y=0$;

(3) $2y\mathrm{d}x-3xy^2\mathrm{d}x-x\mathrm{d}y=0$;

(4) $(x\sin y+y\cos y)\mathrm{d}x+(x\cos y-y\sin y)\mathrm{d}y=0.$

B

验证方程 $yf(xy)\mathrm{d}x+xg(xy)\mathrm{d}y=0$ 的积分因子为$\dfrac{1}{xy[f(xy)-g(xy)]}$，并求方程 $y(x^2y^2+2)\mathrm{d}x+x(2-2x^2y^2)\mathrm{d}y=0$ 的通解.

第二节 第二型曲面积分

2-1 第二型曲面积分与向量场的通量

一、曲面的侧

一个曲面通常有两侧，称为双侧曲面. 所谓双侧曲面，即在规定了曲面上一点的法线正向后，当该点沿曲面上任一条不越过曲面边界的闭曲线移动而回到原来位置时，法线正方向保持不变.与之相反，若回到原来位置时，法线正方向与出发时的方向相反，则称此曲面为单侧曲面.如图 9-12 所示的曲面就是单侧曲面，它是由长方形纸条 $ABCD$，AB 边保持原状，CD 边扭转 180°后将 A 与 C、B 与 D 黏合而成的，称为默比乌斯(Möbius)带.它有诸多的应用，如将运输传送带做成默比乌斯带形状，因此，传送带两面受力，它的使用寿命比圆圈形传送带可延长一倍；在有机化学中人工合成了有特殊性能的默比乌斯分子等.

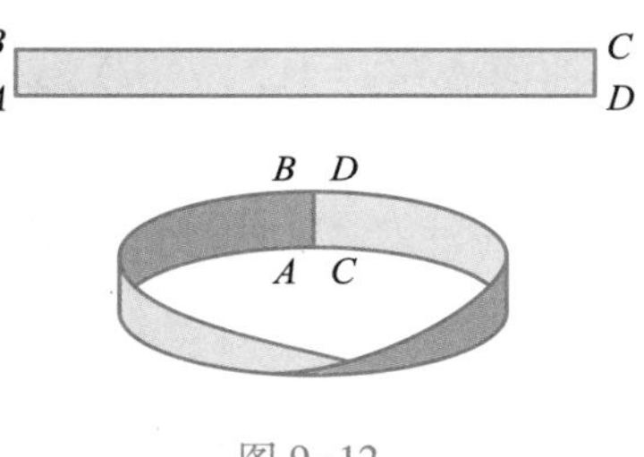

图 9-12

今后，我们只讨论双侧曲面，并用曲面上法向量 $\boldsymbol{n}$ 的指向来确定曲面的侧，选定了侧的曲面称为有向曲面.习惯上，规定曲面 $z=f(x,y)$ 的法向量 $\boldsymbol{n}$ 指向朝上为曲面的上侧，相反为下侧；曲面 $x=f(y,z)$ 的 $\boldsymbol{n}$ 指向向前为曲面前侧，相反为后侧；曲面 $y=f(x,z)$ 的 $\boldsymbol{n}$ 指向向右为曲面右侧，相反为左侧；对于封闭曲面，规定法向量 $\boldsymbol{n}$ 指向朝外为曲面的外侧，相反为内侧.

二、流量问题

设有定常不可压缩流体($\rho=1$)的速度场 $\boldsymbol{v}(M)$，Σ 是场域中的光滑有向曲面，求单位时间内流体流向曲面 Σ 指定的一侧的质量，即流量 Q.

解决问题的方法还是

(1) 把有向曲面 Σ 任意分为 n 块小曲面 $\Delta S_i(i=1,2,\cdots,n)$，且 ΔS_i 也表示其面积；

(2) 任取点 $M_i\in\Delta S_i$，$\boldsymbol{e}_{\boldsymbol{n}}(M_i)$ 为点 M_i 处指向曲面指定一侧的单位法向量；由于 ΔS_i 很小，所以，可用速度 $\boldsymbol{v}(M_i)$ 近似代替 ΔS_i 中各点的速度，则单位时间内流向 ΔS_i 指定一侧的

流量(设流体的密度 $\rho=1$)

$$\Delta Q_i \approx (\boldsymbol{v}(M_i)\cdot \boldsymbol{e}_n(M_i))\Delta S_i,$$

如图 9-13 所示;

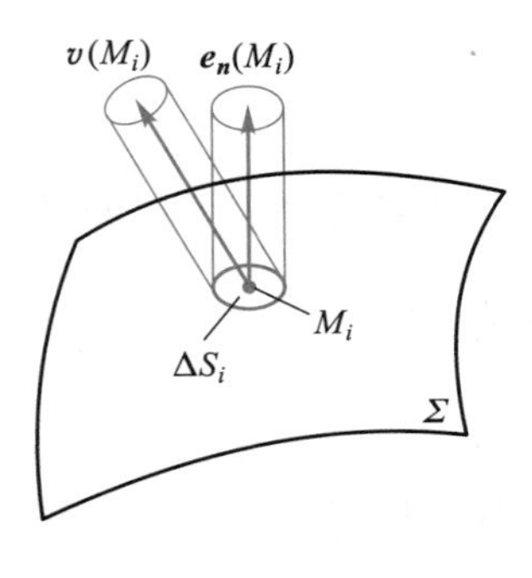

图 9-13

(3) 将通过所有 n 块小曲面的流量的近似值相加,得总流量的近似值

$$Q \approx \sum_{i=1}^{n}(\boldsymbol{v}(M_i)\cdot \boldsymbol{e}_n(M_i))\Delta S_i;$$

(4) 当各小曲面的直径的最大值 $\lambda\to 0$ 时,上述和式的极限即为单位时间内流体流向曲面 $\boldsymbol{\Sigma}$ 指定一侧的流量

$$Q=\lim_{\lambda\to 0}\sum_{i=1}^{n}(v(M_i)\cdot \boldsymbol{e}_n(M_i))\Delta S_i.$$

在实际问题中,电通量、磁通量等也可以归结为同样的和式极限.由此我们引入第二型曲面积分的定义.

三、第二型曲面积分与向量场的通量

定义 9.2.1　设有向量场 $\boldsymbol{A}(M)$,Σ 为场域中可求面积的有向曲面.将曲面 Σ 任意分为 n 块小曲面 $\Delta S_i(i=1,2,\cdots,n)$,$\Delta S_i$ 也表示其面积;在 ΔS_i 上任取一点 M_i,作表达式

$$\boldsymbol{A}(M_i)\cdot \boldsymbol{e}_n(M_i)\Delta S_i,$$

其中 $\boldsymbol{e}_n(M_i)$ 为 $\boldsymbol{\Sigma}$ 上点 M_i 处指定一侧的单位法向量;作和式

$$\sum_{i=1}^{n}\boldsymbol{A}(M_i)\cdot \boldsymbol{e}_n(M_i)\Delta S_i;$$

当各块小曲面的直径的最大值 $\lambda\to 0$ 时,如果不论 $\boldsymbol{\Sigma}$ 如何分法,M_i 如何取法,上述和式都趋于同一极限值,则此极限值称为向量场 $\boldsymbol{A}(M)$ 在有向曲面 $\boldsymbol{\Sigma}$ 指定一侧的第二型曲面积分(或称对坐标的曲面积分),记为

$$\boxed{\iint_{\Sigma}\boldsymbol{A}(M)\cdot \boldsymbol{e}_n\mathrm{d}S=\lim_{\lambda\to 0}\sum_{i=1}^{n}\boldsymbol{A}(M_i)\cdot \boldsymbol{e}_n(M_i)\Delta S_i.}$$

若引入有向曲面微元 $\mathrm{d}\boldsymbol{S}=\boldsymbol{e}_n\mathrm{d}S$,它是一个向量微元,其方向为 $\boldsymbol{\Sigma}$ 上 M 点处指定一侧的法线方向,其模 $|\mathrm{d}\boldsymbol{S}|=\mathrm{d}S$,则第二型曲面积分又可记为

$$\iint_{\Sigma}\boldsymbol{A}(M)\cdot \boldsymbol{e}_n\mathrm{d}S=\iint_{\Sigma}A(M)\cdot \mathrm{d}\boldsymbol{S}.$$

于是,流速场 $\boldsymbol{v}(M)$,单位时间内流体流向有向曲面 $\boldsymbol{\Sigma}$ 指定一侧的流量可记为

$$Q=\iint_{\Sigma}\boldsymbol{v}(M)\cdot \mathrm{d}\boldsymbol{S}.$$

一般地,我们把第二型曲面积分 $\boldsymbol{\Phi}=\iint_{\Sigma}\boldsymbol{A}(M)\cdot \mathrm{d}\boldsymbol{S}$ 称为向量场 $\boldsymbol{A}(M)$ 通过有向曲面 $\boldsymbol{\Sigma}$ 指定一侧的通量.

若 $\boldsymbol{\Sigma}$ 为有向闭曲面,则第二型曲面积分记为

$$\oiint_{\Sigma} \boldsymbol{A}(M)\cdot \mathrm{d}\boldsymbol{S}.$$

若 Σ 为有向曲面，$\boldsymbol{A}(M)=(P(x,y,z),Q(x,y,z),R(x,y,z))$，$P,Q,R\in C(\Sigma)$，$\boldsymbol{e}_n=(\cos\alpha,\cos\beta,\cos\gamma)$，于是

$$\mathrm{d}\boldsymbol{S}=\boldsymbol{e}_n\mathrm{d}S=(\cos\alpha\mathrm{d}S,\cos\beta\mathrm{d}S,\cos\gamma\mathrm{d}S)=(\mathrm{d}S_{yz},\mathrm{d}S_{zx},\mathrm{d}S_{xy}),$$

则

$$\iint_{\Sigma}\boldsymbol{A}(M)\cdot\mathrm{d}\boldsymbol{S}=\iint_{\Sigma}P\cos\alpha\mathrm{d}S+Q\cos\beta\mathrm{d}S+R\cos\gamma\mathrm{d}S$$
$$=\iint_{\Sigma}P\mathrm{d}S_{yz}+Q\mathrm{d}S_{zx}+R\mathrm{d}S_{xy}. \tag{1}$$

将有向投影 $\mathrm{d}S_{yz},\mathrm{d}S_{zx},\mathrm{d}S_{xy}$ 分别记为 $\mathrm{d}y\mathrm{d}z,\mathrm{d}z\mathrm{d}x,\mathrm{d}x\mathrm{d}y$，统称为积分微元，于是有

$$\boxed{\iint_{\Sigma}\boldsymbol{A}(M)\cdot\mathrm{d}\boldsymbol{S}=\iint_{\Sigma}P\mathrm{d}y\mathrm{d}z+Q\mathrm{d}z\mathrm{d}x+R\mathrm{d}x\mathrm{d}y,} \tag{2}$$

其中 P,Q,R 称为被积函数，Σ 称为积分曲面.

关于公式(2)，我们要指出：

(1) 最重要的一点是第二型曲面积分有方向性.积分微元 $\mathrm{d}y\mathrm{d}z,\mathrm{d}z\mathrm{d}x,\mathrm{d}x\mathrm{d}y$ 是隐含有正、负或为零之别的.若 γ 为 Σ 上 M 点处指定一侧的法向量 $\boldsymbol{n}$ 与 z 轴正向的夹角，则有向曲面微元 $\mathrm{d}\boldsymbol{S}$ 在 xOy 面上的有向投影 $\mathrm{d}x\mathrm{d}y=\cos\gamma\mathrm{d}S$，而 $\mathrm{d}S$ 在 xOy 面上的投影区域的面积为 $\mathrm{d}\sigma_{xy}=|\cos\gamma|\mathrm{d}S$，故当 $0°<\gamma<90°$ 时，$\mathrm{d}x\mathrm{d}y=\mathrm{d}\sigma_{xy}$ 为正；当 $90°<\gamma<180°$ 时，$\mathrm{d}x\mathrm{d}y=-\mathrm{d}\sigma_{xy}$ 为负；当 $\gamma=90°$ 时，$\mathrm{d}x\mathrm{d}y=0$；有向曲面微元 $\mathrm{d}\boldsymbol{S}$ 在 yOz、zOx 面上的有向投影与 $\mathrm{d}S$ 在相应坐标面上的投影区域的面积之间也有类似的关系.而第一型曲面积分则没有方向性，面积微元 $\mathrm{d}S$ 表示小曲面的面积，所以 $\mathrm{d}S>0$.

(2) 若 P,Q,R 是定义于积分曲面 Σ 上的连续函数，则(2)式的曲面积分总是存在的.

(3) 等式右端实质上是三个积分 $\iint_{\Sigma}P\mathrm{d}y\mathrm{d}z,\iint_{\Sigma}Q\mathrm{d}z\mathrm{d}x,\iint_{\Sigma}R\mathrm{d}x\mathrm{d}y$，分别称为在有向曲面 Σ 上关于坐标 y、z，z、x，x、y 的曲面积分；而将三个积分之和称为组合曲面积分.

四、第二型曲面积分的性质

(1) 设 Σ 为有向曲面，Σ^- 为与 Σ 取相反侧的有向曲面，则

$$\iint_{\Sigma}\boldsymbol{A}\cdot\mathrm{d}\boldsymbol{S}=-\iint_{\Sigma^-}\boldsymbol{A}\cdot\mathrm{d}\boldsymbol{S}.$$

(2) 若有向曲面 $\Sigma=\Sigma_1\cup\Sigma_2$，$\Sigma_1,\Sigma_2$ 除边界公共外，无其他公共部分，则

$$\iint_{\Sigma}\boldsymbol{A}\cdot\mathrm{d}\boldsymbol{S}=\iint_{\Sigma_1}\boldsymbol{A}\cdot\mathrm{d}\boldsymbol{S}+\iint_{\Sigma_2}\boldsymbol{A}\cdot\mathrm{d}\boldsymbol{S},$$

简记为

$$\iint_{\Sigma}\boldsymbol{A}\cdot\mathrm{d}\boldsymbol{S}=\iint_{\Sigma_1}\boldsymbol{A}\cdot\mathrm{d}\boldsymbol{S}+\iint_{\Sigma_2}\boldsymbol{A}\cdot\mathrm{d}\boldsymbol{S}.$$

性质(2)可推广到 $\Sigma=\bigcup\limits_{i=1}^{n}\Sigma_i$ 的情况.

五、两型曲面积分的关系

由公式(1),(2)可得两型曲面积分之间有如下关系

$$\boxed{\iint\limits_{\Sigma}P\mathrm{d}y\mathrm{d}z+Q\mathrm{d}z\mathrm{d}x+R\mathrm{d}x\mathrm{d}y=\iint\limits_{\Sigma}P\cos\alpha\mathrm{d}S+Q\cos\beta\mathrm{d}S+R\cos\gamma\mathrm{d}S,}$$

或写成向量形式

$$\iint\limits_{\Sigma}\boldsymbol{A}(M)\cdot\mathrm{d}\boldsymbol{S}=\iint\limits_{\Sigma}\boldsymbol{A}(M)\cdot\boldsymbol{e}_n\mathrm{d}S,$$

其中 $\cos\alpha,\cos\beta,\cos\gamma$ 是有向曲面 Σ 上在 M 点处指定一侧的单位法向量的方向余弦,它们都是(x,y,z)的函数.由于右端形式较为复杂,所以,除某些情况外,通常不将第二型曲面积分化为第一型去计算.

2-2　第二型曲面积分的计算法

计算曲面积分

$$\iint\limits_{\Sigma}R(x,y,z)\mathrm{d}x\mathrm{d}y,$$

其中有向曲面 Σ 是由方程 $z=z(x,y)$ 给出,$R(x,y,z)\in C(\Sigma)$,Σ 在 xOy 平面上的投影区域为 σ_{xy},$z(x,y)\in C^{(1)}(\sigma_{xy})$,注意到被积函数 $R(x,y,z)$ 在曲面 $\Sigma:z=z(x,y)$ 上有定义,所以,$R(x,y,z)=R(x,y,z(x,y))$,又由于 $\mathrm{d}x\mathrm{d}y$ 是 $\mathrm{d}S$ 在 xOy 平面上的有向投影,于是根据定义可得

$$\boxed{\iint\limits_{\Sigma}R(x,y,z)\mathrm{d}x\mathrm{d}y=\pm\iint\limits_{\sigma_{xy}}R(x,y,z(x,y))\mathrm{d}x\mathrm{d}y,}\tag{3}$$

当 Σ 取曲面上侧时取正号,下侧时取负号.这样计算沿有向曲面指定一侧的第二型曲面积分便化成了计算一个二重积分.但必须注意,(3)式中等号左端的 $\mathrm{d}x\mathrm{d}y$ 是曲面微元在 xOy 平面上的有向投影,而右端 $\mathrm{d}x\mathrm{d}y$ 则为 σ_{xy} 的面积微元.

类似地,若 Σ 由 $x=x(y,z)$ 给出,则

$$\boxed{\iint\limits_{\Sigma}P(x,y,z)\mathrm{d}y\mathrm{d}z=\pm\iint\limits_{\sigma_{yz}}P(x(y,z),y,z)\mathrm{d}y\mathrm{d}z,}\tag{4}$$

当 Σ 取曲面前侧时取正号,后侧取负号.

若 Σ 由 $y=y(z,x)$ 给出,则

$$\boxed{\iint\limits_{\Sigma}Q(x,y,z)\mathrm{d}z\mathrm{d}x=\pm\iint\limits_{\sigma_{zx}}Q(x,y(z,x),z)\mathrm{d}z\mathrm{d}x,}\tag{5}$$

当 Σ 取曲面右侧时取正号,左侧取负号.

例 1 计算 $\iint\limits_{\Sigma} xyz\mathrm{d}x\mathrm{d}y$，其中 Σ 是球面 $x^2+y^2+z^2=1(x\geqslant 0, y\geqslant 0)$ 的外侧.

释疑解惑 9.4

曲面方向不同的第二型曲面积分转化成的第一型曲面积分的不同.

题型归类解析 9.5

第二型曲面积分的计算方法.

解 曲面 Σ（如图 9-14）可分为上、下两部分

$$\Sigma_1: z_1=-\sqrt{1-x^2-y^2},$$

$$\Sigma_2: z_2=\sqrt{1-x^2-y^2}.$$

所以

$$\iint\limits_{\Sigma} xyz\mathrm{d}x\mathrm{d}y=\iint\limits_{\Sigma_1} xyz\mathrm{d}x\mathrm{d}y+\iint\limits_{\Sigma_2} xyz\mathrm{d}x\mathrm{d}y.$$

由于曲面 Σ 取外侧，所以，对 Σ_1 来说即取下侧，而 Σ_2 则取上侧，且 Σ_1,Σ_2 在 xOy 平面的投影区域均为 $\sigma_{xy}=\{(x,y)\mid x^2+y^2\leqslant 1, x\geqslant 0, y\geqslant 0\}$，故

$$\begin{aligned}\iint\limits_{\Sigma} xyz\mathrm{d}x\mathrm{d}y&=-\iint\limits_{\sigma_{xy}} xy(-\sqrt{1-x^2-y^2})\mathrm{d}x\mathrm{d}y+\iint\limits_{\sigma_{xy}} xy\sqrt{1-x^2-y^2}\mathrm{d}x\mathrm{d}y\\&=2\iint\limits_{\sigma_{xy}} xy\sqrt{1-x^2-y^2}\mathrm{d}x\mathrm{d}y\\&=2\iint\limits_{\sigma_{xy}} r^2\sin\theta\cos\theta\sqrt{1-r^2}\,r\mathrm{d}r\mathrm{d}\theta\\&=\int_0^{\frac{\pi}{2}}\sin 2\theta\mathrm{d}\theta\int_0^1 r^3\sqrt{1-r^2}\mathrm{d}r=\frac{2}{15}.\end{aligned}$$

例 2 求向量 $\boldsymbol{r}=(x,y,z)$ 穿过有向曲面 $\Sigma: z=\sqrt{x^2+y^2}(0\leqslant z\leqslant h)$ 外侧的通量.

解法一 有向曲面 Σ 如图 9-15 所示.由定义知，通量

$$\Phi=\iint\limits_{\Sigma}\boldsymbol{r}\cdot\mathrm{d}\boldsymbol{S}=\iint\limits_{\Sigma} x\mathrm{d}y\mathrm{d}z+y\mathrm{d}z\mathrm{d}x+z\mathrm{d}x\mathrm{d}y.$$

而

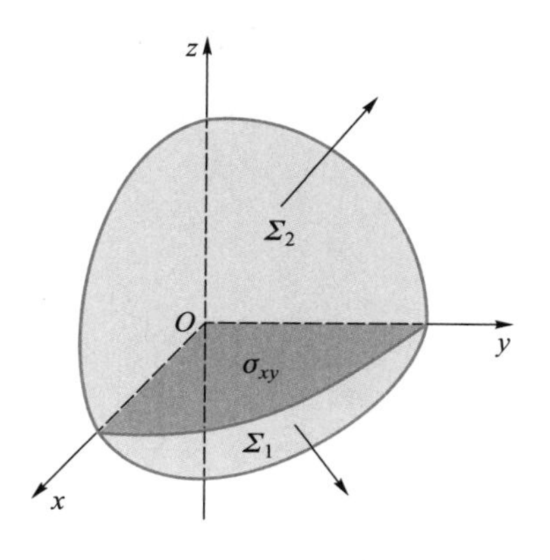

图 9-14

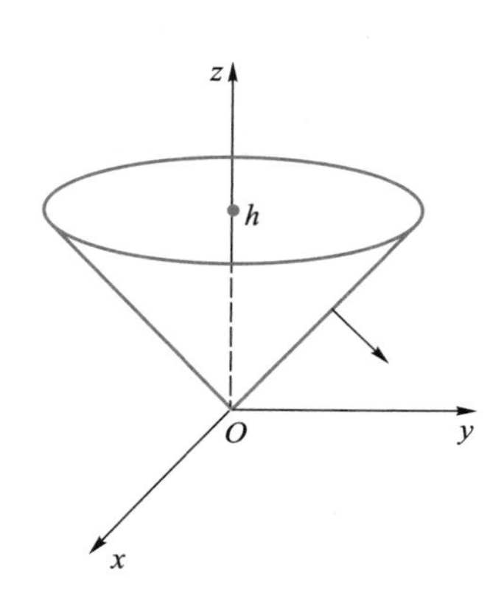

图 9-15

$$\iint\limits_{\Sigma} x\mathrm{d}y\mathrm{d}z = \iint\limits_{\Sigma_{前}} x\mathrm{d}y\mathrm{d}z + \iint\limits_{\Sigma_{后}} x\mathrm{d}y\mathrm{d}z = \iint\limits_{\sigma_{yz}} \sqrt{z^2 - y^2}\,\mathrm{d}y\mathrm{d}z - \iint\limits_{\sigma_{yz}} (-\sqrt{z^2 - y^2})\,\mathrm{d}y\mathrm{d}z$$

$$= 2\iint\limits_{\sigma_{yz}} \sqrt{z^2 - y^2}\,\mathrm{d}y\mathrm{d}z \quad (\sigma_{yz} = \{(y,z) \mid -z \leqslant y \leqslant z, 0 \leqslant z \leqslant h\})$$

$$= 2\int_0^h \mathrm{d}z \int_{-z}^{z} \sqrt{z^2 - y^2}\,\mathrm{d}y$$

$$\xlongequal{y = z\sin\theta} \int_0^h \mathrm{d}z \int_0^{\frac{\pi}{2}} z^2 \cos^2\theta \mathrm{d}\theta = \frac{\pi h^3}{3};$$

$$\iint\limits_{\Sigma} y\mathrm{d}z\mathrm{d}x = \iint\limits_{\Sigma_{右}} y\mathrm{d}z\mathrm{d}x + \iint\limits_{\Sigma_{左}} y\mathrm{d}z\mathrm{d}x = \frac{\pi h^3}{3};$$

$$\iint\limits_{\Sigma} z\mathrm{d}x\mathrm{d}y = -\iint\limits_{\sigma_{xy}} \sqrt{x^2 + y^2}\,\mathrm{d}x\mathrm{d}y \quad (\sigma_{xy} = \{(x,y) \mid x^2 + y^2 \leqslant h^2\})$$

$$= -\int_0^{2\pi} \mathrm{d}\theta \int_0^h r^2 \mathrm{d}r = -\frac{2}{3}\pi h^3.$$

于是，所求通量

$$\Phi = \iint\limits_{\Sigma} x\mathrm{d}y\mathrm{d}z + y\mathrm{d}z\mathrm{d}x + z\mathrm{d}x\mathrm{d}y = 0.$$

解法二　由定义知，所求通量

释疑解惑 9.5

积分曲面关于坐标面的对称性在第二型曲面积分中的运用.

$$\Phi = \iint\limits_{\Sigma} \boldsymbol{r} \cdot \boldsymbol{e}_n \mathrm{d}S.$$

而对于有向曲面 Σ：$z=\sqrt{x^2+y^2}$ 的外侧而言，有 $\boldsymbol{r} \perp \boldsymbol{e}_n$，故 $\boldsymbol{r} \cdot \boldsymbol{e}_n = 0$. 所以，通量

$$\Phi = \iint\limits_{\Sigma} \boldsymbol{r} \cdot \boldsymbol{e}_n \mathrm{d}S = 0.$$

请读者解释 $\iint\limits_{\Sigma} x\mathrm{d}y\mathrm{d}z > 0$，$\iint\limits_{\Sigma} z\mathrm{d}x\mathrm{d}y < 0$ 及总通量为零的实际意义.

例 3　在真空中，由位于原点处的点电荷产生的静电场，在场内点 M 处的电场强度 $\boldsymbol{E} = \dfrac{q}{4\pi\varepsilon_0 r^2}\boldsymbol{e}_r$，其中 $r = \overrightarrow{OM}$，$\boldsymbol{e}_r$ 为其单位向量，设 Σ 为球面 $x^2+y^2+z^2=R^2$，求通过球面 Σ 外侧的电通量.

解　电通量

$$N = \oiint\limits_{\Sigma} \boldsymbol{E} \cdot \mathrm{d}\boldsymbol{S}.$$

由于 $\boldsymbol{E}$ 与 $\mathrm{d}\boldsymbol{S}$ 的方向一致，故 $\boldsymbol{E} \cdot \mathrm{d}\boldsymbol{S} = E\mathrm{d}S = \dfrac{q}{4\pi\varepsilon_0 R^2}\mathrm{d}S$，于是

$$N = \oiint\limits_{\Sigma} \boldsymbol{E} \cdot \mathrm{d}\boldsymbol{S} = \oiint\limits_{\Sigma} \frac{q}{4\pi\varepsilon_0 R^2}\mathrm{d}S = \frac{q}{\varepsilon_0}.$$

计算表明,通过包围点电荷 q 的任何球面的电通量与球面大小无关,只与点电荷的电量有关.

习题 9-2(1)

A

1. 当 Σ 为 xOy 平面内的一个闭区域时,曲面积分 $\iint\limits_{\Sigma} R(x,y,z)\,\mathrm{d}x\mathrm{d}y$ 与二重积分有何关系?

2. 闭曲面 Σ 为以底面半径为 r,高为 h 的圆柱面,求向量场 $\boldsymbol{A}=x\boldsymbol{i}+y\boldsymbol{j}+z\boldsymbol{k}$ 通过 Σ 外侧的通量.

3. 计算下列第二型曲面积分:

(1) $\oiint\limits_{\Sigma} x\mathrm{d}y\mathrm{d}z+y\mathrm{d}z\mathrm{d}x+z\mathrm{d}x\mathrm{d}y$,Σ 为由 $x=0,y=0,z=0,x=1,y=1,z=1$ 所围立体表面的外侧;

(2) $\iint\limits_{\Sigma} x^2y^2z\,\mathrm{d}x\mathrm{d}y$,Σ 为球面 $x^2+y^2+z^2=R^2$ 的下半部分的下侧;

(3) $\oiint\limits_{\Sigma}(y-z)\mathrm{d}y\mathrm{d}z+(z-x)\mathrm{d}z\mathrm{d}x+(x-y)\mathrm{d}x\mathrm{d}y$,Σ 为由 $z=\sqrt{x^2+y^2}$ 与 $z=h(h>0)$ 所围立体的整个边界曲面的外侧;

(4) $\oiint\limits_{\Sigma} xz\mathrm{d}x\mathrm{d}y+xy\mathrm{d}y\mathrm{d}z+yz\mathrm{d}z\mathrm{d}x$,Σ 为 $x=0,y=0,z=0,x+y+z=1$ 所围成的空间区域的整个边界曲面的外侧;

(5) $\oiint\limits_{\Sigma} y^2z\mathrm{d}x\mathrm{d}y+xz\mathrm{d}y\mathrm{d}z+x^2y\mathrm{d}z\mathrm{d}x$,Σ 为旋转抛物面 $z=x^2+y^2$,圆柱面 $x^2+y^2=1$ 和坐标面在第Ⅰ卦限中所围成立体表面的外侧;

(6) $\iint\limits_{\Sigma}\dfrac{\mathrm{e}^z}{\sqrt{x^2+y^2}}\mathrm{d}x\mathrm{d}y$,Σ 为 $z=\sqrt{x^2+y^2}$ 介于 $z=1,z=2$ 之间的曲面的下侧.

B

1. 计算 $\iint\limits_{\Sigma}(f(x,y,z)+x)\mathrm{d}y\mathrm{d}z+(2f(x,y,z)+y)\mathrm{d}z\mathrm{d}x+(f(x,y,z)+z)\mathrm{d}x\mathrm{d}y$, 其中 $f(x,y,z)$ 为连续函数,Σ 为平面 $x-y+z=1$ 在第Ⅳ卦限部分的上侧.

2. 计算 $\iint\limits_{\Sigma}\boldsymbol{A}\cdot\mathrm{d}\boldsymbol{S}$,其中 $\boldsymbol{A}=\dfrac{x\boldsymbol{i}+y\boldsymbol{j}+z\boldsymbol{k}}{\sqrt{x^2+y^2+z^2}}$,$\Sigma$ 为上半球面 $z=\sqrt{R^2-x^2-y^2}$ 的下侧.

3. 把第二型曲面积分 $\iint\limits_{\Sigma} P\mathrm{d}y\mathrm{d}z+Q\mathrm{d}z\mathrm{d}x+R\mathrm{d}x\mathrm{d}y$ 化为第一型曲面积分,Σ 为 $3x+2y+2\sqrt{3}z=6$

在第Ⅰ卦限部分的上侧.

2-3　高斯公式与散度

将第二型曲面积分化为二重积分计算比较麻烦,下面介绍计算封闭曲面积分的有效方法——高斯公式,它表达了空间闭区域边界曲面上的曲面积分与该区域上的三重积分之间的关系.

一、高斯(Gauss)公式

定理 9.2.1(高斯公式)　设空间区域 V 是由分片光滑的闭曲面 Σ 所围成,函数 $P(x,y,z)$, $Q(x,y,z)$, $R(x,y,z)\in C^{(1)}(V)$,则

$$\boxed{\iiint\limits_V\left(\frac{\partial P}{\partial x}+\frac{\partial Q}{\partial y}+\frac{\partial R}{\partial z}\right)\mathrm{d}V=\oiint\limits_\Sigma P\mathrm{d}y\mathrm{d}z+Q\mathrm{d}z\mathrm{d}x+R\mathrm{d}x\mathrm{d}y,}\tag{6}$$

或表示为向量形式

$$\boxed{\iiint\limits_V\nabla\cdot\boldsymbol{A}\mathrm{d}V=\oiint\limits_\Sigma\boldsymbol{A}\cdot\mathrm{d}\boldsymbol{S},}$$

其中 $\boldsymbol{A}=(P(x,y,z),Q(x,y,z),R(x,y,z))$,这里 Σ 取 V 的边界曲面的外侧.

证　我们先证

$$\iiint\limits_V\frac{\partial R}{\partial z}\mathrm{d}V=\oiint\limits_\Sigma R\mathrm{d}x\mathrm{d}y.$$

不失一般性,设空间区域 V 如图 9-16 所示,由边界曲面 $\Sigma_1: z=z_1(x,y)$, $\Sigma_2: z=z_2(x,y)$,和以 V 的投影区域 σ_{xy} 的边界为准线,母线平行于 z 轴的柱面 Σ_3 所围成,且有 $z_1(x,y)\leqslant z_2(x,y)$.由三重积分的计算法知

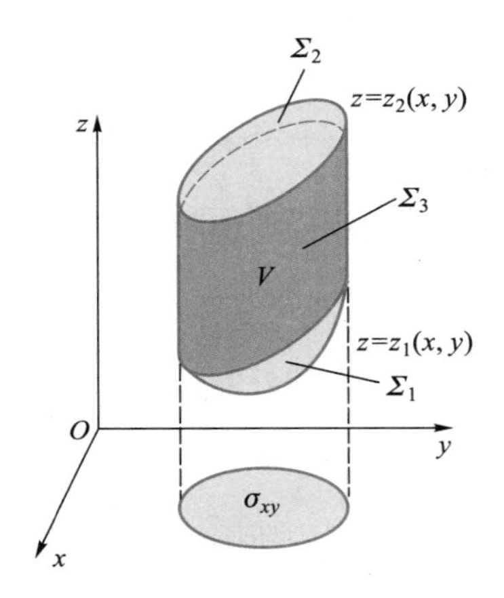

图 9-16

$$\iiint\limits_V\frac{\partial R}{\partial z}\mathrm{d}V=\iint\limits_{\sigma_{xy}}\mathrm{d}x\mathrm{d}y\int_{z_1(x,y)}^{z_2(x,y)}\frac{\partial R}{\partial z}\mathrm{d}z$$
$$=\iint\limits_{\sigma_{xy}}(R(x,y,z_2(x,y))-R(x,y,z_1(x,y)))\mathrm{d}x\mathrm{d}y;$$

又由曲面积分的计算法可得

$$\oiint\limits_\Sigma R\mathrm{d}x\mathrm{d}y=\iint\limits_{\Sigma_{1下}}R\mathrm{d}x\mathrm{d}y+\iint\limits_{\Sigma_{2上}}R\mathrm{d}x\mathrm{d}y+\iint\limits_{\Sigma_{3外}}R\mathrm{d}x\mathrm{d}y$$
$$=-\iint\limits_{\sigma_{xy}}R(x,y,z_1(x,y))\mathrm{d}x\mathrm{d}y+\iint\limits_{\sigma_{xy}}R(x,y,z_2(x,y))\mathrm{d}x\mathrm{d}y+0,$$

所以

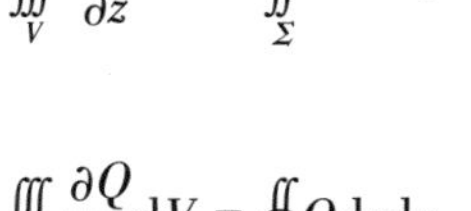

$$\iiint_V \frac{\partial R}{\partial z}\mathrm{d}V = \oiint_\Sigma R\mathrm{d}x\mathrm{d}y.$$

同理可证

$$\iiint_V \frac{\partial Q}{\partial y}\mathrm{d}V = \oiint_\Sigma Q\mathrm{d}z\mathrm{d}x,$$

$$\iiint_V \frac{\partial P}{\partial x}\mathrm{d}V = \oiint_\Sigma P\mathrm{d}y\mathrm{d}z.$$

三式相加即得(6)式. 证毕

上述证明中,对空间区域 V 要求穿过 V 内且平行于坐标轴的直线与 V 的边界曲面 Σ 的交点至多是两个.如果 V 不满足该条件,则可用平行于坐标轴的平面片将 V 分为若干个满足上述条件的闭区域,然后在各个区域应用高斯公式,再把各个结果相加,由于沿辅助曲面两侧的曲面积分刚好抵消,故高斯公式仍成立.

释疑解惑 9.6

数值函数积分与向量值函数积分的关系.

题型归类解析 9.6

利用高斯公式计算第二型曲面积分.

利用高斯公式计算曲面积分应注意条件:(1) Σ 取闭曲面外侧;(2) $P,Q,R\in C^{(1)}(V)$.若曲面 Σ 是非闭的,或在 V 内有破坏连续性条件(2)的奇点,则要作辅助曲面,使之满足条件.

例 4 计算 $\oiint_\Sigma x\mathrm{d}y\mathrm{d}z + x(z-y)\mathrm{d}z\mathrm{d}x + (y^2+xz)\mathrm{d}x\mathrm{d}y$,其中 Σ 为长方体 $\{(x,y,z)\mid 0\leqslant x\leqslant a,0\leqslant y\leqslant b,0\leqslant z\leqslant c\}$ 表面的外侧.

解 因为

$$\frac{\partial P}{\partial x}+\frac{\partial Q}{\partial y}+\frac{\partial R}{\partial z}=1-x+x=1.$$

由高斯公式得

$$\oiint_\Sigma x\mathrm{d}y\mathrm{d}z + x(z-y)\mathrm{d}z\mathrm{d}x + (y^2+xz)\mathrm{d}x\mathrm{d}y = \iiint_V \mathrm{d}V = abc.$$

例 5 计算 $\iint_\Sigma (x^2-z)\mathrm{d}x\mathrm{d}y + (z^2-y)\mathrm{d}z\mathrm{d}x + (y^2-x)\mathrm{d}y\mathrm{d}z$,其中 Σ 取旋转抛物面 $z=1-x^2-y^2(z\geqslant 0)$ 的上侧.

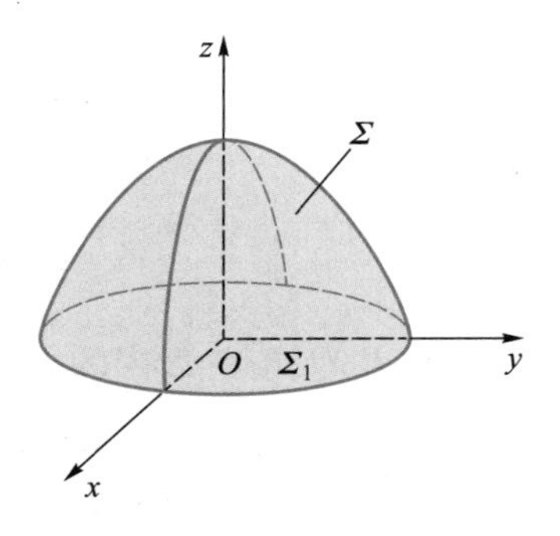

图 9-17

解 这里 Σ 不是闭曲面(图 9-17),可作辅助曲面片 $\Sigma_1=\{(x,y)\mid x^2+y^2\leqslant 1\}$,且取其下侧.这样,$\Sigma$ 与 Σ_1 围成了空间闭区域 V,并取它的边界曲面的外侧.于是

$$\iint_\Sigma P\mathrm{d}y\mathrm{d}z + Q\mathrm{d}z\mathrm{d}x + R\mathrm{d}x\mathrm{d}y = \left(\iint_\Sigma P\mathrm{d}y\mathrm{d}z + Q\mathrm{d}z\mathrm{d}x + R\mathrm{d}x\mathrm{d}y + \iint_{\Sigma_{1下}} P\mathrm{d}y\mathrm{d}z + Q\mathrm{d}z\mathrm{d}x + R\mathrm{d}x\mathrm{d}y\right) - \iint_{\Sigma_{1下}} P\mathrm{d}y\mathrm{d}z + Q\mathrm{d}z\mathrm{d}x + R\mathrm{d}x\mathrm{d}y$$

$$= \oiint_{(\Sigma\cup\Sigma_1)外} P\mathrm{d}y\mathrm{d}z + Q\mathrm{d}z\mathrm{d}x + R\mathrm{d}x\mathrm{d}y + \iint_{\Sigma_{1上}} P\mathrm{d}y\mathrm{d}z + Q\mathrm{d}z\mathrm{d}x + R\mathrm{d}x\mathrm{d}y$$

$$= \iiint_V (-3)\mathrm{d}V + \iint_{\Sigma_{1上}} P\mathrm{d}y\mathrm{d}z + Q\mathrm{d}z\mathrm{d}x + R\mathrm{d}x\mathrm{d}y.$$

而

$$\iiint_V (-3)\mathrm{d}V = -3\iiint_V r\mathrm{d}r\mathrm{d}\theta\mathrm{d}z = -3\int_0^{2\pi}\mathrm{d}\theta\int_0^1 r\mathrm{d}r\int_0^{1-r^2}\mathrm{d}z = -\frac{3\pi}{2}.$$

又因 Σ_1 在 yOz 与 zOx 坐标面上的有向投影 $\mathrm{d}y\mathrm{d}z=\mathrm{d}z\mathrm{d}x=0$,故

$$\iint_{\Sigma_{1上}} (x^2-z)\mathrm{d}x\mathrm{d}y + (z^2-y)\mathrm{d}z\mathrm{d}x + (y^2-x)\mathrm{d}y\mathrm{d}z$$

$$= \iint_{\Sigma_{1上}} (x^2-z)\mathrm{d}x\mathrm{d}y = \iint_{\Sigma_{1上}} x^2\mathrm{d}x\mathrm{d}y = \iint_{\sigma_{xy}} r^2\cos^2\theta\cdot r\mathrm{d}r\mathrm{d}\theta$$

$$= \int_0^{2\pi}\cos^2\theta\mathrm{d}\theta\int_0^1 r^3\mathrm{d}r = \frac{\pi}{4}.$$

所以

$$\iint_{\Sigma} (x^2-z)\mathrm{d}x\mathrm{d}y + (z^2-y)\mathrm{d}z\mathrm{d}x + (y^2-x)\mathrm{d}y\mathrm{d}z = -\frac{3\pi}{2} + \frac{\pi}{4} = -\frac{5\pi}{4}.$$

例 6　计算 $\oiint_{\Sigma} \frac{1}{\sqrt{(x^2+y^2+z^2)^3}}(x\mathrm{d}y\mathrm{d}z + y\mathrm{d}z\mathrm{d}x + z\mathrm{d}x\mathrm{d}y)$,其中 Σ 取 $\frac{x^2}{a^2}+\frac{y^2}{b^2}+\frac{z^2}{c^2}=1$ 的外侧.

解　这里 $\frac{\partial P}{\partial x}=\frac{\partial}{\partial x}\left(\frac{x}{r^3}\right)=\frac{1}{r^3}-\frac{3x^2}{r^5}$　$(r=\sqrt{x^2+y^2+z^2})$.由对称性得

$$\frac{\partial Q}{\partial y}=\frac{1}{r^3}-\frac{3y^2}{r^5},\quad \frac{\partial R}{\partial z}=\frac{1}{r^3}-\frac{3z^2}{r^5}.$$

所以

$$\frac{\partial P}{\partial x}+\frac{\partial Q}{\partial y}+\frac{\partial R}{\partial z}=0.$$

但是 P,Q,R 在 Σ 内的点 $(0,0,0)$ 处并不连续,故不能直接应用高斯公式.为此作一半径足够小的辅助球面 $\Sigma_0=\{(x,y,z)\mid x^2+y^2+z^2=\varepsilon^2\}$,它位于 Σ 内,并取 Σ_0 的内侧.椭球面 Σ 和球面 Σ_0 所围成的空间域为 V,于是

$$\oiint_{\Sigma} \frac{1}{\sqrt{(x^2+y^2+z^2)^3}}(x\mathrm{d}y\mathrm{d}z + y\mathrm{d}z\mathrm{d}x + z\mathrm{d}x\mathrm{d}y)$$

$$= \Big(\iint_{\Sigma} \frac{1}{\sqrt{(x^2+y^2+z^2)^3}}(x\mathrm{d}y\mathrm{d}z + y\mathrm{d}z\mathrm{d}x + z\mathrm{d}x\mathrm{d}y) +$$

$$\iint_{\Sigma_{0内}} \frac{1}{\sqrt{(x^2+y^2+z^2)^3}}(x\mathrm{d}y\mathrm{d}z + y\mathrm{d}z\mathrm{d}x + z\mathrm{d}x\mathrm{d}y)\Big) -$$

$$\iint_{\Sigma_{0内}} \frac{1}{\sqrt{(x^2+y^2+z^2)^3}}(x\mathrm{d}y\mathrm{d}z+y\mathrm{d}z\mathrm{d}x+z\mathrm{d}x\mathrm{d}y)$$

$$=\oiint_{(\Sigma+\Sigma_0)外} \frac{1}{\sqrt{(x^2+y^2+z^2)^3}}(x\mathrm{d}y\mathrm{d}z+y\mathrm{d}z\mathrm{d}x+z\mathrm{d}x\mathrm{d}y)+$$

$$\oiint_{\Sigma_{0外}} \frac{1}{\sqrt{(x^2+y^2+z^2)^3}}(x\mathrm{d}y\mathrm{d}z+y\mathrm{d}z\mathrm{d}x+z\mathrm{d}x\mathrm{d}y)$$

$$=\iiint_V 0\mathrm{d}V+\oiint_{\Sigma_{0外}} \frac{1}{\sqrt{(x^2+y^2+z^2)^3}}(x\mathrm{d}y\mathrm{d}z+y\mathrm{d}z\mathrm{d}x+z\mathrm{d}x\mathrm{d}y)$$

$$=\oiint_{\Sigma_{0外}} \frac{1}{\sqrt{(x^2+y^2+z^2)^3}}(x\mathrm{d}y\mathrm{d}z+y\mathrm{d}z\mathrm{d}x+z\mathrm{d}x\mathrm{d}y).$$

而

$$\oiint_{\Sigma_{0外}} \frac{1}{\sqrt{(x^2+y^2+z^2)^3}}(x\mathrm{d}y\mathrm{d}z+y\mathrm{d}z\mathrm{d}x+z\mathrm{d}x\mathrm{d}y)$$

$$=\oiint_{\Sigma_{0外}} \frac{1}{\varepsilon^3}(x\mathrm{d}y\mathrm{d}z+y\mathrm{d}z\mathrm{d}x+z\mathrm{d}x\mathrm{d}y) \xlongequal{\text{高斯公式}} \iiint_V \frac{3}{\varepsilon^3}\mathrm{d}V=\frac{3}{\varepsilon^3}\cdot\frac{4}{3}\pi\varepsilon^3=4\pi.$$

所以

$$\oiint_{\Sigma} \frac{1}{\sqrt{(x^2+y^2+z^2)^3}}(x\mathrm{d}y\mathrm{d}z+y\mathrm{d}z\mathrm{d}x+z\mathrm{d}x\mathrm{d}y)=4\pi.$$

二、曲面积分与曲面无关的条件

由高斯公式可得到曲面积分的一些重要性质.

定理 9.2.2　设 G 是空间的二维单连通域(指空间域 G 内任一闭曲面所围成的区域完全属于 G),$P,Q,R\in C^{(1)}(G)$,则沿 G 内任一闭曲面 Σ 的曲面积分 $\oiint_{\Sigma} P\mathrm{d}y\mathrm{d}z+Q\mathrm{d}z\mathrm{d}x+R\mathrm{d}x\mathrm{d}y=0$ 的充要条件是

$$\frac{\partial P}{\partial x}+\frac{\partial Q}{\partial y}+\frac{\partial R}{\partial z}=0.$$

在 G 内恒成立.

证明从略.

定理表明,当 $\frac{\partial P}{\partial x}+\frac{\partial Q}{\partial y}+\frac{\partial R}{\partial z}=0$ 时,非闭曲面积分仅取决于张成它的曲线,与曲面形状无关.

例 7　计算 $\iint_{\Sigma}(y-x)\mathrm{d}y\mathrm{d}z+(z-y)\mathrm{d}z\mathrm{d}x+(2z-x^2-y^2)\mathrm{d}x\mathrm{d}y$,其中 Σ 取 $x^2+y^2+z^2=1(z\geqslant 0)$ 的上侧.

解　由于 $\frac{\partial P}{\partial x}+\frac{\partial Q}{\partial y}+\frac{\partial R}{\partial z}=0$,所以,沿以 $x^2+y^2=1$ 为边界曲线的曲面 Σ 上侧的曲面积分与

张在边界曲线上的平面区域 $\Sigma_0=\sigma_{xy}=\{(x,y)\mid x^2+y^2\leqslant 1\}$ 的上侧的曲面积分是相同的,故

$$\begin{aligned}&\iint\limits_{\Sigma}(y-x)\mathrm{d}y\mathrm{d}z+(z-y)\mathrm{d}z\mathrm{d}x+(2z-x^2-y^2)\mathrm{d}x\mathrm{d}y\\=&\iint\limits_{\Sigma_0}(y-x)\mathrm{d}y\mathrm{d}z+(z-y)\mathrm{d}z\mathrm{d}x+(2z-x^2-y^2)\mathrm{d}x\mathrm{d}y\\=&\iint\limits_{\Sigma_0}(2z-x^2-y^2)\mathrm{d}x\mathrm{d}y=-\iint\limits_{\sigma_{xy}}(x^2+y^2)\mathrm{d}x\mathrm{d}y=-\frac{\pi}{2}.\end{aligned}$$

三、向量场的散度

(1) 散度的定义

设有不可压缩流体的连续分布的定常流速场 $\boldsymbol{v}(M)$,$M(x,y,z)$ 是场域中之点,则流向包含点 M 的有向闭曲面 $\Delta\Sigma$ 外侧的流量为

$$\Delta Q=\oint\!\!\!\!\oint_{\Delta\Sigma}V\cdot\mathrm{d}\boldsymbol{S}.$$

当 $\Delta Q>0$ 时,由于流体不可压缩,表示通过 $\Delta\Sigma$ 流出的量大于流入的量,说明 $\Delta\Sigma$ 内有产生流体的源点,称为有源.

$\Delta Q<0$ 时,表示流入的量大于流出的量,说明 $\Delta\Sigma$ 内有排泄流体的汇点,称为有汇.

$\Delta Q=0$ 时,说明流体流入的量等于流出的量.

通量 ΔQ 是对有向闭曲面 $\Delta\Sigma$ 而言的,它是向量场的一种总体性质,不能反应向量场在 M 点处源汇的强度.为此,作比式

$$\frac{\Delta Q}{\Delta V}=\frac{\oint\!\!\!\oint_{\Delta\Sigma}\boldsymbol{v}\cdot\mathrm{d}\boldsymbol{S}}{\Delta V},$$

其中 ΔV 是 $\Delta\Sigma$ 所围成的区域,也表示其体积.如果当 ΔV 以任意方式缩向点 M 时,比式的极限存在,此极限即为在点 M 处的源汇的强度(或流量体密度),称为流速场 $\boldsymbol{v}(M)$ 在点 M 处的散度.

一般来说,有

定义 9.2.2 设有连续的向量场 $\boldsymbol{A}(M)$,在场内作包围点 $M(x,y,z)$ 的任一光滑闭曲面 $\Delta\Sigma$,它所围成的区域为 ΔV,也记其体积,当 ΔV 以任意方式缩向点 M 时,若

$$\frac{\Delta\Phi}{\Delta V}=\frac{\oint\!\!\!\oint_{\Delta\Sigma}\boldsymbol{A}\cdot\mathrm{d}\boldsymbol{S}}{\Delta V},$$

的极限存在,则称此极限为向量场 $\boldsymbol{A}(M)$ 在点 M 处的散度(divergence),记为 $\operatorname{div}\boldsymbol{A}(M)$,简记为 $\operatorname{div}\boldsymbol{A}$,即

$$\operatorname{div}\boldsymbol{A}=\lim_{\Delta V\to M}\frac{\Delta\Phi}{\Delta V}=\lim_{\Delta V\to M}\frac{\oint\!\!\!\oint_{\Delta\Sigma}\boldsymbol{A}\cdot\mathrm{d}\boldsymbol{S}}{\Delta V}.$$

当 div $\boldsymbol{A}>0(<0)$ 时，表示在 M 点处有散发通量的源点（或有吸收通量的汇点），且其强度为 $|\operatorname{div}\boldsymbol{A}|$；当 div $\boldsymbol{A}=0$ 时，说明 M 点处无源，div $\boldsymbol{A}\equiv 0$ 的场称为无源场.

向量场 $\boldsymbol{A}(M)$ 的散度 div $\boldsymbol{A}$ 是点 M 的数值函数，因此，在 $\boldsymbol{A}(M)$ 的场域上又确定了一个新的数量场，称为由 $\boldsymbol{A}(M)$ 产生的散度场.

（2）散度的计算公式

设由向量场 $\boldsymbol{A}(M)=P(x,y,z)\boldsymbol{i}+Q(x,y,z)\boldsymbol{j}+R(x,y,z)\boldsymbol{k}$，有向闭曲面 $\Delta\Sigma$ 取其外侧，$\Delta\Sigma$ 所围空间区域为 ΔV，也表示它的体积，$P,Q,R\in C^{(1)}(\Delta V)$，$M(x,\ y,z)\in\Delta V$，由散度定义和高斯公式得

$$\operatorname{div}\boldsymbol{A}(M)=\lim_{\Delta V\to M}\frac{1}{\Delta V}\oiint_{\Delta\Sigma}\boldsymbol{A}\cdot\mathrm{d}\boldsymbol{S}=\lim_{\Delta V\to M}\frac{1}{\Delta V}\iiint_{\Delta V}\left(\frac{\partial P}{\partial x}+\frac{\partial Q}{\partial y}+\frac{\partial R}{\partial z}\right)\mathrm{d}V,$$

根据重积分的中值定理有

$$\operatorname{div}\boldsymbol{A}(M)=\lim_{\Delta V\to M}\frac{1}{\Delta V}\left(\frac{\partial P}{\partial x}+\frac{\partial Q}{\partial y}+\frac{\partial R}{\partial z}\right)_{M^*(\xi,\eta,\zeta)}\Delta V,$$

其中 $M^*\in\Delta V$，当 $\Delta V\to M$ 时，$M^*\to M$，从而得

$$\operatorname{div}\boldsymbol{A}(M)=\left(\frac{\partial P}{\partial x}+\frac{\partial Q}{\partial y}+\frac{\partial R}{\partial z}\right)_M.$$

即得向量场 $\boldsymbol{A}(M)$ 的散度的计算公式

$$\boxed{\operatorname{div}\boldsymbol{A}=\frac{\partial P}{\partial x}+\frac{\partial Q}{\partial y}+\frac{\partial R}{\partial z}.}$$

或

$$\operatorname{div}\boldsymbol{A}=\nabla\cdot\boldsymbol{A}.$$

由此，高斯公式可写成

$$\oiint_{\Sigma}\boldsymbol{A}\cdot\mathrm{d}\boldsymbol{S}=\iiint_{V}\operatorname{div}\boldsymbol{A}\mathrm{d}V.$$

（3）散度的运算法则

设 $\boldsymbol{A}(M)$，$\boldsymbol{B}(M)$ 为向量值函数，$u=u(M)$ 是数值函数，$\boldsymbol{C}$ 为常向量，C 为常量，则

① $\nabla\cdot\boldsymbol{C}=0$.

② $\nabla\cdot(\boldsymbol{A}\pm\boldsymbol{B})=\nabla\cdot\boldsymbol{A}\pm\nabla\cdot\boldsymbol{B}$.

③ $\nabla\cdot(u\boldsymbol{A})=u\nabla\cdot\boldsymbol{A}+\nabla u\cdot\boldsymbol{A}$.

④ $\nabla\cdot(C\boldsymbol{A})=C\nabla\cdot\boldsymbol{A}$.

⑤ $\nabla\cdot(u\boldsymbol{C})=\boldsymbol{C}\cdot\nabla u$.

⑥ $\nabla\cdot(f(r)\boldsymbol{r})=3f(r)+rf'(r)$. 其中 f 为可微函数.

⑦ $\nabla\cdot\nabla u=\nabla^2u=\Delta u$.

现证明公式⑥.

证　因为 $\boldsymbol{r}=(x,y,z)$，$r=\sqrt{x^2+y^2+z^2}$，所以

$$\nabla\cdot(f(r)\boldsymbol{r})=\frac{\partial(f(r)x)}{\partial x}+\frac{\partial(f(r)y)}{\partial y}+\frac{\partial(f(r)z)}{\partial z}$$

$$=f'(r)\frac{x^2}{r}+f(r)+f'(r)\frac{y^2}{r}+f(r)+f'(r)\frac{z^2}{r}+f(r)$$

$$=3f(r)+rf'(r).$$

证毕

习题 9-2(2)

A

1. 利用高斯公式计算下列第二型曲面积分：

(1) $\oiint\limits_{\Sigma} x^3\mathrm{d}y\mathrm{d}z+y^3\mathrm{d}z\mathrm{d}x+z^3\mathrm{d}x\mathrm{d}y$，$\Sigma$ 为球面 $x^2+y^2+z^2=a^2$ 的外侧；

(2) $\oiint\limits_{\Sigma}(x^3-yz)\mathrm{d}y\mathrm{d}z-2x^2y\mathrm{d}z\mathrm{d}x+z\mathrm{d}x\mathrm{d}y$，$\Sigma$ 为长方体 $\{(x,y,z)\mid 0\leqslant x\leqslant a,0\leqslant y\leqslant b,0\leqslant z\leqslant c\}$ 表面的外侧；

(3) $\oiint\limits_{\Sigma}(x^2+y^2)z\mathrm{d}x\mathrm{d}y+(y^2+z^2)\mathrm{d}y\mathrm{d}z+(z^2+x^2)\mathrm{d}z\mathrm{d}x$，$\Sigma$ 为柱面 $x^2+y^2=1$ 及平面 $z=0,z=3$ 所围立体表面的外侧；

(4) $\oiint\limits_{\Sigma}(x^3+\mathrm{e}^y)\mathrm{d}y\mathrm{d}z+(y^3+\sin z)\mathrm{d}z\mathrm{d}x+(z^3-\cos(xy))\mathrm{d}x\mathrm{d}y$，$\Sigma$ 为球面 $x^2+y^2+z^2=a^2$ 的外侧；

(5) $\iint\limits_{\Sigma} x\mathrm{d}y\mathrm{d}z+y\mathrm{d}z\mathrm{d}x+z\mathrm{d}x\mathrm{d}y$，$\Sigma$ 为 $z=\sqrt{R^2-x^2-y^2}$ 的上侧；

(6) $\iint\limits_{\Sigma} 2(1-x^2)\mathrm{d}y\mathrm{d}z+8xy\mathrm{d}z\mathrm{d}x-4zx\mathrm{d}x\mathrm{d}y$，$\Sigma$ 为 $x=\mathrm{e}^y(0\leqslant y\leqslant a)$ 绕 x 轴旋转而成的旋转面，它的法线向量与 x 轴正向的夹角大于 $\frac{\pi}{2}$.

2. 证明封闭曲面 Σ 包围的体积

$$V=\frac{1}{3}\oiint\limits_{\Sigma}(x\cos\alpha+y\cos\beta+z\cos\gamma)\mathrm{d}S,$$

其中 $\cos\alpha,\cos\beta,\cos\gamma$ 为曲面 Σ 的外法线向量的方向余弦.

3. 求下列向量场 $\boldsymbol{A}$ 在给定点处的散度：

(1) $\boldsymbol{A}=(x^2+yz)\boldsymbol{i}+(y^2+xz)\boldsymbol{j}+(z^2+xy)\boldsymbol{k}$ 在点 $M(1,1,3)$ 处；

(2) $\boldsymbol{A}=\mathrm{e}^{xy}\boldsymbol{i}+\cos(xy)\boldsymbol{j}+\cos(xz^2)\boldsymbol{k}$ 在点 $M(0,0,1)$ 处；

(3) $\boldsymbol{A}=y^2\boldsymbol{i}+xy\boldsymbol{j}+xz\boldsymbol{k}$ 在点 $(1,2,3)$ 处.

*4. 证明散度的运算法则②—⑤.

B

1. 求向量场 $\boldsymbol{A}=(2x+3z)\boldsymbol{i}-(xz+y)\boldsymbol{j}+(y^2+2z)\boldsymbol{k}$ 通过 Σ：$(x-3)^2+(y+1)^2+(z-2)^2=9$ 的

表面外侧的通量.

2. 计算 $\iint\limits_{\Sigma} a^2b^2z^2x\mathrm{d}y\mathrm{d}z + b^2c^2x^2y\mathrm{d}z\mathrm{d}x + c^2a^2y^2z\mathrm{d}x\mathrm{d}y$，$\Sigma$ 为上半椭球面 $\frac{x^2}{a^2}+\frac{y^2}{b^2}+\frac{z^2}{c^2}=1(z\geqslant 0)$ 的下侧($a>0,b>0,c>0$).

3. $\oiint\limits_{\Sigma}\rho\mathrm{d}S$，其中 Σ 为 $\frac{x^2}{a^2}+\frac{y^2}{b^2}+\frac{z^2}{c^2}=1(a>0,b>0,c>0)$，$\rho$ 是原点到 Σ 的切平面之距离.

(提示：$\rho=\boldsymbol{r}\cdot\boldsymbol{e}_n$，$\boldsymbol{e}_n$ 为 Σ 的单位外法线向量，$\boldsymbol{r}=x\boldsymbol{i}+y\boldsymbol{j}+z\boldsymbol{k}$.)

4. 计算 $\iint\limits_{\Sigma}(x^2\cos\alpha+y^2\cos\beta+z^2\cos\gamma)\mathrm{d}S$，$\Sigma$ 为锥面 $x^2+y^2=z^2(0\leqslant z\leqslant h)$，$\cos\alpha,\cos\beta,\cos\gamma$ 为 Σ 的外法线向量的方向余弦.

5. 设 Σ 为闭曲面，$\boldsymbol{A}$ 为常向量，$\boldsymbol{e}_n$ 为 Σ 的单位外法线向量，证明：

$$\oiint\limits_{\Sigma}\cos\,(\boldsymbol{A},\boldsymbol{e}_n)\mathrm{d}S=0.$$

6. 设 $u(x,y,z),v(x,y,z)\in C^{(2)}(\Omega)$，$\Omega\subset\mathbf{R}^3$，$\Sigma$ 为 Ω 内的整个边界曲面，$\frac{\partial u}{\partial\boldsymbol{n}},\frac{\partial v}{\partial\boldsymbol{n}}$ 分别为 u,v 沿 Σ 的外法线方向的方向导数.证明

(1) $\oiint\limits_{\Sigma}\frac{\partial u}{\partial\boldsymbol{n}}\mathrm{d}S=\iiint\limits_{\Omega}\Delta u\mathrm{d}x\mathrm{d}y\mathrm{d}z$；

(2) $\oiint\limits_{\Sigma}v\frac{\partial u}{\partial\boldsymbol{n}}\mathrm{d}S=\iiint\limits_{\Omega}v\Delta u\mathrm{d}x\mathrm{d}y\mathrm{d}z+\iiint\limits_{\Omega}\nabla u\cdot\nabla v\mathrm{d}x\mathrm{d}y\mathrm{d}z$；

(3) $\oiint\limits_{\Sigma}\left(u\frac{\partial v}{\partial\boldsymbol{n}}-v\frac{\partial u}{\partial\boldsymbol{n}}\right)\mathrm{d}S=\iiint\limits_{\Omega}(u\Delta v-v\Delta u)\mathrm{d}x\mathrm{d}y\mathrm{d}z$；

其中 $\Delta u=\frac{\partial^2u}{\partial x^2}+\frac{\partial^2u}{\partial y^2}+\frac{\partial^2u}{\partial z^2}$.

结论(2)(3)分别为格林第一、第二公式.

7. 证明 $\oiint\limits_{\Sigma}(x+y+z+\sqrt{3}a)^3\mathrm{d}S\geqslant 108\pi a^5(a>0)$，其中 Σ 是球面 $x^2+y^2+z^2-2ax-2ay-2az+2a^2=0$.

(提示：考虑球面 Σ 与平面 $x+y+z+\sqrt{3}a=3a$ 的位置关系.)

8. $\boldsymbol{r}=(x,y,z)$，$r=|\boldsymbol{r}|$，$\boldsymbol{e}_r$ 为 $\boldsymbol{r}$ 方向的单位向量，求下列向量场 $\boldsymbol{A}$ 的散度 $\nabla\cdot A$.

(1) $\boldsymbol{A}=\boldsymbol{e}_r$；　(2) $\boldsymbol{A}=xyz\boldsymbol{r}$；

(3) $\boldsymbol{A}=r\boldsymbol{a}$($\boldsymbol{a}$ 为常向量)；　(4) $\boldsymbol{A}=\frac{1}{r^3}\boldsymbol{r}$.

2-4　斯托克斯公式与旋度

格林公式表达了沿平面闭曲线 L 的第二型曲线积分和由 L 所围平面区域 σ 上的二重积

分的关系.现在来考虑沿空间闭曲线 L 的第二型曲线积分和以闭曲线 L 为边界的曲面 Σ 上的第二型曲面积分的关系,这就是斯托克斯公式.

一、斯托克斯(Stokes)公式

定理 9.2.3(斯托克斯公式) 设 L 为 $\mathbf{R}^3$ 中分段光滑的有向闭曲线,Σ 是以 L 为边界的分片光滑的有向曲面,L 的正向和 Σ 的侧符合右手规则,函数 P,Q,R 在包含曲面 Σ 的空间区域内具有一阶连续偏导数,则有

$$\oint_L P\mathrm{d}x+Q\mathrm{d}y+R\mathrm{d}z=\iint_\Sigma\left(\frac{\partial R}{\partial y}-\frac{\partial Q}{\partial z}\right)\mathrm{d}y\mathrm{d}z+\left(\frac{\partial P}{\partial z}-\frac{\partial R}{\partial x}\right)\mathrm{d}z\mathrm{d}x+\left(\frac{\partial Q}{\partial x}-\frac{\partial P}{\partial y}\right)\mathrm{d}x\mathrm{d}y,\tag{7}$$

或表示为向量形式

$$\oint_L \boldsymbol{A}\cdot\mathrm{d}\boldsymbol{l}=\iint_\Sigma(\nabla\times\boldsymbol{A})\cdot\mathrm{d}\boldsymbol{S}=\iint_\Sigma(\nabla\times\boldsymbol{A})\cdot\boldsymbol{e}_n\mathrm{d}S.$$

证 我们先证

$$\oint_L P\mathrm{d}x=\iint_\Sigma\frac{\partial P}{\partial z}\mathrm{d}z\mathrm{d}x-\iint_\Sigma\frac{\partial P}{\partial y}\mathrm{d}x\mathrm{d}y.$$

设曲面 Σ:$z=f(x,y)$ 与垂直于 xOy 平面的直线至多交于一点,并取曲面 Σ 的上侧,Σ 的正向边界曲线 L 在 xOy 平面上的投影为平面有向曲线 C,C 所围的区域为 σ_{xy}(如图 9-18 所示),$\boldsymbol{e}_n=(\cos\alpha,\cos\beta,\cos\gamma)$ 为 Σ 上任一点处单位法向量,其中 $\cos\gamma>0$.因为它与同一点处 Σ 的法向量 $(f_x,f_y,-1)$ 共线,故有

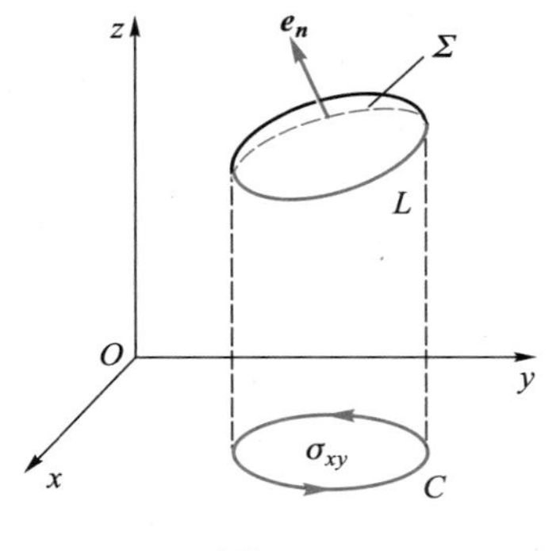

图 9-18

$$\frac{\cos\alpha}{f_x}=\frac{\cos\beta}{f_y}=\frac{\cos\gamma}{-1},$$

从而

$$\cos\beta=-f_y\cos\gamma,$$

所以

$$\begin{aligned}\iint_\Sigma\frac{\partial P}{\partial z}\mathrm{d}z\mathrm{d}x-\iint_\Sigma\frac{\partial P}{\partial y}\mathrm{d}x\mathrm{d}y&=\iint_\Sigma\left(\frac{\partial P}{\partial z}\cos\beta-\frac{\partial P}{\partial y}\cos\gamma\right)\mathrm{d}S\\&=-\iint_\Sigma\left(\frac{\partial P}{\partial y}+\frac{\partial P}{\partial z}f_y\right)\cos\gamma\mathrm{d}S=-\iint_\Sigma\left(\frac{\partial P}{\partial y}+\frac{\partial P}{\partial z}f_y\right)\mathrm{d}x\mathrm{d}y,\end{aligned}\tag{8}$$

(8)式的曲面积分化为二重积分时,要将 $z=f(x,y)$ 代入 $P(x,y,z)$ 中,又

$$\frac{\partial}{\partial y}P(x,y,f(x,y))=\frac{\partial P}{\partial y}+\frac{\partial P}{\partial z}\cdot f_y,$$

所以(8)式可写为

$$\iint_\Sigma\frac{\partial P}{\partial z}\mathrm{d}z\mathrm{d}x-\iint_\Sigma\frac{\partial P}{\partial y}\mathrm{d}x\mathrm{d}y=-\iint_{\sigma_{xy}}\frac{\partial}{\partial y}P(x,y,f(x,y))\mathrm{d}x\mathrm{d}y$$

$$\xlongequal{\text{格林公式}} \oint_C P(x,y,f(x,y))\,\mathrm{d}x = \oint_L P(x,y,z)\,\mathrm{d}x.$$

上式中最后一个等号是由于函数 $P(x,y,f(x,y))$ 在 C 上的值,与 $P(x,y,z)$ 在 L 上的值相同,且 C 与 L 上对应小弧段在 x 轴上的投影也一样之故.

同理可证

$$\oint_L Q\mathrm{d}y = \iint_\Sigma \frac{\partial Q}{\partial x}\mathrm{d}x\mathrm{d}y - \iint_\Sigma \frac{\partial Q}{\partial z}\mathrm{d}y\mathrm{d}z,$$

$$\oint_L R\mathrm{d}z = \iint_\Sigma \frac{\partial R}{\partial y}\mathrm{d}y\mathrm{d}z - \iint_\Sigma \frac{\partial R}{\partial x}\mathrm{d}z\mathrm{d}x.$$

上述三式相加,即得斯托克斯公式.

证毕

如果 L 是 xOy 平面上的闭曲线,Σ 为 L 所围成的平面区域 σ,那么 $\boldsymbol{e}_n=\boldsymbol{k}$,从而,斯托克斯公式便变为格林公式

$$\oint_L P\mathrm{d}x + Q\mathrm{d}y = \iint_\sigma \left(\frac{\partial Q}{\partial x} - \frac{\partial P}{\partial y}\right)\mathrm{d}x\mathrm{d}y \quad \text{或} \quad \oint_L \boldsymbol{A}\cdot\mathrm{d}\boldsymbol{l} = \iint_\sigma (\nabla\times\boldsymbol{A})\cdot\boldsymbol{k}\mathrm{d}\sigma.$$

因此,格林公式是斯托克斯公式的特殊情形.

为便于记忆,公式还可记为

$$\oint_L P\mathrm{d}x + Q\mathrm{d}y + R\mathrm{d}z = \iint_\Sigma \begin{vmatrix} \mathrm{d}y\mathrm{d}z & \mathrm{d}z\mathrm{d}x & \mathrm{d}x\mathrm{d}y \\ \dfrac{\partial}{\partial x} & \dfrac{\partial}{\partial y} & \dfrac{\partial}{\partial z} \\ P & Q & R \end{vmatrix}$$

$$= \iint_\Sigma \begin{vmatrix} \cos\alpha & \cos\beta & \cos\gamma \\ \dfrac{\partial}{\partial x} & \dfrac{\partial}{\partial y} & \dfrac{\partial}{\partial z} \\ P & Q & R \end{vmatrix}\mathrm{d}S.$$

释疑解惑 9.7

牛顿-莱布尼茨公式、格林公式、高斯公式和斯托克公式之间的联系.

例 8 计算 $\oint_L z\mathrm{d}x + x\mathrm{d}y + y\mathrm{d}z$,$L$ 为平面 $x+y+z=1$ 被坐标面所截的三角形的整个边界,正向与三角形上侧的法向量之间符合右手规则(如图 9-19).

解 由斯托克斯公式

$$\oint_L z\mathrm{d}x + x\mathrm{d}y + y\mathrm{d}z = \iint_\Sigma \begin{vmatrix} \mathrm{d}y\mathrm{d}z & \mathrm{d}z\mathrm{d}x & \mathrm{d}x\mathrm{d}y \\ \dfrac{\partial}{\partial x} & \dfrac{\partial}{\partial y} & \dfrac{\partial}{\partial z} \\ P & Q & R \end{vmatrix}$$

$$= \iint_\Sigma \mathrm{d}y\mathrm{d}z + \mathrm{d}z\mathrm{d}x + \mathrm{d}x\mathrm{d}y = 3\iint_\Sigma \mathrm{d}x\mathrm{d}y$$

$$= 3\iint_\sigma \mathrm{d}x\mathrm{d}y = \frac{3}{2}.$$

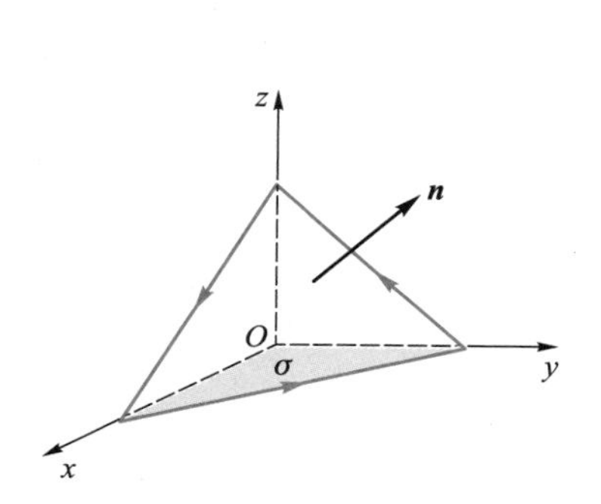

图 9-19

其中第三个等号是由对称性而得.

例 9 计算 $\oint_L y\mathrm{d}x + z\mathrm{d}y + x\mathrm{d}z$,$L$ 为圆周 $\begin{cases}x^2+y^2+z^2=a^2,\\ x+y+z=0,\end{cases}$ 若由 x 轴的正向看去,圆周取逆时针方向.

解 由斯托克斯公式

$$\oint_L y\mathrm{d}x + z\mathrm{d}y + x\mathrm{d}z = -\iint_\Sigma \mathrm{d}y\mathrm{d}z + \mathrm{d}z\mathrm{d}x + \mathrm{d}x\mathrm{d}y. \tag{9}$$

为简便起见,可取 $\Sigma:\begin{cases}x^2+y^2+z^2\leqslant a^2,\\ x+y+z=0.\end{cases}$ 并由题设可知,Σ 取其上侧.为计算(9)式右端的积分,可应用两类曲面积分的关系,因其法向量 $\boldsymbol{n}=(1,1,1)$,故

$$\cos\alpha=\cos\beta=\cos\gamma=\frac{1}{\sqrt{3}}.$$

题型归类解析 9.7

利用斯托克斯公式计算第二型空间曲线积分.

所以

$$\begin{aligned}\oint_L y\mathrm{d}x + z\mathrm{d}y + x\mathrm{d}z &= -\iint_\Sigma (\cos\alpha + \cos\beta + \cos\gamma)\mathrm{d}S\\ &= -\sqrt{3}\iint_\Sigma \mathrm{d}S = -\sqrt{3}\pi a^2.\end{aligned}$$

二、空间曲线积分与路径无关的条件

对于空间曲线积分与路径无关的问题,也有类似平面曲线积分与路径无关的四个等价命题.

定理 9.2.4 设 Ω 是 $\mathbf{R}^3$ 中的一维单连通域(指空间域 G 内任一闭曲线总可以张成一片完全属于 G 的曲面),函数 $P,Q,R\in C^{(1)}(\Omega)$,则下面四个命题互相等价.

(1) 曲线积分 $\int_{L_1} P\mathrm{d}x + Q\mathrm{d}y + R\mathrm{d}z = \int_{L_2} P\mathrm{d}x + Q\mathrm{d}y + R\mathrm{d}z$,$L_1,L_2$ 为 Ω 内联结起点 A 到终点 B 的任意两条分段光滑曲线,即 $\int_A^B P\mathrm{d}x + Q\mathrm{d}y + R\mathrm{d}z$ 在 Ω 内与路径无关.

(2) 存在定义在 Ω 内的连续可微函数 $u(x,y,z)$,使

$$\mathrm{d}u=P\mathrm{d}x+Q\mathrm{d}y+R\mathrm{d}z,$$

即微分式 $P\mathrm{d}x+Q\mathrm{d}y+R\mathrm{d}z$ 在 Ω 内有原函数 $u(x,y,z)$.

(3) 在 Ω 内的任意点上有

$$\frac{\partial R}{\partial y}=\frac{\partial Q}{\partial z},\quad \frac{\partial P}{\partial z}=\frac{\partial R}{\partial x},\quad \frac{\partial Q}{\partial x}=\frac{\partial P}{\partial y}.$$

(4) 对 Ω 内的任意分段光滑闭曲线 L,都有

$$\oint_L P\mathrm{d}x + Q\mathrm{d}y + R\mathrm{d}z = 0.$$

证明从略.

例 10 计算 $\int_L (x^2-yz)\mathrm{d}x + (y^2-zx)\mathrm{d}y + (z^2-xy)\mathrm{d}z$,$L$ 为螺旋线 $x=a\cos\theta,y=a\sin\theta$,

$z=b\theta(0\leqslant\theta\leqslant 2\pi)$，$\theta$ 增大方向为 L 的正向.

解　因为在 $\mathbf{R}^3$ 中有

$$\frac{\partial R}{\partial y}=\frac{\partial Q}{\partial z}=-x,\frac{\partial P}{\partial z}=\frac{\partial R}{\partial x}=-y,\frac{\partial Q}{\partial x}=\frac{\partial P}{\partial y}=-z,$$

所以在 $\mathbf{R}^3$ 中曲线积分与路径无关.路径 L 的起点为 $A(a,0,0)$，终点为 $B(a,0,2\pi b)$，则有

$$\begin{aligned}&\int_L(x^2-yz)\mathrm{d}x+(y^2-zx)\mathrm{d}y+(z^2-xy)\mathrm{d}z\\=&\int_{(a,0,0)}^{(a,0,2\pi b)}(x^2-yz)\mathrm{d}x+(y^2-zx)\mathrm{d}y+(z^2-xy)\mathrm{d}z\\=&\int_0^{2\pi b}z^2\mathrm{d}z=\frac{8\pi^3b^3}{3}.\end{aligned}$$

三、向量场的旋度

由向量场 $\boldsymbol{A}(M)$ 沿闭曲线的环流量可导出向量场 $\boldsymbol{A}(M)$ 在一点的环流量面密度和旋度，旋度是一个向量.

定义 9.2.3　设向量场 $\boldsymbol{A}(M)=(P(x,y,z),Q(x,y,z),R(x,y,z))$，$P,Q,R$ 在场域中具有一阶连续偏导数，则向量

$$\left(\frac{\partial R}{\partial y}-\frac{\partial Q}{\partial z}\right)\boldsymbol{i}+\left(\frac{\partial P}{\partial z}-\frac{\partial R}{\partial x}\right)\boldsymbol{j}+\left(\frac{\partial Q}{\partial x}-\frac{\partial P}{\partial y}\right)\boldsymbol{k}$$

称为向量场 $\boldsymbol{A}(M)$ 的旋度，记为 $\mathbf{rot}\ \boldsymbol{A}$.即有

$$\mathbf{rot}\ \boldsymbol{A}=\nabla\times\boldsymbol{A}=\begin{vmatrix}\boldsymbol{i}&\boldsymbol{j}&\boldsymbol{k}\\\dfrac{\partial}{\partial x}&\dfrac{\partial}{\partial y}&\dfrac{\partial}{\partial z}\\P&Q&R\end{vmatrix}.$$

下面说一下旋度在力学上的意义.

设一刚体绕过原点 O 的某个轴 L 转动(图 9-20)，其角速度 $\boldsymbol{\omega}=(\omega_1,\omega_2,\omega_3)$，刚体上每一点处的线速度构成一个线速度场，则向径 $\boldsymbol{r}=(x,y,z)$ 在点 M 的线速度为

$$\boldsymbol{v}=\boldsymbol{\omega}\times\boldsymbol{r}=(\omega_2z-\omega_3y,\omega_3x-\omega_1z,\omega_1y-\omega_2x),$$

所以

$$\mathbf{rot}\ \boldsymbol{v}=(2\omega_1,2\omega_2,2\omega_3)=2\boldsymbol{\omega}.$$

说明在刚体旋转的线速度场中，任一点 M 处的旋度，除去一个常数因子外，恰好等于刚体旋转的角速度，旋度也由此而得名.

下面介绍向量场 $\boldsymbol{A}(M)$ 的环流量、环流量面密度和旋度的意义.

如前所述，曲线积分

$$\Gamma=\oint_L\boldsymbol{A}\cdot\mathrm{d}\boldsymbol{l}$$

称为向量场 $\boldsymbol{A}(M)$ 沿 L 正向的环流量.

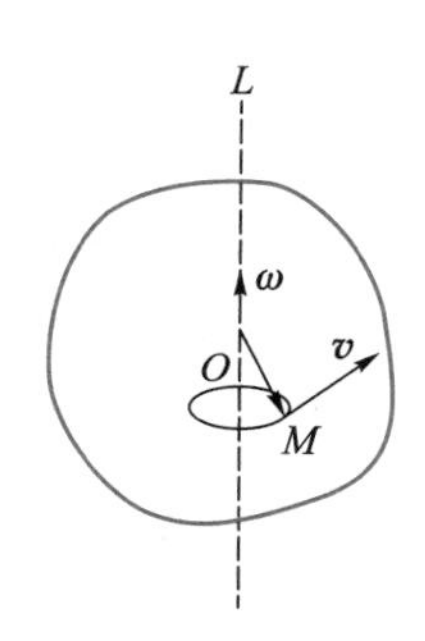

图 9-20

为说明环流量的意义,我们考察河流中旋涡这样一个特殊的流速场 $\boldsymbol{v}(M)$,$\Delta\Gamma=\oint_{\Delta L}\boldsymbol{v}\cdot\mathrm{d}\boldsymbol{l}$ 表示沿曲线 ΔL 正向的速度环流量.为形象起见,不妨设 ΔL 是个圆,我们设想作一个与该圆同样大小的小圆叶轮,叶轮轴的方向与小圆正向符合右手规则.若将此叶轮放至旋涡中的某点 M 处,叶轮开始转动,由经验知,转动的快慢与轴的方向和叶轮大小有关,换句话说,是由线积分 $\oint_{\Delta L}\boldsymbol{v}\cdot\mathrm{d}\boldsymbol{l}=\oint_{\Delta L}\boldsymbol{v}\cdot\boldsymbol{e}_\tau\mathrm{d}l$ 的值所决定的,当轴垂直于旋涡表面,即 $\boldsymbol{e}_\tau$ 与 $\boldsymbol{v}$ 同向时,叶轮转动较快,当轴与旋涡表面有倾角时,叶轮转动较慢.可见,环流量 $\Delta\Gamma=\oint_{\Delta L}\boldsymbol{v}\cdot\mathrm{d}\boldsymbol{l}$ 表示叶轮关于周界 ΔL 正向(或关于叶轮轴方向)的转动趋势的大小.它表示了速度场 $\boldsymbol{v}(M)$ 相对于有向闭曲线 ΔL 的一种总体状态,但不能反映场内某点处的转动趋势的大小和方向.为此,作 $\Delta\Gamma$ 与小叶轮面积 ΔS(也表示叶轮面)之比

$$\frac{\Delta\Gamma}{\Delta S}=\frac{1}{\Delta S}\oint_{\Delta L}\boldsymbol{v}\cdot\mathrm{d}\boldsymbol{l}.$$

当 ΔS 保持法线方向不变且缩向点 M 时,若极限

$$\lim_{\Delta S\to M}\frac{\Delta\Gamma}{\Delta S}=\lim_{\Delta S\to M}\frac{1}{\Delta S}\oint_{\Delta L}\boldsymbol{v}\cdot\mathrm{d}\boldsymbol{l}$$

存在,该极限值表示位于点 M 处的小水滴关于叶轮轴方向的转动趋势的大小.这便是环流量面密度的概念.

定义 9.2.4　设有向量场 $\boldsymbol{A}(M)$,在场域中点 M 处取定一个方向 $\boldsymbol{n}$,过点 M 且以 $\boldsymbol{n}$ 为其法向量作小曲面 ΔS(也表示其面积),ΔS 的周界 ΔL 正向与 $\boldsymbol{n}$ 的方向符合右手规则,作 $\boldsymbol{A}(M)$ 关于 ΔL 正向的环流量 $\Delta\Gamma$ 与 ΔS 之比,当小曲面 ΔS 保持在 M 点的法向量为 $\boldsymbol{n}$ 的条件下,任意缩向点 M 时,若比式的极限存在,则此极限值称为向量场 $\boldsymbol{A}(M)$ 在点 M 处沿 $\boldsymbol{n}$ 方向的环流量面密度,记为$\dfrac{\mathrm{d}\Gamma}{\mathrm{d}S}$,即

$$\boxed{\frac{\mathrm{d}\Gamma}{\mathrm{d}S}=\lim_{\Delta S\to M}\frac{\Delta\Gamma}{\Delta S}=\lim_{\Delta S\to M}\frac{1}{\Delta S}\oint_{\Delta L}\boldsymbol{A}\cdot\mathrm{d}\boldsymbol{l}}\tag{10}$$

环流量面密度是一个与场 $\boldsymbol{A}(M)$,点 M 的位置及 $\boldsymbol{n}$ 的方向有关的量.与方向导数和梯度的关系相类似,我们要问在点 M 处沿什么方向使环流量面密度取得最大值,便引入了向量场 $\boldsymbol{A}(M)$ 的旋度的概念.

定义 9.2.5　若在向量场 $\boldsymbol{A}(M)$ 中点 M 处存在这样一个向量 $\boldsymbol{R}$,其方向是 $\boldsymbol{A}(M)$ 在点 M 处的环流量面密度为最大的方向,其模等于此环流量面密度的最大值,则称向量 $\boldsymbol{R}$ 为向量场 $\boldsymbol{A}(M)$ 在点 M 处的旋度(rotation),记作 $\mathbf{rot}\,\boldsymbol{A}$(或 curl $\boldsymbol{A}$).

旋度是一个向量,在向量场 $\boldsymbol{A}(M)$ 所在的域中,由每点处的旋度生成一个新的向量场,称为由 $\boldsymbol{A}(M)$ 产生的旋度场.

下面给出旋度的计算公式.

设向量场 $\boldsymbol{A}(M)=(P(x,y,z),Q(x,y,z),R(x,y,z))$,$P,Q,R$ 在场域中具有一阶连续偏

导数，由(10)式与斯托克斯公式知

$$\frac{\mathrm{d}\Gamma}{\mathrm{d}S}=\lim_{\Delta S\to M}\frac{1}{\Delta S}\oint_{\Delta L}\boldsymbol{A}\cdot\mathrm{d}\boldsymbol{l}=\lim_{\Delta S\to M}\frac{1}{\Delta S}\iint_{\Sigma}(\nabla\times\boldsymbol{A})\cdot\boldsymbol{e}_n\mathrm{d}S.$$

根据积分中值定理，得

$$\begin{aligned}\frac{\mathrm{d}\Gamma}{\mathrm{d}S}&=\lim_{\Delta S\to M}((\nabla\times\boldsymbol{A})\cdot\boldsymbol{e}_n)_{M^*}\quad(M^*\in\Delta S)\\&=(\nabla\times\boldsymbol{A})\cdot\boldsymbol{e}_n.\end{aligned}\tag{11}$$

可见，当向量 $\boldsymbol{n}$ 与 $\nabla\times\boldsymbol{A}$ 方向相同时，环流量面密度 $\frac{\mathrm{d}\Gamma}{\mathrm{d}S}$ 取得最大值 $|\nabla\times\boldsymbol{A}|$，也就是说，$\nabla\times\boldsymbol{A}$ 的方向即为环流量面密度取得最大值的方向.故向量 $\nabla\times\boldsymbol{A}$ 即为 $\boldsymbol{A}$ 在点 M 处的旋度，即

$$\boxed{\mathbf{rot}\,\boldsymbol{A}=\nabla\times\boldsymbol{A},}$$

或

$$\boxed{\mathbf{rot}\,\boldsymbol{A}=\left(\frac{\partial R}{\partial y}-\frac{\partial Q}{\partial z},\frac{\partial P}{\partial z}-\frac{\partial R}{\partial x},\frac{\partial Q}{\partial x}-\frac{\partial P}{\partial y}\right).}$$

由(11)式知，$\frac{\mathrm{d}\Gamma}{\mathrm{d}S}=\mathrm{Prj}_{\boldsymbol{e}_n}(\mathbf{rot}\,\boldsymbol{A})$，即向量场 $\boldsymbol{A}(M)$ 在点 M 处沿 $\boldsymbol{e}_n$ 方向的环量面密度等于旋度 $\mathbf{rot}\,\boldsymbol{A}$ 在 $\boldsymbol{e}_n$ 方向的投影.

四、旋度的运算法则

$\boldsymbol{A}(M)$，$\boldsymbol{B}(M)$ 为向量值函数，$u=u(M)$ 为数值函数，$\boldsymbol{C}$ 为常向量，C 为常数.

① $\nabla\times\boldsymbol{C}=\boldsymbol{0}$.

② $\nabla\times(C\boldsymbol{A})=C\,\nabla\times\boldsymbol{A}$.

③ $\nabla\times(\boldsymbol{A}\pm\boldsymbol{B})=\nabla\times\boldsymbol{A}\pm\nabla\times\boldsymbol{B}$.

④ $\nabla\times(u\boldsymbol{A})=u(\nabla\times\boldsymbol{A})+(\nabla u)\times\boldsymbol{A}$.

⑤ $\nabla\cdot(\boldsymbol{A}\times\boldsymbol{B})=\boldsymbol{B}\cdot(\nabla\times\boldsymbol{A})-\boldsymbol{A}\cdot(\nabla\times\boldsymbol{B})$.

⑥ $\nabla\cdot(\nabla\times\boldsymbol{A})=0$.

⑦ $\nabla\times(\nabla u)=\boldsymbol{0}$.

证明由读者完成.

习题 9-2(3)

A

1. 利用斯托克斯公式计算下列曲线积分：

(1) $\oint_L 2y\mathrm{d}x+3x\mathrm{d}y-z^2\mathrm{d}z$，$L$ 为球面 $x^2+y^2+z^2=9$ 与平面 $z=0$ 的交线，从 z 轴正向看，L 取

逆时针方向；

(2) $\oint_L (y+z)\mathrm{d}x+(z+x)\mathrm{d}y+(x+y)\mathrm{d}z$，$L$ 为球面 $x^2+y^2+z^2=a^2$ 与平面 $x+y+z=0$ 的交线，从 x 轴正向看，L 取逆时针方向；

(3) $\oint_L y^2\mathrm{d}x+z^2\mathrm{d}y+x^2\mathrm{d}z$，$L$ 为以 $A(a,0,0)$，$B(0,b,0)$，$C(0,0,c)$ $(a>0,b>0,c>0)$ 为顶点的三角形的边界，L 的正向取 $A\to B\to C\to A$.

2. 用曲线积分与路径无关的条件，计算积分

$$\int_{(A)}^{(B)} x\mathrm{d}x+y\mathrm{d}y+z\mathrm{d}z,$$

其中积分路径沿任意曲线由点 $A(1,1,1)$ 到点 $B(2,3,4)$.

*3. 求下列向量场的旋度：

(1) $\boldsymbol{A}=yz\boldsymbol{i}+zx\boldsymbol{j}+xy\boldsymbol{k}$； (2) $\boldsymbol{A}=xyz(\boldsymbol{i}+\boldsymbol{j}+\boldsymbol{k})$；

(3) $\boldsymbol{A}=(z+\sin y)\boldsymbol{i}-(z-x\cos y)\boldsymbol{j}$；

(4) $\boldsymbol{A}=x^2\sin y\boldsymbol{i}+y^2\sin(xz)\boldsymbol{j}+xy\sin(\cos z)\boldsymbol{k}$.

*4. 设 $u(x,y,z)$ 及 $\boldsymbol{A}=(P,Q,R)$ 的坐标函数 P,Q,R 都有二阶连续偏导数，证明：

(1) $\mathbf{rot}(\mathbf{grad}\ u)=\mathbf{0}$； (2) $\mathrm{div}(\mathbf{rot}\ \boldsymbol{A})=0$.

B

1. 用斯托克斯公式计算下列曲线积分：

(1) $\oint_L x\mathrm{d}x+(x+y)\mathrm{d}y+(x+y+z)\mathrm{d}z$，$L$ 为闭曲线 $x=a\sin t$，$y=b\cos t$，$z=a(\sin t+\cos t)$，$0\leqslant t\leqslant 2\pi$，以 t 增加的方向为 L 的正方向；

(2) $\oint_L (y-z)\mathrm{d}x+(z-x)\mathrm{d}y+(x-y)\mathrm{d}z$，$L$ 为柱面 $x^2+y^2=a^2$ 与平面 $\dfrac{x}{a}+\dfrac{z}{b}=1$ $(a>0, b>0)$ 的交线，从 x 轴正向看，L 取逆时针方向.

2. 计算 $\oint_L \dfrac{x\mathrm{d}y-y\mathrm{d}x}{x^2+y^2}+z\mathrm{d}z$，$L$ 为

(1) 任何一条不围绕 z 轴也不和 z 轴相交的简单闭曲线；

(2) 任何一条围绕 z 轴一圈的简单闭曲线，其方向从 z 轴正向看去为逆时针方向.

3. 用斯托克斯公式计算向量场 $\boldsymbol{A}$ 的环流量，设 $\boldsymbol{A}=(3y,-xz,yz^2)$，$L$ 为圆周 $2z=x^2+y^2$，$z=2$，其方向从 z 轴正向看去为逆时针方向.

*4. 验证下列微分式是某三元函数 $u(x,y,z)$ 的全微分，并求出原函数 $u(x,y,z)$：

(1) $(y+z)\mathrm{d}x+(z+x)\mathrm{d}y+(x+y)\mathrm{d}z$；

(2) $\dfrac{1}{x^2}(yz\mathrm{d}x-zx\mathrm{d}y-xy\mathrm{d}z)$.

5. 设质点从原点沿直线运动到 $\dfrac{x^2}{a^2}+\dfrac{y^2}{b^2}+\dfrac{z^2}{c^2}=1$ 上的点 $M(x_1,y_1,z_1)$ $(x_1>0,\ y_1>0,z_1>0)$，

求运动过程中，力 $\boldsymbol{F}=yz\boldsymbol{i}+zx\boldsymbol{j}+xy\boldsymbol{k}$ 所做的功 W，并确定 M 的坐标，使 W 最大.

*6.证明：

(1) $\nabla(uv)=u\nabla v+v\nabla u$；

(2) $\Delta(uv)=u\Delta v+v\Delta u+2\nabla u\cdot\nabla v$；

(3) $\nabla\cdot(\boldsymbol{A}\times\boldsymbol{B})=\boldsymbol{B}\cdot(\nabla\times\boldsymbol{A})-\boldsymbol{A}\cdot(\nabla\times\boldsymbol{B})$；

(4) $\nabla\times(\nabla\times\boldsymbol{A})=\nabla(\nabla\cdot\boldsymbol{A})-\nabla^2\boldsymbol{A}$.

第九章测试题

第十章 无穷级数

无穷级数在自然科学、工程技术和数学的许多分支中都有广泛的应用.我国早在魏晋时期,刘徽就已经用无穷级数的概念来计算圆的面积了,直到19世纪初,随着极限理论的建立,才给无穷级数奠定了理论基础.如今,无穷级数理论在现代数学方法中已占有重要的地位.

本章主要介绍无穷级数的基本概念、性质,数项级数敛散性的审敛法,幂级数以及将函数展开为幂级数和傅里叶级数及其应用.

第一节 常数项级数

1-1 数项级数的概念

设有数列$\{u_n\}$,则和式

$$u_1+u_2+\cdots+u_n+\cdots$$

称为无穷级数(简称级数),记为$\sum_{n=1}^{\infty} u_n$.即

$$\sum_{n=1}^{\infty} u_n = u_1 + u_2 + \cdots + u_n + \cdots, \tag{1}$$

其中u_n称为级数的一般项(或第n项),级数的前n项的和

$$S_n=u_1+u_2+\cdots+u_n$$

称为级数(1)的部分和.当n依次取$1,2,3,\cdots,n,\cdots$时,得$S_1,S_2,\cdots, S_n,\cdots$,构成一个新的数列$\{S_n\}$,称为部分和数列.根据数列的敛散性,我们引入级数(1)收敛与发散的概念.

定义 10.1.1 如果级数(1)的部分和数列$\{S_n\}$收敛于有限数S,即

$$\lim_{n\to\infty} S_n=S,$$

则称级数(1)收敛,并把S称为级数(1)的和,记为

$$\sum_{n=1}^{\infty} u_n = S.$$

如果部分和数列$\{S_n\}$发散,则称级数(1)发散.

由此可见,级数(1)收敛,就是它的部分和数列存在有限极限;相反,任一数列$\{u_n\}$的有限极限存在的问题可转化为级数

$$u_1+(u_2-u_1)+(u_3-u_2)+\cdots+(u_n-u_{n-1})+\cdots$$

的收敛问题.所以,研究无穷级数的收敛及求和问题等价于研究相应数列极限存在及求极限值的问题.

如果级数(1)收敛,其和为S,则

$$r_n=S-S_n=\sum_{k=n+1}^{\infty}u_k,$$

称为级数的余项.

对于级数(1),我们关心的是它是否收敛.若级数收敛,则可用级数的前面有限项S_n来近似代替精确值S,并用r_n估计其误差.若级数(1)发散,我们就不再讨论了.

例 1　讨论等比级数(几何级数)

$$\sum_{n=0}^{\infty}ax^n=a+ax+ax^2+\cdots+ax^{n-1}+\cdots\quad(a\neq 0)\tag{2}$$

的敛散性.

解　若$|x|\neq 1$,则级数(2)的部分和

$$S_n=\frac{a(1-x^n)}{1-x}.$$

当$|x|<1$时,$\lim\limits_{n\to\infty}S_n=\dfrac{a}{1-x}$,因此,等比级数收敛,其和为$\dfrac{a}{1-x}$;

当$|x|>1$时,$\lim\limits_{n\to\infty}S_n=\infty$,等比级数发散;

当$x=1$时,级数为$a+a+a+\cdots$,$S_n=na\to\infty\ (n\to\infty)$,故原级数发散;

当$x=-1$时,级数为$a-a+a-a+a+\cdots$,$S_{2n-1}=a$,$S_{2n}=0(n=1,2,\cdots)$,由于$a\neq 0$,所以$\lim\limits_{n\to\infty}S_n$不存在,故原级数发散.

综上所述,等比级数(2)当公比的绝对值$|x|<1$时收敛,当$|x|\geqslant 1$时发散.

由例1知,级数$\sum\limits_{n=1}^{\infty}(-1)^{n-1}\dfrac{1}{3^n}=\dfrac{1}{3}-\dfrac{1}{3^2}+\dfrac{1}{3^3}-\cdots$,其和为$S=\dfrac{1/3}{1+1/3}=\dfrac{1}{4}$.

例 2　证明调和级数

$$\sum_{n=1}^{\infty}\frac{1}{n}=1+\frac{1}{2}+\frac{1}{3}+\cdots+\frac{1}{n}+\cdots\tag{3}$$

是发散的.

证　假设级数(3)收敛,其和为S,于是$\lim\limits_{n\to\infty}(S_{2n}-S_n)=S-S=0$.而

$$S_{2n}-S_n=\frac{1}{n+1}+\frac{1}{n+2}+\cdots+\frac{1}{2n}>\frac{n}{2n}=\frac{1}{2}.\tag{4}$$

在(4)式中令$n\to\infty$,便有$0\geqslant\dfrac{1}{2}$,这是不可能的.所以级数(3)发散.　证毕

例 3　讨论级数

$$\frac{1}{1\cdot 2}+\frac{1}{2\cdot 3}+\cdots+\frac{1}{n(n+1)}+\cdots$$

的敛散性.

解　因为 $u_n=\frac{1}{n(n+1)}=\frac{1}{n}-\frac{1}{n+1}$,所以

$$\begin{aligned}S_n&=\frac{1}{1\cdot 2}+\frac{1}{2\cdot 3}+\cdots+\frac{1}{n(n+1)}\\&=\left(1-\frac{1}{2}\right)+\left(\frac{1}{2}-\frac{1}{3}\right)+\cdots+\left(\frac{1}{n}-\frac{1}{n+1}\right)\\&=1-\frac{1}{n+1}\to 1\qquad(n\to\infty).\end{aligned}$$

故级数收敛,且 $\sum\limits_{n=1}^{\infty}\frac{1}{n(n+1)}=1$.

例 4　近代非线性学科分形几何中常提到的科赫(Koch)雪花,可用递归方法生成.设在平面上有单位边长的正三角形,其周长为 P_1,面积为 A_1;再将每边三等分,以中间的三分之一段为边向外作正三角形,(图 10-1(a)),其周长为 P_2,面积为 A_2;依次作图,即得科赫雪花.试求科赫雪花的边长和面积.

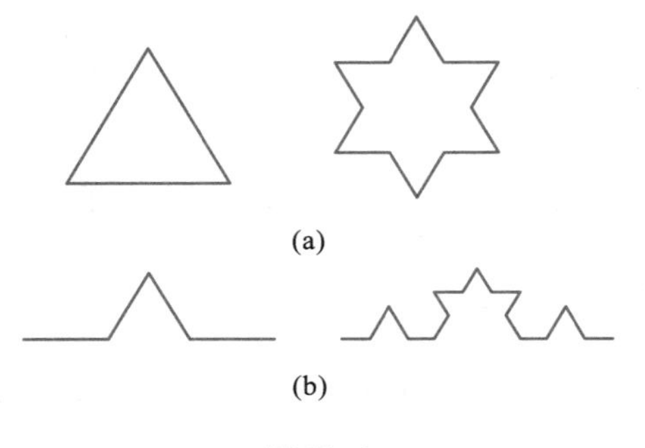

图 10-1

解　显然 $P_1=3,A_1=\frac{\sqrt{3}}{4}$.

注意到递归中,每条边生成四条新边,每条新边又生成新的小正三角形(图 10-1(b)).新边长是原边长的$\frac{1}{3}$,新的正三角形是原正三角形面积的$\frac{1}{9}$倍.故

$$P_2=\frac{4}{3}P_1,P_3=\frac{4}{3}P_2,\cdots,P_n=\frac{4}{3}P_{n-1}(n=1,2,\cdots),$$

$$A_2=A_1+3\,\frac{A_1}{9},A_3=A_2+3\left\{4\left[\left(\frac{1}{9}\right)^2A_1\right]\right\},\cdots,$$

$$A_n=A_{n-1}+3\left\{4^{n-2}\left[\left(\frac{1}{9}\right)^{n-1}A_1\right]\right\}(n=2,3,\cdots),$$

所以

$$P_n=\frac{4}{3}P_{n-1}=\cdots=\left(\frac{4}{3}\right)^{n-1}P_1\to+\infty\quad(n\to+\infty),$$

$$A_n=A_{n-1}+3\left\{4^{n-2}\left[\left(\frac{1}{9}\right)^{n-1}A_1\right]\right\}$$

$$=A_1+\frac{3}{9}A_1+3\cdot4\left(\frac{1}{9}\right)^2A_1+\cdots+3\cdot4^{n-2}\left(\frac{1}{9}\right)^{n-1}A_1$$

$$=A_1\left\{1+\left[\frac{1}{3}+\frac{1}{3}\left(\frac{4}{9}\right)+\frac{1}{3}\left(\frac{4}{9}\right)^2+\cdots+\frac{1}{3}\left(\frac{4}{9}\right)^{n-2}\right]\right\}$$

$$\to A_1\left(1+\frac{1/3}{1-4/9}\right)=\frac{2\sqrt{3}}{5}\quad(n\to+\infty).$$

由此可见,科赫雪花是一条周长为无限大,而其所围成的面积为有限值的奇特的曲线.

一般说来,用定义判断级数的敛散性是困难的.下面讨论判定级数敛散性的各种方法.

定理 10.1.1(柯西(Cauchy)准则)　级数 $\sum\limits_{n=1}^{\infty}u_n$ 收敛$\Leftrightarrow\forall\varepsilon>0,\exists N$,当 $n>N$ 时,对任意的正整数 p,都有

$$|u_{n+1}+u_{n+2}+\cdots+u_{n+p}|<\varepsilon.$$

证　由于 $\sum\limits_{n=1}^{\infty}u_n$ 的收敛性等价于部分和数列$\{S_n\}$的收敛性,而

$$|S_{n+p}-S_n|=|u_{n+1}+u_{n+2}+\cdots+u_{n+p}|,$$

所以,由数列$\{S_n\}$收敛的柯西准则即得证明.　　证毕

定理 10.1.2(级数收敛的必要条件)　若级数 $\sum\limits_{n=1}^{\infty}u_n$ 收敛,则 $\lim\limits_{n\to\infty}u_n=0$.

证　因为 $\sum\limits_{n=1}^{\infty}u_n$ 收敛,所以,$\lim\limits_{n\to\infty}S_n=\lim\limits_{n\to\infty}S_{n-1}=S$.于是

$$\lim_{n\to\infty}u_n=\lim_{n\to\infty}(S_n-S_{n-1})=S-S=0.$$　　证毕

注意:一般项趋于零是级数收敛的必要条件,但不是充分条件,如调和级数的一般项趋于零,但它是发散的.由定理 10.1.2 可知,若一般项 u_n 不趋于 0,则级数 $\sum\limits_{n=1}^{\infty}u_n$ 必发散.

例如,级数 $\sum\limits_{n=1}^{\infty}u_n=\sum\limits_{n=1}^{\infty}\left(\frac{1}{n}\right)^{\frac{1}{n}}$.因为

$$\lim_{x\to+\infty}\left(\frac{1}{x}\right)^{\frac{1}{x}}=\lim_{x\to+\infty}e^{\frac{1}{x}\ln\frac{1}{x}}=e^{\lim\limits_{x\to+\infty}\frac{1}{x}\ln\frac{1}{x}}=e^0=1,$$

从而,$\lim\limits_{n\to\infty}u_n=\lim\limits_{n\to\infty}\left(\frac{1}{n}\right)^{\frac{1}{n}}=1$,故级数 $\sum\limits_{n=1}^{\infty}\left(\frac{1}{n}\right)^{\frac{1}{n}}$ 发散.

1-2　无穷级数的性质

性质 1　若 $\sum\limits_{n=1}^{\infty}u_n=S$,$C$ 是常数,则 $\sum\limits_{n=1}^{\infty}Cu_n$ 也收敛,且

$$\sum_{n=1}^{\infty}Cu_n=C\sum_{n=1}^{\infty}u_n=CS.$$

性质 2　若 $\sum_{n=1}^{\infty} u_n = S$, $\sum_{n=1}^{\infty} v_n = T$,则 $\sum_{n=1}^{\infty}(u_n \pm v_n)$ 也收敛,且

$$\sum_{n=1}^{\infty}(u_n \pm v_n) = \sum_{n=1}^{\infty} u_n \pm \sum_{n=1}^{\infty} v_n = S \pm T.$$

性质 3　改变级数有限项后,不改变级数的收敛性.(一般来说,其和不再相同.)

证　不妨设 $\sum_{n=1}^{\infty} u_n$ 改变为

$$v_1+v_2+\cdots+v_l+u_{l+1}+u_{l+2}+\cdots+u_n+\cdots, \tag{5}$$

记级数 $\sum_{n=1}^{\infty} u_n$ 与级数(5)的部分和分别为 S_n 与 σ_n,于是

$$\begin{aligned}\sigma_n &= v_1+v_2+\cdots+v_l+u_{l+1}+u_{l+2}+\cdots+u_n\\ &= v_1+\cdots+v_l+S_n-S_l,\end{aligned}$$

或

$$S_n=\sigma_n+S_l-(v_1+\cdots+v_l),$$

可见,若 S_n 收敛,则 σ_n 收敛;若 σ_n 收敛,则 S_n 收敛.　证毕

释疑解惑 10.1

级数是无限项之和,是否满足有限项之和的结合律、交换律?

性质 4　收敛级数

$$u_1+u_2+\cdots+u_n+\cdots \tag{6}$$

把其中的项任意加括号后,所得之新级数

$$(u_1+u_2+\cdots+u_{n_1})+(u_{n_1+1}+\cdots+u_{n_2})+\cdots+(u_{n_{k-1}+1}+\cdots+u_{n_k})+\cdots \tag{7}$$

仍收敛,且其和不变.

证　级数(7)的部分和数列

$$\sigma_1=S_{n_1}, \sigma_2=S_{n_2}, \cdots, \sigma_k=S_{n_k},$$

是级数(6)的部分和数列的子数列,故 $\lim\limits_{k\to\infty}\sigma_k=\lim\limits_{k\to\infty}S_{n_k}=\lim\limits_{n\to\infty}S_n=S$.所以,级数(7)仍收敛,且其和不变.　证毕

值得注意的是,加括号后的级数收敛,原级数不一定收敛.例如级数

$$(1-1)+(1-1)+(1-1)+\cdots$$

收敛,但原级数

$$1-1+1-1+\cdots=\sum_{n=1}^{\infty}(-1)^{n-1}$$

是发散的.这说明有限项求和的结合律不能推广到无限项的求和中去.

推论 10.1.1　若加括号后的级数发散,则原级数也发散.

习题 10-1

A

1. 判断下列命题是否正确(若正确,则给予证明.若不正确,举出反例):

（1）若 $\sum\limits_{n=1}^{\infty} u_n$ 收敛，$\sum\limits_{n=1}^{\infty} v_n$ 发散，则 $\sum\limits_{n=1}^{\infty}(u_n+v_n)$ 发散；

（2）若 $\sum\limits_{n=1}^{\infty} u_n$，$\sum\limits_{n=1}^{\infty} v_n$ 都发散，则 $\sum\limits_{n=1}^{\infty}(u_n+v_n)$ 发散；

（3）若 $\sum\limits_{n=1}^{\infty}(u_n+v_n)$ 收敛，则 $\sum\limits_{n=1}^{\infty} u_n$，$\sum\limits_{n=1}^{\infty} v_n$ 均收敛；

（4）若 $\sum\limits_{n=1}^{\infty} u_n$ 收敛，则数列 $\{u_n\}$ 必有界.

2. 已知级数 $\sum\limits_{n=1}^{n} u_n$ 的部分和 $S_n=\dfrac{2n}{n+1}$.

（1）求此级数的一般项 u_n，并写出前三项；

（2）判断此级数的敛散性；

3. 判断下列级数的敛散性：

（1）$-\dfrac{8}{9}+\dfrac{8^2}{9^2}-\dfrac{8^3}{9^3}+\cdots$；

（2）$\dfrac{1}{3}+\dfrac{1}{\sqrt{3}}+\dfrac{1}{\sqrt[3]{3}}+\dfrac{1}{\sqrt[4]{3}}+\cdots$；

（3）$\left(\dfrac{1}{2}+\dfrac{1}{3}\right)+\left(\dfrac{1}{2^2}+\dfrac{1}{3^2}\right)+\left(\dfrac{1}{2^3}+\dfrac{1}{3^3}\right)+\cdots$；

（4）$\dfrac{1}{2}+\dfrac{1}{10}+\dfrac{1}{4}+\dfrac{1}{20}+\cdots+\dfrac{1}{2^n}+\dfrac{1}{10\cdot n}+\cdots$.

4. 求下列收敛级数的和；

（1）$\sum\limits_{n=1}^{\infty}\dfrac{(-1)^{n-1}}{4^{n-1}}$；　　（2）$\sum\limits_{n=1}^{\infty}\dfrac{3^n+2^n}{6^n}$.

5. 一个排球每次落下后，反弹的高度都是原来高度的 3/4.问球从高为 h 处落下直到停止，它反弹的总距离是多少？

B

1. 判断下列级数的敛散性：

（1）$\sum\limits_{n=1}^{\infty}\ln\left(1+\dfrac{1}{n}\right)$；

（2）$\sum\limits_{n=1}^{\infty}(\sqrt{n+2}-2\sqrt{n+1}+\sqrt{n})$.

2. 求级数 $\sum\limits_{n=1}^{\infty}\dfrac{1}{n(n+1)(n+2)}$ 的和.

3. 已知

$$f(x)=\begin{cases}x, & 0\leqslant x\leqslant 1,\\ 2-x, & 1<x\leqslant 2,\end{cases}$$

$$S_n=\int_{2n}^{2n+2}f(x-2n)\mathrm{e}^{-x}\mathrm{d}x,n=0,1,2,\cdots.$$

试计算 $\sum\limits_{n=0}^{\infty}S_n$.

4. 设有数列 $\{u_n\}$，且 $\lim\limits_{n\to\infty}nu_n=0$. 证明级数 $\sum\limits_{n=1}^{\infty}(n+1)(u_{n+1}-u_n)$ 收敛的充要条件是级数 $\sum\limits_{n=1}^{\infty}u_n$ 收敛.

5. 设 $\lim\limits_{n\to\infty}u_n=0$，$\sum\limits_{n=1}^{\infty}(u_{2n-1}+u_{2n})$ 收敛，试证 $\sum\limits_{n=1}^{\infty}u_n$ 收敛.

6. 下午一点到两点之间的什么时间，时钟的分针恰好与时针重合？

第二节　常数项级数的审敛法

2-1　正项级数及其审敛法

每项都为非负数的级数称为正项级数. 显然，正项级数的部分和数列是单调递增的，根据单调有界数列必有极限的准则和有极限的数列必有界的性质，容易证明

定理 10.2.1　正项级数收敛⇔它的部分和数列有上界.

例 1　证明 p-级数 $\sum\limits_{n=1}^{\infty}\frac{1}{n^p}$，当 $p>1$ 时收敛.

证　所给 p-级数是正项级数，因此只要证明当 $p>1$ 时，它的部分和数列 $\{S_n\}$ 有上界便可.

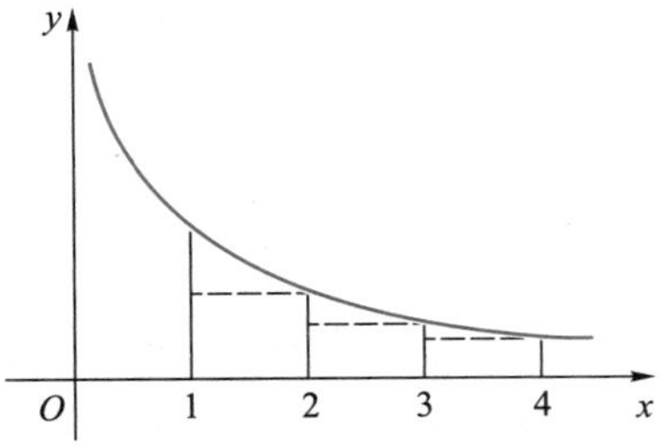

由图 10-2 可知，

$$\frac{1}{2^p}<\int_1^2\frac{1}{x^p}\mathrm{d}x,\frac{1}{3^p}<\int_2^3\frac{1}{x^p}\mathrm{d}x,\cdots,\frac{1}{n^p}<\int_{n-1}^n\frac{1}{x^p}\mathrm{d}x,$$

图 10-2

于是

$$S_n=1+\frac{1}{2^p}+\frac{1}{3^p}+\cdots+\frac{1}{n^p}\leqslant1+\int_1^2\frac{\mathrm{d}x}{x^p}+\cdots+\int_{n-1}^n\frac{\mathrm{d}x}{x^p}$$

$$=1+\int_1^n\frac{\mathrm{d}x}{x^p}=1+\frac{1}{p-1}\left(1-\frac{1}{n^{p-1}}\right)<1+\frac{1}{p-1}.$$

即 $\{S_n\}$ 有上界，所以 p-级数当 $p>1$ 时收敛.　　　　证毕

定理 10.2.1 在理论上有重要意义，而在实践上往往由于部分和有上界难以确定，所以，我们将通过分析级数的一般项入手，来判断级数的敛散性.

定理 10.2.2（比较审敛法）　设 $\sum\limits_{n=1}^{\infty}a_n$ 与 $\sum\limits_{n=1}^{\infty}b_n$ 都是正项级数，且对一切 $n\geqslant N$（N 为 $\mathbf{N}_+$

中某个数)，有 $a_n \leqslant b_n$，

(1) 若 $\sum\limits_{n=1}^{\infty} b_n$ 收敛，则 $\sum\limits_{n=1}^{\infty} a_n$ 收敛；

(2) 若 $\sum\limits_{n=1}^{\infty} a_n$ 发散，则 $\sum\limits_{n=1}^{\infty} b_n$ 发散.

证 由于去掉级数有限多项不影响级数敛散性，不失普遍性，可认为 $a_n \leqslant b_n (n \geqslant 1)$，记 $\sum\limits_{n=1}^{\infty} a_n$ 与 $\sum\limits_{n=1}^{\infty} b_n$ 的部分和分别为 A_n 与 B_n，则有 $A_n \leqslant B_n$.

(1) 因为 $\sum\limits_{n=1}^{\infty} b_n$ 收敛，所以，由定理 10.2.1 知，B_n 有上界，从而 A_n 有上界，故 $\sum\limits_{n=1}^{\infty} a_n$ 收敛.

(2) 用反证法，由(1)即得结论(2). 证毕

例 2 证明 p-级数 $\sum\limits_{n=1}^{\infty} \dfrac{1}{n^p}$，当 $p \leqslant 1$ 时发散.

证 $p \leqslant 1$ 时，$\dfrac{1}{n^p} \geqslant \dfrac{1}{n} (n=1,2,\cdots)$，而 $\sum\limits_{n=1}^{\infty} \dfrac{1}{n}$ 发散，故由定理 10.2.2 知，$\sum\limits_{n=1}^{\infty} \dfrac{1}{n^p} (p \leqslant 1)$ 发散.

证毕

使用比较审敛法时，常用等比级数和 p-级数作为比较级数.

例 3 判定下列级数的敛散性：

(1) $\sum\limits_{n=1}^{\infty} \dfrac{1}{\sqrt{n(n+1)}}$； (2) $\sum\limits_{n=1}^{\infty} 2^n \sin \dfrac{\pi}{3^n}$； (3) $\sum\limits_{n=1}^{\infty} \dfrac{1}{1+a^n} (a>0)$.

解 (1) 因为

$$\frac{1}{\sqrt{n(n+1)}} > \frac{1}{n+1} \quad (n=1,2,\cdots),$$

而 $\sum\limits_{n=1}^{\infty} \dfrac{1}{n+1}$ 发散，故 $\sum\limits_{n=1}^{\infty} \dfrac{1}{\sqrt{n(n+1)}}$ 发散.

(2) 因为

$$0 \leqslant 2^n \sin \frac{\pi}{3^n} < 2^n \frac{\pi}{3^n} = \pi \left(\frac{2}{3}\right)^n,$$

而等比级数 $\sum\limits_{n=1}^{\infty} \pi \left(\dfrac{2}{3}\right)^n$ 收敛，故 $\sum\limits_{n=1}^{\infty} 2^n \sin \dfrac{\pi}{3^n}$ 收敛.

(3) 因 $\dfrac{1}{1+a^n} < \dfrac{1}{a^n}$，而当 $a>1$ 时，$\sum\limits_{n=1}^{\infty} \left(\dfrac{1}{a}\right)^n$ 是公比为 $\dfrac{1}{a}<1$ 的等比级数，故收敛，因此 $\sum\limits_{n=1}^{\infty} \dfrac{1}{1+a^n}$ 收敛.

当 $a=1$ 时，级数为 $\sum\limits_{n=1}^{\infty} \dfrac{1}{2}$，一般项不趋于 0，故 $\sum\limits_{n=1}^{\infty} \dfrac{1}{1+a^n}$ 发散.

当 $0<a<1$ 时，$\dfrac{1}{1+a^n} > \dfrac{1}{2}$，而 $\sum\limits_{n=1}^{\infty} \dfrac{1}{2}$ 发散，故 $\sum\limits_{n=1}^{\infty} \dfrac{1}{1+a^n}$ 发散.

定理 10.2.3（比较审敛法的极限形式） 设 $\sum_{n=1}^{\infty} a_n$ 与 $\sum_{n=1}^{\infty} b_n$ 都是正项级数，如果

$$\lim_{n\to\infty}\frac{a_n}{b_n}=l,$$

则

（1）当 $0<l<+\infty$ 时，$\sum_{n=1}^{\infty} a_n$ 与 $\sum_{n=1}^{\infty} b_n$ 有相同的敛散性；

（2）当 $l=0$ 时，若 $\sum_{n=1}^{\infty} b_n$ 收敛，则 $\sum_{n=1}^{\infty} a_n$ 收敛；

（3）当 $l=+\infty$ 时，若 $\sum_{n=1}^{\infty} b_n$ 发散，则 $\sum_{n=1}^{\infty} a_n$ 发散.

证 （1）当 $0<l<+\infty$ 时，由 $\lim_{n\to\infty}\frac{a_n}{b_n}=l$ 知，对于 $\varepsilon=\frac{l}{2}>0$，$\exists N$，当 $n>N$ 时，

$$l-\frac{l}{2}<\frac{a_n}{b_n}<l+\frac{l}{2},$$

即

$$\frac{l}{2}b_n<a_n<\frac{3l}{2}b_n \quad (n>N). \tag{1}$$

若 $\sum_{n=1}^{\infty} b_n$ 收敛，则由（1）式右端不等式和比较审敛法知 $\sum_{n=1}^{\infty} a_n$ 也收敛.

若 $\sum_{n=1}^{\infty} b_n$ 发散，则由（1）式左端不等式知 $\sum_{n=1}^{\infty} a_n$ 也发散.于是 $\sum_{n=1}^{\infty} a_n$ 与 $\sum_{n=1}^{\infty} b_n$ 敛散性相同.

（2）、（3）由读者完成.

例 4 判定下列级数的敛散性：

（1）$\sum_{n=1}^{\infty}\frac{1}{3^n-n}$；　（2）$\sum_{n=1}^{\infty}\frac{\ln n}{n^2}$；

（3）$\sum_{n=1}^{\infty}\left(a^{\frac{1}{n^2}}-1\right) \quad (a>1)$.

解 （1）因为 $\lim_{n\to\infty}\frac{\frac{1}{3^n-n}}{\frac{1}{3^n}}=\lim_{n\to\infty}\frac{1}{1-\frac{n}{3^n}}=1$，而等比级数 $\sum_{n=1}^{\infty}\frac{1}{3^n}$ 收敛，故 $\sum_{n=1}^{\infty}\frac{1}{3^n-n}$ 收敛.

释疑解惑 10.2

用比较审敛法时，如何选取比较级数？

（2）因为 $\lim_{n\to\infty}\frac{\frac{\ln n}{n^2}}{\frac{1}{n^{3/2}}}=\lim_{n\to\infty}\frac{\ln n}{n^{\frac{1}{2}}}=0$，而 $\sum_{n=1}^{\infty}\frac{1}{n^{3/2}}$ 收敛，故 $\sum_{n=1}^{\infty}\frac{\ln n}{n^2}$ 收敛.

（3）因为 $\lim_{x\to 0}\frac{a^x-1}{x}=\ln a$，所以，$\lim_{n\to\infty}\frac{a^{\frac{1}{n^2}}-1}{\frac{1}{n^2}}=\ln a$，而 $\sum_{n=1}^{\infty}\frac{1}{n^2}$ 收敛，故

$\sum_{n=1}^{\infty}(a^{\frac{1}{n^2}}-1)$ 收敛.

下面要介绍的两个审敛法,在实际应用中是很有用的.

定理 10.2.4(比值审敛法,达朗贝尔(d'Alembert)审敛法) 设 $\sum_{n=1}^{\infty}u_n$ 是正项级数,如果

$$\lim_{n\to\infty}\frac{u_{n+1}}{u_n}=\rho\quad(\rho \text{ 为有限数或}+\infty),$$

则当 $\rho<1$ 时,级数收敛;当 $\rho>1$ 时,级数发散;当 $\rho=1$ 时,审敛法失效.

证 当 ρ 为有限数时,对 $\forall\varepsilon>0,\exists N$,当 $n>N$ 时,有

$$\left|\frac{u_{n+1}}{u_n}-\rho\right|<\varepsilon,$$

即

$$\rho-\varepsilon<\frac{u_{n+1}}{u_n}<\rho+\varepsilon\quad(n>N).\tag{2}$$

当 $\rho<1$ 时,取 $\varepsilon<1-\rho$,使 $r\xlongequal{\text{def}}\rho+\varepsilon<1$.于是由(2)式右端不等式得

$$u_{N+2}<ru_{N+1},u_{N+3}<ru_{N+2}<r^2u_{N+1},\cdots,u_{N+m}<r^{m-1}u_{N+1},\cdots.$$

而等比级数 $\sum_{m=1}^{\infty}r^{m-1}u_{N+1}$ 收敛,所以 $\sum_{m=1}^{\infty}u_{N+m}=\sum_{n=N+1}^{\infty}u_n$ 收敛,从而 $\sum_{n=1}^{\infty}u_n$ 收敛.

当 $\rho>1$ 时,取 $\varepsilon<\rho-1$,使 $r\xlongequal{\text{def}}\rho-\varepsilon>1$,当 $n>N$ 时,由(2)式左端不等式得 $u_{n+1}>ru_n>u_n$,即级数的一般项 u_n 逐渐增大.因此,当 $n\to\infty$ 时,u_n 不趋于 0,故级数发散.

当 $\rho=+\infty$ 时,同 $\rho>1$ 时的证法,由读者完成.

比值审敛法的优点是不必另外找敛散性已知的级数与之比较,而直接从 u_n 自身来判定级数的敛散性.值得注意的是,当 $\rho=1$ 时,比值审敛法失效.例如级数 $\sum_{n=1}^{\infty}\frac{1}{n}$ 发散,级数 $\sum_{n=1}^{\infty}\frac{1}{n^2}$ 收敛,而比值 ρ 都等于 1.另外,定理 10.2.4 的条件是充分条件,并非必要条件.例如,级数 $\sum_{n=1}^{\infty}\frac{2+(-1)^n}{2^n}$ 收敛$\left(\text{因为}\frac{2+(-1)^n}{2^n}\leqslant\frac{3}{2^n}\right)$.但

$$\frac{u_{n+1}}{u_n}=\frac{2+(-1)^{n+1}}{2[2+(-1)^n]}\xlongequal{\text{def}}a_n,$$

$$\lim_{n\to\infty}a_{2n}=\frac{1}{6},\quad\lim_{n\to\infty}a_{2n+1}=\frac{3}{2},$$

所以 $\lim_{n\to\infty}\frac{u_{n+1}}{u_n}=\lim_{n\to\infty}a_n$ 不存在.

例 5 判定下列级数的敛散性:

(1) $\sum_{n=1}^{\infty}\frac{1}{n!}$; (2) $\sum_{n=1}^{\infty}\frac{n!}{3^n}$; (3) $\sum_{n=1}^{\infty}n!\left(\frac{x}{n}\right)^n(x>0)$.

解 (1) 因为$\dfrac{u_{n+1}}{u_n}=\dfrac{\dfrac{1}{(n+1)!}}{\dfrac{1}{n!}}=\dfrac{1}{n+1}\to 0(n\to\infty)$,所以,级数收敛.

(2) 因为$\dfrac{u_{n+1}}{u_n}=\dfrac{\dfrac{(n+1)!}{3^{n+1}}}{\dfrac{n!}{3^n}}=\dfrac{n+1}{3}\to+\infty\ (n\to\infty)$,所以,级数发散.

(3) 因为$\dfrac{u_{n+1}}{u_n}=\dfrac{(n+1)!\left(\dfrac{x}{n+1}\right)^{n+1}}{n!\left(\dfrac{x}{n}\right)^{n}}=\dfrac{x}{\left(1+\dfrac{1}{n}\right)^n}\to\dfrac{x}{\mathrm{e}}(n\to\infty)$,

所以,当$0<x<\mathrm{e}$时,级数收敛.当$x>\mathrm{e}$时,级数发散.当$x=\mathrm{e}$时,$\dfrac{u_{n+1}}{u_n}=\dfrac{\mathrm{e}}{\left(1+\dfrac{1}{n}\right)^n}>1$,于是,$u_n>u_{n-1}>\cdots>u_1=\mathrm{e}$,故$\lim\limits_{n\to\infty}u_n\neq 0$.所以,级数发散.

定理 10.2.5(根值审敛法,柯西审敛法) 设$\sum\limits_{n=1}^{\infty}u_n$是正项级数,如果

$$\lim_{n\to\infty}\sqrt[n]{u_n}=\rho(\text{有限数或}+\infty),$$

则当$\rho<1$时,级数收敛;当$\rho>1$时,级数发散;当$\rho=1$时,审敛法失效.

题型归类解析 10.1

正项级数的审敛法.

释疑解惑 10.3

比值审敛法与根值审敛法判定正项级数敛散性的异同点.

证明与定理 10.2.4 的证明类似,读者自己完成.

例 6 判定下列级数的敛散性:

(1) $\sum\limits_{n=2}^{\infty}\dfrac{1}{(\ln n)^n}$; (2) $\sum\limits_{n=1}^{\infty}\dfrac{\left(\dfrac{n+1}{n}\right)^{n^2}}{2^n}$.

解 (1) 由$\sqrt[n]{u_n}=\dfrac{1}{\ln n}\to 0(n\to\infty)$,故级数收敛.

(2) 由$\sqrt[n]{u_n}=\dfrac{\left(1+\dfrac{1}{n}\right)^n}{2}\to\dfrac{\mathrm{e}}{2}>1(n\to\infty)$,故级数发散.

由性质 1 知,负项级数的敛散性可转化为正项级数来判定.

2-2 交错级数及其审敛法

正、负项相间的级数称为交错级数.它的一般形式为$\sum\limits_{n=1}^{\infty}(-1)^{n-1}u_n$或$\sum\limits_{n=1}^{\infty}(-1)^{n}u_n$,其中$u_n>0$.

定理 10.2.6（莱布尼茨准则）　设有交错级数 $\sum\limits_{n=1}^{\infty}(-1)^{n-1}u_n\ (u_n>0)$，如果数列 $\{u_n\}$ 单调递减，且 $\lim\limits_{n\to\infty}u_n=0$，则

（1）级数 $\sum\limits_{n=1}^{\infty}(-1)^{n-1}u_n$ 收敛，且其和 $S\leqslant u_1$；

（2）级数余项 r_n 的绝对值 $|r_n|\leqslant u_{n+1}$.

证　因为 $\{u_n\}$ 单调递减，所以 $u_{n-1}-u_n\geqslant 0$，于是

$$S_{2n}=S_{2n-2}+(u_{2n-1}-u_{2n})\geqslant S_{2n-2},$$

又

$$S_{2n}=u_1-(u_2-u_3)-(u_4-u_5)-\cdots-(u_{2n-2}-u_{2n-1})-u_{2n}\leqslant u_1,$$

故 $\{S_{2n}\}$ 单调递增有上界，所以 $\{S_{2n}\}$ 必有极限 $S\leqslant u_1$. 又

$$S_{2n+1}=S_{2n}+u_{2n+1},\text{且 } u_{2n+1}\to 0\ (n\to\infty),$$

所以，$\lim\limits_{n\to\infty}S_{2n+1}=\lim\limits_{n\to\infty}S_{2n}=S\leqslant u_1$，从而 $\lim\limits_{n\to\infty}S_n=S\leqslant u_1$，所以级数 $\sum\limits_{n=1}^{\infty}(-1)^{n-1}u_n$ 收敛，且其和 $S\leqslant u_1$.

此时交错级数的余项 $r_n=\sum\limits_{k=n+1}^{\infty}(-1)^{k-1}u_k$ 仍满足莱布尼茨准则的条件，故是收敛的. 当 n 为偶数时，$r_n=u_{n+1}-u_{n+2}+u_{n+3}-\cdots$，所以，$0<r_n\leqslant u_{n+1}$；当 n 为奇数时，$r_n=-u_{n+1}+u_{n+2}-u_{n+3}+\cdots$，所以，$-u_{n+1}\leqslant r_n<0$，故 $|r_n|\leqslant u_{n+1}$.　　证毕

例 7　证明级数

$$\sum_{n=1}^{\infty}(-1)^{n-1}\frac{1}{n}=1-\frac{1}{2}+\frac{1}{3}-\frac{1}{4}+\cdots$$

收敛，并估计其余项.

证　级数为交错级数，因为

$$u_n=\frac{1}{n}\to 0(n\to\infty),\text{且 } u_n>u_{n+1},$$

所以由莱布尼茨准则知级数收敛，$|r_n|\leqslant\dfrac{1}{n+1}$.　　证毕

例 8　判定级数 $\sum\limits_{n=2}^{\infty}\dfrac{(-1)^n\sqrt{n}}{n-1}$ 的敛散性.

解　由于 $\left(\dfrac{\sqrt{x}}{x-1}\right)'=\dfrac{-(1+x)}{2\sqrt{x}(x-1)^2}<0\quad(x\geqslant 2)$，故函数 $\dfrac{\sqrt{x}}{x-1}$ 单调递减，所以，$u_n>u_{n+1}$，又 $\lim\limits_{n\to\infty}u_n=\lim\limits_{n\to\infty}\dfrac{\sqrt{n}}{n-1}=0$，故由莱布尼茨准则知级数收敛.

释疑解惑 10.4

交错级数不满足莱布尼茨准则的单调递减条件 $u_{n+1}\leqslant u_n$ 时，一定发散吗?

但要注意，数列 $\{u_n\}$ 的单调递减性，是交错级数收敛的充分条件，不是必要条件. 我们看下面的例子.

例 9　判定下列交错级数的敛散性：

(1) $\sum_{n=2}^{\infty}\frac{(-1)^n}{\sqrt{n}+(-1)^n}$；　　(2) $\sum_{n=2}^{\infty}\frac{(-1)^{n-1}}{[n+(-1)^n]^p}(p>0)$.

解　(1) 数列$\left\{\frac{1}{\sqrt{n}+(-1)^n}\right\}$不具单调性，但是，分母有理化可得

$$\frac{(-1)^n}{\sqrt{n}+(-1)^n}=\frac{(-1)^n\sqrt{n}-1}{n-1}=\frac{(-1)^n\sqrt{n}}{n-1}-\frac{1}{n-1},$$

而 $\sum_{n=2}^{\infty}\frac{(-1)^n\sqrt{n}}{n-1}$ 收敛，$\sum_{n=2}^{\infty}\frac{1}{n-1}$ 发散，所以，原级数发散.

(2) 数列$\left\{\frac{1}{[n+(-1)^n]^p}\right\}$也不具有单调性，但是，

$$S_{2n}=-\frac{1}{3^p}+\frac{1}{2^p}-\frac{1}{5^p}+\frac{1}{4^p}-\cdots-\frac{1}{(2n+1)^p}+\frac{1}{(2n)^p}$$
$$=\left(\frac{1}{2^p}-\frac{1}{3^p}\right)+\left(\frac{1}{4^p}-\frac{1}{5^p}\right)+\cdots+\left[\frac{1}{(2n)^p}-\frac{1}{(2n+1)^p}\right],$$

因为$\frac{1}{(2n)^p}-\frac{1}{(2n+1)^p}>0$ $(n=1,2,\cdots)$，所以 S_{2n}单调增加，又

$$S_{2n}<\left(\frac{1}{2^p}-\frac{1}{4^p}\right)+\left(\frac{1}{4^p}-\frac{1}{6^p}\right)+\cdots+\left[\frac{1}{(2n)^p}-\frac{1}{(2n+2)^p}\right]$$
$$=\frac{1}{2^p}-\frac{1}{(2n+2)^p}<\frac{1}{2^p},$$

所以 S_{2n}单调增加有上界，故有

$$\lim_{n\to\infty}S_{2n}=S.$$

又因$\lim_{n\to\infty}u_n=\lim_{n\to\infty}\frac{(-1)^{n-1}}{[n+(-1)^n]^p}=0$，所以$\lim_{n\to\infty}S_n=S$，故当 $p>0$ 时，级数 $\sum_{n=2}^{\infty}\frac{(-1)^{n-1}}{[n+(-1)^n]^p}$ 收敛.

释疑解惑 10.5

柯西积分判别法.

2-3　任意项级数及其审敛法

正项和负项任意出现的级数称为任意项级数，它的收敛性可通过正项级数的收敛性来判定.

定理 10.2.7　若 $\sum_{n=1}^{\infty}|u_n|$ 收敛，则 $\sum_{n=1}^{\infty}u_n$ 收敛.

证　注意到

$$|u_{n+1}+u_{n+2}+\cdots+u_{n+p}|\leqslant|u_{n+1}|+|u_{n+2}|+\cdots+|u_{n+p}|,$$

由级数收敛的柯西准则,即得证明.

定理表明由正项级数 $\sum\limits_{n=1}^{\infty}|u_n|$ 收敛,可推知任意项级数 $\sum\limits_{n=1}^{\infty}u_n$ 收敛,但是,反之则不成立.如 $\sum\limits_{n=1}^{\infty}(-1)^{n-1}\dfrac{1}{n}$ 收敛,但 $\sum\limits_{n=1}^{\infty}\left|(-1)^{n-1}\dfrac{1}{n}\right|=\sum\limits_{n=1}^{\infty}\dfrac{1}{n}$ 发散.可见,若 $\sum\limits_{n=1}^{\infty}|u_n|$ 发散,并不能判定 $\sum\limits_{n=1}^{\infty}u_n$ 发散.不过,若是用达朗贝尔或柯西审敛法判定 $\sum\limits_{n=1}^{\infty}|u_n|$ 发散,则 $\sum\limits_{n=1}^{\infty}u_n$ 也一定发散.因为由 $\lim\limits_{n\to\infty}\left|\dfrac{u_{n+1}}{u_n}\right|=\rho$,或 $\lim\limits_{n\to\infty}\sqrt[n]{|u_n|}=\rho$,当 $\rho>1$ 时,可推知 $\lim\limits_{n\to\infty}|u_n|\neq 0$,即 $\lim\limits_{n\to\infty}u_n\neq 0$.

一般地,若 $\sum\limits_{n=1}^{\infty}|u_n|$ 收敛,则称 $\sum\limits_{n=1}^{\infty}u_n$ 为绝对收敛;若 $\sum\limits_{n=1}^{\infty}|u_n|$ 发散,而 $\sum\limits_{n=1}^{\infty}u_n$ 收敛,则称 $\sum\limits_{n=1}^{\infty}u_n$ 为条件收敛.

因此,由定理 10.2.7 知,若 $\sum\limits_{n=1}^{\infty}u_n$ 为绝对收敛,则 $\sum\limits_{n=1}^{\infty}u_n$ 必收敛.

题型归类解析 10.2

任意项级数的审敛法.

例 10　判定级数 $\sum\limits_{n=1}^{\infty}\dfrac{\sin n}{n^2}$ 的敛散性.

解　$\left|\dfrac{\sin n}{n^2}\right|\leqslant\dfrac{1}{n^2}$, $\sum\limits_{n=1}^{\infty}\dfrac{1}{n^2}$ 收敛,故 $\sum\limits_{n=1}^{\infty}\left|\dfrac{\sin n}{n^2}\right|$ 收敛,从而 $\sum\limits_{n=1}^{\infty}\dfrac{\sin n}{n^2}$ 绝对收敛.

绝对收敛级数除了具备通常收敛级数的性质外,还有以下两个特别性质,现不加证明叙述如下.

性质 1　若 $\sum\limits_{n=1}^{\infty}u_n$ 绝对收敛,其和为 S,则任意交换该级数各项的次序后所得的级数(称为更序级数)也绝对收敛,其和仍为 S.

条件收敛级数则不具备该性质,可以证明,条件收敛级数的更序级数可以收敛于任何预先给定的实数 S 或使其发散.例如,级数 $\sum\limits_{n=1}^{\infty}(-1)^{n-1}\dfrac{1}{n}$ 条件收敛,其和设为 S,即

$$1-\frac{1}{2}+\frac{1}{3}-\frac{1}{4}+\frac{1}{5}-\frac{1}{6}+\frac{1}{7}-\frac{1}{8}+\frac{1}{9}-\cdots=S,$$

两端乘 $\dfrac{1}{2}$ 得

$$\frac{1}{2}-\frac{1}{4}+\frac{1}{6}-\frac{1}{8}+\frac{1}{10}-\cdots=\frac{S}{2},$$

易知

$$0+\frac{1}{2}+0-\frac{1}{4}+0+\frac{1}{6}+0-\frac{1}{8}+0+\frac{1}{10}+\cdots=\frac{S}{2},$$

将它和前一级数对应项相加,得

$$1+0+\frac{1}{3}-\frac{1}{2}+\frac{1}{5}+0+\frac{1}{7}-\frac{1}{4}+\frac{1}{9}+0+\cdots=\frac{3S}{2},$$

从而

$$1+\frac{1}{3}-\frac{1}{2}+\frac{1}{5}+\frac{1}{7}-\frac{1}{4}+\frac{1}{9}+\cdots=\frac{3S}{2},$$

上式左边是 $\sum\limits_{n=1}^{\infty}(-1)^{n-1}\frac{1}{n}$ 的更序级数,显然两者的和不等.

性质 2 若 $\sum\limits_{n=1}^{\infty}u_n$ 与 $\sum\limits_{n=1}^{\infty}v_n$ 都绝对收敛,其和分别为 S 与 T,那么,两级数各项之积 $u_iv_j(i,j=1,2,\cdots)$ 按任何方式排列成的级数 $\sum\limits_{n=1}^{\infty}w_n$ 也绝对收敛于 ST.

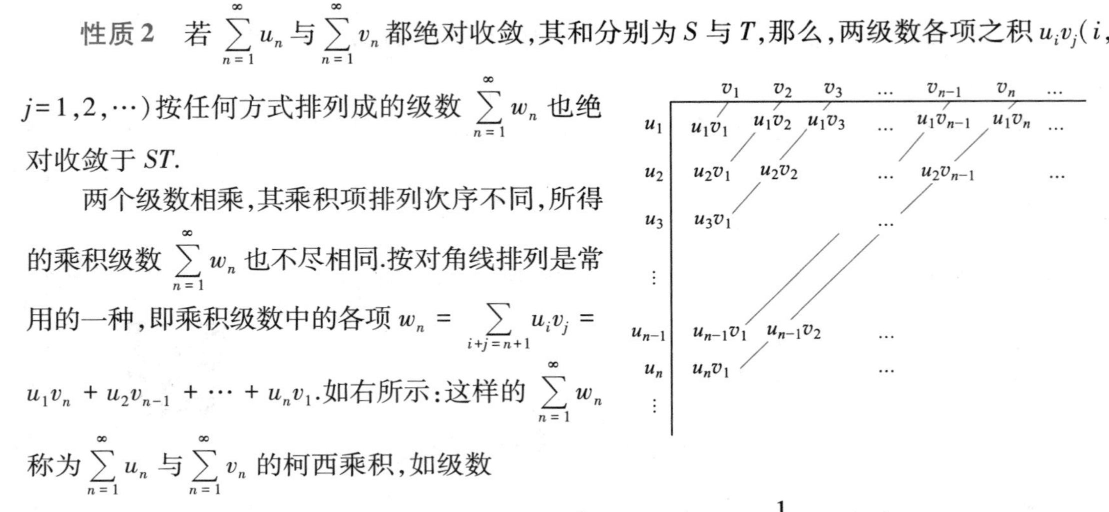

两个级数相乘,其乘积项排列次序不同,所得的乘积级数 $\sum\limits_{n=1}^{\infty}w_n$ 也不尽相同.按对角线排列是常用的一种,即乘积级数中的各项 $w_n=\sum\limits_{i+j=n+1}u_iv_j=u_1v_n+u_2v_{n-1}+\cdots+u_nv_1$.如右所示:这样的 $\sum\limits_{n=1}^{\infty}w_n$ 称为 $\sum\limits_{n=1}^{\infty}u_n$ 与 $\sum\limits_{n=1}^{\infty}v_n$ 的柯西乘积,如级数

$$1+x+x^2+\cdots+x^{n-1}+\cdots=\frac{1}{1-x}\quad(|x|<1)$$

绝对收敛,将这个级数按柯西乘积自乘,可得

$$1+2x+3x^2+\cdots+nx^{n-1}+\cdots=\frac{1}{(1-x)^2}\quad(|x|<1).$$

题型归类解析 10.3

一般项为定积分的级数的审敛方法.

习题 10-2

A

1. 下列命题是否正确?若正确,给予证明;若不正确,举出反例.

(1) 若 $\sum\limits_{n=1}^{\infty}b_n$ 收敛,且 $a_n\leqslant b_n(n=1,2,\cdots)$,则 $\sum\limits_{n=1}^{\infty}a_n$ 收敛;

(2) 若正项级数 $\sum\limits_{n=1}^{\infty}a_n$ 收敛,则必有 $\lim\limits_{n\to\infty}\frac{a_{n+1}}{a_n}=l$,且 $l<1$.

2. 用比较审敛法判断下列级数的敛散性:

(1) $\sum\limits_{n=1}^{\infty}\frac{2}{5n+3}$; (2) $\sum\limits_{n=1}^{\infty}\frac{1+n^2}{1+n^3}$;

(3) $\sum_{n=1}^{\infty}\sin\frac{\pi}{2^n}$;　　(4) $\sum_{n=1}^{\infty}\frac{1}{\ln(1+n)}$;

*(5) $\sum_{n=1}^{\infty}\frac{\ln n}{n^{4/3}}$;　　(6) $\sum_{n=1}^{\infty}(e^{\frac{1}{\sqrt{n}}}-1)$.

3. 用达朗贝尔审敛法判断下列级数的敛散性:

(1) $\sum_{n=1}^{\infty}\frac{2^n\cdot n!}{n^n}$;　　(2) $\sum_{n=1}^{\infty}\frac{n^2}{3^n}$;

(3) $\sum_{n=1}^{\infty}n\tan\frac{\pi}{2^n}$;　　(4) $\sum_{n=1}^{\infty}\frac{3^n}{(2n+1)!}$;

(5) $\sum_{n=1}^{\infty}\frac{(2n-1)!!}{3^n\cdot n!}$;　　(6) $\sum_{n=1}^{\infty}\frac{a^{\frac{n(n-1)}{2}}}{(1+a^0)(1+a^1)(1+a^2)\cdots(1+a^{n-1})}(a>0)$.

4. 用柯西审敛法判断下列级数的敛散性:

(1) $\sum_{n=1}^{\infty}\left(\frac{n}{2n+1}\right)^n$;　　(2) $\sum_{n=1}^{\infty}\frac{\left(\frac{n+1}{n}\right)^{n^2}}{3^n}$;

(3) $\sum_{n=1}^{\infty}\frac{3^n}{\sqrt{n^n}}$.

5. 判断下列级数的敛散性:

(1) $\sum_{n=1}^{\infty}\frac{1}{n}(\sqrt{n+1}-\sqrt{n})$;　　(2) $\sum_{n=1}^{\infty}\sqrt{\frac{n}{n+1}}$;

(3) $\sum_{n=1}^{\infty}\frac{1}{\sqrt[3]{n+1}}\ln\frac{n+2}{n}$;　　(4) $\sum_{n=1}^{\infty}n^2\left(1-\cos\frac{\pi}{n^2}\right)$;

(5) $\sum_{n=1}^{\infty}\frac{n\cos^2\left(\frac{n\pi}{3}\right)}{2^n}$;　　(6) $\sum_{n=1}^{\infty}\left(\frac{na}{n+1}\right)^n(a>0)$.

题型归类解析 10.4

利用级数求数列极限.

6. 用级数收敛的必要条件证明:

(1) $\lim\limits_{n\to\infty}\frac{n^n}{(n!)^2}=0$;　　(2) $\lim\limits_{n\to\infty}\frac{(2n)!}{n^n}=+\infty$.

$\left(\text{提示:考虑级数}\sum_{n=1}^{\infty}\frac{n^n}{(2n)!}\right)$.

7. 判断下列级数的敛散性(若收敛,说明是条件收敛,还是绝对收敛):

(1) $\sum_{n=1}^{\infty}(-1)^{n-1}\frac{1}{\sqrt{n}}$;　　(2) $\sum_{n=1}^{\infty}(-1)^{n-1}\frac{n}{3^{n-1}}$;

(3) $\sum_{n=1}^{\infty}(-1)^n\frac{\ln(1+n)}{1+n}$;　　(4) $\sum_{n=2}^{\infty}\frac{\cos n\pi}{\sqrt{n+(-1)^n}}$;

(5) $\sum\limits_{n=2}^{\infty}(-1)^{n+1}\dfrac{\ln\left(2+\dfrac{1}{n}\right)}{\sqrt{(3n+2)(3n-2)}}$； (6) $\sum\limits_{n=1}^{\infty}\sin(\pi\sqrt{n^2+1})$.

B

1. 若级数 $\sum\limits_{n=1}^{\infty}u_n^2$, $\sum\limits_{n=1}^{\infty}v_n^2$ 均收敛,证明 $\sum\limits_{n=1}^{\infty}|u_nv_n|$, $\sum\limits_{n=1}^{\infty}(u_n+v_n)^2$ 及 $\sum\limits_{n=1}^{\infty}\dfrac{|u_n|}{n}$ 也收敛.

2. 设常数 $\lambda>0$, $\sum\limits_{n=1}^{\infty}u_n^2$ 收敛,讨论 $\sum\limits_{n=1}^{\infty}(-1)^n\dfrac{|u_n|}{\sqrt{n^2+\lambda}}$ 的敛散性.

3. 设 $\{nu_n\}$ 有界,判断 $\sum\limits_{n=1}^{\infty}u_n^2$ 的敛散性.

4. 若 $\lim\limits_{n\to\infty}n^pu_n=l>0$,证明当 $p>1$ 时, $\sum\limits_{n=1}^{\infty}u_n$ 收敛,当 $p\leqslant 1$ 时, $\sum\limits_{n=1}^{\infty}u_n$ 发散.

题型归类解析 10.5

利用已知级数，证明其相关级数的敛散性.

5. 若正项级数 $\sum\limits_{n=1}^{\infty}u_n$ 收敛,证明 $\sum\limits_{n=1}^{\infty}\dfrac{u_n}{1+u_n}$ 也收敛.

6. 若正项级数 $\sum\limits_{n=1}^{\infty}u_n$ 收敛,证明 $\sum\limits_{n=1}^{\infty}u_n^2$ 也收敛.

7. 已知 $\sum\limits_{n=1}^{\infty}u_n$, $\sum\limits_{n=1}^{\infty}v_n$ 均收敛,且 $u_n\leqslant w_n\leqslant v_n(n=1,2,\cdots)$,问 $\sum\limits_{n=1}^{\infty}w_n$ 是否收敛？为什么？

8. 已知 $\sum\limits_{n=1}^{\infty}u_n$ 条件收敛,证明

$$\sum_{n=1}^{\infty}\frac{|u_n|+u_n}{2},\ \sum_{n=1}^{\infty}\frac{|u_n|-u_n}{2}$$

都发散,且

$$\lim_{n\to\infty}\frac{\sum\limits_{k=1}^{n}\dfrac{|u_k|+u_k}{2}}{\sum\limits_{k=1}^{n}\dfrac{|u_k|-u_k}{2}}=1.$$

9. (正项级数的对数审敛法)设 $\sum\limits_{n=1}^{\infty}u_n$ 是正项级数,且

$$\lim_{n\to\infty}\frac{\ln\dfrac{1}{u_n}}{\ln n}=l.$$

证明当 $l>1$ 时, $\sum\limits_{n=1}^{\infty}u_n$ 收敛,当 $l<1$ 时, $\sum\limits_{n=1}^{\infty}u_n$ 发散.

*10. 设 $f(x)\in C^{(2)}U_\delta(0)$,且 $\lim\limits_{x\to 0}\dfrac{f(x)}{x}=0$,证明级数 $\sum\limits_{n=1}^{\infty}f\left(\dfrac{1}{n}\right)$ 绝对收敛.(提示:由

$\lim\limits_{x\to0}\frac{f(x)}{x}=0$，得 $f(0)=0,f'(0)=0$，再将 $f\left(\frac{1}{n}\right)$ 展开为一阶麦克劳林公式.）

第三节　幂级数

3-1　函数项级数的一般概念

设 $u_1(x),u_2(x),\cdots,u_n(x),\cdots$ 是定义在 $X\subset\mathbf{R}$ 上的一列函数，则

$$\sum_{n=1}^{\infty}u_n(x)=u_1(x)+u_2(x)+\cdots+u_n(x)+\cdots \tag{1}$$

称为 X 上的函数项级数.

如果 $x_0\in X$，数项级数 $\sum\limits_{n=1}^{\infty}u_n(x_0)$ 收敛，则称 x_0 为级数(1)的收敛点，否则称为发散点. 收敛点的全体称为级数的收敛域，发散点的全体称为发散域.

对收敛域中任一点 x，函数项级数成为一个收敛的常数项级数，因而可确定一个和数 S，这样，从收敛域到相应数项级数的所有和数组成的集上确定了一个映射 S，

$$S:x\mapsto S(x)=\sum_{n=1}^{\infty}u_n(x),$$

即函数项级数的和是 x 的函数，称 $S(x)$ 是函数项级数的和函数，和函数的定义域是此函数项级数的收敛域. 把函数项级数(1)的前 n 项的部分和记为 $S_n(x)$，则在收敛域上有

$$\lim_{n\to\infty}S_n(x)=S(x).$$

我们将 $r_n(x)=S(x)-S_n(x)$ 仍称为函数项级数的余项（在 x 的收敛域上），于是有

$$\lim_{n\to\infty}r_n(x)=0.$$

例如，级数

$$\sum_{n=0}^{\infty}x^n=1+x+x^2+\cdots \tag{2}$$

是定义在 $(-\infty,+\infty)$ 上的一个函数项级数，当 $|x|<1$ 时，级数(2)收敛，其和为 $\frac{1}{1-x}$；当 $|x|\geqslant1$ 时，级数(2)发散. 所以级数(2)的收敛域为 $(-1,1)$，和函数 $S(x)=\frac{1}{1-x},x\in(-1,1)$.

由于函数项级数在某点 x 的收敛问题，实质上是数项级数的收敛问题. 因此，我们可应用数项级数收敛性的审敛法来判定函数项级数的收敛域.

例 1　求级数

$$\sum_{n=1}^{\infty}\frac{(-1)^n}{n}\left(\frac{1}{1+x}\right)^n$$

的收敛域.

解　由达朗贝尔审敛法

$$\frac{|u_{n+1}(x)|}{|u_n(x)|}=\frac{n}{n+1}\frac{1}{|1+x|}\to\frac{1}{|1+x|}\quad(n\to\infty),$$

当$\frac{1}{|1+x|}<1$时,即$|x+1|>1$,也就是$x>0$或$x<-2$时,级数绝对收敛;

当$|x+1|<1$时,级数发散;

当$x=0$时,级数$\sum\limits_{n=1}^{\infty}\frac{(-1)^n}{n}$收敛;

当$x=-2$时,级数$\sum\limits_{n=1}^{\infty}\frac{1}{n}$发散,故级数的收敛域为$(-\infty,-2)\cup[0,+\infty)$.

3-2　幂级数及其收敛域

形如

$$\sum_{n=0}^{\infty}a_n(x-x_0)^n \tag{3}$$

的级数是一类简单且常用的函数项级数,称为幂级数,其中x_0是给定的实数,$a_n(n=0,1,2,\cdots)$为常数,称为幂级数的系数.当$x_0=0$时,级数(3)成为

$$\sum_{n=0}^{\infty}a_nx^n. \tag{4}$$

首先我们讨论幂级数(4)的收敛性.

定理 10.3.1(阿贝尔(Abel)定理)　如果级数(4)在$x=x_0(x_0\neq0)$处收敛,则它在满足不等式$|x|<|x_0|$的一切x处绝对收敛;如果级数(4)在$x=x_0$处发散,则它在满足不等式$|x|>|x_0|$的一切x处也发散.

证　因为$\sum\limits_{n=0}^{\infty}a_nx_0^n$收敛,所以$\lim\limits_{n\to\infty}a_nx_0^n=0$,于是存在常数$C>0$,使得$|a_nx_0^n|\leqslant C(n=0,1,2,\cdots)$,因此,$|a_nx^n|=|a_nx_0^n|\left|\frac{x}{x_0}\right|^n\leqslant C\left|\frac{x}{x_0}\right|^n$.当$|x|<|x_0|$时,$\left|\frac{x}{x_0}\right|<1$,从而等比级数$\sum\limits_{n=0}^{\infty}C\left|\frac{x}{x_0}\right|^n$收敛,由比较审敛法知$\sum\limits_{n=0}^{\infty}|a_nx^n|$收敛,即当$|x|<|x_0|$时,级数(4)绝对收敛.

定理后半部分用反证法证明,假设级数(4)对满足$|x|>|x_0|$的某个x值收敛,则根据定理已经证明的前半部分结论,可知级数(4)在x_0绝对收敛,这与假设矛盾.　　证毕

由阿贝尔定理可见,幂级数$\sum\limits_{n=0}^{\infty}a_nx^n$除在$x=0$点收敛,或在整个数轴上都收敛外,可以证明,有确定的正数R存在,

当$|x|<R$时,幂级数绝对收敛;

当$|x|>R$时,幂级数发散;

当 $x=\pm R$ 时,幂级数可能收敛也可能发散.

正数 R 称为幂级数的收敛半径,$(-R,R)$ 称为 $\sum_{n=0}^{\infty} a_n x^n$ 的收敛区间,收敛区间是开区间 $(-R,R)$;再讨论 $x=\pm R$ 时的收敛性,便可确定幂级数的收敛域可能是 $(-R,R)$,$[-R,R)$,$(-R,R]$,$[-R,R]$.

如果幂级数 $\sum_{n=0}^{\infty} a_n x^n$ 只在 $x=0$ 处收敛,则记为 $R=0$;如对一切实数 x 都收敛,则记为 $R=+\infty$.

关于收敛半径 R 的求法,下面给出一个充分条件.

定理 10.3.2 如果幂级数(4)的所有系数 $a_n\neq 0$,且

$$\lim_{n\to\infty}\left|\frac{a_{n+1}}{a_n}\right|=\rho\left(\text{或}\lim_{n\to\infty}\sqrt[n]{|a_n|}=\rho\right),$$

则当 $\rho\neq 0$ 时,收敛半径 $R=\dfrac{1}{\rho}$;当 $\rho=0$,$R=+\infty$;当 $\rho=+\infty$ 时,$R=0$.

证　对级数 $\sum_{n=0}^{\infty} |a_n x^n|$ 应用达朗贝尔审敛法,

$$\lim_{n\to\infty}\frac{|a_{n+1}x^{n+1}|}{|a_n x^n|}=\lim_{n\to\infty}\frac{|a_{n+1}|}{|a_n|}|x|=\rho|x|.$$

若 $0<\rho<+\infty$,则当 $\rho|x|<1$,即 $|x|<\dfrac{1}{\rho}$ 时,级数(4)收敛;当 $\rho|x|>1$,即 $|x|>\dfrac{1}{\rho}$ 时,级数(4)发散.因此,收敛半径 $R=\dfrac{1}{\rho}$.

若 $\rho=0$,则对一切 x,都有 $\rho|x|=0<1$,所以级数(4)收敛,故 $R=+\infty$.

若 $\rho=+\infty$,则对任意 $x\neq 0$,有 $\rho|x|=+\infty$,所以级数在 $x\neq 0$ 时发散,只有在 $x=0$ 处收敛,故 $R=0$.　　证毕

题型归类解析 10.6

幂级数的收敛半径、收敛区间和收敛域的求法.

例 2 求下列幂级数的收敛区间和收敛域:

(1) $\sum_{n=1}^{\infty}(-1)^n\dfrac{x^n}{n}$;　　(2) $\sum_{n=1}^{\infty}(-1)^n\dfrac{2^n}{\sqrt{n}}\left(x-\dfrac{1}{2}\right)^n$;

(3) $\sum_{n=1}^{\infty}(-nx)^n$;　　(4) $\sum_{n=1}^{\infty}\dfrac{x^n}{n!}$.

解　(1) 因为 $\rho=\lim_{n\to\infty}\left|\dfrac{a_{n+1}}{a_n}\right|=\lim_{n\to\infty}\dfrac{n}{n+1}=1$,所以,$R=\dfrac{1}{\rho}=1$,收敛区间为 $(-1,1)$.

当 $x=1$ 时,级数为 $\sum_{n=1}^{\infty}\dfrac{(-1)^n}{n}$,该级数收敛;

当 $x=-1$ 时,级数为 $\sum_{n=1}^{\infty}\dfrac{1}{n}$,该级数发散.

故级数的收敛域为$(-1,1]$.

(2) 因为$\rho=\lim\limits_{n\to\infty}\left|\dfrac{a_{n+1}}{a_n}\right|=\lim\limits_{n\to\infty}\dfrac{2\sqrt{n}}{\sqrt{n+1}}=2$,所以,$R=\dfrac{1}{2}$,收敛区间为$\left|x-\dfrac{1}{2}\right|<\dfrac{1}{2}$,即为$(0,1)$.

当$x=0$时,级数为$\sum\limits_{n=1}^{\infty}\dfrac{1}{\sqrt{n}}$,该级数发散;

当$x=1$时,级数为$\sum\limits_{n=1}^{\infty}\dfrac{(-1)^n}{\sqrt{n}}$,该级数收敛.

故级数的收敛域为$(0,1]$.

(3) 因为$\rho=\lim\limits_{n\to\infty}\sqrt[n]{|a_n|}=\lim\limits_{n\to\infty}n=+\infty$.所以,$R=0$,级数仅在$x=0$处收敛.

(4) 因为$\rho=\lim\limits_{n\to\infty}\left|\dfrac{a_{n+1}}{a_n}\right|=\lim\limits_{n\to\infty}\dfrac{1}{n+1}=0$.所以,$R=+\infty$,级数的收敛区间和收敛域均为$(-\infty,+\infty)$.

例 3　求$\sum\limits_{n=1}^{\infty}\dfrac{x^{2n-1}}{2^n}$的收敛域.

解　级数为$\dfrac{1}{2}x+\dfrac{1}{2^2}x^3+\dfrac{1}{2^3}x^5+\cdots$,是缺项的幂级数,它不能用定理 10.3.2,可用达朗贝尔审敛法,

$$\lim_{n\to\infty}\left|\frac{u_{n+1}(x)}{u_n(x)}\right|=\lim_{n\to\infty}\left|\frac{\dfrac{x^{2n+1}}{2^{n+1}}}{\dfrac{x^{2n-1}}{2^n}}\right|=\frac{1}{2}|x|^2,$$

释疑解惑 10.6

幂级数的收敛半径的求法.

当$\dfrac{1}{2}x^2<1$,即$|x|<\sqrt{2}$时,级数收敛;当$|x|>\sqrt{2}$时,级数发散;当$x=\sqrt{2}$时,级数为$\sum\limits_{n=1}^{\infty}\dfrac{1}{\sqrt{2}}$,该级数发散;当$x=-\sqrt{2}$时,级数为$\sum\limits_{n=1}^{\infty}\dfrac{-1}{\sqrt{2}}$,该级数发散.故收敛域为$(-\sqrt{2},\sqrt{2})$.

3-3　幂级数的代数运算和分析运算性质

一、代数运算性质

设$\sum\limits_{n=0}^{\infty}a_nx^n$与$\sum\limits_{n=0}^{\infty}b_nx^n$的收敛半径分别为$R_1$与$R_2$,且均不为零,记$R=\min\{R_1,R_2\}$,则

(1) $\sum\limits_{n=0}^{\infty}a_nx^n+\sum\limits_{n=0}^{\infty}b_nx^n=\sum\limits_{n=0}^{\infty}c_nx^n,x\in(-R,R)$,其中$c_n=a_n+b_n$.

(2) $\left(\sum\limits_{n=0}^{\infty}a_nx^n\right)\cdot\left(\sum\limits_{n=0}^{\infty}b_nx^n\right)=\sum\limits_{n=0}^{\infty}c_nx^n,x\in(-R,R)$,其中$c_n=a_0b_n+a_1b_{n-1}+\cdots+a_nb_0$.

(3) $\dfrac{\sum\limits_{n=0}^{\infty} a_n x^n}{\sum\limits_{n=0}^{\infty} b_n x^n} = \sum\limits_{n=0}^{\infty} c_n x^n$,其中 $\sum\limits_{n=0}^{\infty} b_n x^n$ 在收敛域内不为零.

由 $\left(\sum\limits_{n=0}^{\infty} b_n x^n\right) \cdot \left(\sum\limits_{n=0}^{\infty} c_n x^n\right) = \sum\limits_{n=0}^{\infty} a_n x^n$,比较两端 x 的同次幂系数确定唯一一组系数 c_n $(n=0,1,\cdots)$, $\sum\limits_{n=0}^{\infty} c_n x^n$ 称为商级数,其收敛半径可能大于 R,可能小于 R.例如, $\sum\limits_{n=0}^{\infty} a_n x^n = \sum\limits_{n=0}^{\infty} b_n x^n = \sum\limits_{n=0}^{\infty} x^n$, $R_1 = R_2 = 1$,从而 $\sum\limits_{n=0}^{\infty} c_n x^n = 1$,收敛半径为$+\infty$;又如 $\sum\limits_{n=0}^{\infty} a_n x^n = 1$, $\sum\limits_{n=0}^{\infty} b_n x^n = 1 - x$, $R_1 = R_2 = +\infty$,而 $\sum\limits_{n=0}^{\infty} c_n x^n = \sum\limits_{n=0}^{\infty} x^n$,收敛半径为 1.

二、分析运算性质

幂级数有下面分析运算性质.证明可参阅本节 3-4 目.

性质 1　幂级数 $\sum\limits_{n=0}^{\infty} a_n x^n$ 的和函数 $S(x)$ 在收敛区间$(-R,R)$内连续,如果它在区间端点收敛,则在端点单侧连续.

性质 2　幂级数 $\sum\limits_{n=0}^{\infty} a_n x^n$ 的和函数 $S(x)$ 在收敛区间$(-R,R)$内可积,且对 $\forall x \in (-R,R)$ 幂级数可逐项积分,即

$$\int_0^x S(x)\,\mathrm{d}x = \int_0^x \left(\sum_{n=0}^{\infty} a_n x^n\right)\mathrm{d}x = \sum_{n=0}^{\infty} \int_0^x a_n x^n \,\mathrm{d}x = \sum_{n=0}^{\infty} \frac{a_n}{n+1} x^{n+1}.$$

积分所得的级数收敛半径仍为 R.

性质 3　幂级数 $\sum\limits_{n=0}^{\infty} a_n x^n$ 的和函数 $S(x)$ 在收敛区间$(-R,R)$内可导,并可逐项求导,即

$$S'(x) = \left(\sum_{n=0}^{\infty} a_n x^n\right)' = \sum_{n=0}^{\infty} (a_n x^n)' = \sum_{n=1}^{\infty} n a_n x^{n-1}.$$

求导后所得的级数收敛半径仍为 R.从而, $\sum\limits_{n=0}^{\infty} a_n x^n$ 在$(-R,R)$内可逐项求导任意次,且收敛半径不变.

释疑解惑 10.7

求幂级数的和函数的解题思路.

题型归类分析 10.7

幂级数的和函数的求法.

注意:逐项求导和逐项积分后所得的幂级数在 $x = \pm R$ 处的敛散性可能改变,如幂级数 $\sum\limits_{n=0}^{\infty} x^n = \dfrac{1}{1-x}$ 的收敛域为$(-1,1)$,逐项积分后得 $\sum\limits_{n=0}^{\infty} \dfrac{x^{n+1}}{n+1} = -\ln(1-x)$ 的收敛域为$[-1,1)$.

该幂级数即为

$$-\sum_{n=1}^{\infty}\frac{x^n}{n}=\ln(1-x)\quad(-1\leqslant x<1).$$

例 4 求级数 $\sum_{n=1}^{\infty}(-1)^{n-1}\frac{x^n}{n}$ 的和函数.

解法一 因为

$$1-x+x^2-\cdots+(-1)^{n-1}x^{n-1}+\cdots=\frac{1}{1+x},\ |x|<1.$$

逐项积分得

$$x-\frac{x^2}{2}+\frac{x^3}{3}-\cdots+(-1)^{n-1}\frac{x^n}{n}+\cdots=\ln(1+x),\ |x|<1.$$

又当 $x=1$ 时，$\sum_{n=1}^{\infty}(-1)^{n-1}\frac{1}{n}$ 收敛.于是根据幂级数的性质 1，有

$$\sum_{n=1}^{\infty}(-1)^{n-1}\frac{x^n}{n}=\ln(1+x)\quad(-1<x\leqslant 1).$$

解法二 设

$$x-\frac{x^2}{2}+\frac{x^3}{3}-\cdots=S(x),$$

上式逐项求导得

$$S'(x)=1-x+x^2-\cdots=\frac{1}{1+x}\quad(-1<x<1),$$

两边积分得

$$\int_0^x S'(t)\,\mathrm{d}t=\ln(1+x),$$

即

$$S(x)-S(0)=\ln(1+x),$$

而 $S(0)=0$，所以 $S(x)=\ln(1+x)$.

又 $x=1$ 时，$\sum_{n=1}^{\infty}(-1)^{n-1}\frac{1}{n}$ 收敛.

于是 $\sum_{n=1}^{\infty}(-1)^{n-1}\frac{x^n}{n}=\ln(1+x)\quad(-1<x\leqslant 1)$.

例 5 求 $\sum_{n=1}^{\infty}\frac{n(n+1)}{2^n}$ 的和.

解 考虑级数 $\sum_{n=1}^{\infty}n(n+1)x^n$，它的收敛区间为 $(-1,1)$，设其和函数为 $S(x)$，则

$$S(x)=\sum_{n=1}^{\infty}n(n+1)x^n=x\left(\sum_{n=1}^{\infty}x^{n+1}\right)''=x\left(\frac{x^2}{1-x}\right)''=\frac{2x}{(1-x)^3}.$$

故

$$\sum_{n=1}^{\infty}\frac{n(n+1)}{2^n}=S\left(\frac{1}{2}\right)=\frac{2\cdot\frac{1}{2}}{\left(1-\frac{1}{2}\right)^3}=8.$$

释疑解惑 10.8

怎样利用幂级数求常数项级数的和?

习题 10-3

A

1. 求下列函数项级数的收敛域:

(1) $\sum\limits_{n=1}^{\infty}\left(x^n+\dfrac{1}{2^n x^n}\right)$;　(2) $\sum\limits_{n=1}^{\infty}\dfrac{1}{1+x^n}$;

(3) $\sum\limits_{n=1}^{\infty}\dfrac{(-1)^n}{n}(1+x^2)^n$;　(4) $\sum\limits_{n=1}^{\infty}\dfrac{x^n}{(1+x)(1+x^2)\cdots(1+x^n)}$.

2. 求下列幂级数的收敛半径,并写出收敛区间:

(1) $\sum\limits_{n=1}^{\infty}\dfrac{2^n}{n^2+1}x^n$;　(2) $\sum\limits_{n=1}^{\infty}\dfrac{(x-5)^n}{\sqrt{n}}$;

(3) $\sum\limits_{n=1}^{\infty}\dfrac{n}{2^n+(-3)^n}x^{2n-1}$;　(4) $\sum\limits_{n=0}^{\infty}2^n(x+a)^{2n}$ (a 为常数).

3. 求下列级数的和函数:

(1) $\sum\limits_{n=2}^{\infty}\dfrac{x^n}{n(n-1)}$;　(2) $\sum\limits_{n=1}^{\infty}\dfrac{x^{4n+1}}{4n+1}$;

(3) $\sum\limits_{n=1}^{\infty}\dfrac{n(n+1)}{2}x^{n-1}$;　(4) $\sum\limits_{n=1}^{\infty}(2n+1)x^n$;

(5) $\sum\limits_{n=1}^{\infty}\dfrac{2n-1}{2^n}x^{2n-2}$;　(6) $\sum\limits_{n=1}^{\infty}\dfrac{n^2}{n!}x^n$.

4. 已知幂级数 $\sum\limits_{n=0}^{\infty}a_n x^n$ 的收敛半径是3,试求级数 $\sum\limits_{n=1}^{\infty}na_n(x-1)^{n+1}$ 的收敛区间.

B

1. 求下列级数的收敛域:

(1) $\sum\limits_{n=1}^{\infty}\left(1+\dfrac{1}{2}+\cdots+\dfrac{1}{n}\right)x^n$;　(2) $\sum\limits_{n=1}^{\infty}n^s x^n$ (s 为常数);

(3) $\sum\limits_{n=1}^{\infty}\left(\dfrac{a^n}{n}+\dfrac{b^n}{n}\right)x^n$ ($a>0,b>0$ 均为常数);

(4) $\sum_{n=1}^{\infty}\frac{(n+x)^n}{n^{n+x}}$.

2. 求级数

$$\sum_{n=0}^{\infty}\frac{n^2+1}{2^n\cdot n!}x^n$$

的和函数.

3. 如果 $|a_n|\leqslant|b_n|(n>N_0)$，证明级数 $\sum_{n=0}^{\infty}a_nx^n$ 的收敛半径不小于 $\sum_{n=0}^{\infty}b_nx^n$ 的收敛半径.

4. 设 $a_n\geqslant 0(n=0,1,2,\cdots)$，$A_n=a_0+a_1+\cdots+a_n$. 若 $\lim\limits_{n\to\infty}A_n=+\infty$，且 $\lim\limits_{n\to\infty}\frac{a_n}{A_n}=0$，试证级数 $\sum_{n=0}^{\infty}a_nx^n$ 的收敛半径 $R=1$.

*3-4　函数项级数一致收敛的概念和一致收敛级数的性质

一、函数项级数一致收敛的概念

我们知道，有限个连续函数的和仍是连续函数，有限个可导函数的和的导数或有限个可积函数的和的积分分别等于各个函数的导数或积分的和.对无穷多个函数的和则不然.

例如，级数 $x+\sum_{n=2}^{\infty}(x^n-x^{n-1})$，其部分和 $S_n(x)=x^n$，

$$\lim_{n\to\infty}S_n(x)=\begin{cases}0, & |x|<1,\\ 1, & x=1,\\ \text{不存在}, & |x|>1, x=-1,\end{cases}$$

所以，级数的收敛域为$(-1,1]$，和函数为

$$S(x)=\begin{cases}0, & |x|<1,\\ 1, & x=1.\end{cases}$$

该例中的每一项在$[-1,1]$上连续、可导，但和函数 $S(x)$ 在 $x=1$ 处间断、不可导，$x=-1$ 时无定义.因此，我们要问，怎样的级数具有类似于有限个函数的和的分析性质呢？这便导入了一致收敛的概念.

如前所述，函数项级数 $\sum_{n=1}^{\infty}u_n(x)$ 在区间 X 上收敛于和函数 $S(x)$，即对 $\forall x_0\in X$，有 $S_n(x_0)\to S(x_0)(n\to\infty)$. 按数列极限的定义，即 $\forall\varepsilon>0$，$\forall x_0\in X$，$\exists N$，当 $n>N$ 时，恒有

$$|S_n(x_0)-S(x_0)|<\varepsilon.$$

这种 N 一般来说不仅与 ε 有关，且也与 x_0 有关，而我们更关心的是能否找到只依赖于 ε 而不依赖于 x_0 的 $N(\varepsilon)$，即对 X 上每点都适用 $N(\varepsilon)$. 于是有下面的一致收敛定义.

定义 10.3.1 设有函数项级数 $\sum\limits_{n=1}^{\infty} u_n(x)$，$\forall \varepsilon>0$，$\exists N(\varepsilon)$，当 $n>N(\varepsilon)$ 时，对 $\forall x \in X$，恒有

$$|r_n(x)| = |S_n(x)-S(x)| < \varepsilon$$

成立，则称 $\sum\limits_{n=1}^{\infty} u_n(x)$ 在 X 上一致收敛于 $S(x)$.

函数项级数 $\sum\limits_{n=1}^{\infty} u_n(x)$ 在 X 上一致收敛于和函数 $S(x)$，它刻画了 $|S_n(x)|$ 在 X 上各点处收敛于 $S(x)$ 的快慢程度是一致的.在几何上表示，只要项数 $n>N(\varepsilon)$ 后，在 X 上的每一条曲线 $y=S_n(x)$ 都落入曲线 $y=S(x)-\varepsilon$ 和 $y=S(x)+\varepsilon$ 之间，如图 10-3 所示.

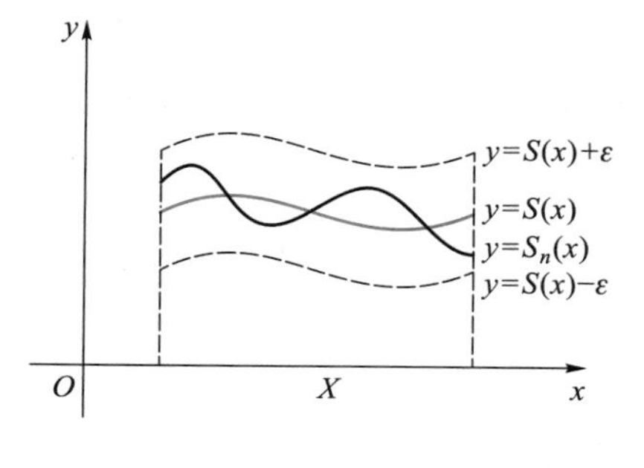

图 10-3

如何判别级数一致收敛呢？下面介绍一个常用的判别方法.

定理 10.3.3（魏尔斯特拉斯（Weierstrass）判别法）

如果存在一个收敛的正项级数 $\sum\limits_{n=1}^{\infty} a_n$，使得函数项级数 $\sum\limits_{n=1}^{\infty} u_n(x)$ 在 X 上都有 $|u_n(x)| \leqslant a_n (n=1,2,\cdots)$ 成立，则 $\sum\limits_{n=1}^{\infty} u_n(x)$ 在 X 上一致收敛.

证 由于正项级数 $\sum\limits_{n=1}^{\infty} a_n$ 收敛，由柯西准则得，$\forall \varepsilon>0$，$\exists N(\varepsilon)$，当 $n>N(\varepsilon)$ 时，对任意正整数 p，有

$$a_{n+1}+a_{n+2}+\cdots+a_{n+p}<\varepsilon$$

成立.于是，对 $\forall x \in X$，有

$$\begin{aligned} |u_{n+1}(x)+u_{n+2}(x)+\cdots+u_{n+p}(x)| &\leqslant |u_{n+1}(x)|+|u_{n+2}(x)|+\cdots+|u_{n+p}(x)| \\ &\leqslant a_{n+1}+a_{n+2}+\cdots+a_{n+p}<\varepsilon \end{aligned}$$

成立.上式当 $p\to\infty$ 时，即有

$$|r_n(x)| = |u_{n+1}(x)+u_{n+2}(x)+\cdots+u_{n+p}(x)+\cdots| \leqslant \varepsilon,$$

因此，级数 $\sum\limits_{n=1}^{\infty} u_n(x)$ 在 X 上一致收敛. 证毕

例 6 证明级数 $\sum\limits_{n=1}^{\infty} \dfrac{\sin^2 nx}{n^2}$ 在 $(-\infty,+\infty)$ 内一致收敛.

证 因为 $\forall x \in (-\infty,+\infty)$ 有

$$\left|\frac{\sin^2 nx}{n^2}\right| \leqslant \frac{1}{n^2}.$$

又正项级数 $\sum\limits_{n=1}^{\infty} \dfrac{1}{n^2}$ 收敛，由魏尔斯特拉斯判别法，级数 $\sum\limits_{n=1}^{\infty} \dfrac{\sin^2 nx}{n^2}$ 在 $(-\infty,+\infty)$ 内一致收敛. 证毕

二、一致收敛级数的性质

一致收敛的函数项级数在一致收敛区间 X 上,有类似于有限个函数之和的三个分析性质.

性质 1(和函数的连续性) 若级数 $\sum\limits_{n=1}^{\infty} u_n(x)$ 在 X 上一致收敛于 $S(x)$,且其每项 $u_n(x)$ 在 X 上连续,则 $S(x)$ 在 X 上也连续.

证 为证 $S(x)$ 在 X 上连续,只要证明 $\forall \varepsilon>0$, $\exists \delta>0$,当 $|x-x_0|<\delta$ 时,恒有

$$|S(x)-S(x_0)|<\varepsilon.$$

由于 $\sum\limits_{n=1}^{\infty} u_n(x)$ 在 X 上一致收敛于 $S(x)$,故 $\forall \varepsilon>0$, $\exists N(\varepsilon)$,当 $n>N(\varepsilon)$ 时,对 $\forall x\in X$,有

$$|S_n(x)-S(x)|<\frac{\varepsilon}{3}.$$

对 $\forall x_0\in X$,显然也有

$$|S_n(x_0)-S(x_0)|<\frac{\varepsilon}{3}.$$

由于 $u_1(x), u_2(x), \cdots$ 都在 X 上连续,所以对上述确定的 n, $S_n(x)$ 为有限项之和,从而是 X 上的连续函数,根据 $S_n(x)$ 在点 x_0 的连续性,对于所给的 ε, $\exists \delta>0$,当 $|x-x_0|<\delta$ 时,有

$$|S_n(x)-S_n(x_0)|<\frac{\varepsilon}{3},$$

综合上述三个不等式, $\forall \varepsilon>0$, $\exists \delta>0$,当 $|x-x_0|<\delta$ 时,有

$$|S(x)-S(x_0)|\leqslant|S(x)-S_n(x)|+|S_n(x)-S_n(x_0)|+|S_n(x_0)-S(x_0)|<\varepsilon.$$

证毕

可见,在定理的条件下,对 $\forall x_0\in X$,有

$$\lim_{x\to x_0}\lim_{n\to\infty} S_n(x)=S(x_0)=\lim_{n\to\infty}\lim_{x\to x_0} S_n(x),$$

即两个极限运算可以交换次序.

性质 2(逐项求积分) 若级数 $\sum\limits_{n=1}^{\infty} u_n(x)$ 在 X 上一致收敛于 $S(x)$,且其每项 $u_n(x)$ 在 X 上连续,则级数 $\sum\limits_{n=1}^{\infty} u_n(x)$ 在 X 上逐项可积,即

$$\int_{x_0}^{x} S(t)\,\mathrm{d}t=\int_{x_0}^{x}\left(\sum_{n=1}^{\infty} u_n(t)\right)\mathrm{d}t=\sum_{n=1}^{\infty}\int_{x_0}^{x} u_n(t)\,\mathrm{d}t,$$

其中 $x_0, x\in X$, $x_0<x$,并且级数 $\sum\limits_{n=1}^{\infty}\int_{x_0}^{x} u_n(t)\,\mathrm{d}t$ 在 X 上也一致收敛.

证 为证该结论,由于 $\forall x\in X$,

$$\sum_{n=1}^{\infty}\int_{x_0}^{x} u_n(t)\,\mathrm{d}t=\lim_{n\to\infty}\sum_{i=1}^{n}\int_{x_0}^{x} u_i(t)\,\mathrm{d}t=\lim_{n\to\infty}\int_{x_0}^{x}\left(\sum_{i=1}^{n} u_i(t)\right)\mathrm{d}t=\lim_{n\to\infty}\int_{x_0}^{x} S_n(t)\,\mathrm{d}t,$$

即只要证明

$$\int_{x_0}^{x} S(t)\,\mathrm{d}t=\lim_{n\to\infty}\int_{x_0}^{x} S_n(t)\,\mathrm{d}t.$$

由一致收敛知，$\forall \varepsilon>0$，$\exists N(\varepsilon)$，当 $n>N(\varepsilon)$ 时，对 $\forall x\in X$，有

$$|S_n(x)-S(x)|<\frac{\varepsilon}{x-x_0}.$$

又由 $S_n(x)$ 及 $S(x)$ 的连续性，故它们在 $[x_0,x]$ 上可积，且当 $n>N(\varepsilon)$ 时，

$$\left|\int_{x_0}^{x}S_n(t)\mathrm{d}t-\int_{x_0}^{x}S(t)\mathrm{d}t\right|\leqslant\int_{x_0}^{x}|S_n(t)-S(t)|\mathrm{d}t<\varepsilon.$$

即

$$\int_{x_0}^{x}S(t)\mathrm{d}t=\lim_{n\to\infty}\int_{x_0}^{x}S_n(t)\mathrm{d}t=\sum_{n=1}^{\infty}\int_{x_0}^{x}u_n(t)\mathrm{d}t.$$

又由于 N 只依赖于 ε，与 x_0,x 无关，所以级数 $\sum\limits_{n=1}^{\infty}\int_{x_0}^{x}u_n(t)\mathrm{d}t$ 在 X 上一致收敛.　　证毕

性质 3（逐项求导）　若级数 $\sum\limits_{n=1}^{\infty}u_n(x)$ 在 X 上收敛于 $S(x)$，且其每项 $u_n(x)$ 在 X 上有连续导数，又 $\sum\limits_{n=1}^{\infty}u'_n(x)$ 在 X 上一致收敛于 $\sigma(x)$，则级数 $\sum\limits_{n=1}^{\infty}u_n(x)$ 在 X 上也一致收敛于 $S(x)$，且 $S(x)$ 在 X 上有连续导数，并可逐项求导，即

$$S'(x)=\sum_{n=1}^{\infty}u'_n(x)=\sigma(x).$$

证　由于 $\sum\limits_{n=1}^{\infty}u'_n(x)$ 在 X 上一致收敛于 $\sigma(x)$，故 $\sigma(x)$ 在 X 上连续，设 $x_0,x\in X$，由性质 2，

$$\int_{x_0}^{x}\sigma(t)\mathrm{d}t=\lim_{n\to\infty}\int_{x_0}^{x}S'_n(t)\mathrm{d}t=\lim_{n\to\infty}[S_n(x)-S_n(x_0)]=S(x)-S(x_0).\tag{5}$$

由于(5)式左边的导数存在，所以 $\sigma(x)=S'(x)\in C(X)$，因此，$S(x)$ 在 X 上有连续导数，且

$$S'(x)=\sum_{n=1}^{\infty}u'_n(x).$$

再证 $\sum\limits_{n=1}^{\infty}u_n(x)$ 在 X 上一致收敛，由(5)式知

$$\sum_{n=1}^{\infty}u_n(x)=\sum_{n=1}^{\infty}\left(\int_{x_0}^{x}u'_n(t)\mathrm{d}t\right)+\sum_{n=1}^{\infty}u_n(x_0),$$

而等号右端的前者是一致收敛级数 $\sum\limits_{n=1}^{\infty}u'_n(x)$ 逐项积分而得的级数，由性质 2 知，它在 X 上一致收敛，后者是收敛的数项级数，从而 $\sum\limits_{n=1}^{\infty}u_n(x)$ 在 X 上一致收敛.　　证毕

上述三个性质表明，在各自的条件下，对级数可以逐项求极限，逐项求积分和逐项求导数，而一致收敛性是这些结论成立的至关重要的条件.

下面再来讨论幂级数的一致收敛性.由阿贝尔定理可得下面结论.

定理 10.3.4　若幂级数 $\sum\limits_{n=0}^{\infty}a_nx^n$ 的收敛半径 $R>0$，则在收敛区间 $(-R,R)$ 内的任一闭区间 $[-r,r]$ 上一致收敛，其中 $0<r<R$.

证　由于对 $[-r,r]$ 上的一切 x，都有

$$|a_nx^n|\leqslant|a_nr^n|\quad(n=0,1,2,\cdots),$$

而级数 $\sum\limits_{n=0}^{\infty}a_nr^n$ 绝对收敛,由魏尔斯特拉斯判别法即得证.　　证毕

还可证明,如果幂级数 $\sum\limits_{n=0}^{\infty}a_nx^n$ 在收敛区间的端点收敛,则一致收敛区间也包含端点.

由幂级数的一致收敛性,即可知幂级数在收敛区间内的和函数连续、可逐项积分和可逐项求导.

第四节　函数展开成幂级数

4-1　泰勒级数

如上所述,幂级数不仅形式简单,而且有很好的分析运算性质.因此,能否把一个函数表示成幂级数,在理论上和实际应用上都有重要意义.

我们说函数 f 在 $U_\delta(x_0)$ 内能展开成点 x_0 的幂级数,指的是存在一个幂级数 $\sum\limits_{n=0}^{\infty}a_n(x-x_0)^n$,在其收敛域内以 f 为其和函数,即

$$f(x)=\sum_{n=0}^{\infty}a_n(x-x_0)^n.\tag{1}$$

关于函数 f 展开成幂级数(1)有三个问题:① 如何确定系数;② 展开式是否唯一;③ f 在什么条件下才能展开成幂级数(1).下面讨论之.

定理 10.4.1　如果函数 f 在 $U_\delta(x_0)$ 内具有任意阶导数,且在 $U_\delta(x_0)$ 内能展开成 $(x-x_0)$ 的幂级数,即

$$f(x)=\sum_{n=0}^{\infty}a_n(x-x_0)^n,$$

则其系数为

$$a_n=\frac{1}{n!}f^{(n)}(x_0)\quad(n=0,1,2,\cdots),$$

且展开式是唯一的.

证　因为 $\sum\limits_{n=0}^{\infty}a_n(x-x_0)^n$ 在 $U_\delta(x_0)$ 内收敛于 f,即

$$f(x)=a_0+a_1(x-x_0)+\cdots+a_n(x-x_0)^n+\cdots,$$

故在 $U_\delta(x_0)$ 内可逐项求导任意次,得

$$f'(x)=a_1+2a_2(x-x_0)+\cdots+na_n(x-x_0)^{n-1}+\cdots,$$

$$\cdots\cdots\cdots\cdots$$

$$f^{(n)}(x)=n!\,a_n+(n+1)n\cdots3\cdot2a_{n+1}(x-x_0)+\cdots,$$

在上述各式中，令 $x=x_0$，即得

$$a_n=\frac{1}{n!}f^{(n)}(x_0)\quad(n=0,1,2,\cdots),$$

a_n 称为 f 在点 x_0 的泰勒系数.

由于泰勒系数是唯一的，所以 f 的展开式也是唯一的.事实上，若有 $\sum\limits_{n=0}^{\infty}b_n(x-x_0)^n$ 在 $U_\delta(x_0)$ 也收敛于 f，即

$$f(x)=\sum_{n=0}^{\infty}b_n(x-x_0)^n,$$

用同样方法可求得 $b_n=\dfrac{f^{(n)}(x_0)}{n!}(n=0,1,2,\cdots)$.　　证毕

定义 10.4.1　如果函数 f 在点 x_0 处任意阶可导，则幂级数

$$\sum_{n=0}^{\infty}\frac{f^{(n)}(x_0)}{n!}(x-x_0)^n \tag{2}$$

称为函数 f 在点 x_0 的泰勒级数.

当 $x_0=0$ 时，幂级数 $\sum\limits_{n=0}^{\infty}\dfrac{f^{(n)}(0)}{n!}x^n$ 称为 f 的麦克劳林级数.

在未判定 f 的泰勒级数收敛于 f 之前，我们将 f 与其泰勒级数之间的关系，记为

$$f(x)\sim\sum_{n=0}^{\infty}\frac{f^{(n)}(x_0)}{n!}(x-x_0)^n.$$

若在 (x_0-R,x_0+R) 内，f 在点 x_0 的泰勒级数收敛于 f，则可将"～"号换为"＝"号.

现在的问题是函数 f 按定义 10.4.1 作出的泰勒级数，是否一定收敛于 f 呢？回答是不一定.如函数

$$f(x)=\begin{cases}e^{-\frac{1}{x^2}}, & x\neq 0,\\ 0, & x=0,\end{cases}$$

在 $x=0$ 点任意阶可导，且 $f^{(n)}(0)=0(n=0,1,2,\cdots)$（见习题 3-2B8），所以 f 的麦克劳林级数为

$$\sum_{n=0}^{\infty}0\cdot x^n,$$

该级数在 $(-\infty,+\infty)$ 内和函数 $S(x)\equiv 0$.可见，除 $x=0$ 外，f 的麦克劳林级数处处不收敛于 f.

下面给出 f 的泰勒级数收敛于 f 的条件.

定理 10.4.2　函数 f 在点 x_0 的泰勒级数，在 $U_\delta(x_0)$ 内收敛于 $f\Leftrightarrow$ 在 $U_\delta(x_0)$ 内，f 在点 x_0 的泰勒公式的余项 $R_n(x)\to 0\ (n\to\infty)$.

证　必要性.因为 f 的泰勒公式为

$$f(x)=\sum_{i=0}^{n}\frac{f^{(i)}(x_0)}{i!}(x-x_0)^i+R_n(x),$$

其中

$$R_n(x)=\frac{f^{(n+1)}(\xi)}{(n+1)!}(x-x_0)^{n+1}\quad(\xi\text{ 在 }x_0,x\text{ 之间}).$$

又

$$R_n(x)=f(x)-S_{n+1}(x),$$

其中 $S_{n+1}(x)$ 为泰勒级数(2)的前$(n+1)$项之和,又因为泰勒级数在 $U_\delta(x_0)$ 内收敛于 f,故有

$$\lim_{n\to\infty}R_n(x)=\lim_{n\to\infty}[f(x)-S_{n+1}(x)]=0.$$

充分性. 由于$f(x)-S_{n+1}(x)=R_n(x)$,所以

$$\lim_{n\to\infty}[f(x)-S_{n+1}(x)]=\lim_{n\to\infty}R_n(x)=0,$$

即

$$\lim_{n\to\infty}S_{n+1}(x)=f(x).$$

这就证明了 f 的泰勒级数(2)在 $U_\delta(x_0)$ 内收敛于 f. 证毕

下面给出一个常用的定理.

定理 10.4.3 设 $f\in C^{(\infty)}(x_0-R,x_0+R)$,$\exists C>0$($C$ 为常数),对 $\forall x\in(x_0-R,x_0+R)$,恒有

$$|f^{(n)}(x)|\leqslant C\quad(n=0,1,2,\cdots),$$

则 f 在(x_0-R,x_0+R)内可展开成点 x_0 的泰勒级数.

证 因为

$$|R_n(x)|=\left|\frac{f^{(n+1)}(\xi)}{(n+1)!}(x-x_0)^{n+1}\right|\leqslant C\frac{|x-x_0|^{n+1}}{(n+1)!},x\in(x_0-R,x_0+R),$$

其中 ξ 位于 x_0 与 x 之间,而级数 $\sum\limits_{n=0}^{\infty}\frac{|x-x_0|^{n+1}}{(n+1)!}$ 在$(-\infty,+\infty)$收敛,从而$\lim\limits_{n\to\infty}\frac{|x-x_0|^{n+1}}{(n+1)!}=0$.

故$\lim\limits_{n\to\infty}R_n(x)=0,x\in(x_0-R,x_0+R)$,由定理 10.4.2 即得证. 证毕

4-2 函数展开成幂级数的方法

一、直接法(也称泰勒级数法)

方法是先求泰勒系数 $a_n=\frac{f^{(n)}(x_0)}{n!}(n=0,1,2,\cdots)$,写出泰勒级数,求出收敛半径 R;若泰勒级数在(x_0-R,x_0+R)内余项 $R_n(x)\to0$,当 $n\to\infty$ 时,或$|f^{(n)}(x)|\leqslant C(n=0,1,2,\cdots)$,则泰勒级数在$(x_0-R,x_0+R)$内收敛于$f(x)$.

例 1 将$f(x)=\mathrm{e}^x$ 展开成 x 的幂级数(即麦克劳林级数).

解 $f^{(n)}(x)=\mathrm{e}^x,f^{(n)}(0)=1(n=0,1,2,\cdots)$,于是

$$\mathrm{e}^x\sim1+x+\frac{1}{2!}x^2+\cdots+\frac{1}{n!}x^n+\cdots,$$

任取正数 M,在 $[-M,M]$ 上

$$|f^{(n)}(x)|=e^x\leqslant e^M\quad(n=0,1,2,\cdots).$$

由定理 10.4.3 有

$$e^x=1+x+\frac{1}{2!}x^2+\cdots+\frac{1}{n!}x^n+\cdots,x\in[-M,M].$$

由于 M 的任意性,即得

$$e^x=1+x+\frac{1}{2!}x^2+\cdots+\frac{1}{n!}x^n+\cdots,x\in(-\infty,+\infty).$$

例 2 将 $f(x)=\sin x$ 展开成麦克劳林级数.

解 因为 $f^{(n)}(x)=\sin\left(x+\frac{n\pi}{2}\right)$, $f^{(n)}(0)=\sin\frac{n\pi}{2}\ (n=0,1,2,\cdots)$,

所以

$$f^{(2n)}(0)=0,f^{(2n+1)}(0)=(-1)^n(n=0,1,2,\cdots),$$

且

$$|f^{(n)}(x)|=\left|\sin\left(x+\frac{n\pi}{2}\right)\right|\leqslant 1,x\in(-\infty,+\infty),$$

所以

$$\sin x=x-\frac{1}{3!}x^3+\frac{1}{5!}x^5-\cdots+(-1)^n\frac{x^{2n+1}}{(2n+1)!}+\cdots,x\in(-\infty,+\infty).$$

例 3 将 $f(x)=(1+x)^\alpha$(α 为实数)展开成麦克劳林级数.

解 因为

$$f^{(n)}(x)=\alpha(\alpha-1)\cdots(\alpha-n+1)(1+x)^{\alpha-n},$$
$$f^{(n)}(0)=\alpha(\alpha-1)\cdots(\alpha-n+1)(n=1,2,\cdots),$$
$$f(0)=1.$$

所以

$$(1+x)^\alpha\sim 1+\alpha x+\frac{\alpha(\alpha-1)}{2!}x^2+\cdots+\frac{\alpha(\alpha-1)\cdots(\alpha-n+1)}{n!}x^n+\cdots,\tag{3}$$

由达朗贝尔审敛法知

$$\lim_{n\to\infty}\left|\frac{a_{n+1}}{a_n}\right|=\lim_{n\to\infty}\left|\frac{\alpha-n}{n+1}\right|=1,$$

故级数(3)的收敛半径 $R=1$.由于 $R_n(x)$ 较复杂,不便用定理 10.4.2 或 10.4.3 来讨论.我们用下面方法证明级数(3)在收敛区间 $(-1,1)$ 内收敛于和函数 $(1+x)^\alpha$.

在 $(-1,1)$ 内,若

$$S(x)=1+\alpha x+\frac{\alpha(\alpha-1)}{2!}x^2+\cdots+\frac{\alpha(\alpha-1)\cdots(\alpha-n+1)}{n!}x^n+\cdots,$$

则

$$S'(x)=\alpha+\alpha(\alpha-1)x+\frac{\alpha(\alpha-1)(\alpha-2)}{2!}x^2+\cdots+\frac{\alpha(\alpha-1)\cdots(\alpha-n+1)}{(n-1)!}x^{n-1}+\cdots,$$

$$xS'(x)=\alpha x+\alpha(\alpha-1)x^2+\frac{\alpha(\alpha-1)(\alpha-2)}{2!}x^3+\cdots+\frac{\alpha(\alpha-1)\cdots(\alpha-n+1)}{(n-1)!}x^n+\cdots,$$

于是有

$$(1+x)S'(x)=\alpha+\alpha^2x+\frac{\alpha^2(\alpha-1)}{2!}x^2+\cdots+\frac{\alpha^2(\alpha-1)\cdots(\alpha-n+1)}{n!}x^n+\cdots=\alpha S(x).$$

因此$\frac{S'(x)}{S(x)}=\frac{\alpha}{1+x}$,且 $S(0)=1$,两边积分

$$\int_0^x \frac{S'(x)}{S(x)}\mathrm{d}x=\int_0^x \frac{\alpha}{1+x}\mathrm{d}x,x\in(-1,1),$$

得

$$\ln S(x)-\ln S(0)=\alpha\ln(1+x),$$

即

$$\ln S(x)=\ln(1+x)^{\alpha},$$

故有

$$S(x)=(1+x)^{\alpha},x\in(-1,1).$$

所以

$$\boxed{(1+x)^{\alpha}=1+\alpha x+\frac{\alpha(\alpha-1)}{2!}x^2+\cdots+\frac{\alpha(\alpha-1)\cdots(\alpha-n+1)}{n!}x^n+\cdots,x\in(-1,1).}\qquad(4)$$

在 $x=\pm1$ 处的收敛性与 α 的取值有关,其结论是:当 $\alpha\leqslant-1$ 时,(4)式的收敛域为$(-1,1)$;当$-1<\alpha<0$ 时,为$(-1,1]$;当 $\alpha>0$ 时,为$[-1,1]$.(证明略.)

(4) 式称为牛顿二项展开式,其右端级数称为牛顿二项式级数,这是牛顿二项式定理的推广.当 $\alpha=-1,\pm\frac{1}{2}$时,分别有

$$\frac{1}{1+x}=1-x+x^2-x^3+\cdots+(-1)^nx^n+\cdots,x\in(-1,1).$$

$$\sqrt{1+x}=1+\frac{1}{2}x-\frac{1}{2\cdot4}x^2+\frac{1\cdot3}{2\cdot4\cdot6}x^3+\cdots+(-1)^{n-1}\frac{(2n-3)!!}{(2n)!!}x^n+\cdots,x\in[-1,1].$$

$$\frac{1}{\sqrt{1+x}}=1-\frac{1}{2}x+\frac{1\cdot3}{2\cdot4}x^2-\frac{1\cdot3\cdot5}{2\cdot4\cdot6}x^3+\cdots+(-1)^n\frac{(2n-1)!!}{(2n)!!}x^n+\cdots,x\in(-1,1].$$

二、间接法

间接法是根据函数的幂级数展开式的唯一性,利用一些常见函数的已知展开式,通过变量替换、四则运算、恒等变形、逐项求导和逐项积分等方法来求得函数的幂级数展开式.

例 4　将 $\cos x,\mathrm{e}^{-x},\arctan x,\ln\frac{1+x}{1-x}$展开成麦克劳林级数.

解

$$\cos x=(\sin x)'=\left(x-\frac{1}{3!}x^3+\frac{1}{5!}x^5-\cdots+(-1)^n\frac{x^{2n+1}}{(2n+1)!}+\cdots\right)'$$

$$=1-\frac{1}{2!}x^2+\frac{1}{4!}x^4-\cdots+(-1)^n\frac{x^{2n}}{(2n)!}+\cdots, x\in(-\infty,+\infty).$$

$$e^{-x}=e^t=1+t+\frac{1}{2!}t^2+\cdots+\frac{1}{n!}t^n+\cdots$$

$$\overset{t=-x}{=\!=}1-x+\frac{1}{2!}x^2-\cdots+(-1)^n\frac{1}{n!}x^n+\cdots,\ x\in(-\infty,+\infty).$$

$$\arctan x=\int_0^x\frac{1}{1+x^2}dx=\int_0^x(1-x^2+x^4-\cdots+(-1)^nx^{2n}+\cdots)dx$$

$$=x-\frac{1}{3}x^3+\frac{1}{5}x^5-\cdots+(-1)^n\frac{x^{2n+1}}{2n+1}+\cdots, x\in[-1,1].$$

$$\ln\frac{1+x}{1-x}=\ln(1+x)-\ln(1-x)$$

$$=\left[x-\frac{1}{2}x^2+\frac{1}{3}x^3-\cdots+(-1)^{n-1}\frac{x^n}{n}+\cdots\right]-\left(-x-\frac{1}{2}x^2-\frac{1}{3}x^3-\cdots-\frac{x^n}{n}-\cdots\right)$$

$$=2\left(x+\frac{1}{3}x^3+\frac{1}{5}x^5+\cdots+\frac{x^{2n+1}}{2n+1}+\cdots\right), x\in(-1,1). \tag{5}$$

例 5　将 $f(x)=\dfrac{x-1}{4-x}$ 在 $x=1$ 处展开成泰勒级数(即展开成 $x-1$ 的幂级数),并求 $f^{(n)}(1)$.

解　因为

$$\frac{1}{4-x}=\frac{1}{3-(x-1)}=\frac{1}{3\left(1-\frac{x-1}{3}\right)}$$

$$=\frac{1}{3}\left[1+\left(\frac{x-1}{3}\right)+\left(\frac{x-1}{3}\right)^2+\cdots+\left(\frac{x-1}{3}\right)^n+\cdots\right],$$

收敛域为 $\left|\dfrac{x-1}{3}\right|<1$,即 $|x-1|<3$.所以

$$\frac{x-1}{4-x}=(x-1)\frac{1}{4-x}$$

$$=\frac{1}{3}\left[(x-1)+\frac{(x-1)^2}{3}+\frac{(x-1)^3}{3^2}+\cdots+\frac{(x-1)^n}{3^{n-1}}+\cdots\right]$$

$$=\frac{1}{3}(x-1)+\frac{(x-1)^2}{3^2}+\cdots+\frac{(x-1)^n}{3^n}+\cdots,\quad |x-1|<3.$$

题型归类解析 10.8

函数展开为幂级数的方法.

于是,$\dfrac{f^{(n)}(1)}{n!}=\dfrac{1}{3^n}$,故 $f^{(n)}(1)=\dfrac{n!}{3^n}$.

4-3　幂级数的应用

幂级数的应用很广,如求函数、积分的近似值,求数项级数的和,解微分方程等,用幂级数解微分方程将在下一章介绍.

一、近似计算

我们先说如何借助于级数来进行近似计算.

若一个无理数 A 可表示为各项便于计算的有理数的收敛级数之和,即

$$A=a_1+a_2+\cdots+a_n+\cdots,$$

则可以其部分和作为它的近似值

$$A\approx a_1+a_2+\cdots+a_n,$$

产生的误差可通过估计余项 $r_n=a_{n+1}+a_{n+2}+\cdots$求得.

这里有两类问题:一类是给定项数,求近似值并估计精度;另一类是给出精度,确定项数.计算近似值,关键是通过估计余项,确定精度或项数.常用的方法:(1)若余项是交错级数,则可用余项的首项来确定;(2)余项不是交错级数,则放大余项中的各项,使之成为等比级数或其他易求和的级数,求出其和,从而确定精度或项数.

例 6　计算 $\ln 2$ 的近似值,要求误差不超过10^{-4}.

解　若用展开式

$$\ln(1+x)=\sum_{n=1}^{\infty}(-1)^{n-1}\frac{x^n}{n},x\in(-1,1]$$

计算,取 $x=1$ 可得

$$\ln 2=1-\frac{1}{2}+\frac{1}{3}-\frac{1}{4}+\cdots.$$

如果取前 n 项的和作 $\ln 2$ 的近似值,由交错级数的莱布尼茨准则知,其误差$|r_n|\leqslant\frac{1}{n+1}$.为保证误差不超过$10^{-4}$,即要计算级数的前 9 999 项之和,显然,计算量太大.若用(5)式计算,取 $x=\frac{1}{3}$可得

$$\ln 2=2\left[\frac{1}{3}+\frac{1}{3}\left(\frac{1}{3}\right)^3+\frac{1}{5}\left(\frac{1}{3}\right)^5+\frac{1}{7}\left(\frac{1}{3}\right)^7+\cdots\right],$$

由于

$$|r_n|=\sum_{k=n+1}^{\infty}\frac{2}{2k-1}\left(\frac{1}{3}\right)^{2k-1}<\frac{1}{3n}\sum_{k=n+1}^{\infty}\left(\frac{1}{9}\right)^{k-1}=\frac{3}{8}\frac{1}{n\cdot 9^n}<\frac{1}{n\cdot 9^n},$$

要$|r_n|\leqslant 10^{-4}$,只需计算前 4 项的和就足够了.所以

$$\ln 2\approx 2\left(\frac{1}{3}+\frac{1}{3\cdot 3^3}+\frac{1}{5\cdot 3^5}+\frac{1}{7\cdot 3^7}\right)\approx 0.693\ 1.$$

可见,寻求收敛速度快的级数进行计算是很重要的.

例 7　用牛顿二项式级数前三项计算$\sqrt[3]{500}$的近似值,并估计其误差.

解　因为

$$\sqrt[3]{500}=\sqrt[3]{512-12}=8\left(1-\frac{3}{128}\right)^{\frac{1}{3}},$$

在牛顿二项式级数中取 $x=-\frac{3}{128},\alpha=\frac{1}{3}$，即得

$$\sqrt[3]{500}=8\left[1-\frac{1}{3}\cdot\frac{3}{128}-\frac{1\cdot2}{3^2}\cdot\frac{1}{2!}\cdot\left(\frac{3}{128}\right)^2-\frac{1\cdot2\cdot5}{3^3}\cdot\frac{1}{3!}\cdot\left(\frac{3}{128}\right)^3-\cdots\right].$$

取前三项计算，故其误差为

$$\begin{aligned}|r_3|&=8\left[\frac{1\cdot2\cdot5}{3^3}\cdot\frac{1}{3!}\cdot\left(\frac{3}{128}\right)^3+\frac{1\cdot2\cdot5\cdot8}{3^4}\cdot\frac{1}{4!}\cdot\left(\frac{3}{128}\right)^4+\cdots\right]\\&<8\cdot\frac{1\cdot2\cdot5}{3^3\cdot3!}\cdot\left(\frac{3}{128}\right)^3\left[1+\frac{3}{128}+\left(\frac{3}{128}\right)^2+\cdots\right]\\&=\frac{40}{3}\cdot\frac{1}{128^3}\cdot\frac{1}{1-\frac{3}{128}}=\frac{1}{153\ 600}<10^{-5}.\end{aligned}$$

于是有

$$\sqrt[3]{500}\approx8\left[1-\frac{1}{128}-\left(\frac{1}{128}\right)^2\right]\approx7.937\ 01.$$

所以得 $\sqrt[3]{500}\approx7.937\ 01$，其误差不超过 10^{-5}.

二、计算定积分

我们知道，有些初等函数，如 $e^{-x^2},\frac{\sin x}{x},\frac{1}{\ln x}$ 等，它们的原函数不能用初等函数表示的，所以难以计算其定积分.若将它们展开成幂级数，再通过逐项积分，便可求得定积分的近似值.

例 8　计算 $\int_0^1\frac{\sin x}{x}dx$ 的近似值，精确到 10^{-4}.

解　因为

$$\frac{\sin x}{x}=1-\frac{1}{3!}x^2+\frac{1}{5!}x^4-\frac{1}{7!}x^6+\cdots,x\in(-\infty,0)\cup(0,+\infty),$$

逐项积分，得

$$\int_0^1\frac{\sin x}{x}dx=1-\frac{1}{3\cdot3!}+\frac{1}{5\cdot5!}-\frac{1}{7\cdot7!}+\cdots,$$

上式右端为收敛的交错级数，且第四项

$$\frac{1}{7\cdot7!}<\frac{1}{30\ 000}<10^{-4}.$$

所以，取前三项作为积分的近似值，得

$$\int_0^1\frac{\sin x}{x}dx\approx1-\frac{1}{3\cdot3!}+\frac{1}{5\cdot5!}\approx0.946\ 1.$$

三、求数项级数的和

例 9 求级数 $\sum_{n=0}^{\infty}\frac{1}{(2n+1)2^{2n+1}}$ 的和.

解 易知该级数收敛,其和为幂级数 $\sum_{n=0}^{\infty}\frac{x^{2n+1}}{2n+1}(R=1)$ 的和函数 $S(x)$ 在 $x=\frac{1}{2}$时的值.

对 $S(x)$求导得

$$S'(x)=\sum_{n=0}^{\infty}\left(\frac{x^{2n+1}}{2n+1}\right)'=\sum_{n=0}^{\infty}x^{2n}=\frac{1}{1-x^2},x\in(-1,1),$$

再对等式两边积分,

$$\int_0^x S'(x)\,\mathrm{d}x=\int_0^x\frac{1}{1-x^2}\mathrm{d}x,$$

即得

$$S(x)-S(0)=\frac{1}{2}\ln\frac{1+x}{1-x}.$$

又 $S(0)=0$,所以

$$S(x)=\frac{1}{2}\ln\frac{1+x}{1-x},$$

于是

$$\sum_{n=0}^{\infty}\frac{1}{(2n+1)2^{2n+1}}=S\left(\frac{1}{2}\right)=\frac{1}{2}\ln\frac{1+\frac{1}{2}}{1-\frac{1}{2}}=\frac{1}{2}\ln 3.$$

作为幂级数的应用,下面介绍一个常用的公式——欧拉(Euler)公式.

四、欧拉公式

设复数项级数

$$(a_1+\mathrm{i}b_1)+(a_2+\mathrm{i}b_2)+\cdots+(a_n+\mathrm{i}b_n)+\cdots, \tag{6}$$

其中 $a_n,b_n(n=1,2,\cdots)$为实常数或实函数.如果 $\sum_{i=1}^{\infty}a_i$ 和 $\sum_{i=1}^{\infty}b_i$ 分别收敛于 a 和 b,则级数(6)收敛,且其和为 $a+ib$.由 e^x 的幂级数展开式,可定义

$$\begin{aligned}\mathrm{e}^{\mathrm{i}x}&\xlongequal{\text{def}}1+\mathrm{i}x+\frac{1}{2!}(\mathrm{i}x)^2+\cdots+\frac{1}{n!}(\mathrm{i}x)^n+\cdots\\&=\left(1-\frac{1}{2!}x^2+\cdots+(-1)^n\frac{x^{2n}}{(2n)!}+\cdots\right)+\mathrm{i}\left(x-\frac{1}{3!}x^3+\cdots+(-1)^n\frac{x^{2n+1}}{(2n+1)!}+\cdots\right)\\&=\cos x+\mathrm{i}\sin x.\end{aligned}$$

即

$$\boxed{e^{ix}=\cos x+i\sin x.}$$

这就是欧拉公式.由此有 $e^{-ix}=\cos x-i\sin x$,故

$$\boxed{\cos x=\frac{e^{ix}+e^{-ix}}{2};\sin x=\frac{e^{ix}-e^{-ix}}{2i},}$$

上述两式也是欧拉公式.欧拉公式揭示了三角函数和复变数指数函数之间的一种联系.

五、微分方程的幂级数解法

在实际问题中遇到的微分方程,其解往往是不能用初等函数或其积分式表示的,如方程 $\frac{dy}{dx}=x^2+y^2$,此时,就要求其近似解.这里只介绍幂级数解法,常用的数值解法读者可参阅有关教材.

1. 幂级数解法

设有二阶齐次线性方程

$$y''+p(x)y'+q(x)y=0, \tag{7}$$

所谓幂级数解法,就是求出满足方程(7)的形如

$$y=\sum_{n=0}^{\infty}a_n(x-x_0)^n \tag{8}$$

的幂级数解.这种方法对高阶方程同样适用,至于方程在什么条件下,具有收敛的幂级数解,我们给出下面结论.

定理 10.4.4　若方程(7)中,$p(x)$,$q(x)$都可以展开为 $x-x_0$ 的幂级数,且在 $|x-x_0|<R$ 内都收敛,则方程(7)在 $x=x_0$ 附近有形如(8)的幂级数解,且在 $|x-x_0|<R$ 内也收敛.

证明从略.

例 10　求埃尔米特(Hermite)方程

$$y''-2xy'+\lambda y=0\quad(-\infty<x<+\infty)$$

在 $x=0$ 处的幂级数解,其中 λ 是常数.

解　这里 $p(x)=-2x$,$q(x)=\lambda$,根据定理 10.4.4,所设方程在 $x=0$ 的邻域内有幂级数解.设其幂级数解为

$$y=\sum_{n=0}^{\infty}a_nx^n,$$

将其代入原方程,得

$$\sum_{n=2}^{\infty}n(n-1)a_nx^{n-2}-\sum_{n=1}^{\infty}2na_nx^n+\sum_{n=0}^{\infty}\lambda a_nx^n=0,$$

或

$$(2a_2+\lambda a_0)+(3\cdot 2a_3-2a_1+\lambda a_1)x+$$

$$\sum_{n=2}^{\infty}[(n+2)(n+1)a_{n+2}-2na_n+\lambda a_n]x^n=0,$$

由此得递推公式

$$a_2=-\frac{\lambda a_0}{2},a_3=-\frac{(\lambda-2)a_1}{3\cdot 2},\cdots,$$

$$a_{n+2}=-\frac{\lambda-2n}{(n+2)(n+1)}a_n.$$

从而可视 n 为偶数或奇数而分别用 a_0 或 a_1 来表示 a_n：

$$a_4=\frac{\lambda(\lambda-4)}{4!}a_0,a_6=-\frac{\lambda(\lambda-4)(\lambda-8)}{6!}a_0,\cdots,$$

$$a_5=\frac{(\lambda-2)(\lambda-6)}{5!}a_1,a_7=-\frac{(\lambda-2)(\lambda-6)(\lambda-10)}{7!}a_1,\cdots,$$

于是可得原方程的幂级数解

$$y=a_0\left[1-\frac{\lambda}{2!}x^2+\frac{\lambda(\lambda-4)}{4!}x^4-\frac{\lambda(\lambda-4)(\lambda-8)}{6!}x^6+\cdots\right]+$$

$$a_1\left[x-\frac{\lambda-2}{3!}x^3+\frac{(\lambda-2)(\lambda-6)}{5!}x^5-\frac{(\lambda-2)(\lambda-6)(\lambda-10)}{7!}x^7+\cdots\right],$$

其中 a_0,a_1 是两个任意常数，由于

$$y(0)=a_0,y'(0)=a_1,$$

故可由初始条件确定.

根据定理 10.4.4，方括号内的两个级数对一切 x 都是收敛的，且它们都是埃尔米特方程的解.

由此幂级数解可知，当 λ 为非负的偶整数时，埃尔米特方程有一个多项式解，如 $\lambda=2,4,6$ 时，其相应的多项式解分别为 $x,1-2x^2,x-\frac{2}{3}x^3$.对应于 $\lambda=2n$ 的多项式解乘适当的常数后，就是有名的埃尔米特多项式 $\mathrm{H}_n(x)$.埃尔米特多项式在量子力学中有重要应用.

当所给的方程为非齐次方程时，也可设特解 $y^*=\sum_{n=0}^{\infty}a_n(x-x_0)^n$，同时将 $p(x),q(x)$，自由项 $f(x)$ 展开为 $x-x_0$ 的幂级数，然后比较等式两端 $x-x_0$ 的同次幂的系数，从而确定特解 y^*.

2. 广义幂级数解

若方程(7)中，$p(x),q(x)$ 在 x_0 处为 ∞，则方程在一定条件下，具有形如

$$y=(x-x_0)^c\sum_{n=0}^{\infty}a_n(x-x_0)^n \tag{9}$$

的广义幂级数解，其中 $c,a_0,\cdots,a_n$ 为待定常数($a_0\neq 0$).

定理 10.4.5　若在方程

$$y''+p(x)y'+q(x)y=0$$

中，$(x-x_0)p(x),(x-x_0)^2q(x)$ 可展开为 $x-x_0$ 的幂级数，且在 $|x-x_0|<R$ 内收敛，那么该方程至少存在一个形如(9)的非零解，且在 $|x-x_0|<R$ 内也收敛.

证明从略.

例 11　求方程 $4x^2y''+4xy'-y=0$ 的广义幂级数解.

解　此时 $p(x)=\frac{1}{x},q(x)=-\frac{1}{4x^2}$，在 $x=0$ 处为 ∞，设其广义幂级数解为

$$y=x^{c}\sum_{n=0}^{\infty}a_{n}x^{n}\quad(a_{0}\neq 0).$$

代入原方程得

$$(4c^{2}-1)a_{0}x^{c}+[4(c+1)^{2}-1]a_{1}x^{c+1}+\cdots+[4(c+n)^{2}-1]a_{n}x^{c+n}+\cdots=0,$$

由$(4c^{2}-1)a_{0}=0$,得

$$c=\frac{1}{2}\text{ 或 }c=-\frac{1}{2}.$$

当$c=\frac{1}{2}$时,$\left[4\left(\frac{1}{2}+n\right)^{2}-1\right]a_{n}=4n(n+1)a_{n}=0(n=1,2,\cdots)$,故得$a_{1}=a_{2}=\cdots=a_{n}=\cdots=0$,由此得方程的一个特解

$$y_{1}=a_{0}x^{\frac{1}{2}}.$$

当$c=-\frac{1}{2}$时,$\left[4\left(-\frac{1}{2}+n\right)^{2}-1\right]a_{n}^{*}=4n(n-1)a_{n}^{*}=0$,可见当$n\neq 1$时,有$a_{2}^{*}=a_{3}^{*}=\cdots=a_{n}^{*}=\cdots=0$,故得方程的又一个特解

$$y_{2}=a_{0}^{*}x^{-\frac{1}{2}}+a_{1}^{*}x^{\frac{1}{2}}.$$

所以,原方程的通解为

$$y=C_{1}x^{-\frac{1}{2}}+C_{2}x^{\frac{1}{2}}.$$

习题 10-4

A

1. 求出下列函数的麦克劳林级数:

(1) $\ln(a+x)(a>0)$;　(2) $\frac{1}{\sqrt{4-x^{2}}}$;

(3) $\sin^{2}x$;　(4) $\cos(x+a)$;

(5) $(1+x)\ln(1+x)$;　(6) $\ln(x+\sqrt{1+x^{2}})$;

(7) $\int_{0}^{x}\frac{\arcsin x}{x}\mathrm{d}x$;　(8) $\frac{1}{x^{2}-3x+2}$.

2. 将下列函数在点x_{0}处展开成泰勒级数:

(1) $\sin x, x_{0}=\frac{\pi}{2}$;　(2) $\ln(3-x), x_{0}=-1$;

(3) $\frac{1}{x}, x_{0}=3$;　(4) $\frac{x}{2x-3}, x_{0}=2$.

3. 利用展开式的唯一性,求函数$f(x)=\mathrm{e}^{-x^{2}}$在$x=0$处的n阶导数.

4. 求下列各数的近似值:

(1) $\sqrt[9]{522}$,误差不超过10^{-5};

(2) ln 3,误差不超过10^{-4};

(3) cos 18°,误差不超过10^{-4};

(4) $\int_0^{\frac{1}{2}}\frac{1}{\sqrt{1+x^4}}\mathrm{d}x$,误差不超过10^{-4};

(5) $\int_0^{\frac{1}{2}}x^{10}\sin x\mathrm{d}x$ (取一项),并估计误差.

5. 求数项级数

$$\sum_{n=1}^{\infty}\frac{2n-1}{2^n}$$

的和.

6. 将函数$f(x)=\frac{1}{4}\ln\frac{1+x}{1-x}+\frac{1}{2}\arctan x-x$ 展开成 x 的幂级数.

7. 求艾里(Airy)方程 $y''=xy(-\infty<x<+\infty)$ 的幂级数解.

8. 求艾里方程在 $x=1$ 处的幂级数解.

9. 用幂级数求方程

$$y'=y^2+x^3,y\big|_{x=0}=\frac{1}{2}$$

的特解.

B

1. 将函数$\frac{1}{x}$展开成$\frac{1}{x-1}$的幂级数.

2. 将函数 $\ln(1+x+x^2+x^3)$展开成 x 的幂级数.

3. 将级数

$$\sum_{n=1}^{\infty}\frac{(-1)^{n-1}}{(2n-1)!\ 2^{2n-2}}x^{2n-1}$$

的和函数展开成 $x-1$ 的幂级数.

4. 展开$\frac{\mathrm{d}}{\mathrm{d}x}\left(\frac{\mathrm{e}^x-1}{x}\right)$为 x 的幂级数,并证明 $\sum_{n=1}^{\infty}\frac{n}{(n+1)!}=1$.

5. 利用泰勒级数求

$$\frac{1+\frac{\pi^4}{5!}+\frac{\pi^8}{9!}+\frac{\pi^{12}}{13!}+\cdots}{\frac{1}{3!}+\frac{\pi^4}{7!}+\frac{\pi^8}{11!}+\frac{\pi^{12}}{15!}+\cdots}$$

的值.

6. 求勒让德(Legendre)方程$(1-x^2)y''-2xy'+n(n+1)y=0$(其中 n 为常数)的幂级数解.

第五节　傅里叶级数

将函数展开成幂级数，在分析中起着十分重要的作用，但由于要求函数具有任意阶导数，而实际问题中所遇到的函数往往是不可导的，甚至是不连续的，如矩形脉冲、锯齿形波等，因此在应用中受到限制.傅里叶（Fourier）通过对热传导和扩散现象的研究，发现了周期函数 f 可以用一系列正弦函数 $A_n\sin(n\omega t+\varphi_n)$ 组成的级数来表示，即

$$A_0+\sum_{n=1}^{\infty}A_n\sin(n\omega t+\varphi_n)=\frac{a_0}{2}+\sum_{n=1}^{\infty}(a_n\cos n\omega t+b_n\sin n\omega t),$$

其中 $A_0,A_n,\varphi_n,a_0,a_n,b_n$ 为常数，$n=1,2,\cdots$.若令 $\omega t=x$，则上式可改写为

$$\frac{a_0}{2}+\sum_{n=1}^{\infty}(a_n\cos nx+b_n\sin nx). \tag{1}$$

函数项级数（1）称为三角函数.将周期函数展开为三角函数就是把一个较为复杂的周期运动看成是许多不同频率的简谐振动的叠加.由于三角函数易于分析，所以，这对研究周期性的物理现象是十分有用的.在谐波分析中，A_0 称为函数 f 的直流分量，$A_n\sin(n\omega t+\varphi_n)$ 称为 n 次谐波.

本节研究如何确定级数（1）的系数；什么条件下级数（1）收敛于 f，为此，我们先介绍函数系的正交性.

5-1　函数系的正交性

一、正交函数系

我们知道，n 维向量 $\boldsymbol{a}=(a_1,a_2,\cdots,a_n)$，$\boldsymbol{b}=(b_1,b_2,\cdots,b_n)$ 的内积

$$(\boldsymbol{a},\boldsymbol{b})=\boldsymbol{a}\cdot\boldsymbol{b}=a_1b_1+a_2b_2+\cdots+a_nb_n.$$

若 $(\boldsymbol{a},\boldsymbol{b})=0$，则向量 $\boldsymbol{a},\boldsymbol{b}$ 称为是正交的.

我们把区间 $[a,b]$ 上的函数 f,g 的值分别视为无限维向量的分量，则 f,g 在 $[a,b]$ 上的内积应定义为

$$(f,g)=\int_a^b f(x)g(x)\mathrm{d}x.$$

若 $(f,g)=0$，则称为函数 f,g 在 $[a,b]$ 上正交.

如果定义在区间 $[a,b]$ 上的函数系

$$\varphi_1(x),\varphi_2(x),\cdots,\varphi_n(x),\cdots,$$

其中任意两个函数 $\varphi_n(x),\varphi_m(x)$ 都有

$$(\varphi_n,\varphi_m)=\int_a^b\varphi_n(x)\varphi_m(x)\mathrm{d}x=0\,(n,m=1,2,\cdots,n\neq m),$$

则称该函数系为区间$[a,b]$上的正交函数系.此时,函数系中任一函数与系中所有其他函数正交.

二、三角函数系的正交性

对于定义在区间$[-\pi,\pi]$上的三角函数系

$$1,\cos x,\sin x,\cos 2x,\cdots,\cos nx,\sin nx,\cdots,$$

利用三角中的积化和差公式,易证任意两个不同函数的乘积在$[-\pi,\pi]$上的积分等于零,即

$$\int_{-\pi}^{\pi}\cos nx\mathrm{d}x=0;$$

$$\int_{-\pi}^{\pi}\sin nx\mathrm{d}x=0;$$

$$\int_{-\pi}^{\pi}\sin mx\sin nx\mathrm{d}x=0,m\neq n;$$

$$\int_{-\pi}^{\pi}\cos mx\cos nx\mathrm{d}x=0,m\neq n;$$

$$\int_{-\pi}^{\pi}\sin mx\cos nx\mathrm{d}x=0,$$

其中,$m,n=1,2,\cdots$.可见,三角函数系在$[-\pi,\pi]$上是正交函数系.

而在三角函数系中,任意两个相同函数的乘积在$[-\pi,\pi]$上的乘积不等于零.

$$\int_{-\pi}^{\pi}\mathrm{d}x=2\pi;$$

$$\int_{-\pi}^{\pi}\cos^2 nx\mathrm{d}x=\pi;$$

$$\int_{-\pi}^{\pi}\sin^2 nx\mathrm{d}x=\pi.$$

5-2　函数展开为傅里叶级数及其收敛性

一、傅里叶级数

设$f(x)$以2π为周期,在$[-\pi,\pi]$上可积,且能展开成逐项可积的三角级数

$$f(x)=\frac{a_0}{2}+\sum_{n=1}^{\infty}(a_n\cos nx+b_n\sin nx),\tag{2}$$

为确定系数a_0,a_n,b_n,将(2)式两边逐项积分,得

$$\int_{-\pi}^{\pi}f(x)\mathrm{d}x=\int_{-\pi}^{\pi}\frac{a_0}{2}\mathrm{d}x=a_0\pi,$$

即

$$a_0=\frac{1}{\pi}\int_{-\pi}^{\pi}f(x)\mathrm{d}x.$$

用 $\cos nx$ 乘(2)式两边,再逐项积分,由三角函数系的正交性,有

$$\int_{-\pi}^{\pi} f(x)\cos nx\mathrm{d}x=\frac{a_0}{2}\int_{-\pi}^{\pi}\cos nx\mathrm{d}x+\sum_{k=1}^{\infty}\left[a_k\int_{-\pi}^{\pi}\cos nx\cos kx\mathrm{d}x+b_k\int_{-\pi}^{\pi}\cos nx\sin kx\mathrm{d}x\right].$$

$$=a_n\int_{-\pi}^{\pi}\cos^2 nx\mathrm{d}x=a_n\pi,$$

即

$$a_n=\frac{1}{\pi}\int_{-\pi}^{\pi} f(x)\cos nx\mathrm{d}x, n=1,2,\cdots.$$

类似地用 $\sin nx$ 乘(2)式两边,并逐项积分可得

$$b_n=\frac{1}{\pi}\int_{-\pi}^{\pi} f(x)\sin nx\mathrm{d}x, n=1,2,\cdots.$$

上式结果可写成

$$\boxed{\begin{aligned}a_n&=\frac{1}{\pi}\int_{-\pi}^{\pi} f(x)\cos nx\mathrm{d}x, n=0,1,2,\cdots,\\ b_n&=\frac{1}{\pi}\int_{-\pi}^{\pi} f(x)\sin nx\mathrm{d}x, n=1,2,\cdots.\end{aligned}} \tag{3}$$

如果(3)式的积分都存在,则由(3)式确定的系数 a_n,b_n,称为 f 的傅里叶系数,简称傅氏系数.

释疑解惑 10.9

傅里叶级数和傅里叶展开式.

定义 10.5.1　系数由傅里叶系数公式(3)确定的三角级数称为 f 的傅里叶级数,简称傅氏级数,记为

$$\boxed{f(x)\sim\frac{a_0}{2}+\sum_{n=1}^{\infty}(a_n\cos nx+b_n\sin nx).} \tag{4}$$

傅氏级数是否收敛于 f,这个问题傅里叶本人并没完全解决,直到 1829 年才由狄利克雷(Dirichlet)最终完成.

二、狄利克雷定理(收敛定理)

释疑解惑 10.10

傅里叶系数 a_n, b_n 的重要性质.

设 f 是以 2π 为周期的函数,如果它在$[-\pi,\pi]$上连续或只有有限个第一类间断点,并且至多只有有限个极值点,则 f 的傅氏级数(4)收敛,且

(1) 当 x 是 f 的连续点时,级数收敛于 f;

(2) 当 x 是 f 的间断点时,级数收敛于$\frac{1}{2}(f(x-0)+f(x+0))$.

证明从略.

定理表明,只要周期函数 f 满足定理的条件(称为狄氏条件):在一个周期$[-\pi,\pi]$上至多只有有限个第一类间断点,并且不作无限次振荡,则 f 的傅氏级数在整个数轴上收敛,且在连续点 x_0 处傅氏级数收敛于该点的函数值 $f(x_0)$,在间断点处收敛于该点的左、右极限的

算术平均值.可见,函数展开为傅氏级数的条件比展开为幂级数的条件要弱得多.

若函数 f 的傅氏级数在点 x 处收敛于 $f(x)$,则称 f 在点 x 处可展开为傅氏级数.若 f 在其定义域内都可展开为傅氏级数,则在定义域内(4)式的"~"号可换为"="号,换为"="号后的(4)式右端的级数,称为 f 的傅氏展开式.

三、奇、偶函数的傅里叶级数

(1) 设 f 是以 2π 为周期的奇函数,易知

$$a_n=0, n=0,1,2,\cdots,$$

$$b_n=\frac{2}{\pi}\int_0^{\pi} f(x)\sin nx\mathrm{d}x, n=1,2,\cdots,$$

所以

$$f(x)\sim\sum_{n=1}^{\infty} b_n\sin nx,$$

称为 f 的傅氏正弦级数.

(2) 设 f 是以 2π 为周期的偶函数,易得

题型归类解析 10.9

周期函数展开为傅里叶级数.

$$a_n=\frac{2}{\pi}\int_0^{\pi} f(x)\cos nx\mathrm{d}x, n=0,1,2,\cdots,$$

$$b_n=0, n=1,2,\cdots,$$

所以

$$f(x)\sim\frac{a_0}{2}+\sum_{n=1}^{\infty} a_n\cos nx,$$

称为 f 的傅氏余弦级数.

例 1 设 f 是周期为 2π 的函数,它在 $[-\pi,\pi)$ 内的表达式为

$$f(x)=\begin{cases} x & -\pi\leqslant x<0, \\ 0, & 0\leqslant x<\pi, \end{cases}$$

将 f 展开为傅氏级数,并讨论其收敛性.

解 由傅氏系数公式知

$$a_0=\frac{1}{\pi}\int_{-\pi}^{\pi} f(x)\mathrm{d}x=\frac{1}{\pi}\int_{-\pi}^{0} x\mathrm{d}x=-\frac{\pi}{2}.$$

$$\begin{aligned} a_n &=\frac{1}{\pi}\int_{-\pi}^{\pi} f(x)\cos nx\mathrm{d}x=\frac{1}{\pi}\int_{-\pi}^{0} x\cos nx\mathrm{d}x \\ &=\frac{1}{\pi}\left(\frac{x\sin nx}{n}+\frac{\cos nx}{n^2}\right)\Bigg|_{-\pi}^{0}=\frac{1}{n^2\pi}(1-\cos n\pi) \\ &=\begin{cases} \dfrac{2}{n^2\pi}, & n=1,3,5,\cdots, \\ 0, & n=2,4,6,\cdots. \end{cases} \end{aligned}$$

$$b_n=\frac{1}{\pi}\int_{-\pi}^{\pi}f(x)\sin nx\mathrm{d}x$$
$$=\frac{1}{\pi}\int_{-\pi}^{0}x\sin nx\mathrm{d}x$$
$$=\frac{(-1)^{n+1}}{n},n=1,2,3,\cdots.$$

由于f满足狄氏条件,所以f的傅氏级数为

$$-\frac{\pi}{4}+\frac{2}{\pi}\sum_{n=1}^{\infty}\frac{1}{(2n-1)^2}\cos(2n-1)x+\sum_{n=1}^{\infty}\frac{(-1)^{n+1}}{n}\sin nx$$
$$=\begin{cases}f(x), & -\infty<x<+\infty,x\neq(2k-1)\pi \quad (k\in\mathbf{Z}),\\ -\frac{\pi}{2}, & x=(2k-1)\pi \quad (k\in\mathbf{Z}).\end{cases}$$

和函数的图形如图 10-4 所示.

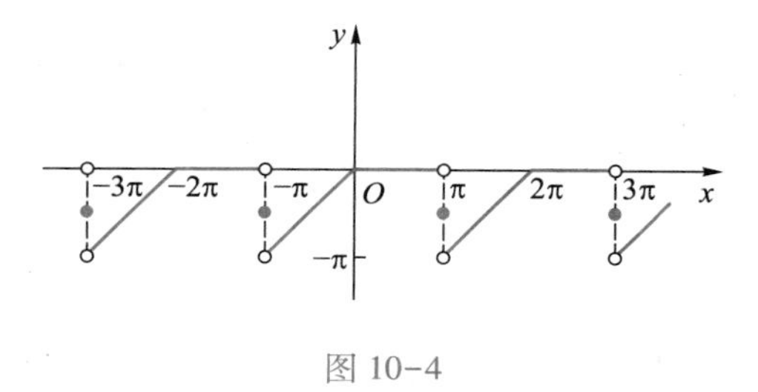

图 10-4

例 2 设f是周期为 2π 的函数,它在$[-\pi,\pi)$内的表达式为

$$f(x)=\begin{cases}-1, & -\pi<x<0,\\ 0, & x=0,-\pi,\\ 1, & 0<x<\pi,\end{cases}$$

求f的傅氏展开式.

解 f为奇函数,由傅氏系数公式有

$$a_n=0,n=1,2,\cdots,$$
$$b_n=\frac{2}{\pi}\int_0^{\pi}f(x)\sin nx\mathrm{d}x=\frac{2}{\pi}\int_0^{\pi}\sin nx\mathrm{d}x$$
$$=\frac{2}{n\pi}(1-\cos n\pi)=\begin{cases}0,n=2,4,6,\cdots,\\ \frac{4}{n\pi},n=1,3,5,\cdots.\end{cases}$$

由于f满足狄氏条件,所以f的傅氏正弦展开式为

$$f(x)=\frac{4}{\pi}\sum_{n=1}^{\infty}\frac{\sin(2n-1)x}{2n-1},-\infty<x<+\infty.$$

和函数图形如图 10-5 所示.

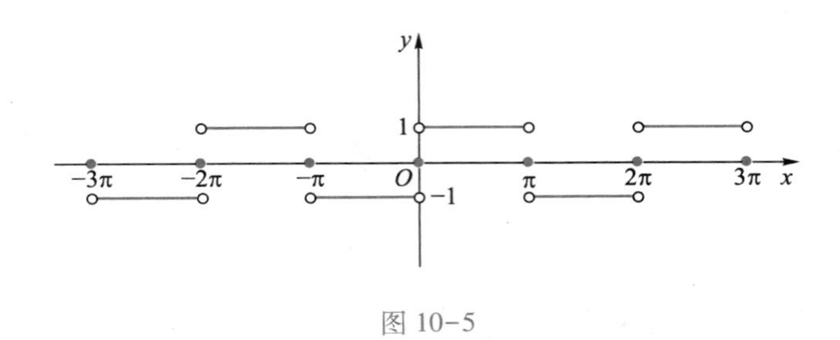

图 10-5

上述傅氏级数说明方波 f 可以用一系列不同频率的正弦波的叠加来表示.图 10-6 表明,傅氏级数的一次、三次、五次谐波的合成波形,是如何逼近方波的.可以想象,若将所有谐波合成而得的波形,必收敛于方波 f,而在 $x=n\pi$ 处(n 为任意整数)收敛于 0.

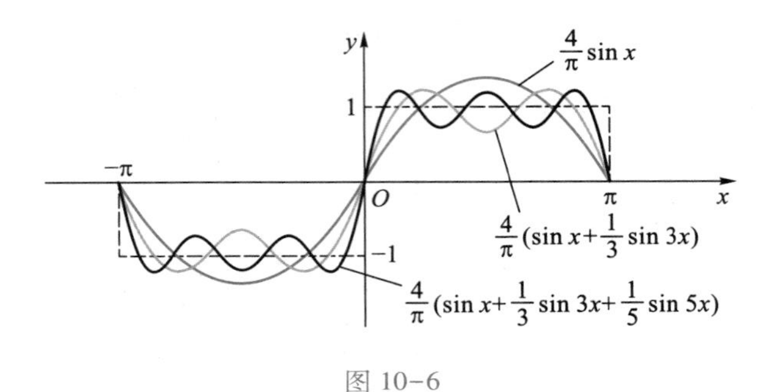

图 10-6

例 3 将图 10-7 所示锯齿形波表示的函数 f 展开成傅氏级数.

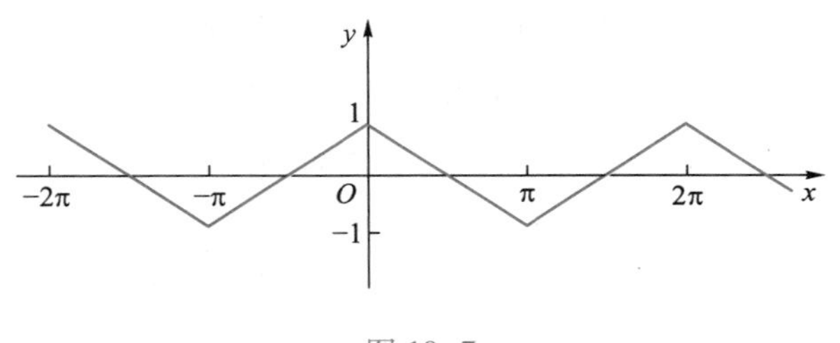

图 10-7

解 f 是周期为 2π 的偶函数,且在 $[-\pi,\pi]$ 上的表达式为

$$f(x)=\begin{cases}1+\dfrac{2}{\pi}x, & -\pi\leqslant x\leqslant 0,\\ 1-\dfrac{2}{\pi}x, & 0<x\leqslant\pi.\end{cases}$$

故有

$$b_n=0,n=1,2,3,\cdots,$$

$$a_0=\frac{2}{\pi}\int_0^{\pi}f(x)\,\mathrm{d}x=\frac{2}{\pi}\int_0^{\pi}\left(1-\frac{2}{\pi}x\right)\mathrm{d}x=0.$$

$$
\begin{aligned}
a_n &= \frac{2}{\pi}\int_0^{\pi} f(x)\cos nx\mathrm{d}x \\
&= \frac{2}{\pi}\int_0^{\pi}\left(1-\frac{2}{\pi}x\right)\cos nx\mathrm{d}x \\
&= -\frac{4}{\pi^2}\int_0^{\pi} x\cos nx\mathrm{d}x \\
&= -\frac{4}{n^2\pi^2}\cos nx\Big|_0^{\pi} = \frac{4}{n^2\pi^2}[1-(-1)^n] \\
&= \begin{cases} \dfrac{8}{n^2\pi^2}, & n=1,3,5,\cdots, \\ 0, & n=2,4,6,\cdots. \end{cases}
\end{aligned}
$$

因为 f 在 $(-\infty,+\infty)$ 内处处连续，满足狄氏条件，故 f 的傅氏余弦级数为

$$
f(x)=\frac{8}{\pi^2}\sum_{n=1}^{\infty}\frac{1}{(2n-1)^2}\cos(2n-1)x,\ -\infty<x<+\infty .
$$

5-3　周期为 $2l$ 的函数的傅里叶级数

前面讨论的都是以 2π 为周期的函数，若以正常数 $2l$ 为周期的函数，又如何将其展开成傅氏级数.

设 $f(x)$ 是以 $2l$ 为周期的函数，且在 $[-l,l]$ 上满足狄氏条件，为求得它的傅氏级数，令 $x=\dfrac{l}{\pi}t$，则

$$
f(x)=f\left(\frac{lt}{\pi}\right)=F(t).
$$

显然，$F(t)$ 是一个以 2π 为周期的函数，由于 f 在 $[-l,l]$ 上满足狄氏条件，则 F 在 $[-\pi,\pi]$ 上也一定满足，于是函数 F 可展开成傅氏级数

$$
F(t)\sim\frac{a_0}{2}+\sum_{n=1}^{\infty}(a_n\cos nt+b_n\sin nt),
$$

其系数

$$
a_n=\frac{1}{\pi}\int_{-\pi}^{\pi}F(t)\cos nt\mathrm{d}t,\quad b_n=\frac{1}{\pi}\int_{-\pi}^{\pi}F(t)\sin nt\mathrm{d}t.
$$

注意到 $t=\dfrac{\pi x}{l}$，$F(t)=f(x)$，则有

$$
\boxed{f(x)\sim\frac{a_0}{2}+\sum_{n=1}^{\infty}\left(a_n\cos\frac{n\pi x}{l}+b_n\sin\frac{n\pi x}{l}\right),} \tag{5}
$$

其中

$$
\boxed{\begin{aligned} a_n &= \frac{1}{l}\int_{-l}^{l} f(x)\cos\frac{n\pi x}{l}\mathrm{d}x,\ n=0,1,2,\cdots,\\ b_n &= \frac{1}{l}\int_{-l}^{l} f(x)\sin\frac{n\pi x}{l}\mathrm{d}x,\ n=1,2,\cdots. \end{aligned}} \tag{6}
$$

且在函数 f 的连续点处,收敛于 f;在函数 f 的间断点处,收敛于 $\frac{1}{2}[f(x-0)+f(x+0)]$.

例 4 设 f 是周期为 4 的函数,它在 $[-2,2)$ 内的表达式为

$$
f(x)=\begin{cases}0, -2\leqslant x<0,\\ k,\quad 0\leqslant x<2\end{cases}\quad(\text{常数 } k\neq 0),
$$

求 f 的傅氏展开式.

解 由傅氏系数公式(6)

$$
a_0=\frac{1}{2}\int_{-2}^{2} f(x)\,\mathrm{d}x=\frac{1}{2}\int_{0}^{2} k dx=k,
$$

$$
a_n=\frac{1}{2}\int_{0}^{2} k\cos\frac{n\pi x}{2}\mathrm{d}x=0, n=1,2,\cdots.
$$

$$
\begin{aligned} b_n &=\frac{1}{2}\int_{0}^{2} k\sin\frac{n\pi x}{2}\mathrm{d}x=\frac{k}{n\pi}(1-\cos n\pi)\\ &=\begin{cases}\dfrac{2k}{n\pi},\ n=1,3,5,\cdots,\\ 0,\ n=2,4,6,\cdots.\end{cases} \end{aligned}
$$

由于 f 满足狄氏条件,故 f 的傅氏展开式为

$$
f(x)=\frac{k}{2}+\frac{2k}{\pi}\left(\sin\frac{\pi x}{2}+\frac{1}{3}\sin\frac{3\pi x}{2}+\frac{1}{5}\sin\frac{5\pi x}{2}+\cdots\right)\quad(-\infty<x<+\infty, x\neq 2n, n\in\mathbf{Z}),
$$

和函数的图形如图 10-8 所示.

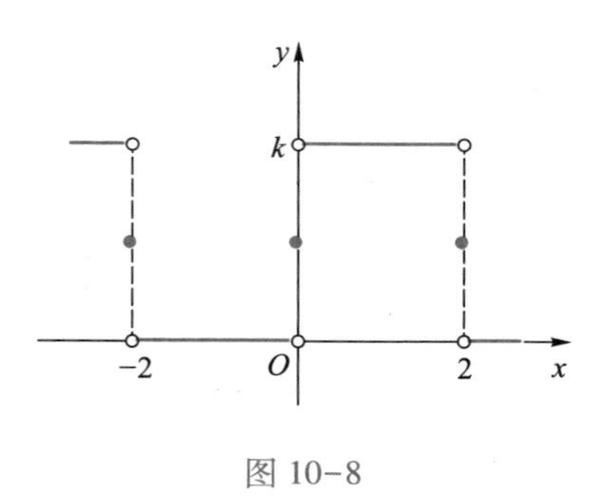

图 10-8

5-4 非周期函数的傅里叶级数

在波动问题、热传导问题中,常要将定义在 $[0,l]$ 上的非周期函数 f 展开成傅氏级数. 因此,我们要将 f 进行周期延拓,即补充 f 在 $(-l,0)$ 内的定义,使 f 延拓成以 $2l$ 为周期的

函数 F,设

$$F(x)=\begin{cases}f(x),0\leqslant x\leqslant l,\\ g(x),-l<x<0,\end{cases}$$

且

$$F(x+2l)=F(x),$$

其中 g 为任意可积函数,再将 F 展开成傅氏级数,由于在$[0,l]$上,$F(x)\equiv f(x)$,从而得到 f 的傅氏级数,再用收敛定理判定收敛性.显然,g 的取法不同,其傅氏级数也就各异.

若 $g(x)=f(-x)$,则

$$F(x)=\begin{cases}f(x), & 0\leqslant x\leqslant l,\\ f(-x), & -l<x<0,\end{cases}$$

且

$$F(x+2l)=F(x),$$

F 为$(-l,l]$上的偶函数,这种延拓称为偶延拓,F 的傅氏系数为

$$\left.\begin{aligned}a_n&=\frac{2}{l}\int_0^l f(x)\cos\frac{n\pi x}{l}\mathrm{d}x, & n&=0,1,2,\cdots,\\ b_n&=0, & n&=1,2,\cdots,\end{aligned}\right\}\tag{7}$$

f 的傅氏余弦级数为

$$f(x)\sim\frac{a_0}{2}+\sum_{n=1}^{\infty}a_n\cos\frac{n\pi x}{l},$$

再用收敛定理判定$[0,l]$上的收敛性.

若 $g(x)=-f(-x)$,则

$$F(x)=\begin{cases}f(x), & 0\leqslant x\leqslant l,\\ 0, & x=0,\\ -f(-x), & -l<x<0,\end{cases}$$

且

$$F(x+2l)=F(x).$$

F 是$(-l,l]$上的奇函数,这种延拓称为奇延拓.按奇函数定义,此时 $f(0)=0$,否则,应改变 $x=0$ 的函数值,使之符合这要求.F 的傅氏系数为

$$\left.\begin{aligned}a_n&=0, & n&=0,1,2,\cdots,\\ b_n&=\frac{2}{l}\int_0^l f(x)\sin\frac{n\pi x}{l}\mathrm{d}x, & n&=1,2,\cdots,\end{aligned}\right\}\tag{8}$$

f 的傅氏正弦级数为

$$f(x)\sim\sum_{n=1}^{\infty}b_n\sin\frac{n\pi x}{l},$$

再用收敛定理判定$[0,l]$上的收敛性.

若 $g(x)=f(x)$,即将$[0,l]$上的 f 周期延拓到整个数轴上,F 是以 l 为周期的函数,这时,

f 的傅氏系数为

$$f(x)\sim\frac{a_0}{2}+\sum_{n=1}^{\infty}\left(a_n\cos\frac{2n\pi x}{l}+b_n\sin\frac{2n\pi x}{l}\right),$$

再用收敛定理判定 $[0,l]$ 上的收敛性.其中

$$\left.\begin{aligned}a_n&=\frac{2}{l}\int_0^l f(x)\cos\frac{2n\pi x}{l}\mathrm{d}x,\quad n=0,1,2,\cdots,\\ b_n&=\frac{2}{l}\int_0^l f(x)\sin\frac{2n\pi x}{l}\mathrm{d}x,\quad n=1,2,\cdots.\end{aligned}\right\}\tag{9}$$

题型归类解析 10.10

非周期函数展开为傅里叶级数.

由于这种周期延拓,要计算两个傅氏系数,所以,如无特殊要求,常用奇、偶延拓简化计算.

由公式(7)、(8)、(9)可见,计算系数 a_n,b_n 时,只用到 f 在 $[0,l]$ 上的表达式,故不必具体作出 F.

例 5 将 $f(x)=x,0\leqslant x\leqslant\pi$ 展开成以 2π 为周期的傅氏正弦级数.

解 为求正弦级数,对函数 f 进行奇延拓,由(8)式知,

$$a_n=0,\ n=0,1,2,\cdots,$$

$$b_n=\frac{2}{\pi}\int_0^{\pi}x\sin nx\mathrm{d}x=\frac{2(-1)^{n+1}}{n},n=1,2,\cdots.$$

由于 f 满足狄氏条件,所以,f 的傅氏正弦展开式为

$$f(x)=x=2\sum_{n=1}^{\infty}\frac{(-1)^{n+1}}{n}\sin nx\quad(0\leqslant x<\pi).$$

在 $x=\pi$ 时,f 的傅氏正弦级数收敛于 0.和函数图形见图 10-9.

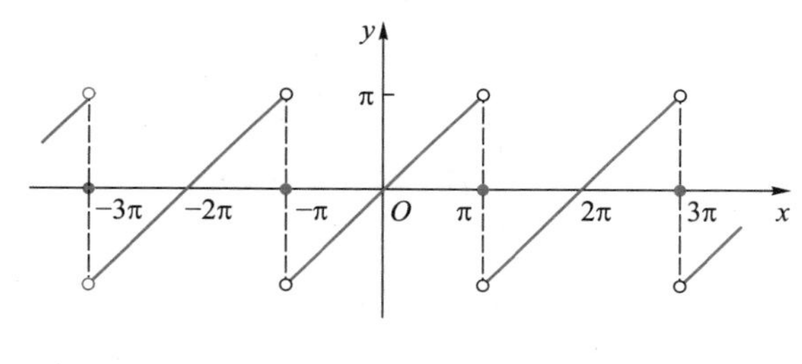

图 10-9

例 6 将 $f(x)=x,0\leqslant x\leqslant\pi$,展开成以 2π 为周期的傅氏余弦级数,并求 $\sum\limits_{n=1}^{\infty}\frac{1}{n^2}$ 的和.

解 为求余弦级数,对函数 f 进行偶延拓.由(7)式知,

$$b_n=0,\quad n=1,2,\cdots,$$

$$a_0=\frac{2}{\pi}\int_0^{\pi}x\mathrm{d}x=\pi,$$

$$a_n=\frac{2}{\pi}\int_0^{\pi}x\cos nx\mathrm{d}x=\frac{2}{n^2\pi}[(-1)^n-1]=\begin{cases}-\dfrac{4}{n^2\pi},&n=1,3,5,\cdots,\\0,&n=2,4,6,\cdots.\end{cases}$$

由于 f 满足狄氏条件，延拓得到的周期函数在每一点都连续，所以，f 的傅氏余弦展开式为

$$f(x)=x=\frac{\pi}{2}-\frac{4}{\pi}\left(\cos x+\frac{1}{3^2}\cos 3x+\frac{1}{5^2}\cos 5x+\cdots\right)\quad(0\leqslant x\leqslant\pi).$$

和函数图形见图 10-10.

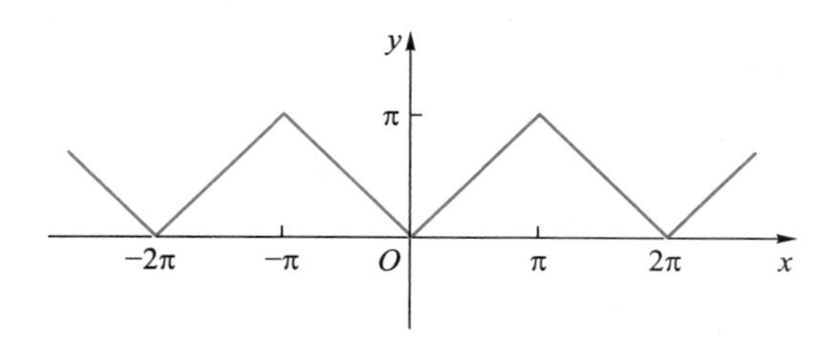

图 10-10

利用这个展开式，可求得几个特殊级数的和.令 $x=0$，得

$$1+\frac{1}{3^2}+\frac{1}{5^2}+\frac{1}{7^2}+\cdots=\frac{\pi^2}{8}.$$

若记

$$S_1=1+\frac{1}{3^2}+\frac{1}{5^2}+\frac{1}{7^2}+\cdots,$$

$$S=1+\frac{1}{2^2}+\frac{1}{3^2}+\frac{1}{4^2}+\frac{1}{5^2}+\cdots,$$

$$S_2=\frac{1}{2^2}+\frac{1}{4^2}+\frac{1}{6^2}+\cdots=\frac{1}{2^2}\left(1+\frac{1}{2^2}+\frac{1}{3^2}+\cdots\right)=\frac{1}{4}S,$$

于是

$$S=S_1+S_2=\frac{\pi^2}{8}+\frac{1}{4}S,$$

所以

$$S=\frac{\pi^2}{6},$$

即

$$\sum_{n=1}^{\infty}\frac{1}{n^2}=\frac{\pi^2}{6}.$$

综上所述，定义在有限区间上，且满足狄氏条件的非周期函数可以展开成傅氏级数.而定义在 $(-\infty,+\infty)$ 内的非周期函数，则不能展开成傅氏级数，在实际应用中，常将其表示成傅氏积分形式.关于傅氏积分，读者可阅读有关著作.

题型归类解析 10.11

利用函数的傅里叶展开式求常数项级数的和.

*5-5 傅里叶级数的复数形式

在讨论交流电路或进行频谱分析时,经常要用到傅氏级数的复数形式.

一、傅氏级数的复数形式

设以 $2l$ 为周期的函数 f 的傅氏级数为

$$f(x)\sim\frac{a_0}{2}+\sum_{n=1}^{+\infty}\left(a_n\cos\frac{n\pi}{l}x+b_n\sin\frac{n\pi}{l}x\right), \tag{10}$$

令 $\omega=\frac{\pi}{l}$,称为圆频率,则

$$f(x)\sim\frac{a_0}{2}+\sum_{n=1}^{+\infty}(a_n\cos n\omega x+b_n\sin n\omega x),$$

其中

$$a_0=\frac{1}{l}\int_{-l}^{l}f(x)\mathrm{d}x,$$

$$a_n=\frac{1}{l}\int_{-l}^{l}f(x)\cos n\omega x\mathrm{d}x,\ n=1,2,\cdots,$$

$$b_n=\frac{1}{l}\int_{-l}^{l}f(x)\sin n\omega x\mathrm{d}x,\ n=1,2,\cdots.$$

由欧拉公式

$$\cos n\omega x=\frac{1}{2}(\mathrm{e}^{\mathrm{i}n\omega x}+\mathrm{e}^{-\mathrm{i}n\omega x}),$$

$$\sin n\omega x=\frac{1}{2\mathrm{i}}(\mathrm{e}^{\mathrm{i}n\omega x}-\mathrm{e}^{-\mathrm{i}n\omega x}).$$

所以

$$\begin{aligned}f(x)&\sim\frac{a_0}{2}+\sum_{n=1}^{+\infty}\left(a_n\frac{\mathrm{e}^{\mathrm{i}n\omega x}+\mathrm{e}^{-\mathrm{i}n\omega x}}{2}+b_n\frac{\mathrm{e}^{\mathrm{i}n\omega x}-\mathrm{e}^{-\mathrm{i}n\omega x}}{2\mathrm{i}}\right)\\&=\frac{a_0}{2}+\sum_{n=1}^{+\infty}\left(\frac{a_n-\mathrm{i}b_n}{2}\mathrm{e}^{\mathrm{i}n\omega x}+\frac{a_n+\mathrm{i}b_n}{2}\mathrm{e}^{-\mathrm{i}n\omega x}\right)\\&=C_0+\sum_{n=1}^{+\infty}(C_n\mathrm{e}^{\mathrm{i}n\omega x}+C_{-n}\mathrm{e}^{-\mathrm{i}n\omega x}),\end{aligned}$$

其中

$$C_0=\frac{a_0}{2}=\frac{1}{2l}\int_{-l}^{l}f(x)\mathrm{d}x,$$

$$C_n=\frac{a_n-\mathrm{i}b_n}{2}$$

$$=\frac{1}{2l}\left[\int_{-l}^{l}f(x)\cos n\omega x\mathrm{d}x-\mathrm{i}\int_{-l}^{l}f(x)\sin n\omega x\mathrm{d}x\right]$$

$$=\frac{1}{2l}\int_{-l}^{l}f(x)(\cos n\omega x-\mathrm{i}\sin n\omega x)\mathrm{d}x$$

$$=\frac{1}{2l}\int_{-l}^{l}f(x)\mathrm{e}^{-\mathrm{i}n\omega x}\mathrm{d}x,\quad n=1,2,\cdots,$$

$$C_{-n}=\frac{a_n+\mathrm{i}b_n}{2}=\frac{1}{2l}\int_{-l}^{l}f(x)\mathrm{e}^{\mathrm{i}n\omega x}\mathrm{d}x,\ n=1,2,\cdots.$$

以上三式可归纳为一个公式

$$C_n=\frac{1}{2l}\int_{-l}^{l}f(x)\mathrm{e}^{-\mathrm{i}n\omega x}\mathrm{d}x,\ n=0,\pm1,\pm2,\cdots,$$

所以,得 f 的傅氏级数的复数形式

$$\boxed{f(x)\sim\sum_{n=-\infty}^{+\infty}C_n\mathrm{e}^{\mathrm{i}n\omega x},}\tag{11}$$

其中

$$\boxed{C_n=\frac{1}{2l}\int_{-l}^{l}f(x)\mathrm{e}^{-\mathrm{i}n\omega x}\mathrm{d}x,n=0,\pm1,\pm2,\cdots,}\tag{12}$$

C_n 称为复振幅(或傅氏系数的复数形式).

注意到 $a_n=C_n+C_{-n},b_n=\mathrm{i}(C_n-C_{-n})$,因此,由 f 的复振幅也能得到 f 的傅氏级数的实数形式.

二、频谱概念

由傅氏级数的实数形式知,对以 $2l$ 为周期的函数 f,它的 n 次谐波为

$$a_n\cos n\omega x+b_n\sin n\omega x=A_n\sin(n\omega x+\varphi),$$

其中 $\omega=\frac{\pi}{l}$,振幅

$$A_n=\sqrt{a_n^2+b_n^2}.$$

而在复数形式的傅氏级数中,n 次谐波为

$$C_n\mathrm{e}^{\mathrm{i}n\omega x}+C_{-n}\mathrm{e}^{-\mathrm{i}n\omega x},$$

其中 $C_n=\frac{1}{2}(a_n-\mathrm{i}b_n),C_{-n}=\frac{1}{2}(a_n+\mathrm{i}b_n)$,且

$$|C_n|=|C_{-n}|=\frac{1}{2}\sqrt{a_n^2+b_n^2},$$

故

$$A_n=2|C_n|\quad(n=0,1,2,\cdots).$$

它描述了各次谐波的振幅随频率变化的分布情况.A_n 称为 f 的振幅频谱(简称频谱).以

频率为横轴,振幅为纵轴,作出的频率和振幅的关系图,称为频谱图.在 $n\omega$ 处画一条垂直于横轴,高为 A_n 的直线段($n=1,2,\cdots$),这些直线段称为谱线.由于 A_n 的图形是不连续的,所以称为离散频谱.相邻两谱线间的距离为 $\omega=\dfrac{\pi}{l}$,周期越长,谱线就越密.

作为傅氏级数的重要应用,下面介绍一下频谱分析.

由信号 f 的傅氏级数知,它包含有无穷多个谐波,且 f 的频谱随谐波的次数的增加而减小,频率较低的谐波振幅较大,表示具有的能量也较大.因此,要使信号 f 在传输过程中完全不失真,最理想的是要把信号的全部能量都传送出去,即要求电路能通过频率由零到无穷大的全部谐波分量,但这是不太可能的.一般只要传送信号能量的 90%就满意了.因此常根据频谱中包含信号总能量 90%左右的频率范围来确定通频带宽,实用上将振幅小于最大振幅 10%的谐波略去即可.

所谓频谱分析就是将信号 f 的各次谐波的频率和振幅进行分析的方法.

例 7　电视机中产生的锯齿波近似于图 10-11,试作出其频谱图.

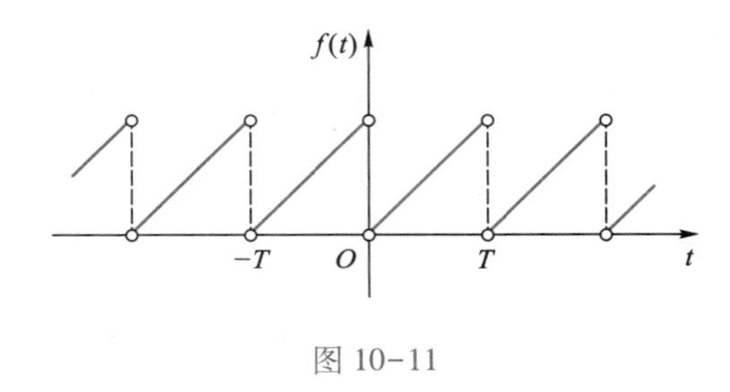

图 10-11

解　在一个周期$[0,T)$内锯齿波的函数表达式是

$$f(t)=\frac{h}{T}t,0\leqslant t\leqslant T.$$

复振幅

$$C_0=\frac{1}{T}\int_0^T\frac{h}{T}t\mathrm{d}t=\frac{h}{2},$$

$$C_n=\frac{1}{T}\int_0^T\frac{h}{T}t\mathrm{e}^{-\mathrm{i}n\omega t}\mathrm{d}t=\frac{h}{2n\pi}\mathrm{i}.$$

所以,f 的复数形式的傅氏级数为

$$f(t)=\frac{h}{2}+\frac{h\mathrm{i}}{2\pi}\sum_{n=-\infty(n\neq 0)}^{+\infty}\frac{1}{n}\mathrm{e}^{\mathrm{i}n\omega t}\quad(-\infty<t<+\infty,t\neq 0,\pm T,\cdots).$$

振幅

$$A_0=2|C_0|=h,$$

$$A_n=2|C_n|=\frac{h}{n\pi}\quad(n=1,2,\cdots).$$

于是频谱图如图 10-12 所示.

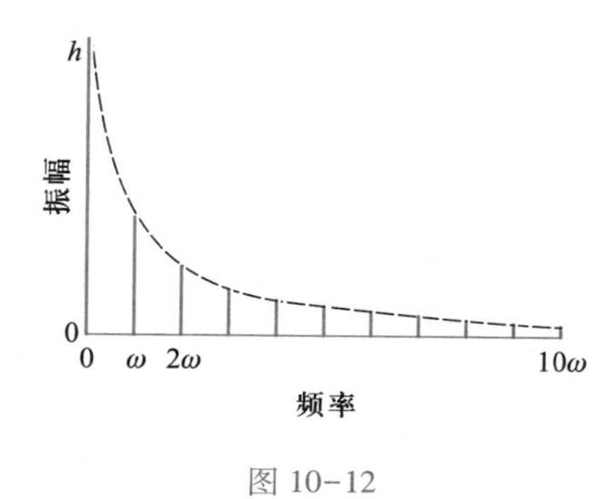

图 10-12

从频谱图上可以看出,锯齿波的谐波在 10 次以后,其振幅已甚小,若在设计频率为 50 周的电视机场扫描锯齿波放大器时,则它的通频带宽约为其频率的 10 倍,即带宽不小于 500 周即可.

习题 10-5

A

1. 将下列周期为 2π 的函数展开成傅氏级数,如果 f 在 $[-\pi,\pi)$ 上的表达式为

(1) $f(x)=3x^2,-\pi\leqslant x<\pi$;　(2) $f(x)=e^{2x},-\pi\leqslant x<\pi$;

(3) $f(x)=\begin{cases}bx,-\pi\leqslant x<0,\\ ax,0\leqslant x<\pi\end{cases}$($a,b$ 为常数,$a>b>0$).

2. 将下列周期为 $2l$ 的函数展开成傅氏级数,如果 f 在一个周期内的表达式为

(1) $2l=1,f(x)=1-x^2\quad\left(-\frac{1}{2}\leqslant x<\frac{1}{2}\right)$;

(2) $2l=2,f(x)=\begin{cases}x(1+x),-1<x\leqslant 0,\\ x(1-x),0<x\leqslant 1,\end{cases}$

并求 $\sum\limits_{n=1}^{\infty}\frac{(-1)^{n-1}}{(2n-1)^3}$的和.

3. 设 $f(x)=\begin{cases}1,0\leqslant x\leqslant h,\\ 0,h<x\leqslant\pi.\end{cases}$

(1) 将 f 展开成以 2π 为周期的傅氏正弦级数和傅氏余弦级数;

(2) 将 f 展开成以 π 为周期的傅氏级数.

4. 设 $f(x)=x-1,0\leqslant x\leqslant 2$.

(1) 将 f 展开成以 2 为周期的傅氏级数;

(2) 将 f 展开成以 4 为周期的傅氏余弦级数,并求该级数的和函数 $S(x)$ 在 $x=\frac{7}{2}$

处的值.

5. 将下列周期函数展开成傅氏级数:

(1) $f(x)=x-[x]$;

(2) $f(x)=|\sin x|$.

*6. 将下列函数展开成以 T 为周期的复数形式的傅氏级数:

(1) $T=2, f(x)=\mathrm{e}^{-x}, -1\leqslant x\leqslant 1$;

(2) $T=T_0, u(t)$ 为偶函数,且

$$u(t)=\begin{cases}E, 0\leqslant t\leqslant \dfrac{t_0}{2},\\ 0, \dfrac{t_0}{2}<t\leqslant \dfrac{T_0}{2},\end{cases}$$

并由 $u(t)$ 的复数形式的傅氏级数,写出其实数形式的傅氏级数.

B

1. 证明:

(1) 函数系 $1, \cos x, \cos 2x, \cdots, \cos nx, \cdots$ 与 $\sin x, \sin 2x, \sin 3x, \cdots, \sin nx, \cdots$ 都是 $[0,\pi]$ 上的正交函数系;

(2) 函数系 $1, \cos x, \sin x, \cos 2x, \sin 2x, \cdots, \cos nx, \sin nx, \cdots$ 不是 $[0,\pi]$ 上的正交函数系.

2. 由 $f(x)=x^2(-\pi\leqslant x<\pi)$ 的傅氏余弦级数,求下列数项级数的和:

(1) $1+\dfrac{1}{2^2}+\dfrac{1}{3^2}+\cdots+\dfrac{1}{n^2}+\cdots$;

(2) $1+\dfrac{1}{3^2}+\dfrac{1}{5^2}+\cdots+\dfrac{1}{(2n-1)^2}+\cdots$.

3. 设 f 是周期为 2π 的函数,证明:

(1) 如果 $f(x-\pi)=-f(x)$,则 $f(x)$ 的傅氏系数 $a_0=0, a_{2k}=0, b_{2k}=0(k=1,2,\cdots)$;

(2) 如果 $f(x-\pi)=f(x)$,则 $f(x)$ 的傅氏系数 $a_{2k+1}=0, b_{2k+1}=0(k=0,1,2,\cdots)$.

4. 如果 $\varphi(-x)=\psi(x)$,问 $\varphi(x)$ 与 $\psi(x)$ 的傅氏系数之间有什么关系? 如果 $\varphi(-x)=-\psi(x)$,问 $\varphi(x)$ 与 $\psi(x)$ 的傅氏系数之间又有什么关系?

5. 应当如何把区间 $\left(0,\dfrac{\pi}{2}\right)$ 内函数 $f(x)$ 延拓,使它的傅氏级数为

$$f(x)\sim\sum_{n=1}^{\infty}a_{2n-1}\cos(2n-1)x.$$

6. 将函数 $f(x)=\dfrac{\pi-x}{2}$ 在 $[0,2\pi]$ 上展开成以 2π 为周期的傅氏级数,并由此证明

$$\sum_{n=1}^{\infty}\frac{\cos nx}{n^2}=\frac{3x^2-6\pi x+2\pi^2}{12}\quad(0\leqslant x\leqslant 2\pi).$$

（提示：将 f 的傅氏级数逐项积分.）

7. 已知周期为 2π 的连续函数 $f(x)$ 的傅氏系数为 $a_n(n=0,1,2,\cdots)$，$b_n(n=1,2,3,\cdots)$，试计算函数 $f(x+h)$（h 为实常数）的傅氏系数 $\overline{a_n}(n=0,1,2,\cdots)$，$\overline{b_n}(n=1,2,3,\cdots)$.

（提示：易见 $f(x+h)$ 也是以 2π 为周期的函数.）

第十章测试题

部分习题参考答案

第六章

习题 6-1

A

1. (1) $\boldsymbol{a}\neq\boldsymbol{b}$;　　(2) $\boldsymbol{a}=\boldsymbol{b}\Rightarrow|\boldsymbol{a}|=|\boldsymbol{b}|$,反之不然;
   (3) $\boldsymbol{a}>\boldsymbol{b}$, $\boldsymbol{ab}$ 无意义, $|\boldsymbol{a}|>|\boldsymbol{b}|$, $|\boldsymbol{a}|\boldsymbol{b}$ 有意义;
   (4) 能构成;不一定.

3. $-9\dfrac{3}{5}\boldsymbol{a}+9\boldsymbol{b}-9\boldsymbol{c}$.　　4. -2.

6. $\boldsymbol{r}=(\mu+\nu)\boldsymbol{i}+(\lambda+\nu)\boldsymbol{j}+(\lambda+\mu)\boldsymbol{k}$.

8. 18;0.　　9. 6;18.

10. $\arccos\dfrac{\sqrt{39}}{26}$.　　11. -7.

B

1. $\lambda=\dfrac{|\boldsymbol{r}|\cos\alpha_0}{|\boldsymbol{a}|},\mu=\dfrac{|\boldsymbol{r}|\cos\beta_0}{|\boldsymbol{b}|},\nu=\dfrac{|\boldsymbol{r}|\cos\gamma_0}{|\boldsymbol{c}|}$.

习题 6-2

A

2. $M=(-6,-4,3)$.

4. $\mathrm{Prj}_{\boldsymbol{b}}\boldsymbol{a}=\dfrac{\sqrt{6}}{3}$;　$\mathrm{Prj}_{\boldsymbol{a}}(\boldsymbol{b}+\boldsymbol{c})=\dfrac{4}{3}\sqrt{3}$.

5. $M\left(\dfrac{\sqrt{2}}{2}b,\dfrac{1}{2}b,-\dfrac{1}{2}b\right)$.　　6. $M_1(1,-4,-7)$.

7. $M\left(\dfrac{4}{3},-\dfrac{4}{3},-1\right)$.

8. $\alpha=\frac{\pi}{3};\beta=\frac{\pi}{4};\gamma=\frac{\pi}{3}$.

9. $|\boldsymbol{a}|=\sqrt{29}$, $|\boldsymbol{b}|=\sqrt{6}$, $|\boldsymbol{c}|=\sqrt{3}$; $\boldsymbol{a}=\sqrt{29}\boldsymbol{e}_a$, $\boldsymbol{b}=\sqrt{6}\boldsymbol{e}_b$, $\boldsymbol{c}=\sqrt{3}\boldsymbol{e}_c$.

10. $\frac{3\pi}{4}$.　　11. $m=2$.

12. (1) -10;　　(2) $18\boldsymbol{i}+12\boldsymbol{j}+21\boldsymbol{k}$;　　(3) $\frac{5}{3\sqrt{14}}$.

13. $m=4$;　$n=-1$.

14. (1) $\sqrt{74}$, $\sqrt{26}$;　　(2) $\sqrt{481}$;　　(3) $\pm\frac{1}{\sqrt{481}}(12,16,-9)$.

15. $\pm\left(\frac{1}{\sqrt{35}},\frac{-3}{\sqrt{35}},\frac{-5}{\sqrt{35}}\right)$.

16. (1) $(0,-8,-24)$;　　(2) $(2,1,21)$;　　(3) $(0,-1,-1)$;　　(4) 2.

17. (1) 共面;　　(2) 不共面;　　(3) 共面.

18. (2) $\frac{1}{6}$.

B

1. $\boldsymbol{e}_r=(0,0,-1)$, $\boldsymbol{e}_r=\left(\frac{1}{\sqrt{2}},\frac{1}{\sqrt{2}},0\right)$.　　2. $P(2,3,6)$, $P\left(\frac{190}{49},\frac{285}{49},\frac{570}{49}\right)$.

3. $C(4,-5,-2)$.　　5. $z=-4$, $(\boldsymbol{a},\boldsymbol{b})=\frac{\pi}{4}$.

习题 6-3

A

1. (1) $\frac{x-2}{3}=\frac{y+3}{-1}=\frac{z-1}{4}$;　(2) $\frac{x}{-2}=\frac{y-2}{3}=\frac{z-4}{1}$;

(3) $\begin{cases}7x-5y+2z-32=0,\\15x-17y-46z-12=0;\end{cases}$

(4) $\frac{x-1}{-4}=\frac{y}{46}=\frac{z+2}{29}$或表示为$\begin{cases}3x-y+2z+1=0,\\5x+8y-12z-29=0.\end{cases}$

2. (1) $x+y+3z-6=0$;　　(2) $x-y+z=0$;

(3) $8x-9y-22z-59=0$;　　(4) $22x-19y-18z+11=0$;

(5) $16x-14y-11z+56=0$;　　(6) $2x-3y+2z+4=0$;

(7) $z=\pm\frac{\sqrt{3}}{3}y$.

3. (1) $\varphi=\arccos\frac{1}{9}$;　(2) $\varphi=\frac{\pi}{2}$;　(3) $\varphi=\frac{\pi}{2}$.

4. (1) 平行,不重合;　　(2) 异面直线,$\cos\varphi=\dfrac{3\sqrt{7}}{14}$;

(3) 异面直线,$\cos\varphi=\dfrac{2}{3}$.

5. (1) 平行; (2) 垂直; (3) 直线在平面上.

6. (1) $D_1=D_2=0$;$A_1:B_1:C_1\neq A_2:B_2:C_2$　(2) $A_1=A_2=0$,且$\dfrac{B_1}{B_2}\neq\dfrac{C_1}{C_2}$;

(3) $\dfrac{B_1}{B_2}=\dfrac{D_1}{D_2}$; (4) $C_1=C_2=D_1=D_2=0$ 且 $A_1B_2\neq A_2B_1$.

7. (1) $k=-\dfrac{1}{3}$; (2) $k=0$; (3) $k=3$.

8. $\begin{cases}x-7y+6z-2=0,\\x+y+z-1=0.\end{cases}$

9. $(0,0,2)$和$\left(0,0,\dfrac{4}{5}\right)$.

10. $d=\dfrac{8}{3}\sqrt{6}$,$\begin{cases}11x-7y+2z-42=0,\\2y+z-3=0.\end{cases}$

B

1. $\left(\dfrac{13}{7},\dfrac{11}{7},-\dfrac{12}{7}\right)$.

3. $\dfrac{1}{\sqrt{(l_1+l_2)^2+(m_1+m_2)^2+(n_1+n_2)^2}}(l_1+l_2,m_1+m_2,n_1+n_2)$.

4. $(-5,2,4)$.

5. $\dfrac{20\sqrt{2}}{11}\approx 2.57$.

习题 6-4

A

2. $y=\pm x$.

3. 定点在 x 轴上$(c,0,0)$,$(-c,0,0)$.$\dfrac{x^2}{a^2}+\dfrac{y^2+z^2}{b^2}=1$(距离和 $2a$),$b^2=a^2-c^2$.

4. 定点在 x 轴上$(c,0,0)$,$(-c,0,0)$.$\dfrac{x^2}{a^2}-\dfrac{y^2+z^2}{b^2}=1$(距离差 $2a$),$b^2=c^2-a^2$.

5. $(x-1)^2+y^2+z^2=1$.

6. $\begin{cases}10x+2z-35=0,\\y=0.\end{cases}$

7. （1）$(1,0,0)$，1；　　（2）$\left(0,\frac{5}{4},0\right)$，$\frac{\sqrt{89}}{4}$.

8. （1）$4(x^2+z^2)-9y^2=36$；　（2）$y^2+z^2=5x$；　（3）$x^2+y^2-z^2=9$.

9. （1）是，$\frac{x^2}{4}+\frac{y^2}{9}=1$ 或 $\frac{x^2}{4}+\frac{z^2}{9}=1$ 绕 x 轴旋转一周而成；

（2）是，有三种生成方法；

（3）不是；

（4）是，$x^2-\frac{y^2}{4}=1$ 或 $z^2-\frac{y^2}{4}=1$ 绕 y 轴旋转一周而成；

（5）不是；

（6）是，$x^2-y^2=1$ 或 $x^2-z^2=1$ 绕 x 轴旋转一周而成.

10. （1）椭球面；（2）椭圆抛物面；　（3）单叶双曲面；（4）圆锥面.

12. （1）双曲线；（2）圆；　（3）椭圆；　（4）抛物线.

13. （1）$\begin{cases}y^2-2x-1=0,\\z=0;\end{cases}$　（2）$\begin{cases}x^2+2y^2-16=0,\\z=0;\end{cases}$　（3）$\begin{cases}y^2-2x+9=0,\\z=0.\end{cases}$

B

2. $x^2+y^2+z^2-\frac{a^2+b^2+c^2-R^2}{c}z=R^2$.

3. 设异面直线之一为 x 轴，另一条在平行于 xOy 的面上，方程为$\frac{x}{l}=\frac{y}{m}=\frac{z-z_0}{0}$，$(z_0>0,l^2+m^2=1)$，则所求曲面方程为$(mx-ly)^2+(z-z_0)^2=y^2+z^2$，当$m=1,l=0$ 时，方程为$\frac{x^2-y^2}{2z_0}=z-\frac{z_0}{2}$. 这是双曲抛物面.

4. $x^2+y^2-2\left(z-\frac{1}{2}\right)^2=\frac{1}{2}(0\leqslant z\leqslant 1)$，单叶双曲面的一部分，中心在点$\left(0,0,\frac{1}{2}\right)$上.

5. 提示：点 A,B,C 在 $Oxyz$ 中的坐标为

$$A(|OA|\cos\alpha_1,|OA|\cos\beta_1,|OA|\cos\gamma_1),$$
$$B(|OB|\cos\alpha_2,|OB|\cos\beta_2,|OB|\cos\gamma_2),$$
$$C(|OC|\cos\alpha_3,|OC|\cos\beta_3,|OC|\cos\gamma_3),$$

其中 $\alpha_1,\beta_1,\gamma_1$；$\alpha_2,\beta_2,\gamma_2$；$\alpha_3,\beta_3,\gamma_3$ 分别为 OA,OB,OC 在坐标系 $Oxyz$ 中的方向角，因此 $\alpha_1,\alpha_2,\alpha_3$；$\beta_1,\beta_2,\beta_3$；$\gamma_1,\gamma_2,\gamma_3$ 分别为坐标轴 Ox,Oy,Oz 在由 OA,OB,OC 组成的新坐标系$Ox'y'z'$中的方向角.

将 A,B,C 的坐标代入椭圆方程，即得常数等于$\frac{1}{a^2}+\frac{1}{b^2}+\frac{1}{c^2}$.

习题 6-5

A

1. 当$|b|>|a|$,方程组无解;当$|b|=|a|$,表示圆$\begin{cases}x^2+y^2=a^2,\\z=0;\end{cases}$

当$|b|<|a|$,表示两个圆:$\begin{cases}x^2+y^2=b^2,\\z=\sqrt{a^2-b^2},\end{cases}\begin{cases}x^2+y^2=b^2,\\z=-\sqrt{a^2-b^2}.\end{cases}$

2. M_1,M_3 在曲线上,M_2,M_4 不在曲线上.

4. (1) $\begin{cases}x^2+y^2-x-1=0,\\z=0;\end{cases}$ (2) $\begin{cases}2x^2+y^2-2x=8,\\z=0;\end{cases}$ (3) $\begin{cases}x^2+2y^2-2y=0,\\z=0.\end{cases}$

5. $\begin{cases}y-z+2=0,\\x=0.\end{cases}$

7. (1) $\begin{cases}x=\sqrt{5}\cos\theta+1,\\y=\sqrt{5}\sin\theta-2,\\z=5\end{cases}(0\leqslant\theta\leqslant2\pi)$. (2) $\begin{cases}x=\dfrac{3}{\sqrt{2}}\cos t,\\y=\dfrac{3}{\sqrt{2}}\cos t,\\z=3\sin t\end{cases}(0\leqslant t\leqslant2\pi)$.

B

1. $3y^2-z^2=16$;$3x^2+2z^2=16$.

2. 投影曲线在 xOy 面上为$\begin{cases}x^2+z^2=1,\\z=0,\end{cases}$在 xOz 面上为$\begin{cases}z=x,\\y=0\end{cases}(-1\leqslant x\leqslant1)$,在 yOz 面上为$\begin{cases}y^2+z^2=1,\\x=0;\end{cases}$曲线的参数方程为$\begin{cases}x=\cos\theta,\\y=\sin\theta,\\z=\cos\theta\end{cases}(0\leqslant\theta\leqslant2\pi)$.

第七章

习题 7-1

A

1. (1) 是有界开区域; (2) 是有界闭区域; (3) 非区域; (4) 非区域;
(5) 是有界非开非闭区域; (6) 是无界开区域.

2. (1) 多连通域; (2) 单连通域.

3. $f(-x,-y)=xy+\dfrac{x}{y}$,$f\left(\dfrac{1}{x},\dfrac{1}{y}\right)=\dfrac{1}{xy}+\dfrac{y}{x}$,$f\left(xy,\dfrac{x}{y}\right)=x^2+y^2$,$\dfrac{1}{f(x,y)}=\dfrac{y}{x(1+y^2)}$.

4. 利用对数的性质.

5. (1) $|x|\leqslant 1, |y|\geqslant 1$; (2) $y^2\leqslant 4x, 0<x^2+y^2<1$;

(3) $\begin{cases} x<0, \\ 0<y-x<1 \end{cases}$ 或 $\begin{cases} x>0, \\ y-x>1 \end{cases}$; (4) $1\leqslant x^2+y^2\leqslant 4$;

(5) $\dfrac{x^2}{a^2}+\dfrac{y^2}{b^2}+\dfrac{z^2}{c^2}\leqslant 1$; (6) $x\geqslant 0, y\geqslant 0, z\geqslant 0, x^2+y^2+z^2<1$.

6. (1) $\dfrac{10}{3}$; (2) 0; (3) 2; (4) 0.

7. (1) 取路线 $y=0$ 和 $y=x$, 令 $x\to 0$, 可得极限不存在;

(2) 利用重要极限 $\lim\limits_{u\to 0}\dfrac{\sin u}{u}=1$, 可得极限不存在.

8. (1) $y=2x$; (2) $x=y=k(k\in\mathbf{Z})$; (3) $y=x$;

(4) $x=k\pi$ 及 $y=k\pi+\dfrac{\pi}{2}(k\in\mathbf{Z})$.

B

1. (1) 1; (2) 0(提示:当 $x>0, y>0$ 时, $x^2+y^2\geqslant 2xy$).

2. 当 (x,y) 分别沿着 $y=\dfrac{3}{4}x$、$y=\dfrac{2}{3}x$、$y=2x$ 趋于 $(0,0)$ 时极限分别为 3、2、-2.

3. $D_f=\left\{(x,y)\,\middle|\, x>0, y>-\dfrac{1}{x}\right\}\cup\left\{(x,y)\,\middle|\, x<0, y<-\dfrac{1}{x}\right\}\cup\{(0,y)\mid y\in\mathbf{R}\}$.

4. (1) 在 $(0,0)$ 点不连续; (2) 在 $(0,0)$ 点不连续; (3) 在 xOy 平面内连续.

5. (1) 二重极限不存在, 二次极限均为 0;

(2) 二重极限为 0, 二次极限均不存在.

习题 7-2(1)

A

1. (1) $\dfrac{\partial z}{\partial x}=\dfrac{1}{y}-\dfrac{y}{x^2}, \dfrac{\partial z}{\partial y}=\dfrac{1}{x}-\dfrac{x}{y^2}$;

(2) $\dfrac{\partial z}{\partial x}=y[\cos(xy)-\sin(2xy)], \dfrac{\partial z}{\partial y}=x[\cos(xy)-\sin(2xy)]$;

(3) $\dfrac{\partial z}{\partial x}=y^2(1+xy)^{y-1}, \dfrac{\partial z}{\partial y}=(1+xy)^y\left[\ln(1+xy)+\dfrac{xy}{1+xy}\right]$;

(4) $\dfrac{\partial z}{\partial x}=\dfrac{x^3-2y}{x(x^3+y)}, \dfrac{\partial z}{\partial y}=\dfrac{1}{x^3+y}$;

(5) $\dfrac{\partial u}{\partial x}=\dfrac{y}{z}x^{\frac{y}{z}-1}, \dfrac{\partial u}{\partial y}=\dfrac{1}{z}x^{\frac{y}{z}}\ln x, \dfrac{\partial u}{\partial z}=-\dfrac{y}{z^2}x^{\frac{y}{z}}\ln x$;

(6) $\dfrac{\partial u}{\partial x}=\dfrac{z(x-y)^{z-1}}{1+(x-y)^{2z}}, \dfrac{\partial u}{\partial y}=-\dfrac{z(x-y)^{z-1}}{1+(x-y)^{2z}}, \dfrac{\partial u}{\partial z}=\dfrac{(x-y)^z\ln(x-y)}{1+(x-y)^{2z}}$.

2. (1) $\frac{\partial^2 z}{\partial x^2}=y^x\ln^2 y,\frac{\partial^2 z}{\partial y^2}=x(x-1)y^{x-2},\frac{\partial^2 z}{\partial x\partial y}=y^{x-1}(1+x\ln y)$;

(2) $\frac{\partial^2 z}{\partial x^2}=2a^2\cos 2(ax+by),\frac{\partial^2 z}{\partial y^2}=2b^2\cos 2(ax+by),\frac{\partial^2 z}{\partial x\partial y}=2ab\cos 2(ax+by)$.

3. $\frac{\pi}{4}$.

4. $f_{xx}(0,0,1)=2,f_{xz}(1,0,2)=2,f_{yz}(0,-1,0)=0,f_{zzx}(2,0,1)=0$.

7. (1) $\mathrm{d}z=-\frac{1}{x}\mathrm{e}^{\frac{y}{x}}\left(\frac{y}{x}\mathrm{d}x-\mathrm{d}y\right)$;　　(2) $\mathrm{d}z=\frac{x\mathrm{d}x+y\mathrm{d}y}{x^2+y^2}$;

(3) $\mathrm{d}z=-\frac{y\mathrm{d}x-x\mathrm{d}y}{x^2+y^2}$;　　(4) $\mathrm{d}u=yzx^{yz-1}\mathrm{d}x+zx^{yz}\ln x\mathrm{d}y+yx^{yz}\ln x\mathrm{d}z$.

8. $\mathrm{d}z=\frac{1}{3}\mathrm{d}x+\frac{2}{3}\mathrm{d}y$.

9. $\mathrm{d}z=0.25\mathrm{e}$.

10. (1) $(2xy+y^2,2xy+x^2)$;

(2) $\left(\frac{yz(y^2+z^2-x^2)}{(x^2+y^2+z^2)^2},\frac{xz(x^2+z^2-y^2)}{(x^2+y^2+z^2)^2},\frac{xy(x^2+y^2-z^2)}{(x^2+y^2+z^2)^2}\right)$;

*(3) $\frac{1}{\sqrt{\sum\limits_{i=1}^{n}x_i^2}}(x_1,x_2,\cdots,x_n)$.

B

1. 当 $\varphi(0,0)=0$ 时,$f_x(0,0)=f_y(0,0)=0$.

3. $f_{xy}(0,0)=-1,f_{yx}(0,0)=1,f_{xy}(x,y),f_{yx}(x,y)$在$(0,0)$点不连续.

4. 提示:必要性,方程$f(tx,ty,tz)=t^nf(x,y,z)$两边对 t 求导;充分性,作辅助函数 $F(t)=f(tx,ty,tz)/t^n$.

5. 2.039.

6. −5 cm.

7. 0.124,　0.496%.

习题 7−2(2)

A

1. $\frac{\mathrm{d}u}{\mathrm{d}x}=\frac{(ax+1)\mathrm{e}^{ax}(1+a^2x^2)}{(ax+1)^4+x^2\mathrm{e}^{2ax}}$.

2. $\frac{\partial z}{\partial x}=\frac{4x^3\arcsin\sqrt{1-x^2-y^2}}{x^4+y^4}-\frac{x\ln(x^4+y^4)}{\sqrt{(1-x^2-y^2)(x^2+y^2)}}$,

$\frac{\partial z}{\partial y}=\frac{4y^3\arcsin\sqrt{1-x^2-y^2}}{x^4+y^4}-\frac{y\ln(x^4+y^4)}{\sqrt{(1-x^2-y^2)(x^2+y^2)}}$.

3. (1) $\frac{\partial u}{\partial x}=2xf_1'+ye^{xy}f_2'$, $\frac{\partial u}{\partial y}=-2yf_1'+xe^{xy}f_2'$;

(2) $\frac{\partial u}{\partial x}=\frac{1}{y}f_1'$, $\frac{\partial u}{\partial y}=-\frac{x}{y^2}f_1'+\frac{1}{z}f_2'$, $\frac{\partial u}{\partial z}=-\frac{y}{z^2}f_2'$;

(3) $\frac{\partial u}{\partial x}=f_1'+yf_2'+yzf_3'$, $\frac{\partial u}{\partial y}=xf_2'+xzf_3'$, $\frac{\partial u}{\partial z}=xyf_3'$;

(4) $\frac{\partial u}{\partial x}=2xf_1'+yf_2'+f_3'$, $\frac{\partial u}{\partial y}=2yf_1'+xf_2'+f_3'$, $\frac{\partial u}{\partial z}=f_3'$.

5. (1) $-\frac{x}{y^2}f''\left(\frac{x}{y}\right)-\frac{y}{x^2}g''\left(\frac{y}{x}\right)$;

(2) $f'(x+y)+y[f''(xy)+f''(x+y)]$;

(3) $-2f''(2x-y)+xg_{12}''+xyg_{22}''+g_2'$;

(4) $\cos x f_2'-2f_{11}''+(2\sin x-y\cos x)f_{12}''+y\sin x\cos x f_{22}''+4xyg''(x^2+y^2)$.

6. (1) $\frac{\partial^2 z}{\partial x^2}=2yf_2'+y^4f_{11}''+4xy^3f_{12}''+4x^2y^2f_{22}''$;

$$\frac{\partial^2 z}{\partial x\partial y}=2yf_1'+2xf_2'+2xy^3f_{11}''+5x^2y^2f_{12}''+2x^3yf_{22}'';$$

$$\frac{\partial^2 z}{\partial y^2}=2xf_1'+4x^2y^2f_{11}''+4x^3yf_{12}''+x^4f_{22}''.$$

(2) $\frac{\partial^2 z}{\partial x^2}=f_{11}''+\frac{2}{y}f_{12}''+\frac{1}{y^2}f_{22}''$; $\frac{\partial^2 z}{\partial x\partial y}=-\frac{x}{y^2}\left(f_{12}''+\frac{1}{y}f_{22}''\right)-\frac{1}{y^2}f_2'$;

$$\frac{\partial^2 z}{\partial y^2}=\frac{2x}{y^3}f_2'+\frac{x^2}{y^4}f_{22}''.$$

(3) $\frac{\partial^2 z}{\partial x^2}=e^{x+y}f_3'-\sin x f_1'+\cos^2 x f_{11}''+2e^{x+y}\cos x f_{13}''+e^{2(x+y)}f_{33}''$;

$$\frac{\partial^2 z}{\partial x\partial y}=e^{x+y}f_3'-\cos x\sin y f_{12}''+e^{x+y}\cos x f_{13}''-e^{x+y}\sin y f_{32}''+e^{2(x+y)}f_{33}'';$$

$$\frac{\partial^2 z}{\partial y^2}=e^{x+y}f_3'-\cos y f_2'+\sin^2 y f_{22}''-2e^{x+y}\sin y f_{23}''+e^{2(x+y)}f_{33}''.$$

(4) $\frac{\partial^2 z}{\partial x^2}=e^{2y}f_{11}''+2e^yf_{12}''+f_{22}''$;

$$\frac{\partial^2 z}{\partial x\partial y}=e^yf_1'+xe^{2y}f_{11}''+e^yf_{13}''+xe^yf_{21}''+f_{23}'';$$

$$\frac{\partial^2 z}{\partial y^2}=xe^yf_1'+x^2e^{2y}f_{11}''+2xe^yf_{13}''+f_{33}''.$$

B

1. $\frac{\partial u}{\partial r}=-6\frac{yrz}{x^2}\cos\frac{y}{x}+4\frac{z}{x}\cos\frac{y}{x}+4r\sin\frac{y}{x}$,

$$\frac{\partial u}{\partial s}=-2\frac{yz}{x^2}\cos\frac{y}{x}-6s^2\frac{z}{x}\cos\frac{y}{x}-6s\sin\frac{y}{x}.$$

3. $\dfrac{\partial^{p+q+r}u}{\partial x^p\partial y^q\partial z^r}=(x+p)(y+q)(z+r)e^{x+y+z}$.

4. 提示:利用定积分变上限函数的求导结果.

5. $\varphi^{(n)}(t)=\left(h\dfrac{\partial}{\partial x}+k\dfrac{\partial}{\partial y}\right)^n f(x+th,y+tk)=\sum\limits_{i=0}^{n}C_n^i h^i k^{n-i}\dfrac{\partial^n}{\partial x^i\partial y^{n-i}}f(x+th,y+tk)$.

习题 7-2(3)

A

1. (1) $\dfrac{\partial z}{\partial x}=-1,\dfrac{\partial z}{\partial y}=-1$;

(2) $\dfrac{\partial z}{\partial x}=\dfrac{xy}{x^2-y^2},\dfrac{\partial z}{\partial y}=-\dfrac{zy}{x^2-y^2}$;

(3) $\dfrac{\partial z}{\partial x}=\dfrac{yz-\sqrt{xyz}}{\sqrt{xyz}-xy},\dfrac{\partial z}{\partial y}=\dfrac{xz-2\sqrt{xyz}}{\sqrt{xyz}-xy}$;

(4) $\dfrac{\partial z}{\partial x}=\dfrac{z}{x+z},\dfrac{\partial z}{\partial y}=\dfrac{z^2}{y(x+z)}$.

6. (1) $\dfrac{dy}{dx}=-\dfrac{x(6z+1)}{2y(3z+1)},\dfrac{dz}{dx}=\dfrac{x}{(3z+1)}$;

(2) $\dfrac{dx}{dz}=\dfrac{y-z}{x-y},\dfrac{dy}{dz}=\dfrac{z-x}{x-y}$;

(3) $\dfrac{\partial u}{\partial x}=\dfrac{\sin v}{e^u(\sin v-\cos v)+1},\dfrac{\partial u}{\partial y}=\dfrac{-\cos v}{e^u(\sin v-\cos v)+1}$,

$\dfrac{\partial v}{\partial x}=\dfrac{\cos v-e^u}{u[e^u(\sin v-\cos v)+1]},\dfrac{\partial v}{\partial y}=\dfrac{\sin v+e^u}{u[e^u(\sin v-\cos v)+1]}$.

7. $\dfrac{\partial z}{\partial x}=(v\cos v-u\sin v)e^{-u},\dfrac{\partial z}{\partial y}=(u\cos v+v\sin v)e^{-u}$.

B

1. $dy=-\dfrac{4x}{5y}dx$; $dz=-\dfrac{x}{5z}dx$.

6. $\dfrac{\partial r}{\partial x}=\dfrac{\frac{\partial y}{\partial s}}{\frac{\partial x}{\partial r}\frac{\partial y}{\partial s}-\frac{\partial x}{\partial s}\frac{\partial y}{\partial r}},\dfrac{\partial r}{\partial y}=-\dfrac{\frac{\partial x}{\partial s}}{\frac{\partial x}{\partial r}\frac{\partial y}{\partial s}-\frac{\partial x}{\partial s}\frac{\partial y}{\partial r}}$;

$\dfrac{\partial s}{\partial x}=-\dfrac{\frac{\partial y}{\partial r}}{\frac{\partial x}{\partial r}\frac{\partial y}{\partial s}-\frac{\partial x}{\partial s}\frac{\partial y}{\partial r}},\dfrac{\partial s}{\partial y}=\dfrac{\frac{\partial x}{\partial r}}{\frac{\partial x}{\partial r}\frac{\partial y}{\partial s}-\frac{\partial x}{\partial s}\frac{\partial y}{\partial r}}$.

7. $\frac{\mathrm{d}z}{\mathrm{d}x}=h'(x)=\frac{f_xg_y-f_yg_x}{g_y}$.

8. $w_{uu}+w_{uv}=2w$.

10. 4 名.

习题 7-2(4)

A

1. (1) $-\frac{2}{\sqrt{6}}$; (2) $-\frac{1}{\sqrt{6}}$; (3) $\frac{\sqrt{3}+1}{2}$; (4) $\frac{98}{13}$.

2. (1) $(2xy\cos(x^2y)-y^2\sin(xy^2), x^2\cos(x^2y)-2xy\sin(xy^2))$;

   (2) $\left(\frac{1}{x}\mathrm{e}^{\frac{x}{y}}\left(1-\frac{y}{x}\right), \mathrm{e}^{\frac{x}{y}}\left(\frac{1}{x}-\frac{1}{y}\right)\right)$; (3) $2(x_1,x_2,\cdots,x_n)$.

4. $\frac{\partial f(1,1)}{\partial l}=\cos\alpha+\sin\alpha$, (1) $\alpha=\frac{\pi}{4}$, (2) $\alpha=\frac{5\pi}{4}$, (3) $\alpha=\frac{3\pi}{4}$及 $\alpha=\frac{7\pi}{4}$.

5. $-1, \frac{1}{\sqrt{5}}$.

6. (1) $\nabla r^2=(2x,2y,2z)$; $\nabla r^n=nr^{n-1}\left(\frac{x}{r},\frac{y}{r},\frac{z}{r}\right)$.

7. $\frac{1}{ab}\sqrt{2(a^2+b^2)}$.

B

2. $\boldsymbol{n}=(3,4)$.

3. $\boldsymbol{l}=\left(-\frac{1}{9},-\frac{1}{16}\right)$.

习题 7-3

A

1. (1) $\frac{x-\frac{\pi}{2}}{2}=-\frac{y-3}{2}=\frac{z-1}{3}$; (2) $\frac{x}{a}+\frac{z}{c}=1, y=\frac{b}{2}$.

2. (1) $\boldsymbol{v}(t)=(-a\sin t, a\cos t, k), \boldsymbol{a}(t)=(-a\cos t,-a\sin t,0)$;

   (2) $\boldsymbol{v}(t)=\left(\frac{2}{t+1},2\mathrm{e}^{2t},2t\right), \boldsymbol{a}(t)=\left(\frac{-2}{(t+1)^2},4\mathrm{e}^{2t},2\right)$.

3. $\frac{\mathrm{d}\boldsymbol{f}}{\mathrm{d}t}=\left(\frac{1}{t},6\cos 6t,-3\sin 3t\right)$.

4. $P_1(-1,1,-1)$; $P_2\left(-\frac{1}{3},\frac{1}{9},-\frac{1}{27}\right)$.

5.（1）切平面 $z=\frac{\pi}{4}-\frac{1}{2}(x-y)$，法线$\frac{x-1}{1}=\frac{y-1}{-1}=\frac{z-\frac{\pi}{4}}{2}$；

（2）切平面 $x+y-2z=0$，法线$\frac{x-1}{-1}=\frac{y-1}{-1}=\frac{z-1}{2}$；

（3）切平面 $x+y-4z=0$，法线$\frac{x-2}{1}=\frac{y-2}{1}=\frac{z-1}{-4}$.

6. $\frac{\partial u}{\partial l}=-\frac{14}{243}$.

7. $x+y\pm\frac{\sqrt{2}}{2}-\frac{1}{2}=0$.

8.（1）$\frac{x-1}{3}=\frac{y-1}{3}=\frac{z-3}{-1}$；（2）$\frac{x-1}{16}=\frac{y-1}{9}=\frac{z-1}{-1}$.

B

3. 切线$\frac{x-a\cos t_0}{-a\sin t_0}=\frac{y-a\sin t_0}{a\cos t_0}=\frac{z-bt_0}{b}$；

法平面 $a\sin t_0 x-a\cos t_0 y-bz+b^2t_0=0$.

4. $\cos\alpha=\frac{-2}{\sqrt{14}}$，$\cos\beta=\frac{-1}{\sqrt{14}}$，$\cos\gamma=\frac{3}{\sqrt{14}}$.

7. $\dfrac{x-x_0}{\left.\frac{\partial(F,G)}{\partial(y,z)}\right|_{P_0}}=\dfrac{y-y_0}{\left.\frac{\partial(F,G)}{\partial(z,x)}\right|_{P_0}}$，其中 $P_0=(x_0,y_0,0)$.

9. $y=-2x^4$.

习题 7-4

A

*1. $\ln(1+x+y)=x+y-\frac{1}{2}(x+y)^2+\frac{1}{3}(x+y)^3+R_3$，

其中 $R_3=-\frac{1}{4}\frac{(x+y)^4}{(1+\theta x+\theta y)^4}$，$(0<\theta<1)$.

*2. $f(x,y)=5+2(x-1)^2-(x-1)(y+2)-(y+2)^2$.

3.（1）极小值$f\left(a^{\frac{1}{3}},a^{\frac{1}{3}}\right)=3a^{\frac{2}{3}}$；（2）极大值$f(3,2)=36$；

（3）极小值$f(a,a)=f(-a,-a)=6a^4$；（4）无极值.

4.（1）最大值$f\left(\frac{1}{2},0\right)=\frac{1}{4}$，最小值$f(-1,0)=-2$；

（2）最大值$f(1,2)=17$，最小值$f(1,0)=-3$.

5. $\left(\dfrac{m_1x_1+m_2x_2+m_3x_3}{m_1+m_2+m_3},\quad \dfrac{m_1y_1+m_2y_2+m_3y_3}{m_1+m_2+m_3}\right)$.

6. 最大值$f\left(\dfrac{4}{3},\dfrac{4}{3}\right)=\dfrac{64}{27}$,最小值$f(3,3)=-18$.

7. $V\left(\dfrac{a}{\sqrt{3}},\dfrac{b}{\sqrt{3}},\dfrac{c}{\sqrt{3}}\right)=\dfrac{8}{3\sqrt{3}}abc$.

8. $V\left(\dfrac{p}{2},\dfrac{3}{4}p,\dfrac{3}{4}p\right)=\dfrac{\pi}{12}p^3$.

9. $\theta=\dfrac{\pi}{3},h=\dfrac{\sqrt{s}}{\sqrt[4]{3}}$.

B

1. 极大值$z\left(\dfrac{16}{7},0\right)=-\dfrac{8}{7}$,极小值$z(-2,0)=1$.

2. $r=\sqrt{5}\sqrt[3]{\dfrac{3V}{50\pi}},H=h=2\sqrt[3]{\dfrac{3V}{50\pi}}$.

3. 6 km/h.

4. $\max f(r,r,\sqrt{3}r)=\ln(3\sqrt{3}r^5)$.

5. 当$x_1=x_2=\cdots=x_n=\dfrac{l}{n}$时, $\prod\limits_{i=1}^{n}x_i$ 最大.

6. 提示:求$u=\sum\limits_{i=1}^{n}\dfrac{1}{x_i}$在条件$a=\prod\limits_{i=1}^{n}x_i$下的最小值. 当$x_1=x_2=\cdots=x_n=\sqrt[n]{a}$时,$u$取得最小值$\dfrac{n}{\sqrt[n]{a}}$.

7. 提示:求$u=\sum\limits_{i=1}^{n}x_i^2$在条件$a=\sum\limits_{i=1}^{n}x_i$下的最小值. 当$x_1=x_2=\cdots=x_n=\dfrac{a}{n}$时,$u$有最小值$\dfrac{a^2}{n}$.

第八章

习题 8-1

A

1. $\iint\limits_{\sigma}\mu(x,y)\,\mathrm{d}\sigma$.

3. (1) $\iint\limits_{\sigma}(x+y)^2\mathrm{d}\sigma\geqslant\iint\limits_{\sigma}(x+y)^3\mathrm{d}\sigma$;　(2) $\iint\limits_{\sigma}\ln(x+y)\,\mathrm{d}\sigma\leqslant\iint\limits_{\sigma}[\ln(x+y)]^2\mathrm{d}\sigma$

4. (1) $2\leqslant I\leqslant 8$； (2) $36\pi\leqslant I\leqslant 100\pi$； (3) $\frac{100}{51}\leqslant I\leqslant 2$； (4) $0\leqslant I\leqslant \frac{4}{3}\pi R^5$.

B

3. $\frac{1}{\pi R^2}\iint\limits_{\sigma}(x^2+y^2)\,\mathrm{d}\sigma$.

4. $\frac{4\pi}{3}\frac{R^3}{\sqrt{a^2+b^2+c^2}+\theta R}$，其中$|\theta|<1$.

习题 8-2

A

1. (1) $\int_0^1\mathrm{d}x\int_{x-1}^{1-x}f(x,y)\,\mathrm{d}y$；$\int_{-1}^0\mathrm{d}y\int_0^{1+y}f(x,y)\,\mathrm{d}x+\int_0^1\mathrm{d}y\int_0^1 f(x,y)\,\mathrm{d}x$；

(2) $\int_{-\sqrt{2}}^{\sqrt{2}}\mathrm{d}x\int_{x^2}^{4-x^2}f(x,y)\,\mathrm{d}y$；$\int_0^2\mathrm{d}y\int_{-\sqrt{y}}^{\sqrt{y}}f(x,y)\,\mathrm{d}x+\int_2^4\mathrm{d}y\int_{-\sqrt{4-y}}^{\sqrt{4-y}}f(x,y)\,\mathrm{d}x$；

(3) $\int_{-2}^2\mathrm{d}x\int_{-3\sqrt{1-\frac{x^2}{4}}}^{3\sqrt{1-\frac{x^2}{4}}}f(x,y)\,\mathrm{d}y$；$\int_{-3}^3\mathrm{d}y\int_{-2\sqrt{1-\frac{y^2}{9}}}^{2\sqrt{1-\frac{y^2}{9}}}f(x,y)\,\mathrm{d}x$；

(4) $\int_1^2\mathrm{d}x\int_{\frac{1}{x}}^{x}f(x,y)\,\mathrm{d}y$；$\int_{\frac{1}{2}}^1\mathrm{d}y\int_{\frac{1}{y}}^{2}f(x,y)\,\mathrm{d}x+\int_1^2\mathrm{d}y\int_y^2 f(x,y)\,\mathrm{d}x$.

2. (1) $\frac{2}{21}$； (2) $\mathrm{e}-\mathrm{e}^{-1}$； (3) -2； (4) $\pi^2-\frac{40}{9}$； (5) $\frac{1}{4}$.

3. (1) $\int_0^4\mathrm{d}x\int_{\frac{x}{2}}^{\sqrt{x}}f(x,y)\,\mathrm{d}y$；　(2) $\int_0^1\mathrm{d}y\int_{2-y}^{1+\sqrt{1-y^2}}f(x,y)\,\mathrm{d}x$；

(3) $\int_0^a\mathrm{d}y\int_{\frac{a^2-y^2}{2a}}^{\sqrt{a^2-y^2}}f(x,y)\,\mathrm{d}x$；　(4) $\int_1^2\mathrm{d}y\int_y^{y^2}f(x,y)\,\mathrm{d}x$.

4. (1) $I=\int_0^1\mathrm{d}x\int_0^{1-x}\mathrm{d}y\int_0^{xy}f(x,y,z)\,\mathrm{d}z$；

(2) $I=\int_0^1\mathrm{d}y\int_{\frac{\sqrt{y}}{2}}^{\sqrt{y}}\mathrm{d}x\int_{-\sqrt{y-x^2}}^{\sqrt{y-x^2}}f(x,y,z)\,\mathrm{d}z$；

(3) $I=\int_{-1}^1\mathrm{d}x\int_{-\sqrt{1-x^2}}^{\sqrt{1-x^2}}\mathrm{d}y\int_{x+2y^2}^{2-x^2}f(x,y,z)\,\mathrm{d}z$；

(4) $I=\int_{-1}^1\mathrm{d}x\int_{x^2}^1\mathrm{d}y\int_0^{x^2+y^2}f(x,y,z)\,\mathrm{d}z$.

5. (1) $\frac{1}{364}$； (2) $\frac{1}{2}\left(\ln 2-\frac{5}{8}\right)$； (3) 0； (4) $\frac{59}{480}\pi R^5$.

7. $\frac{7}{2}$.　8. $\frac{3}{2}$.

B

3. π.　4. 2π.

习题 8-3(1)

A

1. (1) $\frac{3}{4}\pi a^4$; (2) $\frac{a^3}{6}[\sqrt{2}+\ln(\sqrt{2}+1)]$;

(3) $\frac{1}{8}\pi a^4$; (4) $\frac{1}{3}\pi a^4-\frac{7}{16}\sqrt{3}a^4$.

2. (1) $\pi\left(e^{b^2}-e^{a^2}\right)$; (2) $\frac{8}{3}\pi-\frac{32}{9}$; (3) $\frac{\pi}{6}$; (4) $-6\pi^2$.

3. (1) $\frac{\pi}{8}(\pi-2)$; (2) $14a^4$; (3) $\frac{\pi}{8}(2\ln 2-1)$; (4) $\frac{\pi}{2}$.

4. (1) $\frac{\pi}{4}$; (2) $\frac{1}{6}$; (3) $\frac{4}{3}$; (4) $\frac{1}{3}R^3\arctan k$.

B

1. (1) $\frac{R^4}{16}(\pi+2)$; (2) 5π; (3) 0; (4) $\frac{17\pi}{2}$; (5) $\frac{4}{3}$.

2. $-\pi$.

3. $\frac{\pi}{2}f'(0)$.

习题 8-3(2)

A

1. (1) $I=\int_0^{2\pi}d\theta\int_0^a rdr\int_0^{\sqrt{a^2-r^2}}f(r\cos\theta,r\sin\theta,z)dz$;

(2) $I=\int_0^{2\pi}d\theta\int_0^1 rdr\int_r^1 f(r\cos\theta,r\sin\theta,z)dz$;

(3) $I=\int_{-\frac{\pi}{2}}^{\frac{\pi}{2}}d\theta\int_0^{2\cos\theta}rdr\int_0^{\sqrt{4-r^2}}f(r\cos\theta,r\sin\theta,z)dz$;

(4) $I=\int_0^{2\pi}d\theta\int_0^1 rdr\int_{r^2}^r f(r\cos\theta,r\sin\theta,z)dz$.

2. (1) $\frac{7\pi}{12}$; (2) 0; (3) $\frac{1}{16}\pi^2a^4$; (4) $\frac{16\pi}{3}$.

*3. (1) $I=\int_0^{2\pi}d\theta\int_0^{\frac{\pi}{2}}\sin\varphi d\varphi\int_1^2\rho^2f(\rho^2)d\rho$;

(2) $I=\int_0^{2\pi}d\theta\int_0^{\frac{\pi}{4}}\sin\varphi d\varphi\int_0^{\frac{1}{\cos\varphi}}\rho^2f(\rho^2)d\rho$;

(3) $I=\int_0^{2\pi}d\theta\int_0^{\frac{\pi}{3}}\sin\varphi d\varphi\int_0^a\rho^2f(\rho^2)d\rho+\int_0^{2\pi}d\theta\int_{\frac{\pi}{3}}^{\frac{\pi}{2}}\sin\varphi d\varphi\int_0^{2a\cos\varphi}\rho^2f(\rho^2)d\rho$;

(4) $I=\int_0^{\frac{\pi}{2}}\mathrm{d}\theta\int_0^{\frac{\pi}{2}}\sin\varphi\mathrm{d}\varphi\int_0^{2a\cos\varphi}\rho^2 f(\rho^2)\mathrm{d}\rho$.

*4. (1) $\frac{7}{6}\pi a^4$; (2) $\frac{\pi}{2}(1-\cos 1)$; (3) $\frac{2-\sqrt{2}}{4}\pi R^4$; (4) $\frac{1}{8}\pi a^4$.

5. 0.

B

1. (1) 8π; (2) 0; (3) 0; (4) 336π; (5) $\frac{2}{15}\pi abc(a^2+b^2)$.

2. (1) $\frac{2\pi}{3}(5\sqrt{5}-4)$; (2) $\frac{a^3}{24}(3\pi-4)$;

(3) $\frac{1}{2}\left(\frac{\pi}{3}-\frac{\sqrt{3}}{4}\right)$; (4) $\frac{(b^3-a^3)(2-\sqrt{2})\pi}{3}$.

*3. $\frac{\pi}{9}$. *4. $f'(0)$.

*5. (1) $\frac{4}{3}\pi R^3(a+b+c)$; (2) 1; (3) $\frac{1}{6}$; (4) $\frac{\pi}{6}(\sqrt{2}-1)$.

* 习题 8-3(3)

A

1. (1) $\frac{\pi^4}{3}$; (2) $\frac{7}{3}\ln 2$; (3) $\frac{1}{2}(\mathrm{e}-1)$;

(4) $\frac{2}{27}\left(\frac{1}{\alpha^3}-\frac{1}{\beta^3}\right)\left(\frac{1}{\sqrt{a}}-\frac{1}{\sqrt{b}}\right)h^{\frac{9}{2}}$; (5) $\frac{1}{4}abc\pi^2$.

2. $\frac{1}{8}$. 3. $\frac{1}{3}(q-p)(b-a)$.

B

2. $8k$.

习题 8-4

A

1. (1) $\sqrt{2}$; (2) $2\pi a^{2n+1}$; (3) $4\pi a^{\frac{3}{2}}$; (4) $4a^{\frac{7}{3}}$;

(5) $\frac{\sqrt{3}}{2}(1-\mathrm{e}^{-2})$; (6) $\frac{2}{3}\pi a^3$; (7) 9; (8) $\frac{1}{3}\left[(2+t_0^2)^{\frac{3}{2}}-2^{\frac{3}{2}}\right]$.

2. (1) πR^3; (2) $4\sqrt{61}$; (3) $\frac{4+3\sqrt{2}}{6}\pi$; (4) $\frac{1}{20}$.

B

1. (1) $\frac{2\sqrt{2}}{3}a^3$; (2) $\frac{\sqrt{3}}{32}R^4$; (3) $\frac{64}{15}\sqrt{2}a^4$; (4) $\frac{7+3\sqrt{2}}{2}\pi R^4$.

2. $8R^2$.

习题 8-5

A

1. $\frac{\sqrt{2}}{2}\pi$. 2. $2a^2(\pi-2)$. 3. $\frac{1}{2}\sqrt{a^2b^2+b^2c^2+c^2a^2}$.

4. $\sqrt{2}\pi$. 5. 8π. 6. $\frac{4\rho_0 a^2}{3}$. 7. $\frac{3}{2}$. 8. $k\pi R^4$.

9. (1) $\bar{x}=\frac{a^2+ab+b^2}{2(a+b)},\bar{y}=0$; (2) $\bar{x}=\bar{y}=\frac{256}{315}\cdot\frac{a}{\pi}$;

(3) $\bar{x}=\bar{y}=0,\bar{z}=\frac{3}{4}$; (4) $\bar{x}=\bar{y}=\frac{2}{5}a,\bar{z}=\frac{7}{30}a^2$.

10. $\bar{x}=\frac{35}{48},\bar{y}=\frac{35}{54}$ 11. $\bar{x}=\bar{y}=0,\bar{z}=\frac{5}{4}R$.

12. $I_x=\frac{72}{5}\rho,I_y=\frac{96}{7}\rho$. 13. $I_z=\frac{1}{2}\pi a^4 h\rho$.

14. $F_x=2G\rho\left(\ln\frac{R_2+\sqrt{R_2^2+a^2}}{R_1+\sqrt{R_1^2+a^2}}-\frac{R_2}{\sqrt{R_2^2+a^2}}+\frac{R_1}{\sqrt{R_1^2+a^2}}\right),F_y=0$,

$F_z=a\pi G\rho\left(\frac{1}{\sqrt{R_2^2+a^2}}-\frac{1}{\sqrt{R_1^2+a^2}}\right)$.

15. $F_x=F_y=0$, $F_z=2\pi G\rho H\left[1-\frac{H}{\sqrt{R^2+H^2}}\right]$.

B

1. 24π. 2. $R=\frac{4}{3}a$.

3. $\sqrt{\frac{2}{3}}R$. 4. $\frac{368}{105}$.

5. $I_x=I_y=\frac{19}{128}\pi a^4$.

6. $\bar{x}=\frac{6ak^2}{3a^2+4\pi^2k^2},\bar{y}=\frac{-6\pi ak^2}{3a^2+4\pi^2k^2},\bar{z}=\frac{3k(\pi a^2+2\pi^3k^2)}{3a^2+4\pi^2k^2}$,

$I_z=a^2\sqrt{a^2+k^2}\left(2\pi a^2+\frac{8}{3}\pi^3k^2\right)$.

7. $F_x=F_y=0$， $F_z=G\dfrac{2(4-\sqrt{2})}{3}\pi$.

8. $3\pi a^2$. 9. $\dfrac{\pi}{3}\sqrt{5}(2\sqrt{2}-1)$.

习题 8-6

A

1. (1) $e^{x^3}-e^{x^2}\cdot\dfrac{1}{2\sqrt{x}}+\displaystyle\int_{\sqrt{x}}^{x}y^2e^{xy^2}dy$;

(2) $-\dfrac{1}{3}\cos x(\sin^3 x-\cos^3 x)-\sin x(\cos^2 x\sin x-\cos^3 x)$;

(3) $\dfrac{2}{t}\ln(1+t^2)$;

(4) $\dfrac{1}{y}[\sin y(y+b)-\sin y(y+a)]+\dfrac{\sin y(y+b)}{y+b}-\dfrac{\sin y(y+a)}{y+a}$;

(5) $\displaystyle\int_0^x(f'_1-f'_2)dy+f(2x,0)$.

2. $F''(x)=3f(x)+2xf'(x)$.

B

1. (1) $I(a)=\pi\arcsin a$; (2) $\psi(a)=\pi\ln\dfrac{a+1}{2}$.

2. (1) $\arctan\dfrac{b-a}{1+(a+1)(b+1)}$; (2) $\dfrac{1}{2}\ln\dfrac{b}{a}$.

第九章

习题 9-1(1)

A

1. (1) $-\dfrac{56}{15}$; (2) $-2\pi ab$; (3) -2π; (4) 0;

(5) $-\pi a^2$; (6) 13; (7) 1; (8) -2π.

2. $-|\boldsymbol{F}|R$.

3. (1) $\displaystyle\int_L\frac{P(x,y)+Q(x,y)}{\sqrt{2}}dl$;

(2) $\displaystyle\int_L[\sqrt{2x-x^2}P(x,y)+(1-x)Q(x,y)]dl$.

B

1. $-2\pi a^2$.　　2. $-\frac{3}{16}\pi R^{\frac{4}{3}}$.　　3. $\frac{k^3\pi^3}{3}-a^2\pi$.

4. $-\frac{1}{4}\pi R^3$.　　5. 0.　　6. $-\frac{k\sqrt{a^2+b^2+c^2}}{|c|}\ln 2$.

习题 9-1(2)

A

1. (1) $\frac{3}{8}\pi a^2$;　(2) πa^2.

2. (1) $2\pi ab$;　(2) -1;　(3) $\frac{1}{5}(1-e^{\pi})$;

(4) $\frac{1}{6}$;　(5) 0;　(6) $\frac{n\pi}{2}(3-\pi^2)$.

3. (1) 236;　(2) $\frac{\pi}{2}$;　(3) $-\frac{3}{2}$;

(4) $3(\sin(\pi a)-\pi a\cos(\pi a))+2a^3\pi^2+(1-2a)e^{2a}-1$.

(5) 12.

4. (1) $\frac{x^2}{2}+2xy+\frac{y^2}{2}+C$;　(2) $-\sin 3y\cos 2x+C$;　(3) $y^2\cos x+x^2\cos y+C$;

(4) $-\frac{y}{x}+C$;　(5) $\frac{1}{1+x^2}(e^y-1)+C$.

5. $\frac{1}{2}\ln(x^2+y^2)+C$.

B

1. (1) $\frac{1}{4}\pi^2$;　(2) $\frac{\sin 2}{4}-\frac{7}{6}$.

2. (1) 0;　(2) -2π;　(3) -2π;　(4) $\frac{3}{2}\pi$.

3. $f(x)=-\frac{2}{9}x^2+\frac{5}{9}x-\frac{5}{81}, I=-\frac{28}{9}$.

4. $\lambda=3,-\frac{79}{5}$.

5. $-\pi$.

习题 9-1(3)

A

1. (1) $x^4-x^2y^2+y^4=C$;　(2) $\frac{1}{3}x^3-x^2y-xy^2-\frac{1}{3}y^3=C$;

(3) $\sqrt{x^2+y^2}+\frac{y}{x}=C$； (4) $\tan(xy)-\cos x-\cos y=C$.

2. (1) $x-y=\ln(x+y)+C$； (2) $\frac{1}{2}x^2-3xy-\frac{1}{y}=C$；

(3) $\frac{x^2}{y}-x^3=C$； (4) $(x\sin y+y\cos y-\sin y)\mathrm{e}^x=C$.

B

$x=Cy^2\mathrm{e}^{\frac{1}{x^2y^2}}$.

习题 9-2(1)

A

1. $\iint\limits_{\Sigma}R(x,y,0)\,\mathrm{d}x\mathrm{d}y=\pm\iint\limits_{\sigma}R(x,y,0)\,\mathrm{d}x\mathrm{d}y$，其中 σ 为 Σ 在 xOy 平面上所占的区域.
2. $3\pi r^2h$.
3. (1) 3； (2) $\frac{2\pi R^7}{105}$； (3) 0； (4) $\frac{1}{8}$； (5) $\frac{\pi}{8}$； (6) $-2\pi\mathrm{e}^2+2\pi\mathrm{e}$.

B

1. $\frac{1}{2}$.
2. $-2\pi R^2$.
3. $\iint\limits_{\Sigma}\left(\frac{3}{5}P+\frac{2}{5}Q+\frac{2\sqrt{3}}{5}R\right)\mathrm{d}S$.

习题 9-2(2)

A

1. (1) $\frac{12}{5}\pi a^5$； (2) $\frac{1}{3}a^3bc+abc$； (3) $\frac{3}{2}\pi$；

(4) $\frac{12}{5}\pi a^5$； (5) $2\pi R^3$； (6) $2(\mathrm{e}^{2a}-1)\pi a^2$.

3. (1) 10； (2) 0； (3) 2.

B

1. 108π. 2. $-\frac{2}{5}\pi a^3b^3c^3$. 3. $4\pi abc$. 4. $-\frac{1}{2}\pi h^4$.

8. (1) $\frac{2}{r}$； (2) $6xyz$； (3) $\boldsymbol{a}\cdot\boldsymbol{e}_r$； (4) 0.

习题 9-2(3)

A

1. (1) 9π； (2) 0； (3) $-\frac{1}{3}(ab^2+bc^2+ca^2)$.

2. 13.

3. (1) $\mathbf{0}$; (2) $(xz-xy, xy-yz, yz-zx)$; (3) $(1,1,0)$;

(4) $[x\sin(\cos z)-xy^2\cos(xz)]\boldsymbol{i}-y\sin(\cos z)\boldsymbol{j}+[y^2z\cos(xz)-x^2\cos y]\boldsymbol{k}$.

B

1. (1) $-\pi a^2$; (2) $-2\pi a(a+b)$.

2. (1) 0; (2) 2π.

3. -20π.

4. (1) $u(x,y,z)=xy+yz+zx+C$; (2) $u(x,y,z)=-\dfrac{yz}{x}+C$.

5. $W=\dfrac{\sqrt{3}}{9}abc$.

第十章

习题 10-1

A

1. (1) 正确; (2) 不正确; (3) 不正确; (4) 正确.

2. (1) $u_n=\dfrac{2}{n(n+1)}, u_1=1, u_2=\dfrac{1}{3}, u_3=\dfrac{1}{6}$; (2) 收敛.

3. (1) 收敛; (2) 发散; (3) 收敛; (4) 发散.

4. (1) $\dfrac{4}{5}$; (2) $\dfrac{3}{2}$.

5. $S=3h$.

B

1. (1) 发散; (2) 收敛.

2. $\dfrac{1}{4}$.

3. $\dfrac{\mathrm{e}-1}{\mathrm{e}+1}$.

6. 13:05:27.3.

习题 10-2

A

1. (1) 不正确; (2) 不正确.

2. (1) 发散; (2) 发散; (3) 收敛; (4) 发散; (5) 收敛; (6) 发散.

3. (1) 收敛; (2) 收敛; (3) 收敛; (4) 收敛; (5) 收敛;

(6) 当 $0<a\leqslant 1$ 时,收敛;当 $a>1$ 时,发散.

4. (1) 收敛; (2) 收敛; (3) 收敛.

5. (1) 收敛; (2) 发散; (3) 收敛;

(4) 收敛; (5) 收敛; (6) 收敛.

7. (1) 条件收敛; (2) 绝对收敛; (3) 条件收敛;

(4) 条件收敛; (5) 条件收敛; (6) 条件收敛.

B

2. 绝对收敛. 3. 收敛. 7. 收敛.

习题 10-3

A

1. (1) $-1<x<-\frac{1}{2},\frac{1}{2}<x<1$; (2) $|x|>1$;

(3) $x=0$; (4) $x\neq-1$.

2. (1) $R=\frac{1}{2},\left(-\frac{1}{2},\frac{1}{2}\right)$; (2) $R=1,4<x<6$;

(3) $R=\sqrt{3},(-\sqrt{3},\sqrt{3})$; (4) $R=\frac{\sqrt{2}}{2},-a-\frac{\sqrt{2}}{2}<x<-a+\frac{\sqrt{2}}{2}$.

3. (1) $\begin{cases}x+(1-x)\ln(1-x),-1\leqslant x<1,\\1,x=1;\end{cases}$

(2) $-x+\frac{1}{4}\ln\frac{1+x}{1-x}+\frac{1}{2}\arctan x,-1<x<1$;

(3) $\frac{1}{(1-x)^3},-1<x<1$; (4) $\frac{3x-x^2}{(1-x)^2},-1<x<1$;

(5) $\frac{2+x^2}{(2-x^2)^2},|x|<\sqrt{2}$; (6) $(x^2+x)\mathrm{e}^x,-\infty<x<+\infty$.

4. $(-2,4)$.

B

1. (1) $(-1,1)$; (2) $s<-1$ 时, $[-1,1]$, $s<0$ 时, $[-1,1)$, $s\geqslant0$ 时, $(-1,1)$;

(3) $\left[-\frac{1}{\max\{a,b\}},\frac{1}{\max\{a,b\}}\right)$; (4) $x>1$.

2. $\left(\frac{x^2}{4}+\frac{x}{2}+1\right)\mathrm{e}^{\frac{x}{2}},-\infty<x<+\infty$.

习题 10-4

A

1. (1) $\ln a+\sum_{n=1}^{\infty}(-1)^{n-1}\frac{x^n}{na^n}(-a<x\leqslant a)$;

(2) $\frac{1}{2}+\sum_{n=1}^{\infty}\frac{(2n-1)!!}{n!\ 2^{3n+1}}x^{2n}(-2<x\leqslant 2)$;

(3) $\sum_{n=1}^{\infty}(-1)^{n-1}\frac{(2x)^{2n}}{2\cdot(2n)!}(-\infty<x<+\infty)$;

(4) $\cos a-\sin a\cdot x-\frac{\cos a}{2!}x^2+\frac{\sin a}{3!}x^3+\frac{\cos a}{4!}x^4-\frac{\sin a}{5!}x^5+\cdots(-\infty<x<+\infty)$;

(5) $x+\sum_{n=2}^{\infty}(-1)^n\frac{x^n}{n(n-1)}(-1<x\leqslant 1)$;

(6) $x+\sum_{n=1}^{\infty}(-1)^n\frac{(2n-1)!!}{(2n)!!\ (2n+1)}x^{2n+1}(-1<x\leqslant 1)$;

(7) $x+\sum_{n=1}^{\infty}\frac{(2n-1)!!}{(2n)!!\ (2n+1)^2}x^{2n+1}(-1<x<1)$;

(8) $\frac{1}{2}+\frac{3}{4}x+\frac{7}{8}x^2+\cdots+\frac{2^{n+1}-1}{2^{n+1}}x^n+\cdots(-1<x<1)$.

2. (1) $1-\frac{1}{2!}\left(x-\frac{\pi}{2}\right)^2+\frac{1}{4!}\left(x-\frac{\pi}{2}\right)^4-\cdots+(-1)^n\frac{\left(x-\frac{\pi}{2}\right)^{2n}}{(2n)!}+\cdots(-\infty<x<+\infty)$;

(2) $\ln 4-\sum_{n=1}^{\infty}\frac{(x+1)^n}{n\cdot 4^n}(-5\leqslant x<3)$;

(3) $\sum_{n=0}^{\infty}(-1)^n\frac{(x-3)^n}{3^{n+1}}(0<x<6)$;

(4) $2+3\sum_{n=1}^{\infty}(-1)^n 2^{n-1}(x-2)^n\left(\frac{3}{2}<x<\frac{5}{2}\right)$.

3. $f^{(n)}(0)=a_n\cdot n!\ =\begin{cases}0, & n=1,3,5\cdots,\\ \dfrac{(-1)^{\frac{n}{2}}\cdot n!}{\left(\frac{n}{2}\right)!}, & n=0,2,4\cdots.\end{cases}$

4. (1) 2.004 30; (2) 1.098 5; (3) 0.951 06;
(4) 0.496 9; (5) 0.000 020 3, $R_1<0.000\ 000\ 7$.

5. 3.

6. $f(x)=\sum_{n=1}^{\infty}\frac{x^{4n+1}}{4n+1}, x\in(-1,1)$.

7. $y=a_0\left(1+\frac{x^3}{3\cdot 2}+\frac{x^6}{6\cdot 5\cdot 3\cdot 2}+\frac{x^9}{9\cdot 8\cdot 6\cdot 5\cdot 3\cdot 2}+\cdots\right)+$
$a_1\left(x+\frac{x^4}{4\cdot 3}+\frac{x^7}{7\cdot 6\cdot 4\cdot 3}+\frac{x^{10}}{10\cdot 9\cdot 7\cdot 6\cdot 4\cdot 3}+\cdots\right)$.

8. $y=a_0\left[1+\frac{(x-1)^2}{2}+\frac{(x-1)^3}{6}+\frac{(x-1)^4}{24}+\frac{(x-1)^5}{30}+\cdots\right]+$

$$a_1\left[(x-1)+\frac{(x-1)^3}{6}+\frac{(x-1)^4}{12}+\frac{(x-1)^5}{120}+\cdots\right].$$

9. $y=\frac{1}{2}+\frac{1}{4}x+\frac{1}{8}x^2+\frac{1}{16}x^3+\frac{9}{32}x^4+\cdots.$

B

1. $\sum_{n=1}^{\infty}(-1)^{n-1}\left(\frac{1}{x-1}\right)^n(x<0,x>2).$

2. $\sum_{n=1}^{\infty}\frac{(-1)^{n-1}+(-1)^{\left[\frac{n}{2}\right]-1}\cdot(1+(-1)^n)}{n}x^n(-1<x\leqslant 1).$

3. $\sum_{n=0}^{\infty}\frac{\sin\left(\frac{1}{2}+\frac{n\pi}{2}\right)}{n!\ 2^{n-1}}(x-1)^n(-\infty<x<+\infty).$

5. $\pi^2.$

6. $y=a_0\left[1-\frac{n(n+1)}{2!}x^2+\frac{(n-2)n(n+1)(n+3)}{4!}x^4-\cdots\right]+$

$$a_1\left[x-\frac{(n-1)(n+2)}{3!}x^3+\frac{(n-3)(n-1)(n+2)(n+4)}{5!}x^5-\cdots\right](-1<x<1).$$

习题 10-5

A

1. (1) $f(x)=\pi^2+\sum_{n=1}^{\infty}\frac{12(-1)^n}{n^2}\cos nx\ (-\infty<x<+\infty)$;

(2) $f(x)=\frac{\sinh 2\pi}{2\pi}+\frac{\sinh 2\pi}{\pi}\sum_{n=1}^{\infty}\frac{(-1)^n 2}{4+n^2}(2\cos nx-n\sin nx),x\neq\pm\pi,\pm3\pi,\cdots$;

(3) $f(x)=\frac{\pi(a-b)}{4}+\sum_{n=1}^{\infty}\frac{(a-b)((-1)^n-1)}{\pi n^2}\cos nx+$

$$\sum_{n=1}^{\infty}\frac{(a+b)(-1)^{n+1}}{n}\sin nx,x\neq\pm\pi,\pm3\pi,\cdots$$

2. (1) $f(x)=\frac{11}{12}+\frac{1}{\pi^2}\sum_{n=1}^{\infty}\frac{(-1)^{n+1}}{n^2}\cos 2n\pi x\ (-\infty<x<+\infty)$;

(2) $f(x)=\frac{8}{\pi^3}\sum_{n=1}^{\infty}\frac{1}{(2n-1)^3}\sin(2n-1)\pi x\ (-\infty<x<+\infty),\frac{\pi^3}{32}.$

3. (1) $f(x)=\frac{2}{\pi}\sum_{n=1}^{\infty}\frac{1-\cos nh}{n}\sin nx\ (0<x<h,h<x\leqslant\pi)$,

$f(x)=\frac{h}{\pi}+\sum_{n=1}^{\infty}\frac{2\sin nh}{n\pi}\cos nx\ (0\leqslant x<h,h<x\leqslant\pi)$;

(2) $f(x)=\frac{h}{\pi}+\frac{1}{\pi}\sum_{n=1}^{\infty}\frac{\sin 2nh}{n}\cos 2nx+\frac{1}{\pi}\sum_{n=1}^{\infty}\frac{1-\cos 2nh}{n}\sin 2nx$

$(0<x<h, h<x<\pi)$.

4. (1) $f(x)=-\dfrac{2}{\pi}\sum\limits_{n=1}^{\infty}\dfrac{1}{n}\sin n\pi x\ (0<x<2)$;

(2) $f(x)=-\dfrac{8}{\pi^2}\sum\limits_{n=1}^{\infty}\dfrac{1}{(2n-1)^2}\cos\dfrac{(2n-1)\pi x}{2}(0\leqslant x\leqslant 2), S\left(\dfrac{7}{2}\right)=-\dfrac{1}{2}$.

5. (1) $f(x)=\dfrac{1}{2}-\dfrac{1}{\pi}\sum\limits_{n=1}^{\infty}\dfrac{1}{n}\sin 2n\pi x(x\neq 0,\pm 1,\pm 2,\cdots)$;

(2) $f(x)=\dfrac{2}{\pi}-\dfrac{4}{\pi}\sum\limits_{k=1}^{\infty}\dfrac{1}{4k^2-1}\cos 2kx(-\infty<x<+\infty)$.

*6. (1) $f(x)=\sum\limits_{n=-\infty}^{+\infty}\dfrac{1}{1+\mathrm{i}n\pi}\dfrac{\mathrm{e}^{1+\mathrm{i}n\pi}-\mathrm{e}^{-(1+\mathrm{i}n\pi)}}{2}\mathrm{e}^{\mathrm{i}n\pi x}(x\neq\pm 1,\pm 3,\cdots)$;

(2) $u(t)=\dfrac{Et_0}{T_0}+\sum\limits_{n=1}^{\infty}\dfrac{2E}{n\pi}\sin\dfrac{n\pi t_0}{T_0}\cos\dfrac{2n\pi t}{T_0}, t\neq\pm\dfrac{t_0}{2},\pm\dfrac{T}{2},\cdots$.

B

2. (1) $\dfrac{\pi^2}{6}$; (2) $\dfrac{\pi^2}{8}$.

4. $\psi(x)$的傅氏系数 $A_n=a_n(n=0,1,2,\cdots), B_n=-b_n(n=1,2,\cdots)$;

$A_n=-a_n(n=0,1,2,\cdots), B_n=b_n(n=1,2,\cdots)$.其中 a_n, b_n 为 $\varphi(x)$的傅氏系数.

5. $f(x-\pi)=-f(x)$且$f(-x)=f(x)$.

6. $f(x)=\sum\limits_{n=1}^{\infty}\dfrac{1}{n}\sin nx(0<x<\pi)$.

7. $\bar{a}_0=a_0, \bar{a}_n=a_n\cos nh+b_n\sin nh(n=1,2,3,\cdots)$,

$\bar{b}_0=b_n\cos nh-a_n\sin nh(n=1,2,3,\cdots)$.

各章测试题详解

参 考 文 献

[1] 同济大学数学系.高等数学.7 版.北京:高等教育出版社,2014.

[2] 清华大学应用数学系.高等数学.北京:清华大学出版社,1992.

[3] 福州大学,西北大学等院校.新编高等数学基础.武汉:湖北教育出版社,1990.

[4] 华东六省工科数学系列教材编委会.高等数学.沈阳:辽宁科技出版社,1990.

[5] 陈传璋,等.数学分析.北京:人民教育出版社,1980.

[6] 卓里奇. 数学分析:第一卷.蒋铎,等译.北京:高等教育出版社,1987.

[7] 卡尔塔谢夫,罗吉斯特维斯基.数学分析.曹之江,倪星堂译.呼和浩特:内蒙古大学出版社,1991.

[8] 格林斯潘,班奈.微积分.瞿崇垲,等译. 北京:人民教育出版社,1982.

[9] 格罗斯曼.微积分及其应用.周性伟,等译.天津:天津科技出版社,1988.

[10] 姜启源,谢金星,叶俊.数学模型.5 版.北京:高等教育出版社,2018.

[11] 李心灿.高等数学应用 205 例.北京:高等教育出版社,1997.

郑重声明